机械工业出版社高水平学术著作出版基金项目

新型电力系统与新型能源体系丛书

直流配用电系统的小信号稳定性分析及致稳控制

陈 武 何棒棒 穆 涵 著

机 械 工 业 出 版 社

本书针对直流配用电系统的小信号稳定性问题，从系统建模、稳定判据方法、致稳控制与稳定设计几个层面进行了系统性阐述。本书共10章，除第1章绪论外，其余章节主要分为三个部分：第2章简要介绍了本书所涉及的基本概念和控制原理，重点推导了典型 DC-DC 变换器和电压源换流器在不同控制方式下的闭环小信号等效模型；第3~8章由浅入深依次探讨了不同类型直流配用电系统的小信号建模与稳定分析方法，同时提出了多种稳定判据及其应用方法；第9、10章则针对直流配用电系统的致稳控制与稳定设计，重点讨论了恒功率负载的输入阻抗重塑方法，以及电压源换流器与直流变压器端口阻抗的设计规范。

本书适合从事直流配用电系统及其装备研究、开发和应用的工程技术人员，以及电气工程相关专业高年级本科生、研究生阅读参考。

图书在版编目（CIP）数据

直流配用电系统的小信号稳定性分析及致稳控制 / 陈武，何棒棒，穆涵著. -- 北京 ：机械工业出版社，2024. 10. --（新型电力系统与新型能源体系丛书）.
ISBN 978-7-111-76510-3

Ⅰ. TM727

中国国家版本馆 CIP 数据核字第 2024EM6037 号

机械工业出版社（北京市百万庄大街22号　邮政编码100037）
策划编辑：罗　莉　　责任编辑：罗　莉
责任校对：李　婷　张亚楠　　封面设计：马精明
责任印制：刘　媛
北京中科印刷有限公司印刷
2024年11月第1版第1次印刷
169mm×239mm · 16印张 · 324千字
标准书号：ISBN 978-7-111-76510-3
定价：99.00元

电话服务　　网络服务
客服电话：010-88361066　　机　工　官　网：www.cmpbook.com
010-88379833　　机　工　官　博：weibo.com/cmp1952
010-68326294　　金　书　网：www.golden-book.com

机工教育服务网：www.cmpedu.com

前言

近年来，在国家“碳达峰、碳中和”战略目标的核心引领，以及新能源高效利用与直流负荷可靠供电的需求驱动背景下，直流配用电技术得到快速发展，多个直流配用电系统示范工程相继建成投运。直流配用电系统凭借其新能源接入的灵活性和直流设备供电的便利性等优点，在数据中心、低碳建筑、飞机舰船、轨道交通等领域扮演着重要角色，已成为构建新型电力系统的关键环节之一。然而，在高渗透率新能源接入与大规模直流负荷供电场景下，直流配用电系统的稳定性问题逐渐显现：大量电气设备的控制环路交互作用越发复杂，端口阻抗耦合也越发紧密，加剧了直流配用电系统的失稳风险，增大了系统稳定控制和设计难度。因此，在直流配用电技术方兴未艾的当下，深入开展直流配用电系统的稳定性研究，对于保障系统稳定安全运行十分必要。

一般来说，直流配用电系统的稳定性问题包括两类：一是大信号稳定问题，二是小信号稳定问题。鉴于系统大信号稳定的前提是小信号必须稳定，因此首要任务是解决直流配用电系统的小信号稳定问题。1976 年，美国 Middlebrook 教授首次基于阻抗来设计变频器负载的滤波器参数，开启了阻抗分析法在直流电源系统稳定设计中的应用。近半个世纪以来，阻抗分析法因其清晰的物理意义与可测量优势，在大量研究论文中得到应用并不断发展，但这方面的专著却相对稀缺，本书正是在这样的背景下开始规划和撰写的。

本书总结了东南大学电气工程学院陈武教授团队在直流配用电系统小信号稳定性研究方面的工作积累，是研究团队共同努力的成果之一。本书共分为 10 章。第 1 章介绍了直流配用电系统小信号稳定性的概念和研究背景，详细回顾了阻抗分析法的发展历程，并阐述了多种系统稳定性提升方法。第 2 章简要介绍了与直流配用电系统小信号稳定分析相关的控制理论基本概念与频域稳定判据，重点推导和分析了典型 DC-DC 变换器和电压源换流器采用不同控制方式时的闭环小信号数学模型与等效电路模型。第 3 章介绍了两变换器级联直流系统的小信号建模与稳定性评估方法，详细对比分析了五种阻抗稳定判据的优缺点。第 4 章探讨了多变换器单母线直流配用电系统的小信号建模与稳定分析方法，推导了基于阻抗的系统特征方程，同时提出了子系统阻抗比判据、全局导纳判据、母线阻抗判据与无右半平面极点型判据。第 5~8 章进一步介绍了几类多母线直流配用电系统的小信号模型与稳定判据，包括各类型系统小信号稳定分析时所面临的特殊问题，以及相应稳定判据与其他类型系统稳定判据之间的关系等。第 9 章讨论了基于阻抗重塑的直流配用电系统致稳控制方法，同时面向 Buck 类恒功率负载提出了一种功率自适应并联虚拟阻抗控制策略，有效抑制了不同负载功率下的系统振荡。第 10 章通过分析多类型负载的阻抗频率特性，面向多电压等级直流配用电系统，提出了电压源换流器与直流变压器端口阻抗的稳定边界条件（即阻抗规范），以保障整个系统稳定运行。本书在对关键概念、控制理论进行细致推导和讲解的同时，还给出了多种分析案例，便于读者掌握直流配用电系统的小信号稳定分析和设计流程，提升学习效率。

本书的内容规划、整理和撰写工作主要由陈武教授、何棒棒博士和穆涵博士共同完成。参与本书相关课题研究工作的硕士还有潘鹏鹏、章纯和詹丁等，在此对他们的辛勤付出和不懈努力表示感谢。

本书的相关研究工作得到了以下科学基金与科技项目的大力资助，在此也表示衷心感谢：国家自然科学基金优秀青年科学基金项目“电力电子功率变换”(51922028)、国家重点研发计划子课题“直流并网分布式光伏与系统的相互影响及集成设计技术”(2018YFB0904103)、国家电网公司总部科技项目“基于高性能功率器件的高品质供用电关键技术研究”(5108-202218280A-2-229-XG)。

本书得到了机械工业出版社的大力支持，他们在编辑、校对和出版过程中提供的专业帮助，确保了本书的顺利出版，特此致谢。

限于作者水平和编写时间，书中难免存在疏漏甚至谬误之处，敬请各位前辈和同行不吝指正。

目 录

第1章 绪论

1.1 研究背景

随着全球人口的持续增长和工业化进程的加速推进，人类生产活动导致二氧化碳等温室气体排放量的急剧上升，进而引发了全球气候变暖及其相关的一系列严重环境问题，包括极端天气事件的频繁发生、生态系统的破坏以及海平面的上升。为了应对这些挑战，低碳转型成为了全球共识，旨在通过减少碳排放和增加可再生能源的使用，缓解气候变化带来的影响。我国作为世界上最大的能源生产和消费国，每年约产生 100 亿 t 的碳排放，占全球总量的三分之一，其中能源领域的排放占比达到 85%[1-3]，这一现状凸显了我国在调整能源结构和推进能源生产及消费向低碳化转型方面面临的重大责任与挑战。

2020 年 9 月，国家主席习近平在联合国大会上宣布了“2030 年碳达峰与 2060 年碳中和”的宏伟目标，明确了我国在能源转型和气候行动上的决心和方向[4]。2021 年 10 月，国务院印发《2030 前碳达峰行动方案》，进一步明确了低碳转型的具体路径，提出了构建新型电力系统和提升可再生能源发电比例的战略重点[5]。图 1.1 展示了 2023 年我国电力装机的构成情况。根据国家能源局发布的《2023 年全国电力工业统计数据》[6]，全国累计发电装机容量约为 29.2 亿 kW，其中可再生能源发电装机占比达到 53%，历史性地超越火电装机容量，这一重大进展被写入《2024 年国务院政府工作报告》[7]，标志着我国在能源结构优化和电力绿色低碳转型方面的历史性突破。

随着我国可再生能源装机比重的历史性提升，大规模分布式光伏和风电安全、高效并网的技术挑战越发显著。这是由于太阳能和风力发电受天气、温度等因素影响较大，具有明显的波动性与间歇性特征，当接入传统交流系统时，可能引发诸如线路容量过载、电压越限、节点电压不平衡等一系列电能质量问题[8-10]。此外，由于交流系统的一次设备在处理潮流双向流动和能量高效管理方面存在局限[10]，导致“弃光弃风”现象频发，不但制约了可再生能源的高效利用，还影响了电网

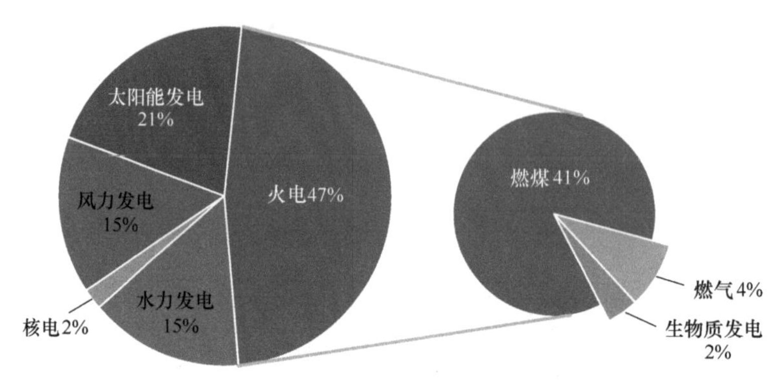

图 1.1　2023 年全国电力装机构成图

的安全稳定运行和能效。

随着电力电子与直流配用电技术的快速发展，以及电动汽车、照明与通信设备等直流负荷的日益增长，直流配用电系统凭借分布式新能源的灵活接入和大规模直流设备供电的便捷性，在数据中心、低碳建筑、飞机舰载、轨道交通等领域发挥着重要作用[11-17]，如图 1.2 所示。与传统交流系统相比，直流配用电系统不存在无功、相位和频率问题，有效减少了能量变换环节，提高了供配电效率及供电的质量

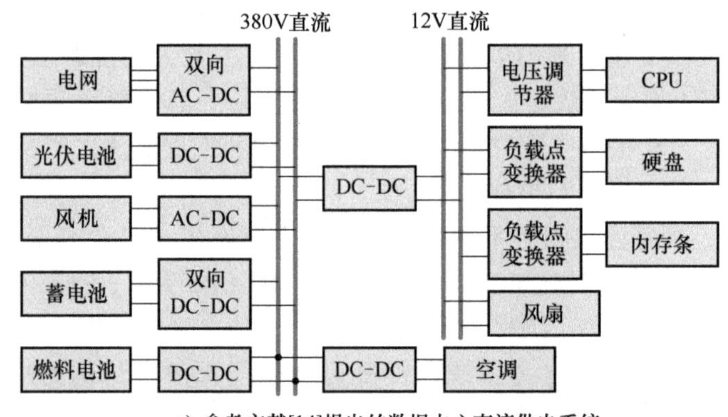

a) 参考文献[14]提出的数据中心直流供电系统

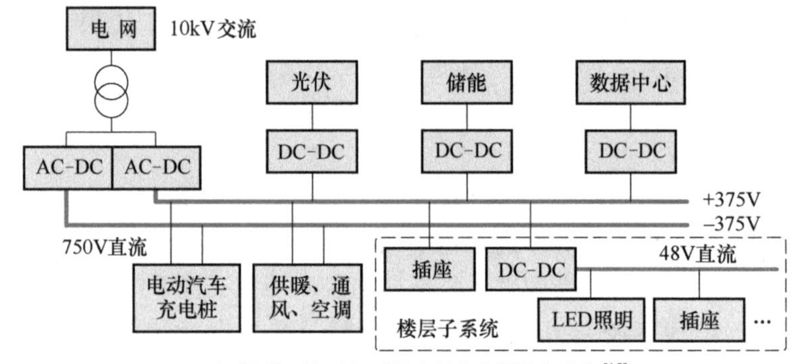

b) 深圳一栋 5000m² 的六层办公楼供电系统[15]

图 1.2　直流配用电系统的几种典型应用领域

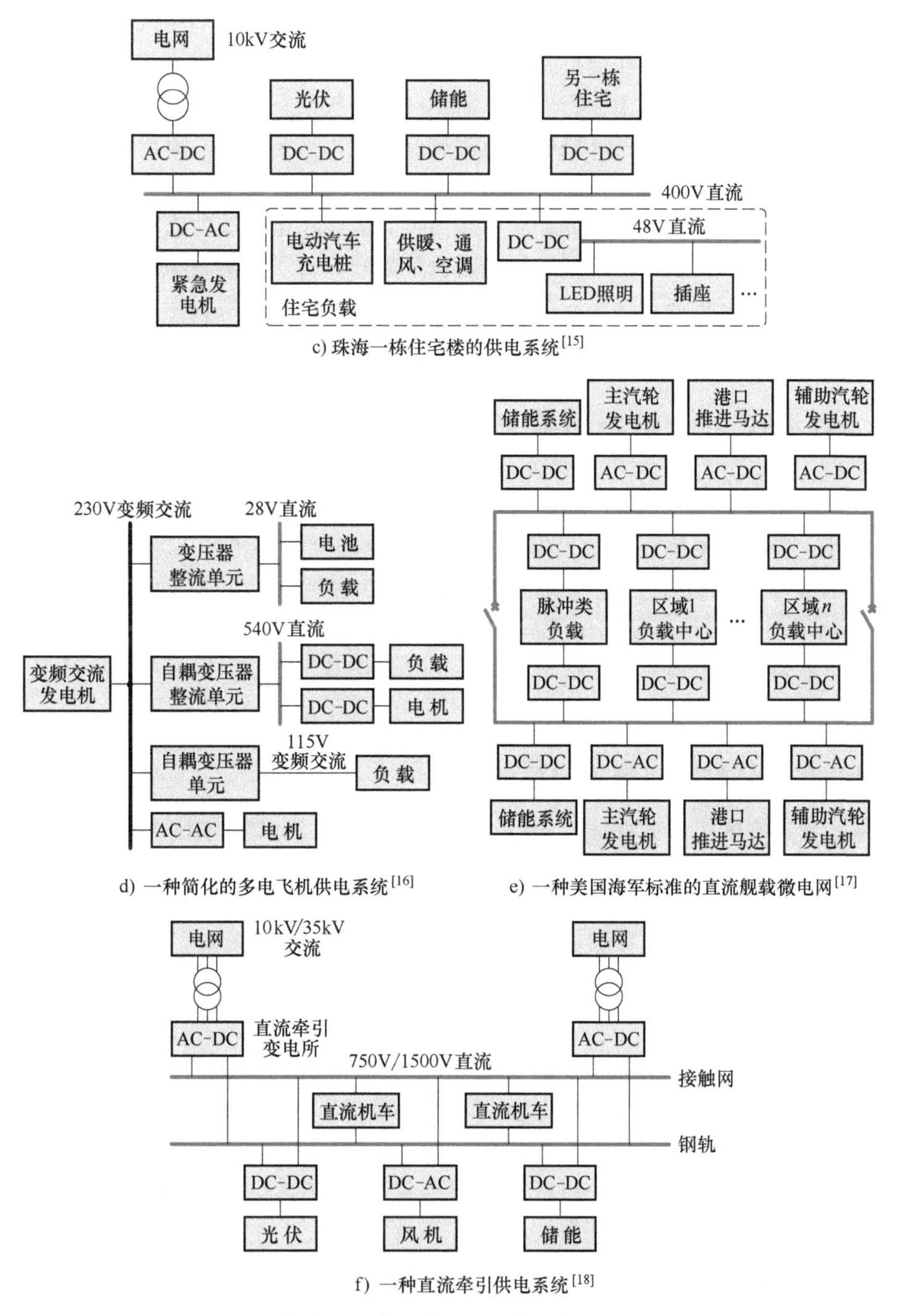

c) 珠海一栋住宅楼的供电系统[15]

d) 一种简化的多电飞机供电系统[16]

e) 一种美国海军标准的直流舰载微电网[17]

f) 一种直流牵引供电系统[18]

图 1.2 直流配用电系统的几种典型应用领域（续）

和可靠性，特别是在新能源高比例接入和直流负荷密集供电的场景中表现卓越[11,19]。因而，直流配用电系统已成为以新能源为主体的新型电力系统的关键组成部分，将为我国电力系统的低碳转型和可持续发展提供重要的技术支持。

尽管直流配用电系统在促进新能源消纳、提升能效与增强供电可靠性方面具有诸多优势，但随着电力电子化程度的不断提高，系统运行环境和工况日益复杂，多电力电子设备间复杂的控制环路耦合与阻抗交互作用容易导致直流母线电压失稳振荡，严重影响了直流配用电系统的安全稳定运行与进一步推广应用。因此，深入开展直流配用电系统的稳定性研究，阐明多类型直流配用电系统的失稳振荡机理与共性规律，提出系统级致稳控制策略与稳定设计方法，对于保障新型电力系统的建设与安全高效运行，实现我国能源结构转型和电力系统低碳发展目标具有深远的学术价值与社会意义。

1.2 直流配用电系统小信号稳定性研究现状

直流配用电系统的稳定性包括大信号稳定性和小信号稳定性两类，其中，大信号稳定性主要分析系统在启动、停止或负载突变等大扰动情况下直流电压的稳定性，而小信号稳定性则是指系统在稳态运行点附近经历小扰动时的渐近稳定性[20]。本书主要围绕直流配用电系统的小信号稳定性展开分析和讨论。目前，在直流配用电系统的小信号稳定性研究中，主要采用基于状态空间模型的特征值分析法和阻抗分析法两类[21]。

1.2.1 基于状态空间模型的特征值分析法

基于状态空间模型的特征值分析法的理论依据是 1892 年俄国数学家李雅普诺夫（Lyapunov）在其博士论文中提出的李雅普诺夫第一法（又称间接法）[22]，其基本思路是：构建式（1.1）所示直流配用电系统在稳态运行点处的线性化状态空间方程，再通过求解系统状态矩阵 $\boldsymbol{A}$ 的所有特征值来判断系统小信号稳定性，当所有特征值均具有负实部时，系统渐进稳定。

$$\begin{cases}\dfrac{\mathrm{d}\Delta\boldsymbol{x}}{\mathrm{d}t}=\boldsymbol{A}\Delta\boldsymbol{x}+\boldsymbol{B}\Delta\boldsymbol{u}\\ \Delta\boldsymbol{y}=\boldsymbol{C}\Delta\boldsymbol{x}+\boldsymbol{D}\Delta\boldsymbol{u}\end{cases} \tag{1.1}$$

式中，$\boldsymbol{x}$ 为系统所有状态变量组成的状态向量；$\boldsymbol{u}$ 为系统所有输入变量组成的输入向量；$\boldsymbol{y}$ 为系统所有输出变量组成的输出向量；$\boldsymbol{A}$，$\boldsymbol{B}$，$\boldsymbol{C}$，$\boldsymbol{D}$ 为状态空间模型矩阵，其中 $\boldsymbol{A}$ 又称为系统状态矩阵；前缀 Δ 表示增量。

基于状态空间模型的特征值分析法在传统电力系统的动态特性、次同步振荡、低频振荡和并网逆变器系统的振荡分析等研究中得到了广泛应用[23-25]。其优点在于根据特征值和特征向量可以全面揭示系统的稳定与振荡特性，以及影响系统稳定性的主导变量[26,27]。但是该方法需要依赖于完整的系统参数信息，而实际的直流配用电系统往往呈现“灰箱”或“黑箱”特征；当系统结构发生变化时，状态空间模型需要重构，可扩展性较差；对于大规模、结构复杂的直流配用电系统，其状态空间矩阵的阶数过高，从而可能导致“维数灾难”。

1.2.2 阻抗分析法

尽管特征方程所有的根在 s 平面的分布情况能有效反映系统稳定性，然而在实际应用过程中，当变换器数量较多时，系统特征方程阶次较高，求解全部特征根难度较大，可实现性低。另外，出于对保护商业机密的角度考虑，系统内部变换器的实际参数和结构往往部分或完全未知，导致基于传递函数的建模无法实现，进而难以建立和求解系统特征方程。因此人们希望使用一种间接判断系统特征根是否全部位于 s 左半平面的代替方法，以评估直流配用电系统的小信号稳定性。于是，阻抗分析法应运而生，该方法利用各变换器端口阻抗构建出一个与系统稳定性相关的传递函数表达式，可以从频率特性曲线角度对系统特征根的分布进行判断。

阻抗分析法最早可追溯到 1976 年，由美国的 J. M. Undrill 和 T. E. Kostyniak 提出，他们基于发电机和输电网络的阻抗模型研究了电力系统的次同步振荡问题[28]。同年，美国的 Middlebrook 教授将阻抗分析法应用于 DC-DC 变换器的输入滤波器设计[29]。阻抗分析法的基本思路是：基于系统内部所有设备或子系统的端口阻抗，根据麦克斯韦判据、柯西辐角原理、奈奎斯特稳定判据或广义奈奎斯特稳定判据等控制理论，构造可用于评价系统稳定性的阻抗表达式，以此评估直流配用电系统的小信号稳定性。阻抗分析法的优势在于：阻抗属于设备或子系统端口的一种外特性，不但可以基于状态空间模型进行小扰动建模得到，而且可以在结构和控制参数未知的条件下通过注入扫频信号测量获取；此外，基于设备阻抗模型与系统结构，还可以进行模块化系统建模，可拓展性较好。不过阻抗分析法也面临着一定的困难，比如阻抗测量装置不成熟、成本高，复杂直流配用电系统的稳定机理尚不明确、评估难度较大等。尽管如此，阻抗分析法清晰的物理意义使其在直流配用电系统小信号稳定性分析方面具有强大的吸引力和发展潜力，近几十年来得到了广泛深入的研究，并取得了一系列研究成果。

图 1.3 梳理了自 1976 年以来一些具有代表性的直流配用电系统阻抗稳定判据，这些稳定判据将会在本节的后续内容中详细回顾。总的来说，基于阻抗的直流配用电系统稳定判据可以从逻辑关系上分为充分非必要条件（禁区判据）与充分必要条件。目前，阻抗稳定判据的研究一方面越来越倾向于评价系统稳定的充分必要性、通用性和可扩展性，另一方面也在不断结合不同系统应用场景，提出更适用的稳定性分析方法。

1. 阻抗比判据与 Middlebrook 判据

1976 年，Middlebrook 教授在研究图 1.4 所示输入滤波器与 DC-DC 变换器交互作用引起的不稳定现象时，提出了阻抗比判据与 Middlebrook 判据，用以分析系统

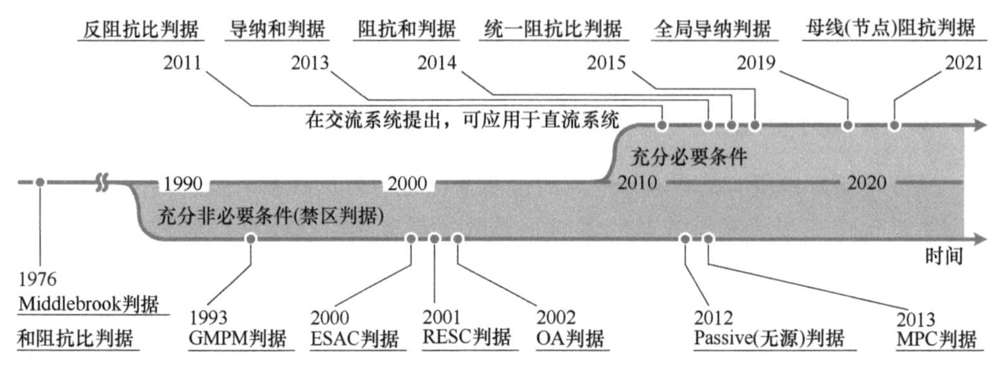

图 1.3　基于阻抗的直流配用电系统稳定判据发展时间轴

稳定性并设计输入滤波器参数。图 1.4 中，v_{dc} 为直流电源，L 和 R_L 分别为滤波电感及其串联等效电阻，C 为滤波电容，v_o 为 DC-DC 变换器的输出电压，R 为负载电阻，$Z_S(s)$ 为输入滤波器的等效阻抗，$Z_L(s)$ 为 DC-DC 变换器的输入阻抗。基于系统阻抗模型和控制理论，Middlebrook 教授定义 $Z_S(s)$ 和 $Z_L(s)$ 之比为系统等效环路增益 $T_m(s)$，即 $T_m(s)=Z_S(s)/Z_L(s)$，并提出用于系统稳定性分析的阻抗比判据，即 $T_m(s)$ 应满足奈奎斯特稳定判据。进一步地，在伯德图上采用阻抗比判据评估系统稳定性的方法为：①在任意频率处，均有 $|Z_L(s)|>|Z_S(s)|$，即 $Z_S(s)$ 和 $Z_L(s)$ 的幅频特性曲线不相交时，系统稳定；②当 $|Z_L(s)|$ 和 $|Z_S(s)|$ 在特定频率 ω 处发生交截时，若该频率处的相位差 $\angle Z_S(j\omega)-\angle Z_L(j\omega)<180°$，系统稳定，反之则不稳定。

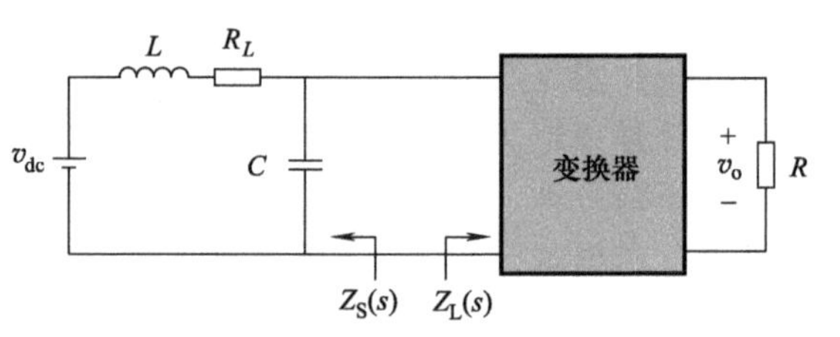

图 1.4　含输入滤波器的 DC-DC 变换器

为进一步简化该判据并提高其在实际系统设计中的可实现性，Middlebrook 教授提出当 $|Z_S(s)|$ 在全频率范围内均远小于 $|Z_L(s)|$，即 $|Z_S(s)|\ll|Z_L(s)|$ 时，图 1.4 所示系统是稳定的。这一稳定性条件被后来的研究者们称为 Middlebrook 判据。相较于阻抗比判据，Middlebrook 判据只涉及对 $Z_S(s)$ 和 $Z_L(s)$ 幅值的要求，而对相位没有要求，是系统稳定的充分非必要条件。

实际上，从小信号建模的角度，输入滤波器可以等效为一个开环运行的 DC-DC 变换器[30]，其作用是向后级变换器提供直流电压和功率。为此，可以将上述阻抗比判据和 Middlebrook 判据推广到如图 1.5 所示的级联直流系统中，其中，源变换器的作用是控制直流母线电压 v_{bus} 并为负载变换器提供功率。此时，系统等效环路增益为源变换器输出阻抗 $Z_S(s)$ 与负载变换器输入阻抗 $Z_L(s)$ 之比。需要说明的是，源变换器和负载变换器均可以独立稳定运行是阻抗比判据和 Middlebrook

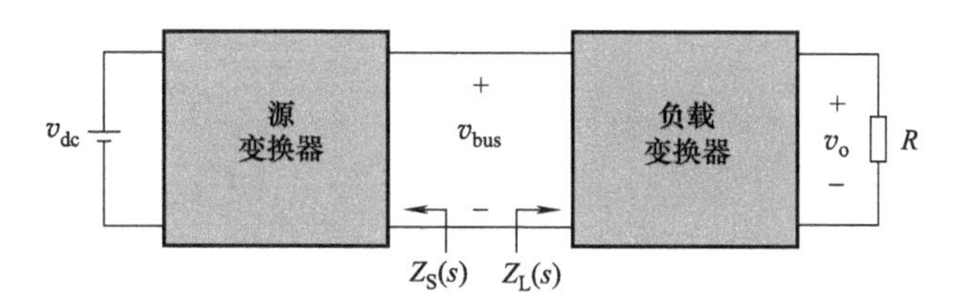

图 1.5 级联直流系统

判据的前提条件。

2. 基于阻抗比的禁区判据

禁区指的是 s 平面内的一个特定区域，只要阻抗比的奈奎斯特曲线不进入该区域，就认为系统是稳定的。Middlebrook 判据就是一种基于阻抗比的禁区判据，其禁区为 s 平面内以原点为圆心、半径为 r_0（$r_0<1$）的圆域以外的所有部分，如图 1.6a 所示。然而，Middlebrook 判据的要求过于严格，保守性高，在实际系统中比较难以

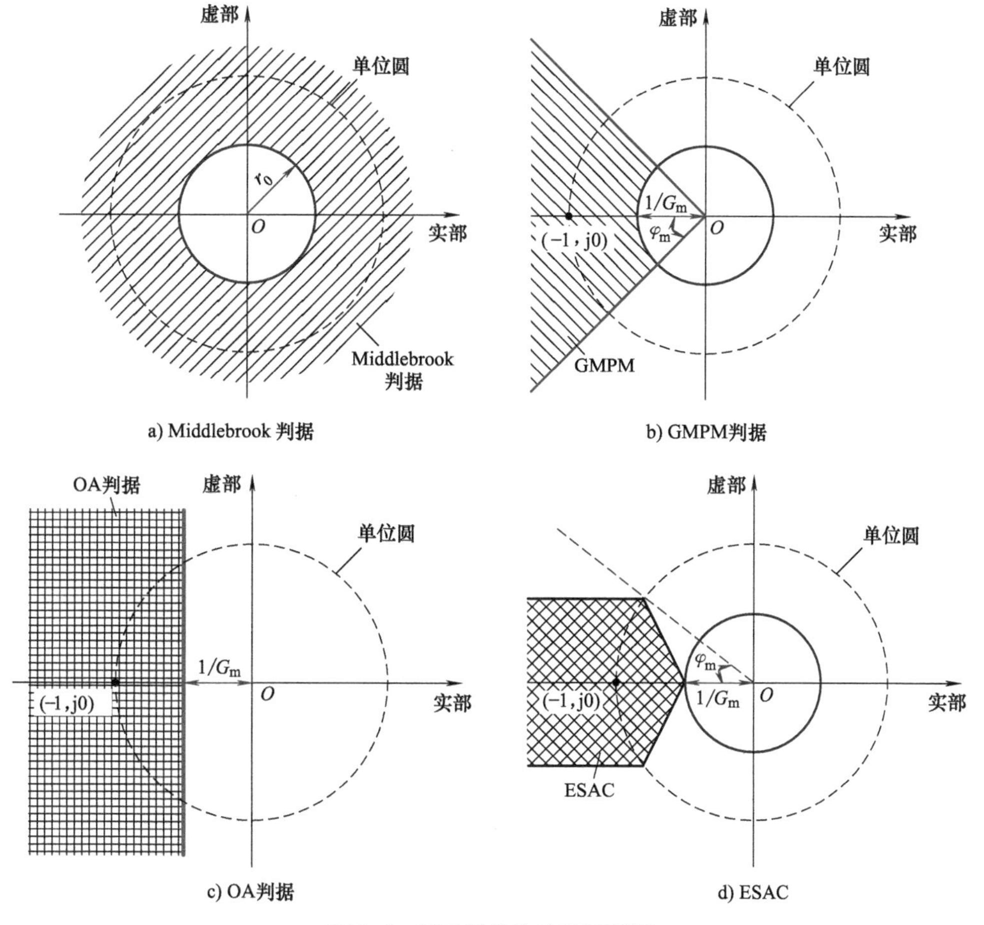

图 1.6 基于阻抗比的禁区判据

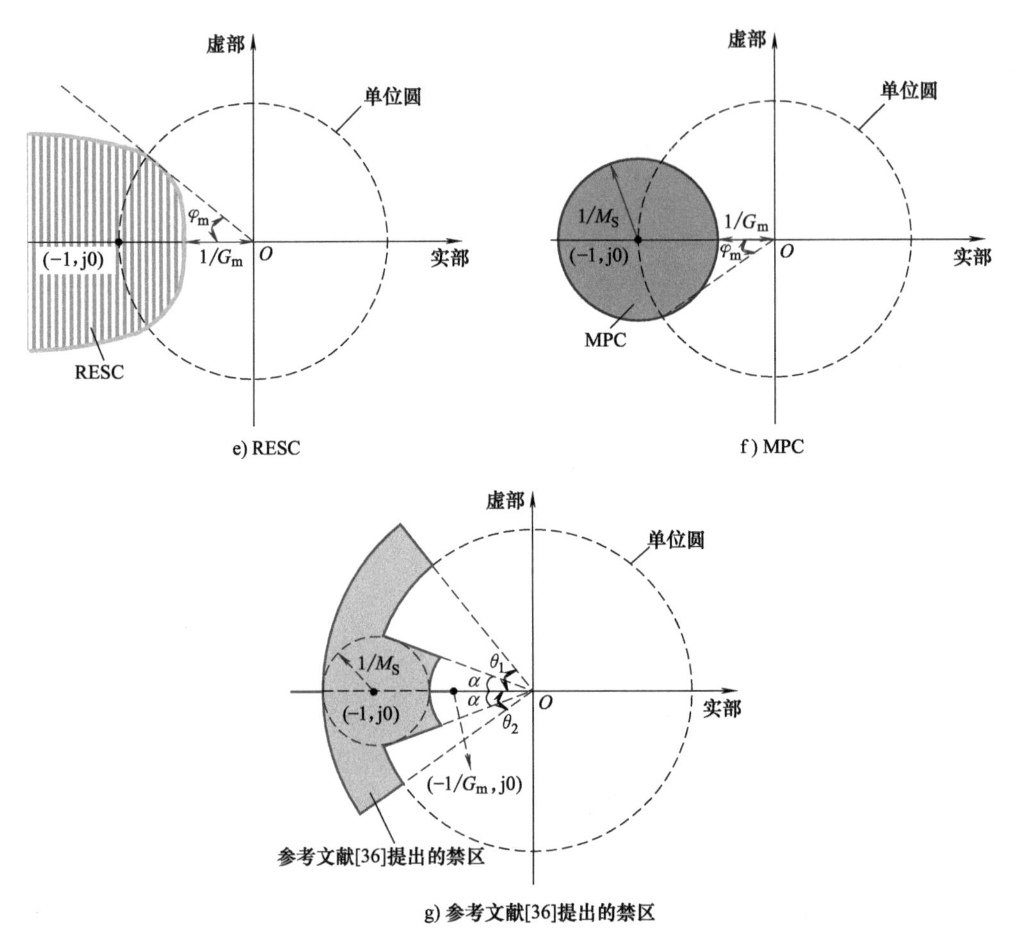

图 1.6　基于阻抗比的禁区判据（续）

满足或代价较大[30]。为此，研究者们相继提出了多种禁区判据，以减小禁区范围和判据的保守性，主要包括：GMPM（Gain Margin and Phase Margin）判据[31]、OA（Opposing Argument）判据[32]、ESAC（Energy Source Analysis Consortium）[33]及其改进判据 RESC（Root Exponential Stability Criterion）[34]、MPC（Maximum Peak Criterion）[35]和参考文献［36］提出的禁区判据等。这些禁区判据都是图 1.5 所示级联直流系统稳定的充分非必要条件，简介如下。

如图 1.6b 所示，GMPM 判据定义的禁区可表示为

$$|T_m(s)| \geqslant 1/G_m \text{ 且 } 180°-\varphi_m \leqslant \angle T_m(s) \leqslant 180°+\varphi_m \tag{1.2}$$

相较于 Middlebrook 判据，GMPM 判据允许阻抗比 $T_m(s)$ 的奈奎斯特曲线在某些频段位于单位圆外，从而大大缩小了禁区范围。GMPM 判据在满足系统稳定性要求的同时，还保证了系统具有期望的幅值裕度 G_m 与相角裕度 φ_m。在实际工程应用中，考虑到系统参数的变化，一般要求幅值裕度在 6dB 以上，相角裕度在 60°

左右[30]，因此 G_m 可取 2，φ_m 可取 60°。

如图 1.6c 所示，OA 判据定义的禁区可表示为

$$\mathrm{Re}[T_m(s)] \leqslant -1/G_m \tag{1.3}$$

相较于 GMPM 判据，尽管 OA 判据的禁区范围略大，但其禁区条件更简洁直观，且便于推广到含多并联负载变换器的直流配用电系统。随后，研究者们提出的 ESAC 和 RESC 进一步减少了 GMPM 判据的禁区范围，分别如图 1.6d 和 e 所示。

实际上，幅值裕度 G_m 表示的是阻抗比 $T_m(s)$ 沿着负实轴方向与不稳定状态的接近程度，相角裕度 φ_m 则描述了 $T_m(s)$ 沿着单位圆与不稳定状态的接近程度。除了上述两个稳定裕度指标，$T_m(s)$ 与（-1，j0）点的接近程度也可以很好地衡量系统与不稳定状态的接近程度，即系统的相对稳定性[37]。MPC 和参考文献［36］提出的禁区判据均是基于相对稳定性所提出的。MPC 要求阻抗比 $T_m(s)$ 满足奈奎斯特稳定判据且不经过图 1.6f 所示圆心为（-1，j0）、半径为 $1/M_S$ 的圆域禁区，其中 $T_m(s)$ 和 M_S 的关系以及 M_S 的取值分别由式（1.4）和式（1.5）给出，M_S 也称为系统灵敏度函数的峰值因子[37]。显然，当阻抗比 $T_m(s)$ 满足 MPC 时，系统必然满足稳定裕度 G_m 和 φ_m 的要求，也意味着具有一定的鲁棒稳定性。MPC 将对系统稳定裕度的要求统一转化为 s 平面上的圆域边界，其形式更加简洁直观。

$$|1+T_m(s)| = \frac{1}{M_S} \tag{1.4}$$

$$\frac{1}{M_S} = \max\left\{2\sin\frac{\varphi_m}{2},\ 1-\frac{1}{G_m}\right\} \Leftrightarrow M_S = \min\left\{\frac{1}{2\sin(\varphi_m/2)},\ \frac{1}{1-1/G_m}\right\} \tag{1.5}$$

参考文献［36］提出的禁区如图 1.6g 所示，由三部分组成：一是从（$-1/G_m$，j0）点至负无穷大的射线，以确保系统稳定性与幅值裕度 G_m；二是以原点为圆心、顶圆半径为 $1+1/M_S$、底圆半径为 1 和圆心角为 $\theta_1+\theta_2$ 的扇环区域，这里 θ_1 和 θ_2 为 $T_m(s)$ 伯德图上两个截止频率对应的相位，基于相角裕度 φ_m 可以设置 θ_1 和 θ_2 的取值，请注意该禁区判据中峰值因子 M_S 的取值与 MPC 不同；三是以原点为圆心、顶圆半径为 1、底圆半径为 $1-1/M_S$、圆心角为 2α 且关于实轴对称的扇环区域，两个扇环区域可以限制系统的峰值因子 M_S 不超过 $\sin^{-1}\alpha$，从而保证系统具有一定的鲁棒性。尽管该禁区的形状较 MPC 定义的禁区复杂，但由于其边界仅由圆弧和直线段构成，因此很容易从 s 平面映射到伯德图上，结合源变换器的输出阻抗曲线和所需系统性能指标，可以确定负载变换器输入阻抗的稳定边界。此外，由于禁区范围缩小，该禁区判据的保守性也较 MPC 有所降低。

3. 反阻抗比判据

2011 年，美国伦斯勒理工学院孙建教授在研究图 1.7 所示并网逆变器系统的稳定性问题时，提出系统稳定的充分必要条件是：阻抗比 $Z_g(s)/Z_{inv}(s)$ 满足奈奎斯特稳定判据[38]。其中，$Z_g(s)$ 为交流电网阻抗，$Z_{inv}(s)$ 为并网逆变器的输出

阻抗。该判据为解决并网逆变器与弱电网相互作用问题奠定了理论基础，具有重要的理论意义与工程价值[30]。尽管这一判据起源于交流系统，但同样也适用于直流配用电系统[39]。

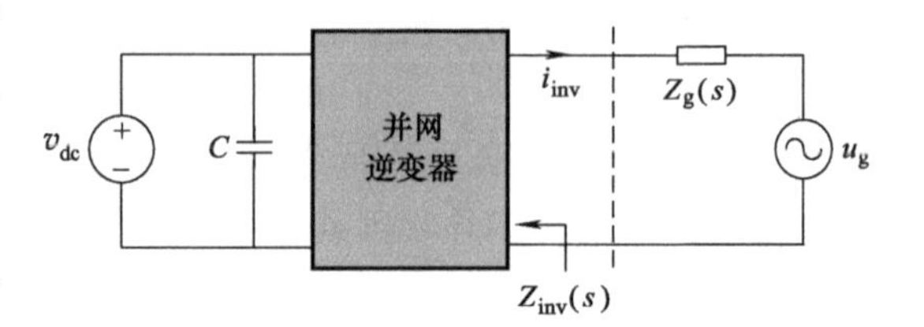

图 1.7　并网逆变器系统

在图 1.7 所示系统中，并网逆变器的作用是将直流电逆变为交流电并送回交流电网，承担了源变换器的功能，交流电网则被视为“负载”。显然，孙建教授提出的阻抗比判据在形式上与 Middlebrook 教授定义的源-载阻抗比完全相反，因此将前者称为反阻抗比判据，以作区别。

4. 统一阻抗比判据

上述阻抗比判据与反阻抗比判据都是针对两变换器级联系统提出的，且其形式也与源变换器类型（电压源型或电流源型）和系统功率流向有关。但实际直流配用电系统内部的设备数量远多于两个，各设备类型与控制模式多种多样。例如图 1.8 所示的光储独立供电系统中，光伏模块可采用 MPPT 控制或恒压控制，储能模块可工作于充电模式或放电模式。当光伏模块和储能模块同时向负载变换器供电时，系统存在两种不同类型的源变换器，因而无法简单地将整个系统等效为一个电压源系统或电流源系统，这使得系统级的稳定分析较为繁琐困难。

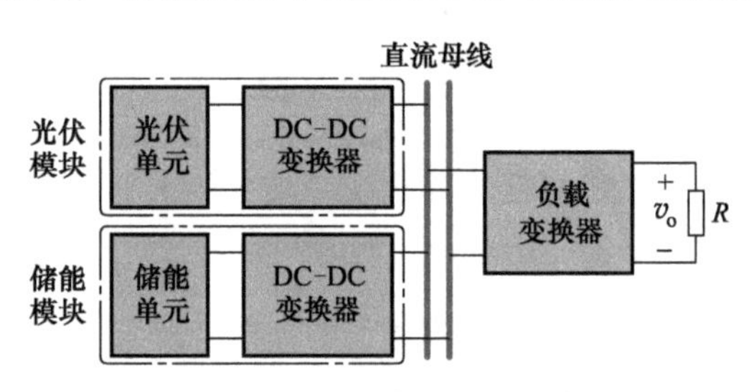

图 1.8　光储独立供电系统

为解决上述问题，南京航空航天大学阮新波教授团队提出了一种统一阻抗比判据[30,40]。对于如图 1.9a 所示的单母线直流配用电系统，首先将控制或影响直流母线电压与电流的变换器分别定义为 BVCC（Bus Voltage Controlled Converter）和 BCCC（Bus Current Controlled Converter），得到系统统一形式，如图 1.9b 所示，图中假定系统包含 m 个 BVCC 和 n 个 BCCC；然后基于 DC-DC 变换器的二端口小信号模型，推导得到整个系统的等效环路增益 $T_m(s)$ 为式（1.6）；最后根据控制理论，若各变换器都可以独立稳定运行，那么当且仅当 $T_m(s)$ 满足奈奎斯特稳定判据时，图 1.9 所示单母线直流配用电系统是稳定的。

$$T_m(s)=\frac{\left(\sum_{j=1}^{m} Z_{BVCC,j}^{-1}(s)\right)^{-1}}{\left(\sum_{k=1}^{n} Z_{BCCC,k}^{-1}(s)\right)^{-1}} \tag{1.6}$$

式中，$Z_{BVCC,j}(s)$ 和 $Z_{BCCC,k}(s)$ 分别为 $BVCC_j$ 和 $BCCC_k$ 在直流母线侧的端口阻抗。

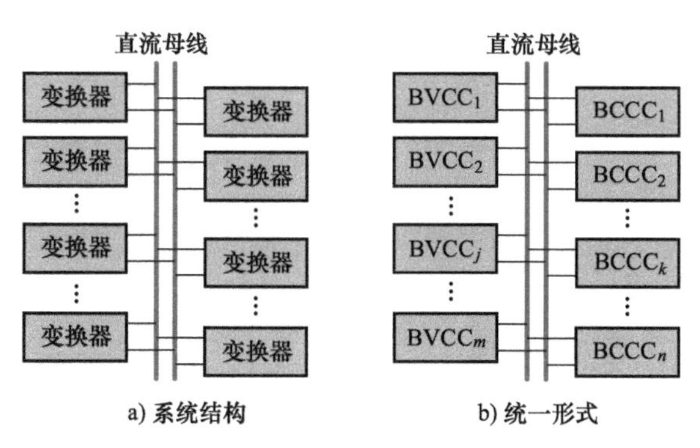

图 1.9 单母线直流配用电系统

由于统一阻抗比判据中定义的等效环路增益 $T_{\mathrm{m}}(s)$ 是所有 BVCC 的并联等效阻抗与所有 BCCC 的并联等效阻抗之比，因此阻抗比判据与反阻抗比判据都是统一阻抗比判据的特例。

5. 和式判据

除了阻抗比值形式的稳定判据外，研究者们还提出了其他形式的阻抗判据，其中和式判据就是比较有代表性的一类。

2014 年，西安交通大学刘进军教授团队提出适用于级联电压源变换器系统的阻抗和判据[41]：当两个电压源变换器在直流母线侧的端口阻抗之和的奈奎斯特曲线不包围原点时，系统稳定。随后，伊利诺伊理工大学钟庆昌教授与浙江大学张欣教授将阻抗和判据的适用范围进一步推广到任意类型的交流和直流级联变换器系统，并指出阻抗和判据相较于阻抗比判据的优势是无需提前区分变换器类型[42]。

另一种和式判据为导纳和判据。由于导纳是阻抗的倒数且在电路中可以相互转换，因此也可以从导纳角度分析直流配用电系统的小信号稳定性。2013 年，刘进军教授团队提出了导纳和判据[43]，即级联直流系统的稳定性取决于两个级联变换器的导纳和是否有右半平面零点。2019 年，东南大学曹武副研究员针对多并联并网逆变器系统的谐波稳定性提出了全局导纳判据[44]，即系统稳定性取决于全局导纳是否包含右半平面零点，其中全局导纳定义为所有逆变器导纳、无源设备导纳与电网导纳之和。全局导纳判据可以看作是导纳和判据的进一步推广，同样适用于单母线直流配用电系统的稳定性分析[45]，且具备无需对变换器或设备进行分类的优势[20]。

6. 无源判据与母线阻抗判据

根据一端口网络的无源理论，美国南卡罗来纳大学的 Riccobono 和 Santi 教授于 2012 年提出了基于母线阻抗 $Z_{\mathrm{bus}}(s)$ 的无源判据[46]，并将其应用于如图 1.9a 所示的单母线直流配用电系统[47]。无源判据要求：①$Z_{\mathrm{bus}}(s)$ 没有右半平面极点；②对任意的 ω 均满足 $\angle Z_{\mathrm{bus}}(\mathrm{j}\omega)\in[-90°,90°]$ 或 $\mathrm{Re}[Z_{\mathrm{bus}}(\mathrm{j}\omega)]\geqslant 0$。母线阻抗 $Z_{\mathrm{bus}}(s)$ 的定义如图 1.10a 所示，其中两个子系统分别由若干个变换器并联组成，i_{inj} 可以认为是外部设备向直流母线注入的电流，因此 $Z_{\mathrm{bus}}(s)=v_{\mathrm{bus}}(s)/i_{\mathrm{inj}}(s)=Z_1(s)//Z_2(s)$

也是所有变换器在直流母线侧端口阻抗的并联组合。根据无源理论，一个无源的系统必然也是稳定的，但反之则不成立，因此无源判据是系统稳定的充分非必要条件。无源判据也可以视为一种特殊的禁区判据，其面向母线阻抗 $Z_{bus}(s)$ 的禁区为 s 平面的整个左半平面，如图 1.10b 所示[12]。

实际上，当单母线直流配用电系统内部各变换器或设备可以独立稳定运行时，系统的小信号稳定性可以仅根据 $Z_{bus}(s)$ 是否有右半平面极点进行评估，此即为母线阻抗判据[20]。母线阻抗判据是无源判据的第一个条件，是系统稳定的充分必要条件，也无需区分变换器或设备类型。在母线直流配用电系统中，由于母线阻抗和所有变换器的导纳和互为倒数，因此母线阻抗判据与导纳和判据在稳定性原理上完全等价。此外，参考文献［39］指出阻抗比判据、反阻抗比判据、阻抗和判据、导纳和判据与母线阻抗判据均可以用于评估任何互联变换器系统的小信号稳定性，这是由于它们本质上都是在分析互联变换器系统的特征方程是否存在右半平面的根。

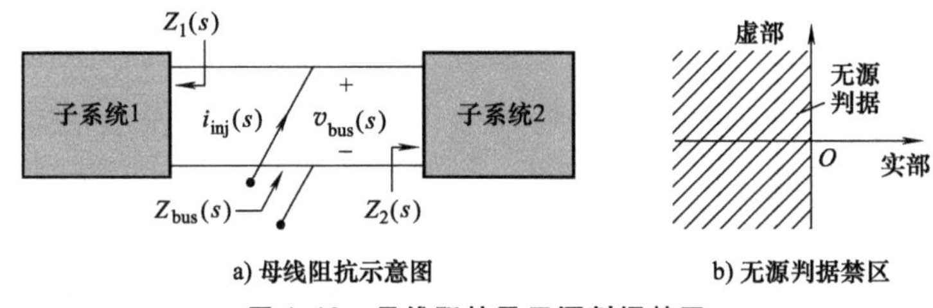

a) 母线阻抗示意图　　b) 无源判据禁区

图 1.10　母线阻抗及无源判据禁区

随着直流变换技术的快速发展，以及直流负荷、储能设备与新能源的分布式接入，直流配用电系统的网络架构越发复杂，且逐渐呈现出多电力电子变换器、多电压等级、多直流母线等显著特点[13]，稳定性问题更加突出。而上述阻抗稳定判据大多是基于由两个变换器组成的简单级联直流系统或具有单一母线结构的并联直流配用电系统所提出的，因此可能无法直接用于具有复杂网架结构的直流配用电系统。近年来，国内外学者开始注意到复杂直流配用电系统的稳定性问题，并开展了一些相关研究工作。

7. 多电压等级直流配用电系统稳定性分析方法

多电压等级直流配用电系统内部大量电气设备的控制环路强烈交互、端口阻抗紧密耦合，如图 1.2a～c 所示，同时换流器、直流变压器等互联装置进一步加深了不同电压等级设备间的耦合联动作用，导致多电压等级直流系统的阻抗方程表征复杂、稳定机理分析困难，近年来受到了广泛的关注和研究。

2020 年，东南大学陈武教授团队基于 DC-DC 变换器的二端口网络模型构建了中低压直流配用电系统的小信号模型，在此基础上推导了系统所有输入变量到输出变量间的闭环传递函数，以及直流变压器不同运行方式下系统的等效环路增益表达式，结合奈奎斯特稳定判据，提出了基于等效环路增益的中低压直流配用电系统稳定判据[48-49]。该判据是参考文献［40］所提单电压等级直流配用电系统等效环路增益稳定判据的进一步拓展，但与之不同的是：中低压直流配用电系统的等效环路增益并非呈现阻抗比的形式，且其数学表达式不但与系统内部所有变换器的端口阻抗或导纳有关，还与直流变压器不同端口间的转移传递函数（例如两个端口电压之间的传递函数）有关。为进一步分析子系统间的阻抗交互作用，陈武教授团队提出并证明了若从不同直流母线处将整个系统划分为两个子系统，那么当任一条直流母线对应的子系统端口等效阻抗之比满足奈奎斯特稳定判据时，中低压直流配用电系统稳定，反之则不稳定[50,51]。此外，还提出了一种基于母线阻抗的稳定判据：当任一条直流母线对应的母线阻抗没有右半平面极点时，系统稳定，反之则不稳定[21]。由于上述研究构建的系统模型是基于所有变换器的二端口小信号模型得到的，其建模方法和稳定判据难以进一步推广到含更多电压等级直流母线的配用电系统中，为此陈武教授团队通过保留直流变压器的二端口小信号模型而将其余变换器等效简化为戴维南模型或诺顿模型，构建了含 n 个电压等级直流母线的配用电系统小信号等效模型，并提出了相应的稳定性分析方法[13,52]。

为评估含多条直流母线配用电系统的小信号稳定性，湖南大学帅智康教授团队提出了一种逐级稳定性分析方法[53-54]：首先保证系统内部各变换器自身的稳定性，然后从最后一级开始基于阻抗判据评估本级直流母线的稳定性，在本级直流母线自身稳定的前提下，将后级子系统往前一级进行折算，再进行稳定性分析，最终评估所有直流母线的稳定性。然而，该方法可能会导致系统稳定性的评估结论较为保守，这是由于逐级划分后的子系统稳定性并非一定是整个系统稳定性的充分条件之一[13,21]。西南交通大学周国华教授团队基于广义伯德图判据和子系统阻抗比判据，提出了一种多电压等级直流配用电系统小信号稳定性评估方法，该方法考虑了子系统阻抗比表达式中含有右半平面极点的情况[55-56]。此外，参考文献［57］将无源判据拓展到了含 n 条母线的直流配用电系统的稳定性分析中：①任一条直流母线端口等效阻抗 $Z_{bus,\alpha}(s)$ 均没有右半平面极点，$\alpha=1, 2, \cdots, n$；②对任意的 ω 均满足 $\mathrm{Re}[Z_{bus,\alpha}(\mathrm{j}\omega)]\geqslant 0$。

8. 含复杂线路阻抗网络的直流配用电系统稳定性分析方法

不同于仅采用并联或级联方式连接的直流配用电系统，在环网或具有多母线分段等复杂网络架构的直流配用电系统中，线路阻抗和系统架构不可忽略，这类系统往往不存在一个明显的源-荷划分点，也无法沿用导纳和、阻抗和的概念与判据进行稳定性分析。

为解决复杂网络直流系统的小信号稳定性问题，浙江大学韦巍教授团队针对含有 n 个节点的直流微电网，推导了所有功率模块的戴维南或诺顿等效模型中的受控源到节点注入电流向量间的传递函数矩阵，提出了一种基于逆矩阵 $\boldsymbol{T}_m(s)=\{\boldsymbol{Y}_c(s)+\boldsymbol{Z}_u(s)[\boldsymbol{Y}_L(s)+\boldsymbol{Y}_{net}(s)]\}^{-1}$ 的稳定判据[58-59]：当 $\boldsymbol{T}_m(s)$ 的极点全部位于左半平面时系统稳定，反之则不稳定。其中 $\boldsymbol{Y}_c(s)$ 为采用电流控制的电源模块和恒功率负载的导纳矩阵，$\boldsymbol{Z}_u(s)$ 为控制直流母线电压的电源模块的阻抗矩阵，$\boldsymbol{Y}_L(s)$ 为电阻负载的导纳矩阵，$Y_{net}(s)$ 是系统网络架构的节点导纳矩阵。然而，该方法需要首先计算传递函数的逆矩阵，然后再评估逆矩阵中每一个传递函数的极点，计算难度大且较为繁琐[20]。事实上，根据参考文献［20］的结论，$T_m(s)$ 的右半平面极点即为行列式 $\det\{Y_c(s)+Z_u(s)[Y_L(s)+Y_{net}(s)]\}$ 的右半平面零点，而行列式相较于逆矩阵计算简单；同时，在各变换器都可以独立稳定运行的前提下，该行列式自身不含右半平面极点，因此也可以根据其频率特性曲线包围原点的等效圈数是否为 0 来评估系统稳定性。此外，参考文献［20］还提出了一种母线节点阻抗判据：当系统任一节点对应的母线节点阻抗没有右半平面极点时，系统稳定，反之则不稳定。然而，母线节点阻抗判据仍需通过绘制母线节点阻抗的零极点图进行系统级稳定性分析[60]。

华南理工大学钟庆教授团队提出通过分析系统节点阻抗矩阵中各传递函数的频率特性，可以掌握直流配电网的谐振特性[61]。参考文献［62］和参考文献［63］指出，单电压等级多母线分段结构的直流系统特征方程可以从系统回路阻抗矩阵的行列式中获得，并用以分析系统的低频稳定性。类似地，参考文献［64］则是采用节点导纳矩阵的行列式分析系统的低频稳定性。事实上，根据对偶原理，节点导纳矩阵与回路阻抗矩阵的零点均等价于系统特征值[65]，换句话说，系统稳定性与振荡模式分析可以基于节点导纳矩阵，也可以基于回路阻抗矩阵。

9. 基于阻抗的双极性直流系统稳定性分析方法

直流系统的接线形式主要有单极性与双极性两类，其中单极性系统的直流母线只有正、负两极，而双极性系统则采用三线制，即正、负极母线和中性线[66]。相较于单极性直流系统一条母线只能提供一个电压等级 V_{bus} 的限制，双极性直流系统可以同时提供 V_{bus} 和 $2V_{bus}$ 两种电压等级，不但可以适应更多电压等级的设备接入，而且提高了系统供电的可靠性及灵活性。

现有的直流系统稳定性分析方法大都是基于单极性系统所提出的[67]。由于双极性直流系统采用了电压平衡器与三线制母线结构，其稳定性分析方法与单极性系统有着显著差异且更为复杂。目前，国内外针对双极性直流系统的频域稳定性研究较少，较为有代表性是西南交通大学周国华教授团队基于阻抗和判据，提出了不同母线端口的稳定条件，研究了不同母线端口稳定性的相互影响，并分析了不平衡负载接入对称母线可能引起的不稳定现象[56-68]。此外，参考文献［69］采用 Middlebrook 判据分析了基于交错并联型电压平衡器的双极性直流系统的小信号稳定性。

1.3 直流配用电系统稳定性提升方法研究现状

根据阻抗分析法，直流配用电系统失稳的主要原因是变换器或子系统间的阻抗不匹配。因此，可以通过修改和设计变换器的端口阻抗，提高直流配用电系统的稳定性，主要有如下四种方法。

1.3.1 基于无源元件的稳定性提升方法

基于无源元件的稳定性提升方法主要通过在系统中增加电阻、电容和电感中的一种或者串并联组合形式来提高直流配用电系统的稳定性[70-71]，如图 1.11 所示。抑制恒功率负载负阻尼特性的最直接方法是向其前级 *LC* 滤波器增加阻尼，图 1.11a 和 b 给出了两种常用方法，然而这将带来额外的功率损耗并降低系统效率[72]。根据阻抗比判据，通过降低源侧等效输出阻抗的谐振峰值，也可以避免系统的阻抗不匹配。例如可以在直流母线上并联阻容支路，或在滤波电感中并联或串联阻感支路，分别如图 1.11c～e 所示[70,73]。基于 *LC* 滤波器的二端口阻抗模型，参考文献［74］发现图 1.11c～e 所示的三种方案均会降低 *LC* 滤波器的性能，为此提出了一种用于稳定系统并提高 *LC* 滤波器性能的并联 *RLC* 阻尼支路方案，如图 1.11f 所示。

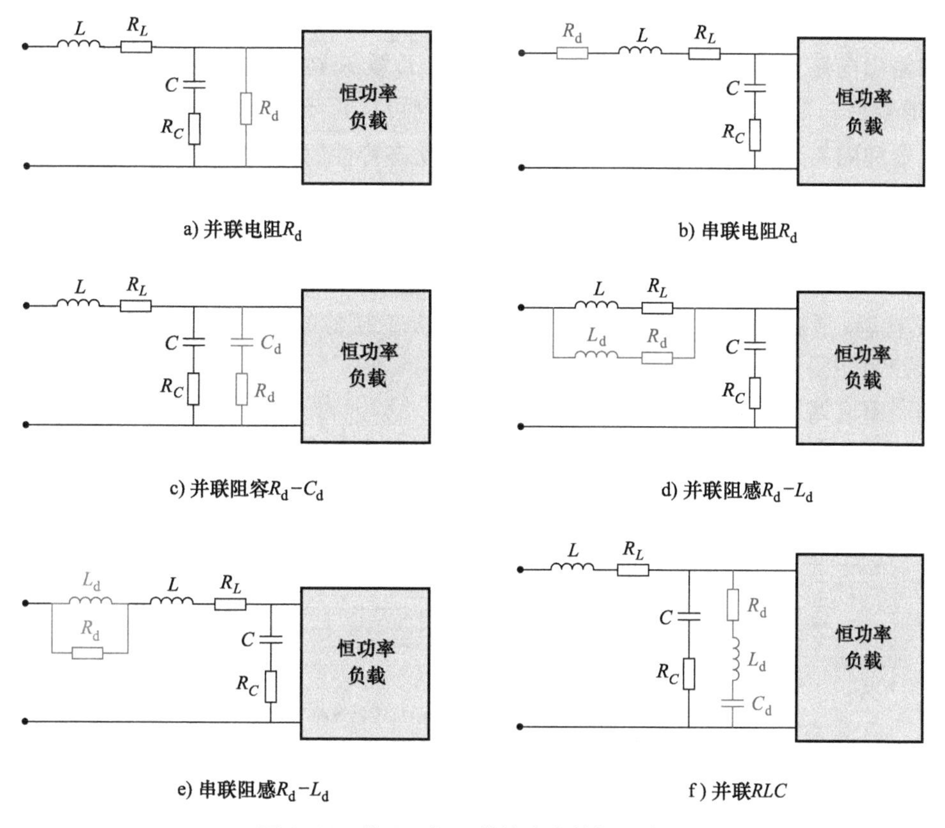

a) 并联电阻R_d　b) 串联电阻R_d

c) 并联阻容R_d-C_d　d) 并联阻感R_d-L_d

e) 串联阻感R_d-L_d　f) 并联*RLC*

图 1.11 基于无源元件的稳定性提升方法

不过，基于无源元件的稳定性提升方法不但增加了系统成本，而且降低了功率密度和效率，并且不能随着系统运行工况自动调整元件参数，灵活性也较差。为了避免增加无源元件所带来的成本和损耗，可以在变换器原有控制环路的基础上添加电压或电流反馈支路，并通过合理设计反馈支路的控制器及其参数，等效地实现在变换器端口或内部插入一个虚拟阻抗的效果，从而解决阻抗不匹配问题，并以较低成本提升系统稳定性[60,71,75]。由于虚拟阻抗是基于控制策略实现的，因此其特性和取值可以根据系统运行状态的变化灵活调整，自适应性较高。根据虚拟阻抗插入位置的不同，分为源侧虚拟阻抗控制和负载侧虚拟阻抗控制两类。

1.3.2 基于源侧虚拟阻抗控制的稳定性提升方法

在源侧采用虚拟阻抗控制的优点是可以在不影响负载性能的情况下，通过修改源侧变换器的输出阻抗提升系统稳定性。如图 1.12a 和 b 所示，参考文献［76］和［77］分别将 Buck 变换器的输出电流 i_{bus} 和电容电流 i_C 引入控制环路，以实现在变换器输出侧并联虚拟电阻 R_{vd} 的效果。然而，参考文献［76］所提控制策略需要通过比例微分控制器实现，难度较大，且可能会干扰原本的输出电压控制[78]。如图 1.12c 和 d 所示，参考文献［79］和［80］分别通过将 Buck 变换器的电感电流 i_L 和输出电流 i_{bus} 经系数 R_{vd} 引入控制环路，以实现在滤波电感上串联虚拟电阻 R_{vd} 的效果。参考文献［79］所提控制策略也可以用于 Boost 变换器、Buck-boost 变换器和隔离型 DC-DC 变换器，但对变换器动态特性的负面影响较大[78]，尤其是严重影响了输出电压的稳态平均值，不过可以通过在反馈支路增加带通滤波器解决。参考文献［80］所提方案要求源变换器的闭环控制带宽必须大于恒功率负载输入 LC 滤波器的谐振频率，且不同恒功率负载的输入滤波器的谐振频率应不同。如图 1.12e 所示，参考文献［81］通过将 Buck 变换器的电容电流 i_C 通过系数 k_{AD} 引入控制环路，以实现在输出侧并联虚拟阻容的效果，不过增大虚拟电容会降低系统动态响应速度。如图 1.12f 所示，参考文献［82］通过将 Buck 变换器的输出电流 i_{bus} 引入控制环路，以实现在滤波电感上串联虚拟阻感的效果。如图 1.12g 所示，参考文献［83］针对采用输出电压单闭环控制的源变换器，将其输出电流 i_{bus}

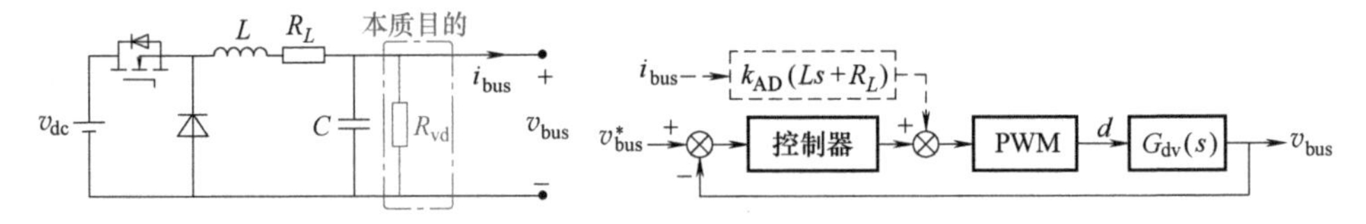

a) 参考文献[76]所提出的虚拟阻抗控制策略

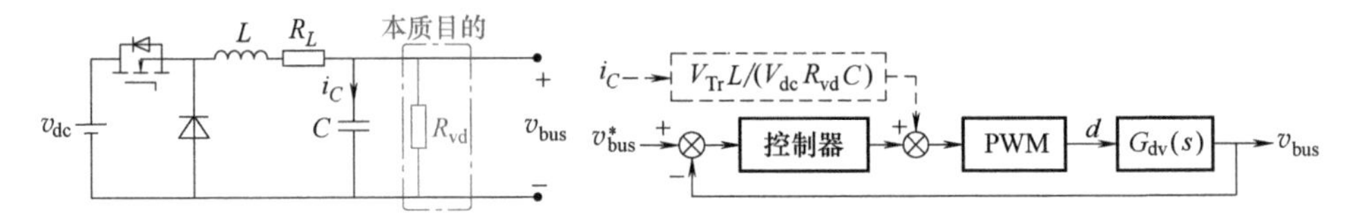

b) 参考文献[77]所提出的虚拟阻抗控制策略

图 1.12 几种源侧虚拟阻抗控制策略

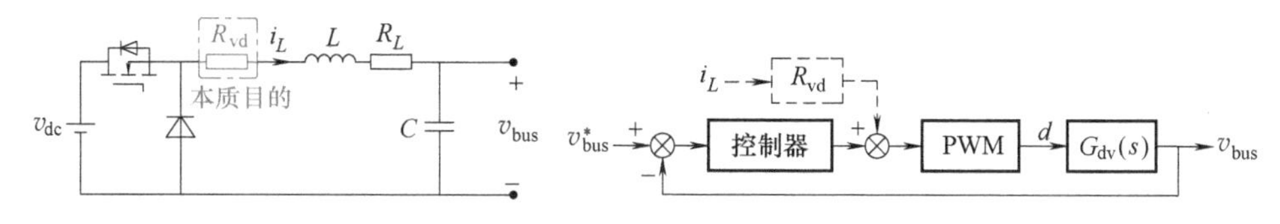

c) 参考文献[79] 所提出的虚拟阻抗控制策略

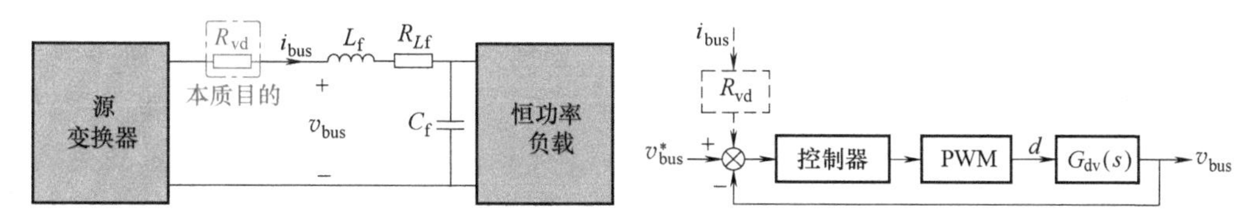

d) 参考文献[80] 所提出的虚拟阻抗控制策略

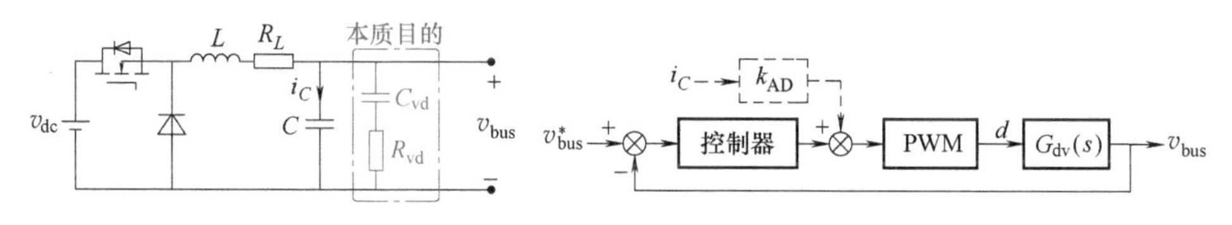

e) 参考文献[81] 所提出的虚拟阻抗控制策略

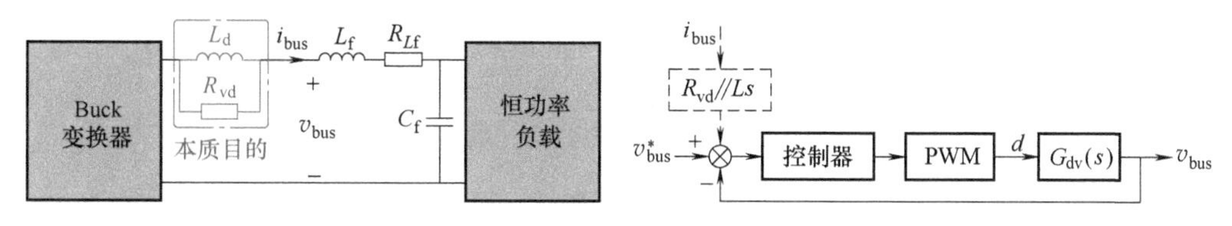

f) 参考文献[82] 所提出的虚拟阻抗控制策略

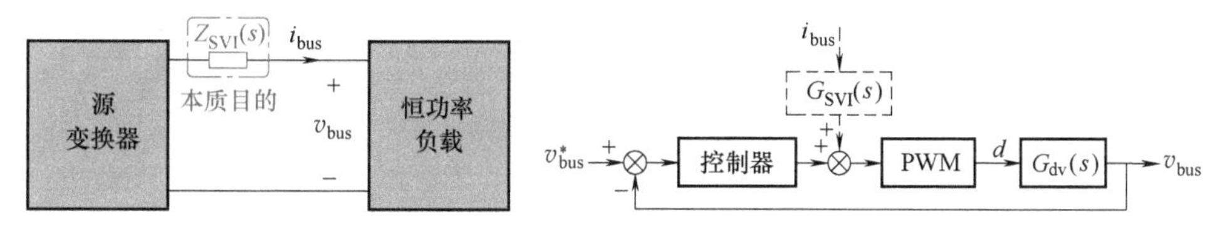

g) 参考文献[83] 所提出的虚拟阻抗控制策略

图 1.12　几种源侧虚拟阻抗控制策略（续）

经过控制器 $G_{SVI}(s)$ 引入控制环路，以实现在输出侧串联虚拟阻抗 $Z_{SVI}(s)$ 的效果，该方法不局限于特定的源变换器类型，且虚拟阻抗 $Z_{SVI}(s)$ 的形式可以人为设定，但控制器 $G_{SVI}(s)$ 的设计与实现可能较难。

1.3.3　基于负载侧虚拟阻抗控制的稳定性提升方法

当直流配用电系统的源不可控或控制环路不允许修改时，源侧虚拟阻抗控制策略将无法应用。在这种情况下，可以通过对负载变换器实施虚拟阻抗控制来调整其输入阻抗，从而提升系统稳定性[71,78,84]。众多研究指出：负载变换器通常呈现恒功率负载特性，其输入阻抗在低频范围内的负阻尼特性是引发直流配用电系统失稳的主要原因[71,84-85]。因此，负载侧虚拟阻抗控制可以有效直接地从根本上解决直流配用电系统的失稳问题，故而受到了广泛关注和研究。

如图 1.13a 和 b 所示，参考文献［86］针对基于 Buck 变换器的负载，通过将输入电压 v_{in} 引入控制环路，以分别实现在输入侧并联虚拟电阻 R_{vd} 和虚拟阻容 R_{vd}-C_{vd} 的效果，图中，$G_{BPF}(s)$ 和 $G_{LPF}(s)$ 分别为带通和低通滤波器传递函数。该控制策略实现简单，但系数 k_{AD} 需要基于复杂的复数计算得到。如图 1.13c 所示，参考文献［87］通过将直流母线电压 v_{bus} 经传递函数 $G_{PVI}(s)$ 引入负载变换器的单电压环控制环路，可以实现在输入侧并联虚拟阻抗 $Z_{PVI}(s)$ 的效果。随后，参考文献［88］通过进一步设计 $G_{PVI}(s)$，使得所提控制策略可以自适应任何源变换器类型。此外，参考文献［87］还提出了一种负载变换器输入侧串联虚拟阻抗 $Z_{SVI}(s)$ 的控制策略，如图 1.13d 所示，通过将直流母线电流 i_{bus} 经传递函数 $G_{SVI}(s)$ 引入单电压环控制环路，以实现 $Z_{SVI}(s)$。在此基础上，参考文献［89］

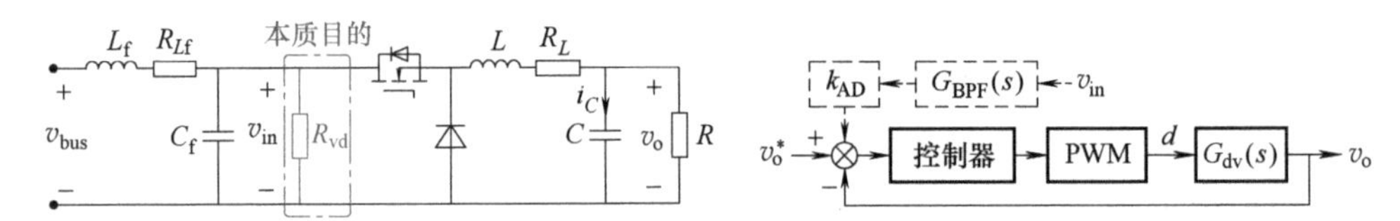

a) 参考文献[86] 所提出的虚拟阻抗控制策略

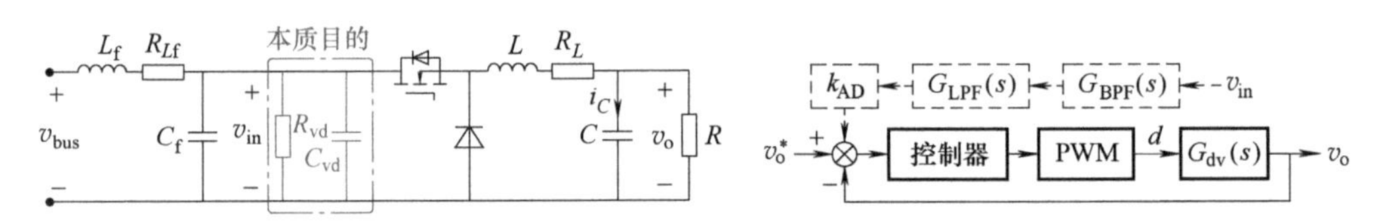

b) 参考文献[86] 所提出的虚拟阻抗控制策略

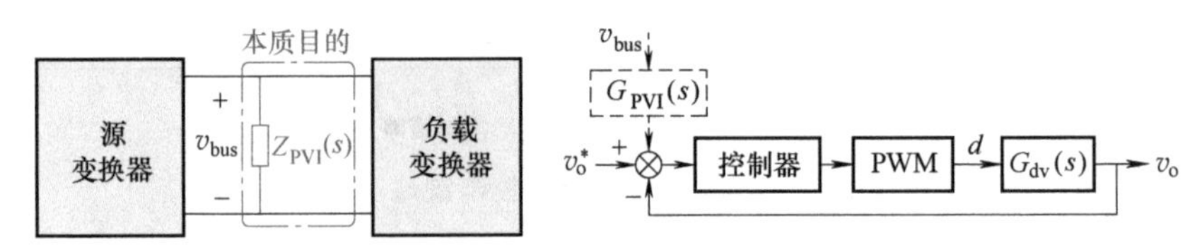

c) 参考文献[87] 所提出的虚拟阻抗控制策略

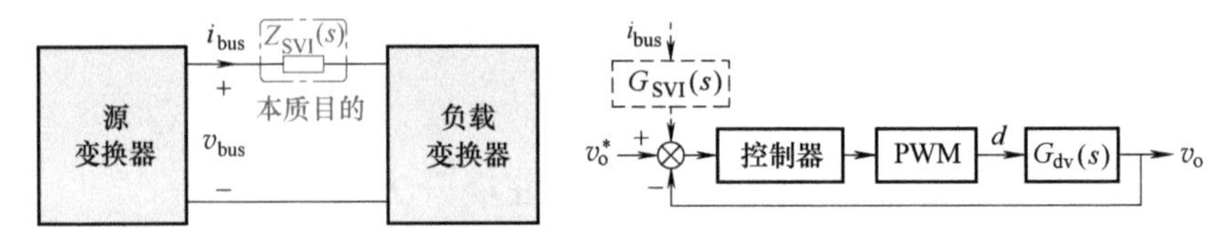

d) 参考文献[87] 所提出的虚拟阻抗控制策略

图 1.13　几种负载侧虚拟阻抗控制策略

证明了在负载变换器的最大额定功率和最小额定输入电压范围内，上述串联虚拟阻抗控制可以实现源变换器和负载变换器幅频特性曲线的完全分离，同时，该参考文献也提出了一种具有自适应特性的负载变换器串联虚拟阻抗控制策略。

随后，许多研究将参考文献［87］所提出的两种虚拟阻抗控制策略进行了改进和拓展，例如参考文献［90］和［91］提出了基于双闭环控制的负载变换器串并联虚拟阻抗控制策略，并解决了多电压源与线路阻抗谐振所导致的失稳问题。参考文献［92］面向采用输出电流单闭环控制的双有源桥变换器，提出了基于母线电压和母线电流的串并联虚拟阻抗控制策略，以解决储能系统在重载条件下的不稳定问题，并通过比较发现，并联虚拟阻抗控制的带宽更高、动态特性更好。参考文献［84］通过结合 Buck 类恒功率负载的频域特性，提出了一种基于二阶带通滤波器的功率自适应并联虚拟阻抗控制策略，相较于上述文献，该策略的优点是可以自适应源变换器类型和负载功率的变化，同时补偿控制器的阶数较低且参数设计简单，缺点是该方法适用的变换器类型有限。

1.3.4 基于振荡抑制设备的稳定性提升方法

上述介绍的源侧和负载侧虚拟阻抗控制需要获得变换器的详细参数信息和修改权限，这在实际应用中存在限制。为了不改变原有系统的内部结构，参考文献［93］提出了一种自适应有源电容变换器，如图 1.14 所示。根据母线电压 v_{bus} 控制输入电流 i_a，使得自适应有源电容变换器的端口表现为一个可以随着功率自适应变化的等效电容，从而降低源变换器的输出阻抗，避免源载阻抗不匹配，提升系统稳定性。自适应有源电容变换器即使在系统满载时所需的电容值 C_a 也较小，因此可以选择寿命较长的薄膜电容，同时系统动态响应也快于直接增加直流母线电容的无源方案。参考文献［94］和［95］基于图 1.14 所示自适应有源电容变换器的电路拓扑，通过改进控制策略，实现了级联直流系统的稳定提升，并改善了负载变换器功率切换时母线电压的暂态波动。此外，参考文献［96］通过将上述电路拓扑并联到负载变换器的输出侧，吸收特定高频范围内的负载电流，以改善虚拟阻抗控制

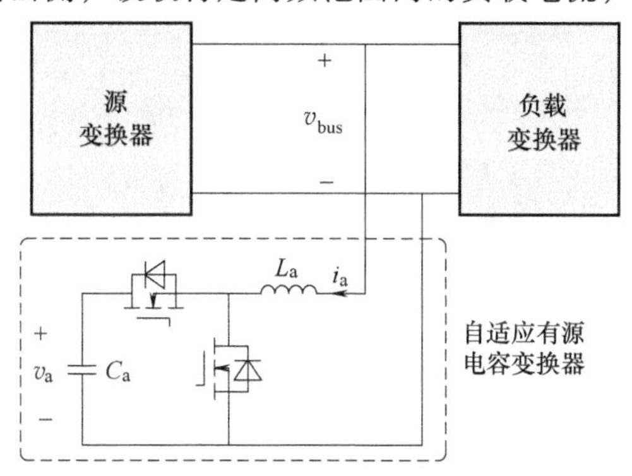

图 1.14 接入自适应有源电容变换器的级联直流系统

所导致的负载变换器自身动态特性降低的问题。不过，上述基于振荡抑制设备的稳定性提升方法也并非完美，明显增加了系统成本和多变换器协调控制复杂度。

1.4 本书的主要内容

本书针对多类型直流配用电系统的小信号建模、稳定分析、致稳控制与稳定设计方法进行详细介绍，共计 10 章，主要内容安排如下：

第 1 章为绪论，介绍了直流配用电系统小信号稳定性的研究背景，详细回顾了阻抗分析法的发展历程，并阐述了多种直流配用电系统稳定提升方法及其优缺点。第 2 章简要介绍了直流配用电系统稳定分析相关的控制理论，并详细推导了典型 DC-DC 变换器和电压源换流器在不同控制方式下的小信号模型。第 3~8 章由浅入深依次针对不同类型的直流配用电系统进行小信号建模与稳定分析，详细介绍了多种稳定判据及其应用方法，并通过案例分析和实验进行了可行性与有效性验证。第 9 章详细分析和讨论了用于提高级联直流系统稳定性的虚拟阻抗控制方法及其优缺点，并面向 Buck 类恒功率负载介绍一种具有功率自适应特点的并联虚拟阻抗控制策略。第 10 章介绍了接入弱电网的直流配用电系统和多电压等级直流配用电系统的阻抗稳定规范，给出了系统内部变换器端口阻抗的稳定边界条件，用以系统级稳定设计。

第 2 章

相关控制理论简介与电力电子变换器小信号建模

直流配用电系统的小信号稳定问题本质上是控制问题，需要基于控制理论与变换器小信号模型进行综合分析。为此，本章一方面将简要介绍直流配用电系统小信号稳定分析中常用的控制理论和网络理论，另一方面将介绍 DC-DC 变换器和电压源换流器在不同控制方式下进行小信号建模的基本思路与方法。

2.1 相关控制理论的基本概念与频域稳定判据

2.1.1 传递函数

一个线性定常控制系统的动态特性一般可以由下述 n 阶微分方程描述：

$$\begin{aligned}&a_M\frac{\mathrm{d}^M y(t)}{\mathrm{d}t^M}+a_{M-1}\frac{\mathrm{d}^{M-1}y(t)}{\mathrm{d}t^{M-1}}+\cdots+a_1\frac{\mathrm{d}y(t)}{\mathrm{d}t}+a_0\\&=b_K\frac{\mathrm{d}^K x(t)}{\mathrm{d}t^K}+b_{K-1}\frac{\mathrm{d}^{K-1}x(t)}{\mathrm{d}t^{K-1}}+\cdots+b_1\frac{\mathrm{d}x(t)}{\mathrm{d}t}+b_0\end{aligned}\tag{2.1}$$

式中，$x(t)$ 和 $y(t)$ 分别为系统的输入和输出变量；a_j（$j=1, 2, \cdots, M$）与 b_l（$l=1, 2, \cdots, K$）分别为与系统结构和参数有关的常系数。

设 $x(t)$ 和 $y(t)$ 及其各阶导数在 $t=0$ 时的取值均为零，即零初始条件。若对式（2.1）中各项分别求拉普拉斯变换，即可得系统在 s 域下的动态方程为

$$(a_M s^M+a_{M-1}s^{M-1}+\cdots+a_1 s+a_0)Y(s)=(b_K s^K+b_{K-1}s^{K-1}+\cdots+b_1 s+b_0)X(s)\tag{2.2}$$

式中，$Y(s)=\mathscr{L}[y(t)]$；$X(s)=\mathscr{L}[x(t)]$。

线性定常系统的传递函数 $G(s)$ 定义为零初始条件下，系统输出变量的拉普拉斯变换与输入变量的拉普拉斯变换之比，即

$$G(s)=\frac{Y(s)}{X(s)}=\frac{b_K s^K+b_{K-1}s^{K-1}+\cdots+b_1 s+b_0}{a_M s^M+a_{M-1}s^{M-1}+\cdots+a_1 s+a_0}\tag{2.3}$$

传递函数可以表示系统将输入变量转换为输出变量的传递关系。一般来说，传递函数是一个关于复变量 s 的有理真分式，只取决于系统或元件的结构和参数，而与输入量的形式无关。

下面介绍与传递函数定义相关的几个概念和术语。

（1）特征方程与特征根

若令传递函数 $G(s)$ 中的分母多项式等于 0，即可得传递函数的特征方程为

$$a_M s^M + a_{M-1} s^{M-1} + \cdots + a_1 s + a_0 = 0 \tag{2.4}$$

该特征方程的所有解称为传递函数的特征根。

（2）零点和极点

传递函数 $G(s)$ 中的分子多项式和分母多项式经过因式分解后可表示为

$$G(s) = \frac{b_K(s-z_1)(s-z_2)\cdots(s-z_K)}{a_M(s-p_1)(s-p_2)\cdots(s-p_M)} = \frac{b_K \prod_{l=1}^{K}(s-z_l)}{a_M \prod_{j=1}^{M}(s-p_j)} \tag{2.5}$$

式中，z_l 为分子多项式的零点，称为传递函数的零点；p_j 为分母多项式的零点，称为传递函数的极点，也是传递函数的特征根。

在复平面上表示传递函数的零点和极点的图形，称为传递函数的零极点分布图，图中一般用“○”表示零点，用“×”表示极点。

2.1.2 控制系统稳定性的概念与稳定判据

稳定是系统能够正常工作的首要条件。系统在实际运行过程中，总会受到外界和内部一些因素的扰动，例如负载和电源的波动、系统参数的变化、环境条件的改变等。系统在扰动作用下都会偏离原平衡状态，产生初始偏差。如果系统不稳定，就会在任何微小扰动作用下偏离原来的平衡状态，并随时间的推移而发散。因此，所谓稳定性，是指系统在扰动消失后，由初始偏差状态恢复到原平衡状态的性能。关于系统稳定性的定义有多种，上述定义是指系统在平衡状态的稳定性，由俄国学者李雅普诺夫于 1892 年提出并沿用至今。根据李雅普诺夫稳定性理论，控制系统的稳定性定义如下：

若线性控制系统在初始扰动的影响下，其动态过程随时间的推移逐渐衰减并趋于零（原平衡工作点），则称系统渐近稳定，简称稳定；反之，若在初始扰动影响下，系统的动态过程随时间的推移而发散，则称系统不稳定。

早在 1868 年，英国物理学家麦克斯韦在研究离心式调速器反馈系统的稳定性问题时，就提出了控制系统稳定的充分必要条件：系统特征根全部具有负实部或全部位于 s 平面虚轴的左侧。这一理论称为麦克斯韦稳定判据[97]，它教会了人们通过求解特征根来判断控制系统稳定性。

然而，随着控制系统的日益复杂，系统特征方程的阶数明显增加，求解特征根

的过程变得枯燥、困难且漫长。因此，在工程实践中，人们迫切希望找到一种不用通过求解特征根，就能快速判断控制系统稳定性的方法，于是就引出了经典控制理论中的几个频域稳定性判据。

1. 柯西辐角原理

设控制系统的结构如图 2.1 所示，其闭环传递函数为

$$F(s)=\frac{Y(s)}{X(s)}=\frac{G(s)}{1+T(s)}=\frac{G(s)}{1+G(s)H(s)} \tag{2.6}$$

式中，$T(s)$ 为开环传递函数，也称为开环增益。

柯西辐角原理：设 s 平面上的一个闭合曲线 Γ 包围 $F(s)$ 的 Z 个零点和 P 个极点，则当 s 沿着闭合曲线 Γ 顺时针运动一周时，$F(s)$ 的闭合曲线包围原点的圈数 R 为

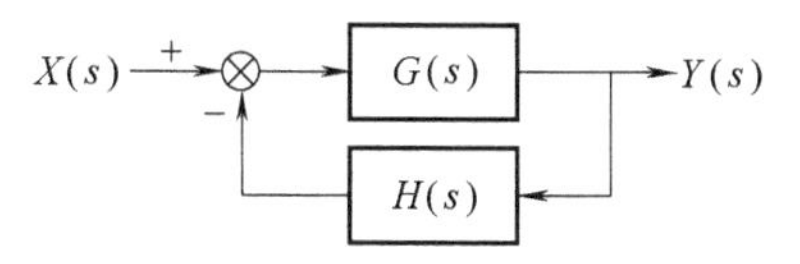

图 2.1 控制系统结构图

$$R=P-Z \tag{2.7}$$

式中，$R>0$ 和 $R<0$ 分别表示 $F(s)$ 的闭合曲线逆时针和顺时针包围原点，$R=0$ 表示不包围原点。

根据麦克斯韦稳定判据，图 2.1 所示控制系统稳定要求 $F(s)$ 没有右半平面极点或 $\Phi(s)=1+T(s)$ 没有右半平面零点。由此可见，控制系统的稳定性与传递函数的右半平面零点或极点密切相关。为此，s 平面上的闭合曲线 Γ 可选择为图 2.2 所示曲线，由正虚轴、负虚轴和半径为无穷大的半圆弧组成。这样，如果所研究的传递函数有右半平面的零极点，那么它们必被此曲线所包围，该闭合曲线也称为奈氏路径。需要说明的是，图 2.2 给出的闭合曲线 Γ 没有考虑虚轴有零极点的情况，针对这一情况参考文献［98］给出了另一种形式的闭合曲线，这里不再赘述。

基于柯西辐角原理和图 2.2 所示的闭合曲线，$F(s)$ 的右半平面极点数 P 等于 $F(s)$ 的右半平面零点数 Z 与当 ω 从 $-\infty$ 到 $+\infty$ 变化时 $F(s)$ 的频率特性曲线逆时针包围原点的圈数 R 之和；$\Phi(s)$ 的右半平面零点数 Z 等于 $\Phi(s)$ 的右半平面极点数 P 减去当 ω 从 $-\infty$ 到 $+\infty$ 变化时 $\Phi(s)$ 的频率特性曲线逆时针包围原点的圈数 R。

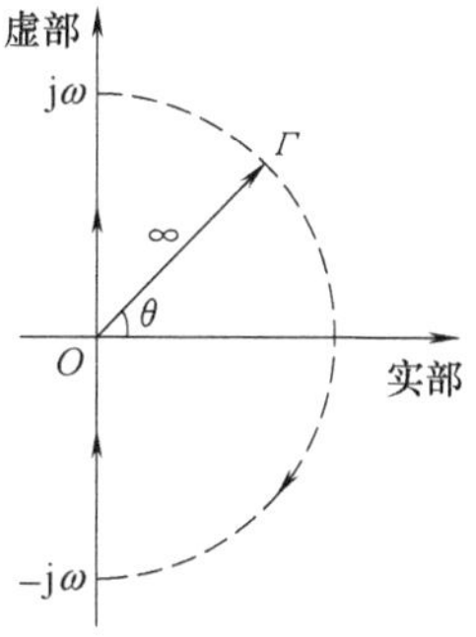

图 2.2 s 平面上的闭合曲线 Γ

2. 奈奎斯特稳定判据

奈奎斯特稳定判据：控制系统稳定的充分必要条件是开环传递函数 $T(s)$ 的奈奎斯特曲线逆时针包围（-1，j0）点的圈数 R 等于其右半平面极点数 P。

需要说明的是，奈奎斯特稳定判据中的圈数 R 是基于 ω 从 $-\infty$ 到 $+\infty$ 变化时 $T(s)$ 的闭合曲线计算的。由于 $T(s)$ 的奈奎斯特曲线关于实轴对称，因此在实际中可以只绘制 ω 从 0 到 $+\infty$ 变化时的 $T(s)$，此时得到的曲线定

义为 $T(s)$ 的半闭合曲线 Γ_{FH}，于是，圈数 R 的计算公式如下：

$$R=2N=2(N_{+}-N_{-}) \tag{2.8}$$

式中，N 为 Γ_{FH} 穿越（-1，j0）点左侧负实轴的等效次数；N_{+}为 Γ_{FH} 从上向下穿越（正穿越）（-1，j0）点左侧负实轴的次数；N_{-}为 Γ_{FH} 从下向上穿越（负穿越）（-1，j0）点左侧负实轴的次数。

根据奈奎斯特稳定判据，当控制系统开环稳定，即开环传递函数 $T(s)$ 没有右半平面极点时，控制系统闭环稳定的充分必要条件可进一步简化为：$T(s)$ 的奈奎斯特曲线不包围（-1，j0）点。相反地，若开环传递函数 $T(s)$ 的右半平面极点数 P 不等于0，那么控制系统稳定必然要求 $T(s)$ 的奈奎斯特曲线包围（-1，j0）点，且逆时针包围的圈数 R 等于 P。

3. 对数频率稳定判据

奈奎斯特稳定判据是基于开环传递函数 $T(s)$ 在复平面的半闭合曲线 Γ_{FH} 来判定控制系统的闭环稳定性，由于奈奎斯特曲线也可以转换为伯德图，因此相对应地也可以从 $T(s)$ 的对数频率特性上评估系统稳定性，其关键在于确定穿越次数 N 或 N_{+}和 N_{-}。

图 2.3 给出了一个典型传递函数的幅相特性曲线 Γ_{FH} 与对数频率特性曲线 $L(\omega)$ 和 $\varphi(\omega)$，通过对比可得穿越次数的计算方法如下：

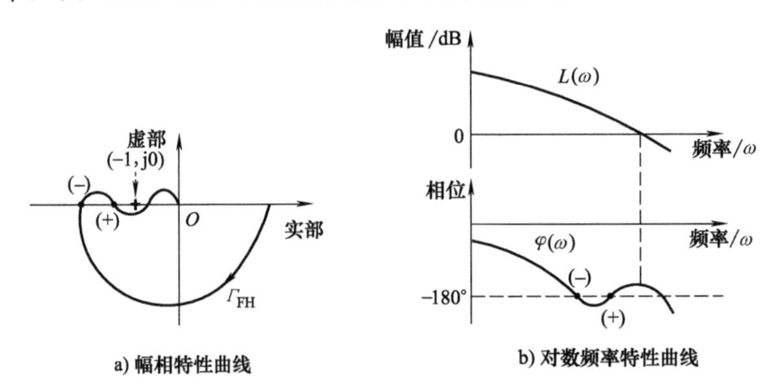

a) 幅相特性曲线　　b) 对数频率特性曲线

图 2.3　幅相特性曲线与对数频率特性曲线

1）正穿越一次：Γ_{FH} 由上向下穿越（-1，j0）点左侧的负实轴一次，等价于 $L(\omega)>0$ 时，$\varphi(\omega)$ 由下向上穿越（$2k+1$）π 线一次，其中，k 为整数。

2）负穿越一次：Γ_{FH} 由下向上穿越（-1，j0）点左侧的负实轴一次，等价于 $L(\omega)>0$ 时，$\varphi(\omega)$ 由上向下穿越（$2k+1$）π 线一次。

3）正穿越半次：Γ_{FH} 由上向下止于或起于（-1，j0）点左侧的负实轴，等价于 $L(\omega)>0$ 时，$\varphi(\omega)$ 由下向上止于或起于（$2k+1$）π 线。

4）负穿越半次：Γ_{FH} 由下向上止于或起于（-1，j0）点左侧的负实轴，等价于 $L(\omega)>0$ 时，$\varphi(\omega)$ 由上向下止于或起于（$2k+1$）π 线。

2.1.3　稳定裕度

在奈奎斯特稳定判据中，(-1, j0) 点称为临界点，幅相特性曲线 Γ_{FH} 偏离临界点的程度可以反映出系统的相对稳定性，即稳定裕度。控制系统的稳定裕度常用幅值裕度 *GM* 和相角裕度 *PM* 来度量。

1. 幅值裕度 *GM*

设 ω_x 为系统的穿越频率，则系统的开环传递函数 $T(s)$ 在 ω_x 处的相角为

$$\varphi(\omega_x) = \angle T(j\omega_x) = (2k+1)\pi \tag{2.9}$$

相应地，系统在极坐标系和对数坐标系下的幅值裕度 *GM* 分别定义为

$$GM = \frac{1}{|T(j\omega_x)|},\ GM(\mathrm{dB}) = -20\lg|T(j\omega_x)| \tag{2.10}$$

幅值裕度 *GM* 的含义为：对于一个闭环稳定系统，如果其开环幅频特性再增大 *GM* 倍，则系统将处于临界稳定状态；对于一个闭环不稳定的系统，幅值裕度指出了为使系统临界稳定，开环幅频特性应当减小到原来的 1/*GM*。

当系统开环传递函数的奈奎斯特曲线与负实轴不相交，或其对数频率特性曲线与 (2k+1) π 线不相交，则系统的幅值裕度 *GM* 为无穷大。

2. 相角裕度 *PM*

设 ω_c 为系统的截止频率，则系统的开环传递函数 $T(s)$ 在 ω_c 处的幅值为

$$A(\omega_c) = |T(j\omega_c)| = 1 \tag{2.11}$$

相应地，系统的相角裕度 *PM* 定义为

$$PM = 180° + \angle T(j\omega_c) \tag{2.12}$$

相角裕度 *PM* 的含义为：对于闭环稳定系统，如果系统开环相频特性再滞后 *PM* 度，则系统将处于临界稳定状态。

图 2.4 给出了稳定和不稳定系统分别在极坐标系和对数坐标系下的稳定裕度示意图。需要说明的是：这里均假设系统的开环传递函数 $T(s)$ 没有右半平面极点，

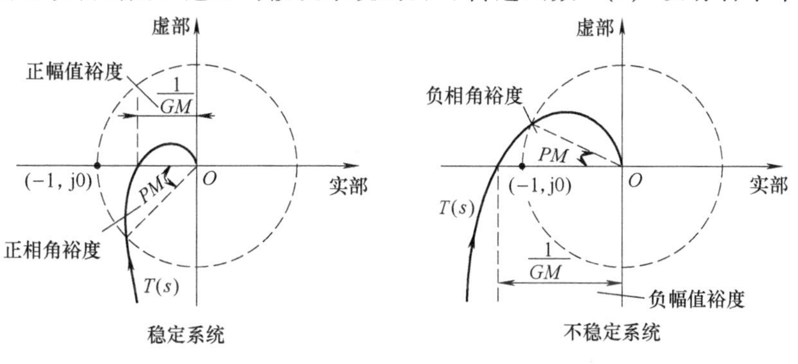

a) 极坐标系

图 2.4　稳定和不稳定系统的稳定裕度

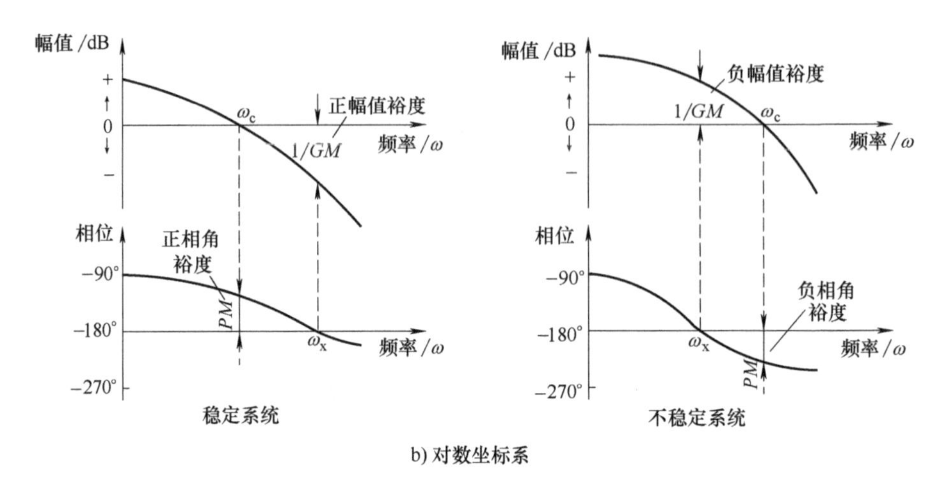

b) 对数坐标系

图 2.4　稳定和不稳定系统的稳定裕度（续）

即系统开环稳定。而对于具有不稳定开环传递函数的非最小相位系统，除非 $T(s)$ 的奈奎斯特曲线包围（-1，j0）点，否则不能满足稳定条件。因此，这种稳定的非最小相位系统将具有负的相角裕度和幅值裕度。

2.2　网络理论

2.2.1　一端口网络及其等效电路

如果一个复杂的电路只有两个端子向外连接，且仅对其外接端口感兴趣，则该电路可被视为一个一端口网络，如图 2.5a 所示，其中 $v_p(s)$ 和 $i_p(s)$ 分别为其端口电压和电流。一端口网络可以根据戴维南定理和诺顿定理进行简化。

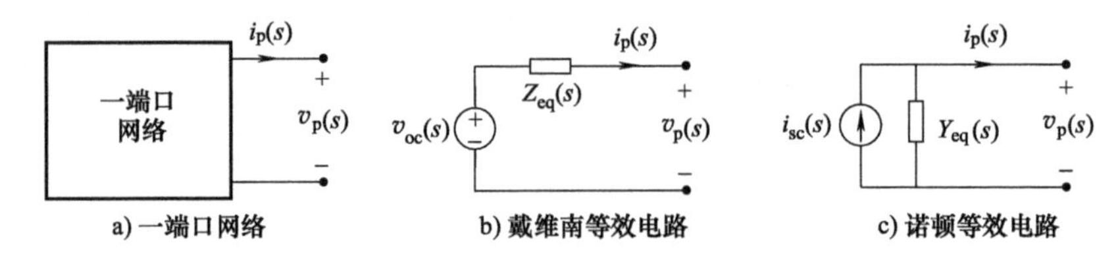

a) 一端口网络　　b) 戴维南等效电路　　c) 诺顿等效电路

图 2.5　一端口网络及其等效电路

戴维南定理：一个含独立电源、无源元件和受控源的一端口网络，对其外电路来说，可以用一个电压源 $v_{oc}(s)$ 与阻抗 $Z_{eq}(s)$ 的串联组合进行等效置换，其中 $v_{oc}(s)$ 为该一端口网络的开路电压，$Z_{eq}(s)$ 为全部独立电源置零后的端口等效阻抗，如图 2.5b 所示。

诺顿定理：一个含独立电源、无源元件和受控源的一端口网络，对其外电路来说，可以用一个电流源 $i_{sc}(s)$ 与导纳 $Y_{eq}(s)$ 的并联组合进行等效置换，其中 $i_{sc}(s)$

为该一端口网络的短路电流，$Y_{eq}(s)$ 为全部独立电源置零后的端口等效导纳，如图 2.5c 所示。

需要说明的是：戴维南定理与诺顿定理中的“受控源”只能受该一端口网络内部的电压和电流控制，且内部电压和电流也不能是外部电路中受控源的控制量。

2.2.2 二端口网络及其参数方程

含有两对端口且任意时刻端口上流入某一端子的电流等于从同侧另一个端子流出的电流，那么这种电路可以称为二端口网络，如图 2.6 所示，其中 $v_{p,1}(s)$ 和 $i_{p,1}(s)$ 分别为其左侧端口电压和电流，$v_{p,2}(s)$ 和 $i_{p,2}(s)$ 分别为其右侧端口电压和电流。二端口的外特性可以用两个端口的电压和电流之间的关系反映。下面介绍两种在电力电子系统建模时较为常用的二端口网络参数方程。

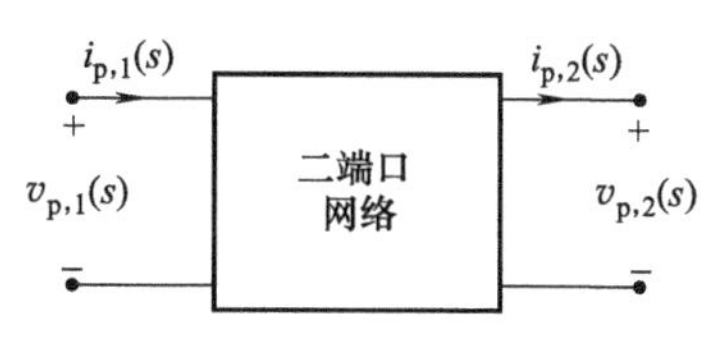

图 2.6 二端口网络

假设将二端口网络的两个端口电压 $v_{p,1}(s)$ 和 $v_{p,2}(s)$ 看作外施的独立电压源，那么即可得到二端口网络的 Y 参数方程为

$$\begin{bmatrix} i_{p,1}(s) \\ i_{p,2}(s) \end{bmatrix} = \begin{bmatrix} Y_{11}(s) & Y_{12}(s) \\ Y_{21}(s) & Y_{22}(s) \end{bmatrix} \begin{bmatrix} v_{p,1}(s) \\ v_{p,2}(s) \end{bmatrix} \tag{2.13}$$

式中，$Y_{11}(s)$ 和 $Y_{22}(s)$ 分别称为左右侧端口的输入导纳，$Y_{12}(s)$ 和 $Y_{21}(s)$ 均称为转移导纳。当二端口网络仅由无源元件构成时，有 $Y_{12}(s)=Y_{21}(s)$。

如果将二端口网络的左侧端口电压 $v_{p,1}(s)$ 和右侧端口电流 $i_{p,2}(s)$ 看作外施的独立电源，那么即可得到二端口网络的 P 参数方程为

$$\begin{bmatrix} i_{p,1}(s) \\ v_{p,2}(s) \end{bmatrix} = \begin{bmatrix} Y_{11}(s) & G_{12}(s) \\ G_{21}(s) & -Z_{22}(s) \end{bmatrix} \begin{bmatrix} v_{p,1}(s) \\ i_{p,2}(s) \end{bmatrix} \tag{2.14}$$

式中，$Y_{11}(s)$ 称为左侧端口的输入导纳；$G_{12}(s)$ 称为电流转移函数；$G_{21}(s)$ 称为电压转移函数；$Z_{22}(s)$ 称为右侧端口的输出阻抗。

2.2.3 多端口网络及其参数方程

图 2.7 所示为含有 r 对端口的多端口网络示意图，其中，$v_{p,\alpha}(s)$ 和 $i_{p,\alpha}(s)$ 分别为第 α 对端口的电压和电流。与二端口网络类似，由于可以从不同角度来考察多端口网络各端口间的关联关系，因此多端口网络的参数方程形式也不唯一，下面仅介绍在电力电子系统分析中最为常用的节点网络方程。

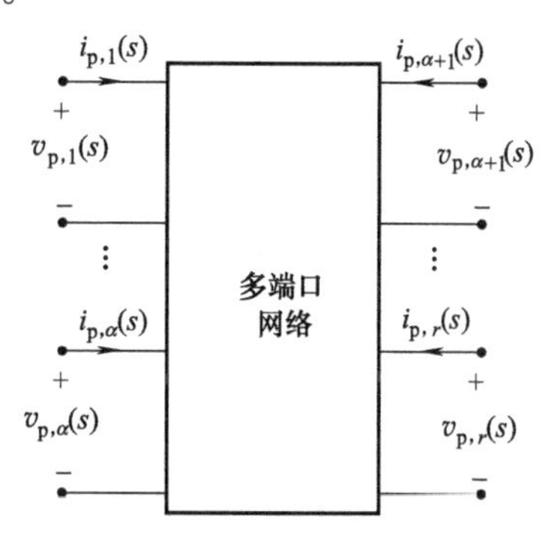

图 2.7 多端口网络

节点分析法将各对端口视为一个节点，并定义 $v_{p,\alpha}(s)$ 和 $i_{p,\alpha}(s)$ 分别为节点电压和节点注入电流，则图 2.7 所示多端口网络的节点网络方程可表示为

$$\begin{bmatrix} i_{p,1}(s) \\ \vdots \\ i_{p,\alpha}(s) \\ \vdots \\ i_{p,r}(s) \end{bmatrix} = \boldsymbol{Y}_{net}(s) \begin{bmatrix} v_{p,1}(s) \\ \vdots \\ v_{p,\alpha}(s) \\ \vdots \\ v_{p,r}(s) \end{bmatrix} = \begin{bmatrix} Y_{1,1}(s) & \cdots & Y_{1,\alpha}(s) & \cdots & Y_{1,r}(s) \\ \vdots & & \vdots & & \vdots \\ Y_{\alpha,1}(s) & \cdots & Y_{\alpha,\alpha}(s) & \cdots & Y_{\alpha,r}(s) \\ \vdots & & \vdots & & \vdots \\ Y_{r,1}(s) & \cdots & Y_{r,\alpha}(s) & \cdots & Y_{r,r}(s) \end{bmatrix} \begin{bmatrix} v_{p,1}(s) \\ \vdots \\ v_{p,\alpha}(s) \\ \vdots \\ v_{p,r}(s) \end{bmatrix} \tag{2.15}$$

式中，$\boldsymbol{Y}_{net}(s)$ 为节点导纳矩阵，其主对角线元素 $Y_{\alpha,\alpha}(s)$ 表示节点 α 的自导纳，其余元素 $Y_{\alpha,\beta}(s)$（$\beta=1$，2，…，$\alpha-1$，$\alpha+1$，…，r）表示节点 α 与节点 β 间的互导纳。

2.3 DC-DC 变换器的小信号建模方法

2.3.1 DC-DC 变换器的开环小信号模型

为了评估电力电子系统的小信号稳定性，需要首先构建系统内部各电力电子变换器的小信号数学模型。由于电力电子变换器中包含功率开关器件及二极管等非线性元件，而这些非线性元件周期性地导通或关断将引起变换器功率电路结构在时间上的变化，因此电力电子变换器本身是一个非线性的时变系统。要建立电力电子变换器的数学模型，从理论上得到瞬态响应的精确解析解是较为困难的。因此在工程应用中，常常采用数学手段简化复杂的物理模型，从而获得近似的数学模型。

小信号分析法是适用于非线性系统线性化的一种较好的理论建模方法，也是目前电力电子变换器动态建模与分析的常用方法。其基本思想是：假设电力电子变换器运行在某一稳态工作点附近，当扰动信号很小时，在稳态工作点附近的电力电子变换器可以被近似看作一个线性系统，从而可以建立其小信号线性动态模型。目前，状态空间平均法是 DC-DC 变换器小信号建模最为常用的方法，于 20 世纪 70 年代提出，对电力电子系统的建模与动态特性研究影响深远。

状态空间平均法的主要思路是：根据开关器件的导通和关断，对变量在一个开关周期内进行平均，用周期平均值代替实际值，继而通过占空比加权得到状态平均方程，再经小信号扰动和线性化处理，得到 DC-DC 变换器的小信号线性模型。状态空间平均法需满足三个假设条件，即“小信号”假设、“低频”假设和“小纹波”假设。其中，“小信号”假设是指扰动信号的幅值远低于直流工作点；“低频”假设是指扰动频率远低于开关频率，这样可以近似认为各物理量在一个开关周期内基本维持恒定，用周期平均值代替瞬时值不会引起较大误差；“小纹波”假设则认

为变换器中各状态变量和调制信号中的开关纹波远低于其直流量，可以忽略不计。

目前，应用状态空间平均法对某些特定 DC-DC 变换器（如 Buck 变换器和 Boost 变换器）进行小信号建模的详细过程在很多已出版的教材或专著中给出，因此下面将仅给出状态空间平均法的基本步骤和结论。需要指出的是，本书仅考虑工作在电流连续模式（Continuous Current Mode，CCM）下的电力电子变换器小信号模型。

（1）分段列写 DC-DC 变换器的状态方程

由于开关器件存在导通和关断两种工作状态，因此 CCM 下的 DC-DC 变换器一般在每个开关周期 T_s 内都存在两个工作阶段。为此，需要首先对这两个工作阶段分别列写如下形式的状态方程与输出方程：

$$\begin{cases}\dot{\boldsymbol{x}}(t)=\boldsymbol{A}_1\boldsymbol{x}(t)+\boldsymbol{B}_1\boldsymbol{u}(t)\\ \boldsymbol{y}(t)=\boldsymbol{C}_1\boldsymbol{x}(t)+\boldsymbol{E}_1\boldsymbol{u}(t)\end{cases}\quad 0\leqslant t<dT_s \tag{2.16}$$

$$\begin{cases}\dot{\boldsymbol{x}}(t)=\boldsymbol{A}_2\boldsymbol{x}(t)+\boldsymbol{B}_2\boldsymbol{u}(t)\\ \boldsymbol{y}(t)=\boldsymbol{C}_2\boldsymbol{x}(t)+\boldsymbol{E}_2\boldsymbol{u}(t)\end{cases}\quad dT_s\leqslant t<T_s \tag{2.17}$$

式中，$\boldsymbol{x}(t)$ 为状态向量，一般取独立的电容电压和电感电流；$\dot{\boldsymbol{x}}(t)$ 表示 $\boldsymbol{x}(t)$ 对 t 的导数；$\boldsymbol{u}(t)$ 为输入向量，由变换器的输入变量构成，比如输入电压；$\boldsymbol{y}(t)$ 为输出向量，由变换器的输出变量构成，比如输出电压或输出电流；$\boldsymbol{A}_x$ 为状态矩阵；$\boldsymbol{B}_x$ 为输入矩阵；$\boldsymbol{C}_x$ 为输出矩阵；$\boldsymbol{E}_x$ 为传递矩阵（$x=1$，2）。

（2）求稳态工作点

当 DC-DC 变换器满足三个假设条件时，根据状态空间平均法并分离各变量扰动后，其稳态工作点可以通过求解下式确定：

$$\begin{cases}\boldsymbol{AX}+\boldsymbol{BU}=\boldsymbol{0}\\ \boldsymbol{Y}=\boldsymbol{CX}+\boldsymbol{EU}\end{cases}\Rightarrow\begin{cases}\boldsymbol{X}=-\boldsymbol{A}^{-1}\boldsymbol{BU}\\ \boldsymbol{Y}=(\boldsymbol{E}-\boldsymbol{CA}^{-1}\boldsymbol{B})\boldsymbol{U}\end{cases} \tag{2.18}$$

式中，$\boldsymbol{X}$、$\boldsymbol{U}$ 和 $\boldsymbol{Y}$ 分别为 $\boldsymbol{x}(t)$、$\boldsymbol{u}(t)$ 和 $\boldsymbol{y}(t)$ 的直流分量向量，矩阵 $\boldsymbol{A}$、$\boldsymbol{B}$、$\boldsymbol{C}$ 和 $\boldsymbol{E}$ 由式（2.19）给出。

$$\begin{cases}\boldsymbol{A}=D\boldsymbol{A}_1+(1-D)\boldsymbol{A}_2\\ \boldsymbol{B}=D\boldsymbol{B}_1+(1-D)\boldsymbol{B}_2\\ \boldsymbol{C}=D\boldsymbol{C}_1+(1-D)\boldsymbol{C}_2\\ \boldsymbol{E}=D\boldsymbol{E}_1+(1-D)\boldsymbol{E}_2\end{cases} \tag{2.19}$$

式中，D 为占空比 $d(t)$ 的稳态值。

（3）建立小信号状态方程与输出方程

根据状态空间平均方法并分离各变量扰动后，可得时域小信号状态方程与输出方程为

$$\begin{cases}\dot{\hat{\boldsymbol{x}}}(t)=\boldsymbol{A}\hat{\boldsymbol{x}}(t)+\boldsymbol{B}\hat{\boldsymbol{u}}(t)+[(\boldsymbol{A}_1-\boldsymbol{A}_2)\boldsymbol{X}(t)+(\boldsymbol{B}_1-\boldsymbol{B}_2)\boldsymbol{U}(t)]\hat{d}(t)\\ \hat{\boldsymbol{y}}(t)=\boldsymbol{C}\hat{\boldsymbol{x}}(t)+\boldsymbol{E}\hat{\boldsymbol{u}}(t)+[(\boldsymbol{C}_1-\boldsymbol{C}_2)\boldsymbol{X}(t)+(\boldsymbol{E}_1-\boldsymbol{E}_2)\boldsymbol{U}(t)]\hat{d}(t)\end{cases} \tag{2.20}$$

式中，带“^”的变量表示相应变量的小扰动。

将式（2.20）变换到 s 域即可求解得到状态向量和输出向量分别与输入向量和占空比间的关系式：

$$\hat{\boldsymbol{x}}(s)=(s\boldsymbol{I}-\boldsymbol{A})^{-1}\boldsymbol{B}\hat{\boldsymbol{u}}(s)+(s\boldsymbol{I}-\boldsymbol{A})^{-1}[(\boldsymbol{A}_1-\boldsymbol{A}_2)\boldsymbol{X}(s)+(\boldsymbol{B}_1-\boldsymbol{B}_2)\boldsymbol{U}(s)]\hat{d}(s) \tag{2.21}$$

$$\hat{\boldsymbol{y}}(s)=[\boldsymbol{C}(s\boldsymbol{I}-\boldsymbol{A})^{-1}\boldsymbol{B}+\boldsymbol{E}]\hat{\boldsymbol{u}}(s)+[(\boldsymbol{C}_1-\boldsymbol{C}_2)\boldsymbol{X}(s)+(\boldsymbol{E}_1-\boldsymbol{E}_2)\boldsymbol{U}(s)]\hat{d}(s)+\boldsymbol{C}(s\boldsymbol{I}-\boldsymbol{A})^{-1}[(\boldsymbol{A}_1-\boldsymbol{A}_2)\boldsymbol{X}(s)+(\boldsymbol{B}_1-\boldsymbol{B}_2)\boldsymbol{U}(s)]\hat{d}(s) \tag{2.22}$$

式中，$\boldsymbol{I}$ 为单位矩阵，其阶数与状态矩阵一致。

根据式（2.21）和式（2.22）即可得到 DC-DC 变换器各输入变量到输出变量间的传递函数表达式。

在建模时，由于不同类型的 DC-DC 变换器具有不同的电路结构与参数，因此上述基于状态空间平均的建模方法必须要针对每一种 DC-DC 变换器的特性单独分析，从而分别得到各自的解析模型。实际上，对于常见的、具有简单结构的 DC-DC 变换器，图 2.8 给出了一种 CCM 下的通用稳态和小信号等效电路模型。该模型不但可以直观反映出 DC-DC 变换器的小信号控制作用、直流电压变换作用以及低频传递函数特性，而且便于对各种 DC-DC 变换器的特性进行统一分析和比较。

在图 2.8 所示等效电路模型中，v_{in} 和 i_{in} 分别为输入电压和输入电流，v_{o} 和 i_{o} 分别输出电压和输出电流，大写字母变量表示相应小写字母变量的稳态值，R 为电阻负载，下标 e 表示相应元件或传递函数的等效值。该等效电路的结构是由 DC-DC 变换器自身的如下功能进行设计的：

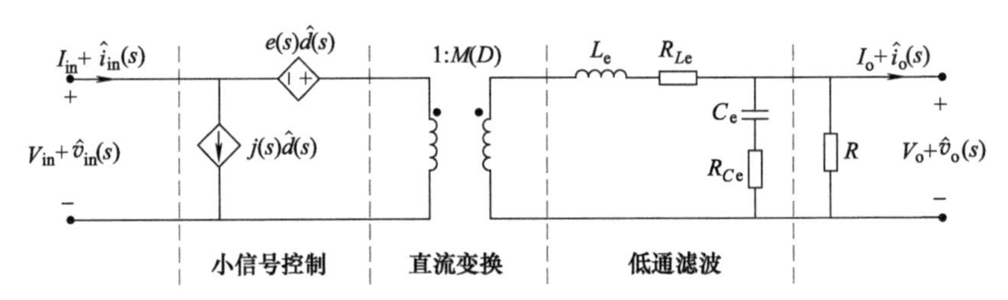

图 2.8 CCM 下，DC-DC 变换器的通用稳态和小信号等效电路模型

（1）直流变换功能

等效电路中设计了电压比为 $1:M(D)$ 的理想变压器，该理想变压器不但可以变换直流电，同时可以变换交流小信号。

（2）低通滤波作用

变换器中用于存储与转换能量的储能元件对高频开关的纹波具有滤波作用，同时对低频小信号的幅值与相位也会产生相应影响，因此在等效电路中用 L_{e}、C_{e} 及其串联等效电阻 $R_{L\text{e}}$ 和 $R_{C\text{e}}$ 组成的 LC 低通滤波器模拟这一功能。

（3）占空比的控制作用

等效电路中占空比 $d(s)$ 的小信号分量 $\hat{d}(s)$ 的控制作用是通过电压源 $e(s)\hat{d}(s)$ 与电流源 $j(s)\hat{d}(s)$ 共同体现的，其中 $e(s)$ 和 $j(s)$ 为控制传递函数，由变换器的元件参数及稳态工作点决定，不同变换器 $e(s)$ 和 $j(s)$ 不相同。

若要利用等效电路模拟 DC-DC 变换器的直流变换功能，只需要令图 2.8 中所有小信号分量全部为零，同时将电感短路、电容开路，即可得到：

$$\frac{V_o}{V_{in}}=\frac{R}{R+R_{Le}}M(D)\approx M(D) \tag{2.23}$$

若要利用等效电路模拟 DC-DC 变换器的小信号动态特性，只需要将图 2.8 中输入和输出电压、电流的稳态值置零，即可得到图 2.9 所示 DC-DC 变换器的通用小信号等效电路模型。表 2.1 给出了图 2.10 所示几种典型 DC-DC 变换器与图 2.9 对应的电路参数。

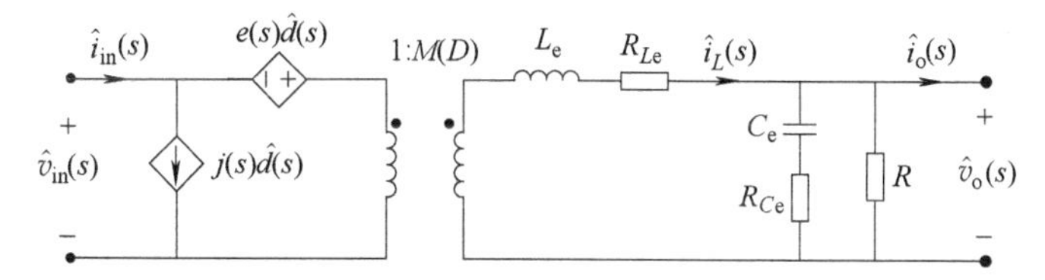

图 2.9　CCM 下，DC-DC 变换器的通用小信号等效电路模型

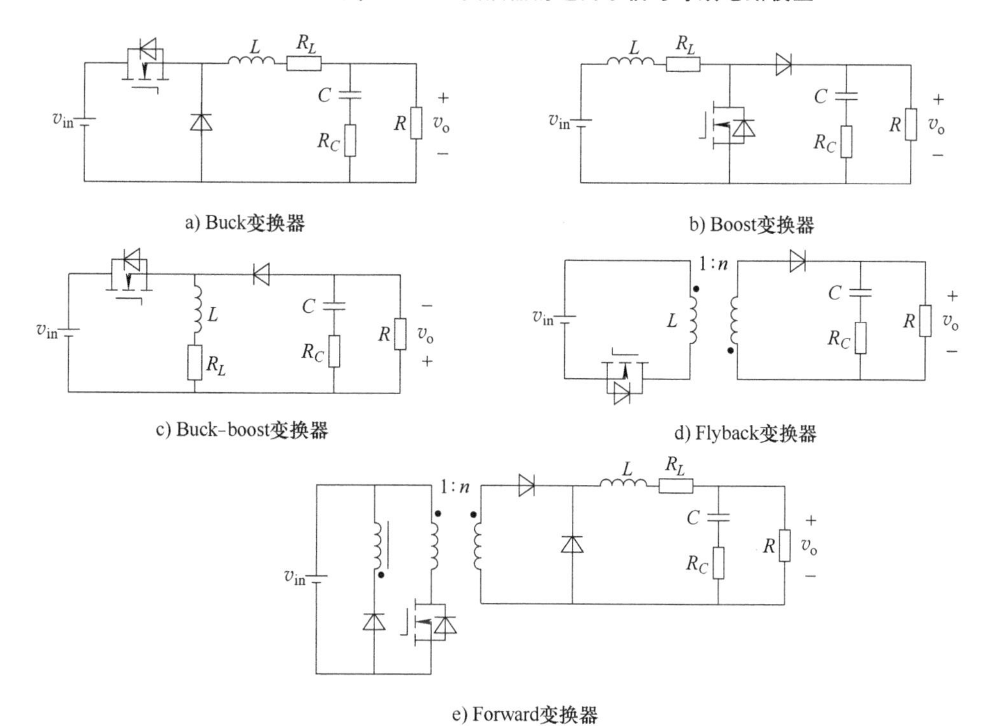

图 2.10　几种典型 DC-DC 变换器

表 2.1　几种典型 DC-DC 变换器的通用小信号等效电路模型参数

变换器	$M(D)$	$e(s)$	$j(s)$	L_e	R_{Le}	C_e	R_{Ce}
Buck 变换器	D	$\dfrac{V_o}{D^2}$	$\dfrac{V_o}{R}$	L	R_L	C	R_C
Boost 变换器	$\dfrac{1}{1-D}$	$V_o\left[1-\dfrac{Ls}{R(1-D)^2}\right]$	$\dfrac{V_o}{R(1-D)^2}$	$\dfrac{L}{(1-D)^2}$	$\dfrac{R_L}{(1-D)^2}$	C	R_C
Buck-boost 变换器	$-\dfrac{D}{1-D}$	$-\dfrac{V_o}{D^2}\left[1-\dfrac{DLs}{R(1-D)^2}\right]$	$-\dfrac{V_o}{R(1-D)^2}$	$\dfrac{L}{(1-D)^2}$	$\dfrac{R_L}{(1-D)^2}$	C	R_C
Flyback 变换器	$\dfrac{nD}{1-D}$	$\dfrac{V_o}{nD^2}\left[1-\dfrac{n^2DLs}{R(1-D)^2}\right]$	$\dfrac{nV_o}{R(1-D)^2}$	$\dfrac{n^2L}{(1-D)^2}$	$\dfrac{n^2R_L}{(1-D)^2}$	C	R_C
Forward 变换器	nD	$\dfrac{V_o}{nD^2}$	$\dfrac{nV_o}{R}$	L	R_L	C	R_C

根据图 2.9 可得

$$\begin{cases}\hat{i}_{in}(s)=j(s)\hat{d}(s)+M(D)\dfrac{M(D)[\hat{v}_{in}(s)+e(s)\hat{d}(s)]-\hat{v}_o(s)}{L_es+R_{Le}}\\[2ex]\dfrac{M(D)[\hat{v}_{in}(s)+e(s)\hat{d}(s)]-\hat{v}_o(s)}{L_es+R_{Le}}=\dfrac{\hat{v}_o(s)}{R//[1/(C_es)+R_{Ce}]}+\hat{i}_o(s)\end{cases}\tag{2.24}$$

当 DC-DC 变换器采用输出电压 $v_o(s)$ 控制时，如图 2.11 所示，从二端口网络角度来看，$i_{in}(s)$ 和 $v_o(s)$ 是该 DC-DC 变换器向其前后端口输出的变量，相应地，$v_{in}(s)$ 和 $i_o(s)$ 则是前端模块和后端模块分别向 DC-DC 变换器输入的变量。请注意，占空比 $d(s)$ 也是该 DC-DC 变换器电路拓扑本身的一个输入变量。此时，由式（2.24）可构建 DC-DC 变换器所有输入变量到输出变量间的传递函数表达式为

$$\begin{bmatrix}\hat{i}_{in}(s)\\ \hat{v}_o(s)\end{bmatrix}=\begin{bmatrix}Y_{in,op}(s) & G_{ii,op}(s) & G_{di,op}(s)\\ G_{vv,op}(s) & -Z_{o,op}(s) & G_{dv,op}(s)\end{bmatrix}\begin{bmatrix}\hat{v}_{in}(s)\\ \hat{i}_o(s)\\ \hat{d}(s)\end{bmatrix}\tag{2.25}$$

式中，$Y_{in,op}(s)$ 为开环输入导纳；$G_{ii,op}(s)$ 为从 $\hat{i}_o(s)$ 到 $\hat{i}_{in}(s)$ 的开环传递函数；$G_{di,op}(s)$ 为从 $\hat{d}(s)$ 到 $\hat{i}_{in}(s)$ 的开环传递函数；$G_{vv,op}(s)$ 为从 $\hat{v}_{in}(s)$ 到 $\hat{v}_o(s)$ 的开环传递函数；$Z_{o,op}(s)$ 为开环输出阻抗；$G_{dv,op}(s)$ 为从 $\hat{d}(s)$ 到 $\hat{v}_o(s)$ 的开环传递函数。这些传递函数的表达式由式（2.26）给出。

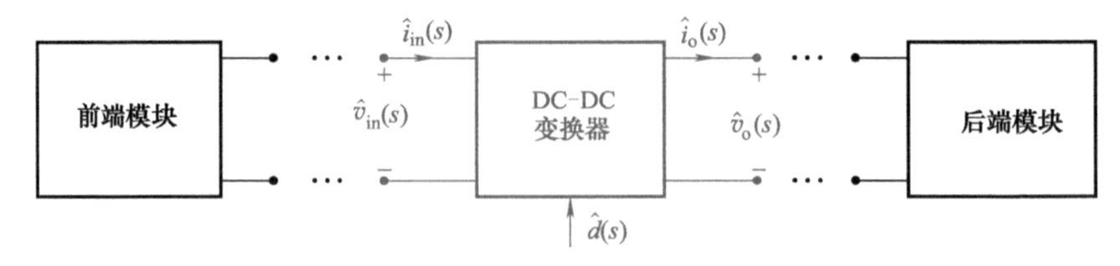

图 2.11　二端口网络视角下的 DC-DC 变换器

$$\begin{cases}Y_{\text{in,op}}(s)=\dfrac{M^2(D)}{L_{\text{e}}s+R_{L\text{e}}+R/\!/[1/(C_{\text{e}}s)+R_{C\text{e}}]}\\ G_{\text{ii,op}}(s)=\dfrac{M(D)\{R/\!/[1/(C_{\text{e}}s)+R_{C\text{e}}]\}}{L_{\text{e}}s+R_{L\text{e}}+R/\!/[1/(C_{\text{e}}s)+R_{C\text{e}}]}\\ G_{\text{di,op}}(s)=j(s)+\dfrac{M^2(D)e(s)}{L_{\text{e}}s+R_{L\text{e}}+R/\!/[1/(C_{\text{e}}s)+R_{C\text{e}}]}\\ G_{\text{vv,op}}(s)=\dfrac{M(D)\{R/\!/[1/(C_{\text{e}}s)+R_{C\text{e}}]\}}{L_{\text{e}}s+R_{L\text{e}}+R/\!/[1/(C_{\text{e}}s)+R_{C\text{e}}]}\\ Z_{\text{o,op}}(s)=(L_{\text{e}}s+R_{L\text{e}})/\!/\left(\dfrac{1}{C_{\text{e}}s}+R_{C\text{e}}\right)/\!/R=\dfrac{(L_{\text{e}}s+R_{L\text{e}})\{R/\!/[1/(C_{\text{e}}s)+R_{C\text{e}}]\}}{L_{\text{e}}s+R_{L\text{e}}+R/\!/[1/(C_{\text{e}}s)+R_{C\text{e}}]}\\ G_{\text{dv,op}}(s)=\dfrac{M(D)e(s)\{R/\!/[1/(C_{\text{e}}s)+R_{C\text{e}}]\}}{L_{\text{e}}s+R_{L\text{e}}+R/\!/[1/(C_{\text{e}}s)+R_{C\text{e}}]}\end{cases}\tag{2.26}$$

式（2.25）即为DC-DC变换器采用输出电压控制方式时的开环小信号模型。

当DC-DC变换器采用输出电流 $i_{\text{o}}(s)$ 控制时，$i_{\text{in}}(s)$ 和 $i_{\text{o}}(s)$ 则是该DC-DC变换器的输出变量，相应地，$v_{\text{in}}(s)$ 和 $v_{\text{o}}(s)$ 则是其输入变量。此时，由式（2.24）可构建DC-DC变换器所有输入变量到输出变量间的传递函数表达式为

$$\begin{bmatrix}\hat{i}_{\text{in}}(s)\\ \hat{i}_{\text{o}}(s)\end{bmatrix}=\begin{bmatrix}Y_{\text{in,op}}(s) & Y_{\text{tr,1,op}}(s) & G_{\text{di,1,op}}(s)\\ Y_{\text{tr,2,op}}(s) & -Y_{\text{o,op}}(s) & G_{\text{di,2,op}}(s)\end{bmatrix}\begin{bmatrix}\hat{v}_{\text{in}}(s)\\ \hat{v}_{\text{o}}(s)\\ \hat{d}(s)\end{bmatrix}\tag{2.27}$$

式中，$Y_{\text{tr,1,op}}(s)$ 为从 $\hat{v}_{\text{o}}(s)$ 到 $\hat{i}_{\text{in}}(s)$ 的开环转移导纳；$G_{\text{di,1,op}}(s)$ 为从 $\hat{d}(s)$ 到 $\hat{i}_{\text{in}}(s)$ 的开环传递函数；$Y_{\text{tr,2,op}}(s)$ 为从 $\hat{v}_{\text{in}}(s)$ 到 $\hat{i}_{\text{o}}(s)$ 的开环转移导纳；$Y_{\text{o,op}}(s)$ 为开环输出导纳；$G_{\text{di,2,op}}(s)$ 为从 $\hat{d}(s)$ 到 $\hat{i}_{\text{o}}(s)$ 的开环传递函数。

式（2.27）中的六个传递函数表达式由式（2.28）给出。

$$\begin{cases}Y_{\text{in,op}}(s)=M^2(D)/(L_{\text{e}}s+R_{L\text{e}})\\ Y_{\text{tr,1,op}}(s)=-M(D)/(L_{\text{e}}s+R_{L\text{e}})\\ G_{\text{di,1,op}}(s)=j(s)+M^2(D)e(s)/(L_{\text{e}}s+R_{L\text{e}})\\ Y_{\text{tr,2,op}}(s)=M(D)/(L_{\text{e}}s+R_{L\text{e}})\\ Y_{\text{o,op}}(s)=\left[(L_{\text{e}}s+R_{L\text{e}})/\!/\left(\dfrac{1}{C_{\text{e}}s}+R_{C\text{e}}\right)/\!/R\right]^{-1}\\ G_{\text{di,2,op}}(s)=M(D)e(s)/(L_{\text{e}}s+R_{L\text{e}})\end{cases}\tag{2.28}$$

式（2.27）即为DC-DC变换器采用输出电流控制方式时的开环小信号模型。

特别地，下面以图2.10a所示的Buck变换器为例，建立其开环小信号模型。

当Buck变换器采用输出电压控制方式时，将表2.1相关参数代入式（2.26）

并整理可得此时 Buck 变换器开环小信号模型的六个传递函数分别为

$$\begin{cases} Y_{\text{in,op}}(s)=\dfrac{D^2}{G_{\text{Buck}}(s)}\left[\left(\dfrac{R_C}{R}+1\right)Cs+\dfrac{1}{R}\right] \\ G_{\text{ii,op}}(s)=D(R_CCs+1)/G_{\text{Buck}}(s) \\ G_{\text{di,op}}(s)=\dfrac{V_o}{R}+\dfrac{V_o}{G_{\text{Buck}}(s)}\left[\left(\dfrac{R_C}{R}+1\right)Cs+\dfrac{1}{R}\right] \\ G_{\text{vv,op}}(s)=D(R_CCs+1)/G_{\text{Buck}}(s) \\ Z_{\text{o,op}}(s)=(Ls+R_L)(R_CCs+1)/G_{\text{Buck}}(s) \\ G_{\text{dv,op}}(s)=V_{\text{in}}(R_CCs+1)/G_{\text{Buck}}(s) \end{cases} \tag{2.29}$$

式中，传递函数 $G_{\text{Buck}}(s)$ 由式（2.30）给出。

$$G_{\text{Buck}}(s)=\left(\frac{R_C}{R}+1\right)LCs^2+\left(R_LC+R_CC+\frac{L}{R}+\frac{R_LR_CC}{R}\right)s+\frac{R_L}{R}+1 \tag{2.30}$$

当 Buck 变换器采用输出电流控制方式时，将表 2.1 相关参数代入式（2.28）并整理可得，此时 Buck 变换器开环小信号模型的六个传递函数分别为

$$\begin{cases} Y_{\text{in,op}}(s)=D^2/(Ls+R_L) \\ Y_{\text{tr,1,op}}(s)=-D/(Ls+R_L) \\ G_{\text{di,1,op}}(s)=V_o/R+V_o/(Ls+R_L) \\ Y_{\text{tr,2,op}}(s)=D/(Ls+R_L) \\ Y_{\text{o,op}}(s)=\dfrac{(Ls+R_L)[(R+R_C)Cs+1]+R(R_CCs+1)}{R(Ls+R_L)(R_CCs+1)} \\ G_{\text{di,2,op}}(s)=V_{\text{in}}/(Ls+R_L) \end{cases} \tag{2.31}$$

从上述小信号模型来看，系统的输入-输出传递函数与占空比直接相关，那么当负载或输入电压等参数波动时，如果不对占空比进行相应调整，必将引起变换器输出量的变化。因此，实际的 DC-DC 变换器必须要引入闭环反馈控制，以实现对占空比自动调整，从而抑制扰动量对变换器输出的影响，同时使变换器自身具备较好的负载调整率、输入电压调整率等动态性能。为此，下面将进一步推导 DC-DC 变换器采用不同控制方式下的闭环小信号模型。

2.3.2 基于单电压环控制的 DC-DC 变换器小信号模型

图 2.12 所示为 DC-DC 变换器采用输出电压单闭环控制时的控制框图，其中，$v_o^*(s)$ 为输出电压的控制参考值；$H_v(s)$ 为输出电压采样模块的传递函数；$G_v(s)$ 为电压控制器的传递函数；$G_m(s)$ 为脉冲宽度调制（Plus Width Modulation，PWM）增益。

由图 2.12 可得，占空比 $d(s)$ 的小信号表达式为（通常认为控制参考值的扰

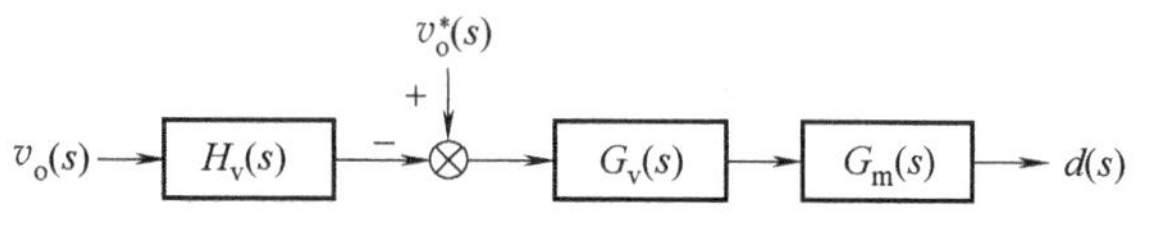

图 2.12　输出电压单闭环控制框图

动为零）：

$$\hat{d}(s)=[\hat{v}_o^*(s)-H_v(s)\hat{v}_o(s)]G_v(s)G_m(s)=-H_v(s)G_v(s)G_m(s)\hat{v}_o(s) \tag{2.32}$$

将式（2.32）代入式（2.25）并消去 $\hat{d}(s)$，可得单电压环控制方式下，DC-DC 变换器的闭环小信号模型为

$$\begin{bmatrix}\hat{i}_{in}(s)\\ \hat{v}_o(s)\end{bmatrix}=\begin{bmatrix}Y_{in}(s) & G_{ii}(s)\\ G_{vv}(s) & -Z_o(s)\end{bmatrix}\begin{bmatrix}\hat{v}_{in}(s)\\ \hat{i}_o(s)\end{bmatrix} \tag{2.33}$$

式中，$Y_{in}(s)$ 为闭环输入导纳；$G_{ii}(s)$ 为从 $\hat{i}_o(s)$ 到 $\hat{i}_{in}(s)$ 的闭环传递函数；$G_{vv}(s)$ 从 $\hat{v}_{in}(s)$ 到 $\hat{v}_o(s)$ 的闭环传递函数；$Z_o(s)$ 为闭环输出阻抗。这些传递函数如式（2.34）所示，其中 $T_{op,v}(s)$ 为单电压环控制回路的开环增益，其表达式由式（2.35）给出。

$$\begin{cases}Y_{in}(s)=Y_{in,op}(s)-\dfrac{G_{di,op}(s)H_v(s)G_v(s)G_m(s)G_{vv,op}(s)}{1+T_{op,v}(s)}\\ G_{ii}(s)=G_{ii,op}(s)+\dfrac{G_{di,op}(s)H_v(s)G_v(s)G_m(s)Z_{o,op}(s)}{1+T_{op,v}(s)}\\ G_{vv}(s)=\dfrac{G_{vv,op}(s)}{1+T_{op,v}(s)}\\ Z_o(s)=\dfrac{Z_{o,op}(s)}{1+T_{op,v}(s)}\end{cases} \tag{2.34}$$

$$T_{op,v}(s)=H_v(s)G_v(s)G_m(s)G_{dv,op}(s) \tag{2.35}$$

式（2.33）也称为 DC-DC 变换器在单电压环控制下的闭环二端口小信号模型，其等效电路和结构图形式如图 2.13 所示。

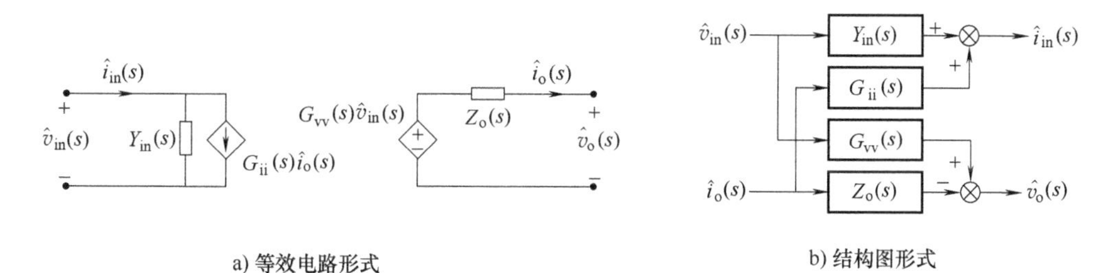

图 2.13　单电压环控制下 DC-DC 变换器的闭环二端口小信号模型

2.3.3 基于单电流环控制的 DC-DC 变换器小信号模型

图 2.14 所示为 DC-DC 变换器采用输出电流单闭环控制时的控制框图，其中，$i_o^*(s)$ 为输出电流的控制参考值；$H_i(s)$ 为输出电流采样模块的传递函数；$G_i(s)$ 为电流控制器的传递函数。此时，占空比 $d(s)$ 的小信号表达式为

$$\hat{d}(s)=[\hat{i}_o^*(s)-H_i(s)\hat{i}_o(s)]G_i(s)G_m(s)=-H_i(s)G_i(s)G_m(s)\hat{i}_o(s) \quad (2.36)$$

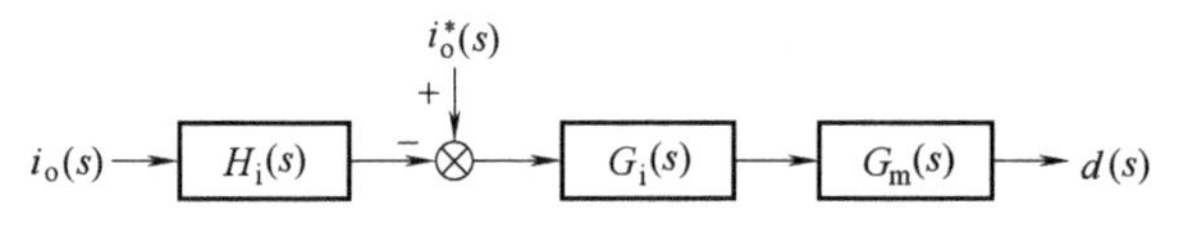

图 2.14 输出电流单闭环控制框图

将式（2.36）代入式（2.27）并消去 $\hat{d}(s)$，可得单电流环控制方式下 DC-DC 变换器的闭环小信号模型为

$$\begin{bmatrix}\hat{i}_{in}(s)\\ \hat{i}_o(s)\end{bmatrix}=\begin{bmatrix}Y_{in}(s) & Y_{tr,1}(s)\\ Y_{tr,2}(s) & -Y_o(s)\end{bmatrix}\begin{bmatrix}\hat{v}_{in}(s)\\ \hat{v}_o(s)\end{bmatrix} \quad (2.37)$$

式中，$Y_{tr,1}(s)$ 为从 $\hat{v}_o(s)$ 到 $\hat{i}_{in}(s)$ 的闭环转移导纳；$Y_{tr,2}(s)$ 为从 $\hat{v}_{in}(s)$ 到 $\hat{i}_o(s)$ 的闭环转移导纳；$Y_o(s)$ 为闭环输出导纳。这些传递函数的解析表达式由式（2.38）给出，其中 $T_{op,i}(s)$ 为单电流环控制回路的开环增益，其表达式由式（2.39）给出。

$$\begin{cases}Y_{in}(s)=Y_{in,op}(s)-\dfrac{H_i(s)G_i(s)G_m(s)G_{di,1,op}(s)Y_{tr,2,op}(s)}{1+T_{op,i}(s)}\\ Y_{tr,1}(s)=Y_{tr,1,op}(s)+\dfrac{H_i(s)G_i(s)G_m(s)G_{di,1,op}(s)Y_{o,op}(s)}{1+T_{op,i}(s)}\\ Y_{tr,2}(s)=\dfrac{Y_{tr,2,op}(s)}{1+T_{op,i}(s)}\\ Y_o(s)=\dfrac{Y_{o,op}(s)}{1+T_{op,i}(s)}\end{cases} \quad (2.38)$$

$$T_{op,i}(s)=H_i(s)G_i(s)G_m(s)G_{di,2,op}(s) \quad (2.39)$$

式（2.37）也称为 DC-DC 变换器在单电流环控制下的闭环二端口小信号模型，其等效电路和结构图形式如图 2.15 所示。

2.3.4 基于下垂控制的 DC-DC 变换器小信号模型

图 2.16 所示为 DC-DC 变换器采用基于输出电流的电压下垂控制时的控制框图，其中，$H_d(s)$ 为下垂系数。此时，占空比 $d(s)$ 的小信号表达式为

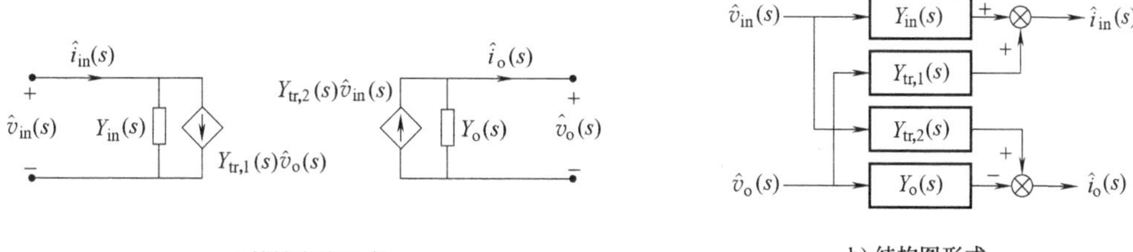

图 2.15 单电流环控制下 DC-DC 变换器的闭环二端口小信号模型

$$\begin{aligned}\hat{d}(s)&=[\hat{v}_o^*(s)-H_v(s)\hat{v}_o(s)-H_d(s)\hat{i}_o(s)]G_v(s)G_m(s)\\&=-H_v(s)G_v(s)G_m(s)\hat{v}_o(s)-H_d(s)G_v(s)G_m(s)\hat{i}_o(s)\end{aligned}\tag{2.40}$$

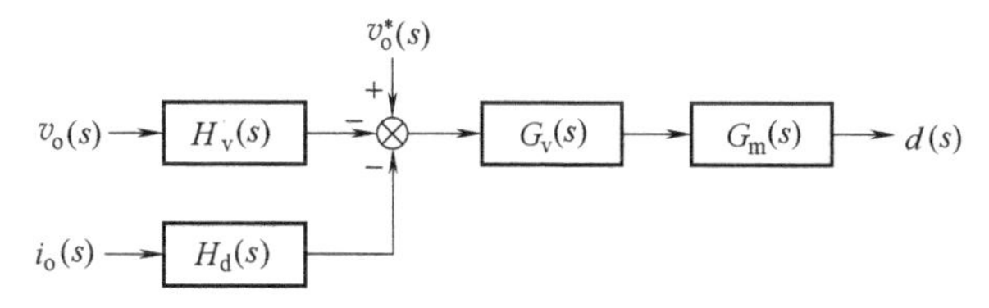

图 2.16 下垂控制框图

将式（2.40）代入式（2.25）并消去 $\hat{d}(s)$，即可得下垂控制方式下 DC-DC 变换器的闭环小信号模型。由于采用下垂控制的 DC-DC 变换器仍然向其后端模块提供输出电压，所以其闭环小信号模型与式（2.33）的形式完全一致。但由于控制环路中增加了输出电流支路，因此闭环小信号模型中四个传递函数的解析表达式与式（2.34）不完全相同，具体为

$$\begin{cases}Y_{in}(s)=Y_{in,op}(s)-\dfrac{G_{di,op}(s)H_v(s)G_v(s)G_m(s)G_{vv,op}(s)}{1+T_{op,v}(s)}\\G_{ii}(s)=G_{ii,op}(s)+\dfrac{H_v(s)Z_{o,op}(s)-H_d(s)}{1+T_{op,v}(s)}G_v(s)G_m(s)G_{di,op}(s)\\G_{vv}(s)=\dfrac{G_{vv,op}(s)}{1+T_{op,v}(s)}\\Z_o(s)=\dfrac{Z_{o,op}(s)+H_d(s)G_v(s)G_m(s)G_{dv,op}(s)}{1+T_{op,v}(s)}\end{cases}\tag{2.41}$$

需要说明的是，对于采用下垂控制的 DC-DC 变换器，其小信号模型所对应的等效电路和结构图形式与图 2.13 完全相同。

2.3.5 基于电压电流双闭环控制的 DC-DC 变换器小信号模型

图 2.17 所示为 DC-DC 变换器采用电压电流双闭环控制时的控制框图，其中 $i_L(s)$ 为电感电流，此时占空比 $d(s)$ 的小信号表达式为

$$\hat{d}(s)=\{[\hat{v}_o^*(s)-H_v(s)\hat{v}_o(s)]G_v(s)-H_i(s)\hat{i}_L(s)\}G_i(s)G_m(s)$$
$$=-H_v(s)G_v(s)G_i(s)G_m(s)\hat{v}_o(s)-H_i(s)G_i(s)G_m(s)\hat{i}_L(s) \tag{2.42}$$

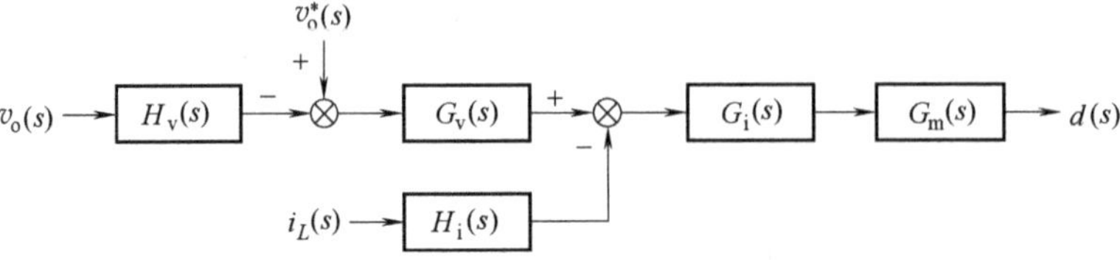

图 2.17　电压电流双闭环控制框图

由图 2.9 可得

$$\hat{i}_L(s)=\frac{\hat{v}_o(s)}{R//[1/(C_e s)+R_{Ce}]}+\hat{i}_o(s) \tag{2.43}$$

将式（2.43）代入式（2.42）并整理可得

$$\hat{d}(s)=-\left\{H_v(s)G_v(s)G_i(s)G_m(s)+\frac{H_i(s)G_i(s)G_m(s)}{R//[1/(C_e s)+R_{Ce}]}\right\}\hat{v}_o(s)-H_i(s)G_i(s)G_m(s)\hat{i}_o(s) \tag{2.44}$$

将式（2.44）代入式（2.25）并消去 $\hat{d}(s)$，即可得电压电流双闭环控制方式下 DC-DC 变换器的闭环小信号模型，其形式与式（2.33）也完全一致。但由于控制环路中增加了电流内环，因此闭环小信号模型中四个传递函数的解析表达式与式（2.34）完全不同，具体为

$$\begin{cases}Y_{in}(s)=Y_{in,op}(s)-T_{op,vi}(s)\dfrac{G_{di,op}(s)}{G_{dv,op}(s)}\dfrac{G_{vv,op}(s)}{1+T_{op,vi}(s)}\\ G_{ii}(s)=G_{ii,op}(s)+\dfrac{G_{di,op}(s)}{1+T_{op,vi}(s)}\left[\dfrac{T_{op,vi}(s)Z_{o,op}(s)}{G_{dv,op}(s)}-H_i(s)G_i(s)G_m(s)\right]\\ G_{vv}(s)=\dfrac{G_{vv,op}(s)}{1+T_{op,vi}(s)}\\ Z_o(s)=\dfrac{Z_{o,op}(s)+H_i(s)G_i(s)G_m(s)G_{dv,op}(s)}{1+T_{op,vi}(s)}\end{cases} \tag{2.45}$$

式中，$T_{op,vi}(s)$ 为电压电流双闭环控制回路的开环增益，其表达式由式（2.46）给出。

$$T_{op,vi}(s)=H_v(s)G_v(s)G_i(s)G_m(s)G_{dv,op}(s)+\frac{H_i(s)G_i(s)G_m(s)}{R//[1/(C_e s)+R_{Ce}]}G_{dv,op}(s) \tag{2.46}$$

需要说明的是，对于采用电压电流双闭环控制的 DC-DC 变换器，其小信号模型所对应的等效电路和结构图形式与图 2.13 也完全相同。

2.4 电压源换流器（VSC）的小信号建模方法

2.4.1 VSC 的开环小信号模型

在直流配用电系统中，除了 DC-DC 变换器外，还可能存在整流和逆变设备，它们主要用于直流并网和向交流负载供电等。目前，VSC 主要包含三种类型：两电平 VSC、多电平 VSC 和模块化多电平换流器（Modular Multilevel Converter，MMC）。其中，两电平 VSC 由于电路结构和控制相对简单，在中低压直流配用电系统的应用相对更为普遍。

本节将主要讨论三相两电平 VSC（后续简称为 VSC）的小信号建模方法。与 DC-DC 变换器不同的是，VSC 的三相交流侧电压和电流在任意一个系统稳态工作点处均为正弦量，而非恒定值。为此，需要首先应用 Park 变换在 dq 坐标系中建立一个时不变系统，然后围绕系统的稳态工作点进行状态空间平均建模，最后分离扰动获得 VSC 的小信号模型。

VSC 的拓扑结构如图 2.18 所示，图中，u_a、u_b、u_c 为三相对称交流电网电压，i_a、i_b、i_c 为三相 VSC 的输入电流，也是电网电流，L_f 和 R_f 分别为 VSC 的交流侧电感及其串联等效电阻，C_f 为三相 VSC 的直流侧电容，v_o 和 i_o 分别为 VSC 的直流侧电压和电流。VSC 的工作原理与 dq 坐标系下的状态空间平均建模方法已在参考文献［99］中详细介绍，这里不再赘述。s 域下 VSC 的状态平均方程为

$$\begin{cases}\boldsymbol{i}_{dq}(s)=\begin{bmatrix} sL_f+R_f & -\omega L_f \\ \omega L_f & sL_f+R_f \end{bmatrix}^{-1}\left[\boldsymbol{u}_{dq}(s)-\dfrac{v_o(s)}{2}\boldsymbol{d}_{dq}(s)\right] \\ v_o(s)=\dfrac{3}{4C_f s}\boldsymbol{i}_{dq}^{T}(s)\boldsymbol{d}_{dq}(s)-\dfrac{1}{C_f s}i_o(s)\end{cases} \tag{2.47}$$

式中，$\boldsymbol{u}_{dq}(s)=[u_d, u_q]^T$、$\boldsymbol{i}_{dq}(s)=[i_d, i_q]^T$ 和 $\boldsymbol{d}_{dq}(s)=[d_d, d_q]^T$ 分别为 dq 坐标系下的三相交流电网电压向量、电网电流向量和占空比向量；ω 为三相电网角频率。

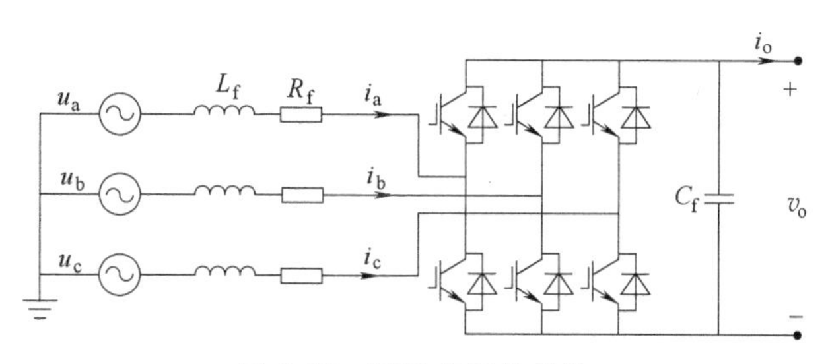

图 2.18 VSC 的拓扑结构

对式（2.47）中的各变量分离扰动后，其稳态工作点可以通过求解下式确定：

$$\begin{cases}\boldsymbol{I}_{\mathrm{dq}}(s)=\begin{bmatrix}L_{\mathrm{f}}s+R_{\mathrm{f}} & -\omega L_{\mathrm{f}}\\ \omega L_{\mathrm{f}} & L_{\mathrm{f}}s+R_{\mathrm{f}}\end{bmatrix}^{-1}\left[\boldsymbol{U}_{\mathrm{dq}}(s)-\dfrac{V_{\mathrm{o}}(s)}{2}\boldsymbol{D}_{\mathrm{dq}}(s)\right]\\ V_{\mathrm{o}}(s)=\dfrac{3}{4C_{\mathrm{f}}s}\boldsymbol{I}_{\mathrm{dq}}^{\mathrm{T}}(s)\boldsymbol{D}_{\mathrm{dq}}(s)-\dfrac{1}{C_{\mathrm{f}}s}I_{\mathrm{o}}(s)\end{cases} \tag{2.48}$$

式中，$\boldsymbol{I}_{\mathrm{dq}}(s)$、$\boldsymbol{U}_{\mathrm{dq}}(s)$、$\boldsymbol{D}_{\mathrm{dq}}(s)$、$V_{\mathrm{o}}(s)$ 和 $I_{\mathrm{o}}(s)$ 分别为 $\boldsymbol{i}_{\mathrm{dq}}(s)$、$\boldsymbol{u}_{\mathrm{dq}}(s)$、$\boldsymbol{d}_{\mathrm{dq}}(s)$、$v_{\mathrm{o}}(s)$ 和 $i_{\mathrm{o}}(s)$ 的稳态值。

同时可得 VSC 的开环小信号数学模型为

$$\begin{cases}\hat{\boldsymbol{i}}_{\mathrm{dq}}(s)=\begin{bmatrix}L_{\mathrm{f}}s+R_{\mathrm{f}} & -\omega L_{\mathrm{f}}\\ \omega L_{\mathrm{f}} & L_{\mathrm{f}}s+R_{\mathrm{f}}\end{bmatrix}^{-1}\left[\hat{\boldsymbol{u}}_{\mathrm{dq}}(s)-\dfrac{\boldsymbol{D}_{\mathrm{dq}}(s)}{2}\hat{v}_{\mathrm{o}}(s)-\dfrac{V_{\mathrm{o}}(s)}{2}\hat{\boldsymbol{d}}_{\mathrm{dq}}(s)\right]\\ \hat{v}_{\mathrm{o}}(s)=\dfrac{3}{4C_{\mathrm{f}}s}\boldsymbol{I}_{\mathrm{dq}}^{\mathrm{T}}(s)\hat{\boldsymbol{d}}_{\mathrm{dq}}(s)+\dfrac{3}{4C_{\mathrm{f}}s}\boldsymbol{D}_{\mathrm{dq}}^{\mathrm{T}}(s)\hat{\boldsymbol{i}}_{\mathrm{dq}}(s)-\dfrac{1}{C_{\mathrm{f}}s}\hat{i}_{\mathrm{o}}(s)\end{cases} \tag{2.49}$$

根据式（2.49）可得 VSC 的三端口开环小信号等效电路模型如图 2.19 所示。

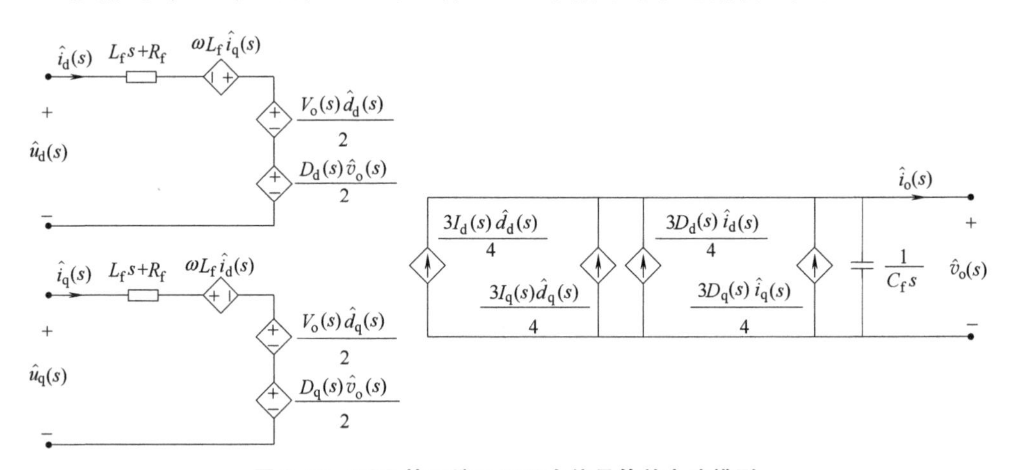

图 2.19　VSC 的三端口开环小信号等效电路模型

实际上，式（2.49）给出的 VSC 开环小信号模型并未完全将各输出变量完全解耦，为此下面将结合网络理论和 VSC 的控制方式，进一步推导 VSC 的开环小信号模型。

当 VSC 作为整流器控制直流侧输出电压 $v_{\mathrm{o}}(s)$ 时，根据网络理论，交流侧电网电压 $\boldsymbol{u}_{\mathrm{dq}}(s)$、直流侧电流 $i_{\mathrm{o}}(s)$ 和占空比 $d(s)$ 是 VSC 的输入变量，而交流侧电流 $\boldsymbol{i}_{\mathrm{dq}}(s)$ 和直流侧电压 $v_{\mathrm{o}}(s)$ 则是 VSC 的输出变量。此时，由式（2.49）可构建 VSC 所有输入变量到输出变量间的传递函数表达式为

$$\begin{bmatrix}\hat{\boldsymbol{i}}_{\mathrm{dq}}(s)\\ \hat{v}_{\mathrm{o}}(s)\end{bmatrix}=\begin{bmatrix}\boldsymbol{Y}_{\mathrm{in,op}}(s) & \boldsymbol{G}_{\mathrm{ii,op}}(s)\\ \boldsymbol{G}_{\mathrm{vv,op}}(s) & -Z_{\mathrm{o,op}}(s)\end{bmatrix}\begin{bmatrix}\hat{\boldsymbol{u}}_{\mathrm{dq}}(s)\\ \hat{i}_{\mathrm{o}}(s)\end{bmatrix}+\begin{bmatrix}\boldsymbol{G}_{\mathrm{di,op}}(s)\\ \boldsymbol{G}_{\mathrm{dv,op}}(s)\end{bmatrix}\hat{\boldsymbol{d}}_{\mathrm{dq}}(s) \tag{2.50}$$

式中，$\boldsymbol{Y}_{\mathrm{in,op}}(s)$ 为交流侧开环输入导纳矩阵，是一个 2×2 的方阵；$\boldsymbol{G}_{\mathrm{ii,op}}(s)$ 为从 $\hat{i}_{\mathrm{o}}(s)$ 到 $\hat{\boldsymbol{i}}_{\mathrm{dq}}(s)$ 的开环传递函数矩阵，是一个二维列向量；$\boldsymbol{G}_{\mathrm{di,op}}(s)$ 为从 $\hat{\boldsymbol{d}}_{\mathrm{dq}}(s)$ 到 $\hat{\boldsymbol{i}}_{\mathrm{dq}}(s)$ 的开环传递函数矩阵，是一个 2×2 的方阵；$\boldsymbol{G}_{\mathrm{vv,op}}(s)$ 为从 $\hat{\boldsymbol{u}}_{\mathrm{dq}}(s)$ 到 $\hat{v}_{\mathrm{o}}(s)$ 的开环传递函数矩阵，是一个二维行向量；$Z_{\mathrm{o,op}}(s)$ 为直流侧开环输出阻抗，是一个一维的传递函数；$\boldsymbol{G}_{\mathrm{dv,op}}(s)$ 为从 $\hat{\boldsymbol{d}}_{\mathrm{dq}}(s)$ 到 $\hat{v}_{\mathrm{o}}(s)$ 的开环传递函数矩阵，是一个二维行向量。这些传递函数（矩阵）的解析表达式由式（2.51）给出。

$$
\begin{cases}
\boldsymbol{Y}_{\mathrm{in,op}}(s)=\left\{\begin{bmatrix} L_{\mathrm{f}}s+R_{\mathrm{f}} & -\omega L_{\mathrm{f}} \\ \omega L_{\mathrm{f}} & L_{\mathrm{f}}s+R_{\mathrm{f}} \end{bmatrix}+\dfrac{3\boldsymbol{D}_{\mathrm{dq}}(s)\boldsymbol{D}_{\mathrm{dq}}^{\mathrm{T}}(s)}{8C_{\mathrm{f}}s}\right\}^{-1} \\
\boldsymbol{G}_{\mathrm{ii,op}}(s)=\dfrac{1}{2C_{\mathrm{f}}s}\boldsymbol{Y}_{\mathrm{in,op}}(s)\boldsymbol{D}_{\mathrm{dq}}(s) \\
\boldsymbol{G}_{\mathrm{di,op}}(s)=-\boldsymbol{Y}_{\mathrm{in,op}}(s)\left[\dfrac{3}{8C_{\mathrm{f}}s}\boldsymbol{D}_{\mathrm{dq}}(s)\boldsymbol{I}_{\mathrm{dq}}^{\mathrm{T}}(s)+\dfrac{V_{\mathrm{o}}}{2}\right] \\
\boldsymbol{G}_{\mathrm{vv,op}}(s)=\dfrac{3}{4C_{\mathrm{f}}s}\boldsymbol{D}_{\mathrm{dq}}^{\mathrm{T}}(s)\boldsymbol{Y}_{\mathrm{in,op}}(s) \\
Z_{\mathrm{o,op}}(s)=\dfrac{1}{C_{\mathrm{f}}s}\left[1-\dfrac{3}{8C_{\mathrm{f}}s}\boldsymbol{D}_{\mathrm{dq}}^{\mathrm{T}}(s)\boldsymbol{Y}_{\mathrm{in,op}}(s)\boldsymbol{D}_{\mathrm{dq}}(s)\right] \\
\boldsymbol{G}_{\mathrm{dv,op}}(s)=\dfrac{3}{4C_{\mathrm{f}}s}\left[\boldsymbol{I}_{\mathrm{dq}}^{\mathrm{T}}(s)+\boldsymbol{D}_{\mathrm{dq}}^{\mathrm{T}}(s)\boldsymbol{G}_{\mathrm{di,op}}(s)\right]
\end{cases}
\tag{2.51}
$$

式（2.50）也称为 VSC 控制直流侧输出电压时的广义二端口（或三端口）开环小信号模型，其等效电路图如图 2.20 所示。

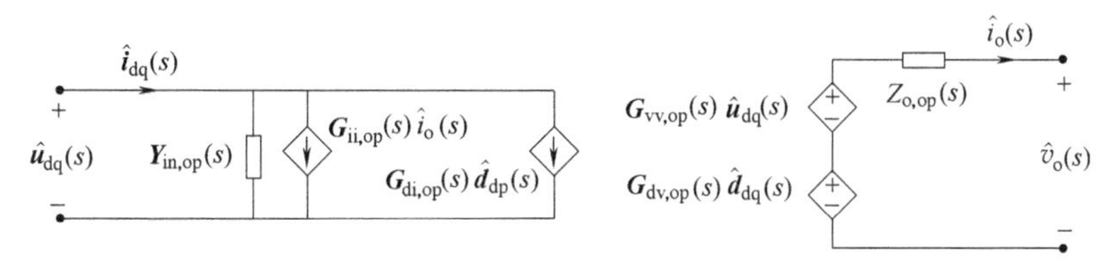

图 2.20 VSC 控制直流侧输出电压时的广义二端口开环小信号等效电路模型

当 VSC 作为逆变器控制交流侧电流 $\boldsymbol{i}_{\mathrm{dq}}(s)$ 时，如图 2.21 所示。根据网络理论，交流侧电网电压 $\boldsymbol{u}_{\mathrm{dq}}(s)$、直流侧电压 $v_{\mathrm{o}}(s)$ 和占空比 $d(s)$ 是 VSC 的输入变量，而交流侧电流 $\boldsymbol{i}_{\mathrm{dq}}(s)$ 和直流侧电流 $i_{\mathrm{o}}(s)$ 则是 VSC 的输出变量。此时，由式（2.49）可构建 VSC 所有输入变量到输出变量间的传递函数表达式为

$$
\begin{bmatrix} \hat{i}_{\mathrm{o}}(s) \\ \hat{\boldsymbol{i}}_{\mathrm{dq}}(s) \end{bmatrix}=\begin{bmatrix} Y_{\mathrm{in,op}}(s) & \boldsymbol{Y}_{\mathrm{tr,1,op}}(s) \\ \boldsymbol{Y}_{\mathrm{tr,2,op}}(s) & -\boldsymbol{Y}_{\mathrm{o,op}}(s) \end{bmatrix}\begin{bmatrix} \hat{v}_{\mathrm{o}}(s) \\ \hat{\boldsymbol{u}}_{\mathrm{dq}}(s) \end{bmatrix}+\begin{bmatrix} \boldsymbol{G}_{\mathrm{di,1,op}}(s) \\ \boldsymbol{G}_{\mathrm{di,2,op}}(s) \end{bmatrix}\hat{\boldsymbol{d}}_{\mathrm{dq}}(s)
\tag{2.52}
$$

式中，$Y_{\mathrm{in,op}}(s)$ 为直流侧开环输入导纳，是一个一维的传递函数；$\boldsymbol{Y}_{\mathrm{tr,1,op}}(s)$ 为从 $\hat{\boldsymbol{u}}_{\mathrm{dq}}(s)$ 到 $\hat{i}_{\mathrm{o}}(s)$ 的开环转移导纳矩阵，是一个二维行向量；$\boldsymbol{G}_{\mathrm{di,1,op}}(s)$ 为从$\hat{\boldsymbol{d}}_{\mathrm{dq}}(s)$

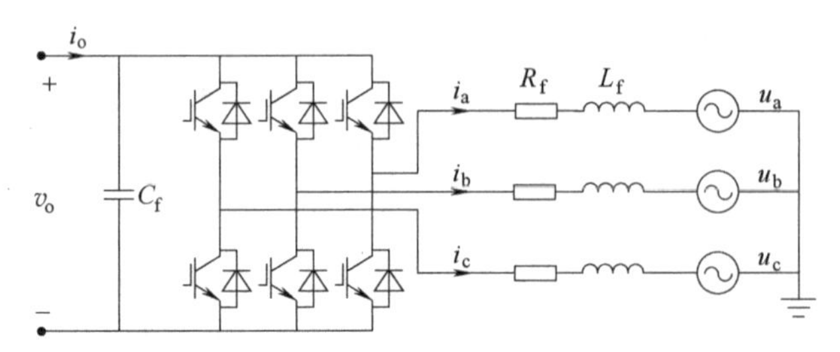

图 2.21　VSC 工作于逆变模式

到 $\hat{i}_o(s)$ 的开环传递函数矩阵，也是一个二维行向量；$\boldsymbol{Y}_{tr,2,op}(s)$ 为从 $\hat{v}_o(s)$ 到 $\hat{\boldsymbol{i}}_{dq}(s)$ 的开环转移导纳矩阵，是一个二维列向量；$\boldsymbol{Y}_{o,op}(s)$ 为交流侧开环输出导纳矩阵，是一个 2×2 的方阵；$\boldsymbol{G}_{di,2,op}(s)$ 为从 $\hat{\boldsymbol{d}}_{dq}(s)$ 到 $\hat{\boldsymbol{i}}_{dq}(s)$ 的开环传递函数矩阵，也是一个 2×2 的方阵。这些传递函数（矩阵）的解析表达式由式（2.53）给出。

$$
\begin{cases}
Y_{in,op}(s)=C_f s+\dfrac{3}{8}\boldsymbol{D}_{dq}^{T}(s)\begin{bmatrix}L_f s+R_f & -\omega L_f\\ \omega L_f & L_f s+R_f\end{bmatrix}^{-1}\boldsymbol{D}_{dq}(s)\\
\boldsymbol{Y}_{tr,1,op}(s)=-\dfrac{3}{4}\boldsymbol{D}_{dq}^{T}(s)\begin{bmatrix}L_f s+R_f & -\omega L_f\\ \omega L_f & L_f s+R_f\end{bmatrix}^{-1}\\
\boldsymbol{G}_{di,1,op}(s)=-\dfrac{3}{4}\boldsymbol{I}_{dq}^{T}(s)+\dfrac{3V_o}{8}\boldsymbol{D}_{dq}^{T}(s)\begin{bmatrix}L_f s+R_f & -\omega L_f\\ \omega L_f & L_f s+R_f\end{bmatrix}^{-1}\\
\boldsymbol{Y}_{tr,2,op}(s)=\begin{bmatrix}L_f s+R_f & -\omega L_f\\ \omega L_f & L_f s+R_f\end{bmatrix}^{-1}\dfrac{\boldsymbol{D}_{dq}(s)}{2}\\
\boldsymbol{Y}_{o,op}(s)=\begin{bmatrix}L_f s+R_f & -\omega L_f\\ \omega L_f & L_f s+R_f\end{bmatrix}^{-1}\\
\boldsymbol{G}_{di,2,op}(s)=\dfrac{V_o}{2}\begin{bmatrix}L_f s+R_f & -\omega L_f\\ \omega L_f & L_f s+R_f\end{bmatrix}^{-1}
\end{cases}
\tag{2.53}
$$

式（2.52）也称为 VSC 作为逆变器控制交流侧电流时的广义二端口（或三端口）开环小信号模型，其等效电路图如图 2.22 所示。

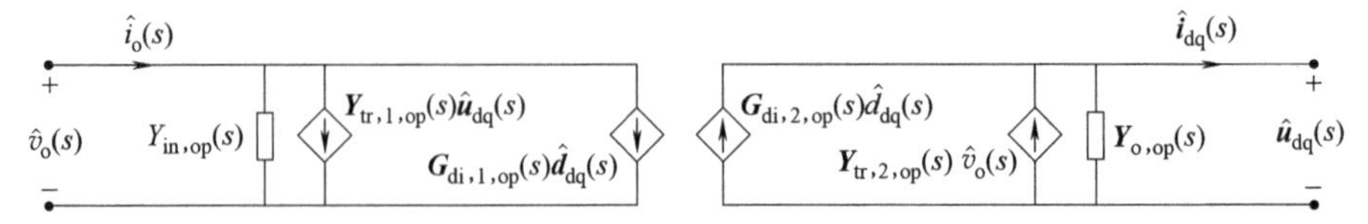

图 2.22　VSC 作为逆变器控制交流侧电流时的广义二端口开环小信号等效电路模型

2.4.2 基于电压电流双闭环控制的 VSC 闭环小信号模型

图 2.23 所示为 VSC 采用电压电流双闭环控制时的控制框图，其中，$v_o^*(s)$ 为直流侧电压的控制参考值；$G_v(s)$ 为电压外环控制器的传递函数；$G_i(s)$ 为电流内环控制器的传递函数；$G_m(s)$ 为 PWM 调制器的传递函数。

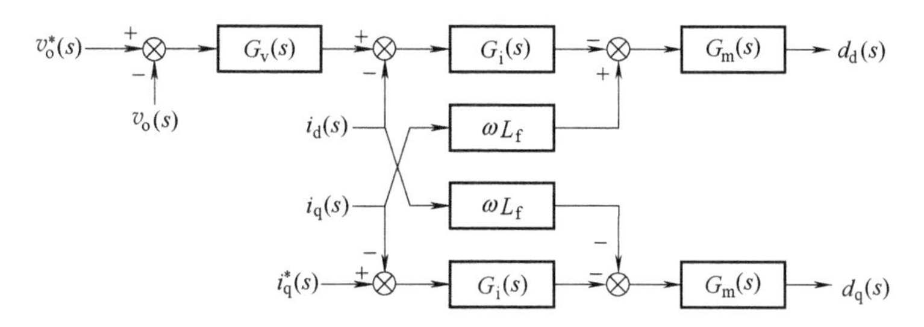

a) 标量传递函数形式

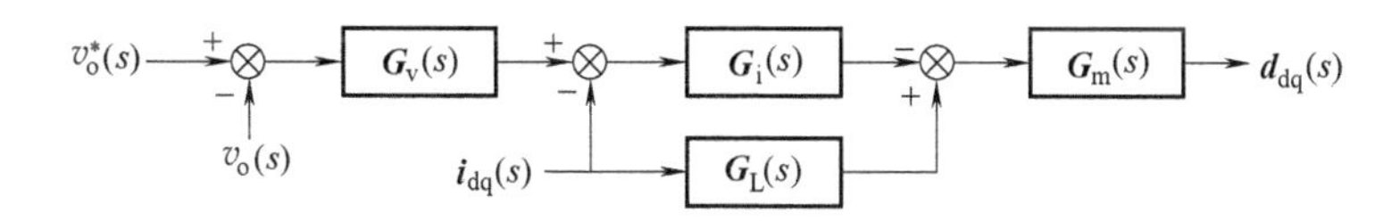

b) 矩阵传递函数形式

图 2.23 电压电流双闭环控制框图

由图 2.23 可得，占空比 $\boldsymbol{d}_{dq}(s)$ 的小信号表达式为

$$
\begin{aligned}
\hat{\boldsymbol{d}}_{dq}(s)=\begin{bmatrix}\hat{d}_d(s)\\ \hat{d}_q(s)\end{bmatrix}&=\begin{bmatrix}G_m(s)\{\omega L_f\hat{i}_q(s)-G_i(s)[G_v(s)(\hat{v}_o^*(s)-\hat{v}_o(s))-\hat{i}_d(s)]\}\\ G_m(s)[-\omega L_f\hat{i}_d(s)-G_i(s)(\hat{i}_q^*(s)-\hat{i}_q(s))]\end{bmatrix}\\
&=\begin{bmatrix}\omega L_fG_m(s)\hat{i}_q(s)+G_m(s)G_i(s)G_v(s)\hat{v}_o(s)+G_m(s)G_i(s)\hat{i}_d(s)\\ G_m(s)G_i(s)\hat{i}_q(s)-\omega L_fG_m(s)\hat{i}_d(s)\end{bmatrix}\\
&=\boldsymbol{G}_m(s)\boldsymbol{G}_i(s)\boldsymbol{G}_v(s)\hat{v}_o(s)+\boldsymbol{G}_m(s)[\boldsymbol{G}_i(s)+\boldsymbol{G}_L(s)]\hat{\boldsymbol{i}}_{dq}(s)\\
&=\boldsymbol{G}_1(s)\hat{v}_o(s)+\boldsymbol{G}_2(s)\hat{\boldsymbol{i}}_{dq}(s)
\end{aligned}
\tag{2.54}
$$

式中，传递函数矩阵 $\boldsymbol{G}_v(s)$、$\boldsymbol{G}_i(s)$、$\boldsymbol{G}_L(s)$ 和 $\boldsymbol{G}_m(s)$ 的表达式由式（2.55）给出，传递函数矩阵 $\boldsymbol{G}_1(s)$ 和 $\boldsymbol{G}_2(s)$ 的表达式由式（2.56）给出，$\boldsymbol{I}$ 为二阶单位矩阵。

$$
\boldsymbol{G}_v(s)=\begin{bmatrix}G_v(s)\\ 0\end{bmatrix},\quad \boldsymbol{G}_i(s)=G_i(s)\boldsymbol{I},\quad \boldsymbol{G}_L(s)=\begin{bmatrix}0 & \omega L_f\\ -\omega L_f & 0\end{bmatrix},\quad \boldsymbol{G}_m(s)=G_m(s)\boldsymbol{I}
\tag{2.55}
$$

$$\boldsymbol{G}_1(s)=\boldsymbol{G}_{\mathrm{m}}(s)\boldsymbol{G}_{\mathrm{i}}(s)\boldsymbol{G}_{\mathrm{v}}(s),\quad \boldsymbol{G}_2(s)=\boldsymbol{G}_{\mathrm{m}}(s)[\boldsymbol{G}_{\mathrm{i}}(s)+\boldsymbol{G}_{\mathrm{L}}(s)] \tag{2.56}$$

需要指出的是，图 2.23 中并未考虑锁相环（Phase-Locked Loop，PLL）的小信号模型及其对控制环路的影响。实际上，在基于 dq 坐标系的 VSC 闭环控制回路中，为实现对网侧有功功率与无功功率的控制，需要动态获取电网的相位信息，因此 PLL 在 VSC 的控制环路中必不可少。图 2.24 给出了一种常用的 PLL 结构，其中，三相交流电压通过 Park 变换得到 dq 轴电压分量，其中 q 轴电压分量经过 PI 控制器和积分环节产生相角 θ。

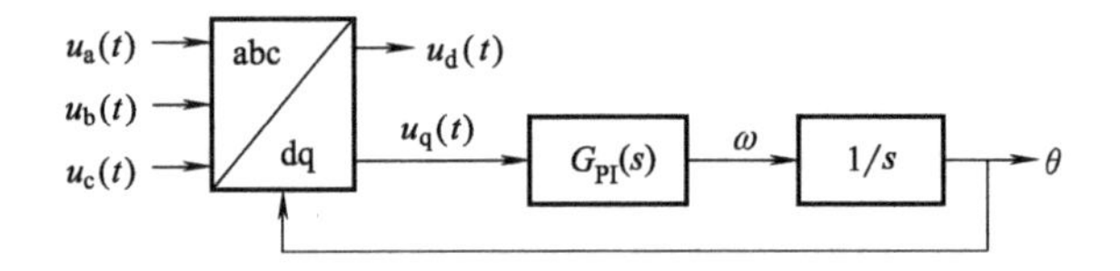

图 2.24　一种常用的 PLL 结构图

假设带上标“s”的 dq 坐标系为系统 dq 坐标系，表示实际电网系统中以交流侧并网点电压定向的同步旋转坐标系；带上标“c”的 dq 坐标系为控制 dq 坐标系，表示 VSC 控制系统中由 PLL 锁相得到的同步旋转坐标系。当 VSC 接入理想交流电网时，控制 dq 坐标系完全跟踪系统 dq 坐标系；当 VSC 交流侧电网电压出现小扰动时，将会在控制 dq 坐标系和系统 dq 坐标系间产生相位差 $\Delta\theta$，如图 2.25 所示。

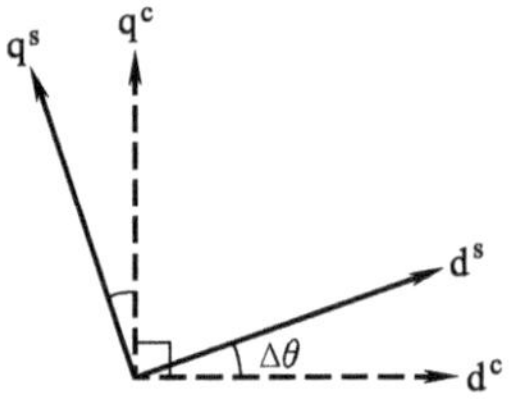

根据参考文献［100］，控制 dq 坐标系和系统 dq 坐标系间相位差 $\Delta\theta$ 的小扰动方程为

$$\Delta\hat{\theta}=\frac{sG_{\mathrm{PI}}(s)}{s^2+sU_{\mathrm{d}}^{\mathrm{s}}G_{\mathrm{PI}}(s)}\hat{u}_{\mathrm{q}}^{\mathrm{s}}(s)=G_{\mathrm{PLL}}(s)\hat{u}_{\mathrm{q}}^{\mathrm{s}}(s) \tag{2.57}$$

图 2.25　控制 dq 坐标系和系统 dq 坐标系

VSC 交流侧电压在控制 dq 坐标系中的小扰动向量 $\hat{\boldsymbol{u}}_{\mathrm{dq}}^{\mathrm{c}}(s)$ 与在系统 dq 坐标系中的小扰动向量 $\hat{\boldsymbol{u}}_{\mathrm{dq}}^{\mathrm{s}}(s)$ 间的关系式为

$$\hat{\boldsymbol{u}}_{\mathrm{dq}}^{\mathrm{c}}(s)=\begin{bmatrix}1 & U_{\mathrm{q}}^{\mathrm{s}}G_{\mathrm{PLL}}(s)\\ 0 & 1-U_{\mathrm{d}}^{\mathrm{s}}G_{\mathrm{PLL}}(s)\end{bmatrix}\hat{\boldsymbol{u}}_{\mathrm{dq}}^{\mathrm{s}}(s)=\boldsymbol{G}_{\mathrm{PLL,v}}(s)\hat{\boldsymbol{u}}_{\mathrm{dq}}^{\mathrm{s}}(s) \tag{2.58}$$

类似地，VSC 输入电流的小扰动向量 $\hat{\boldsymbol{i}}_{\mathrm{dq}}(s)$ 及占空比的小扰动向量 $\hat{\boldsymbol{d}}_{\mathrm{dq}}(s)$ 在不同 dq 坐标系中的关系式分别由式（2.59）和式（2.60）给出。

$$\hat{\boldsymbol{i}}_{\mathrm{dq}}^{\mathrm{c}}(s)=\begin{bmatrix}0 & I_{\mathrm{q}}^{\mathrm{s}}G_{\mathrm{PLL}}(s)\\ 0 & -I_{\mathrm{d}}^{\mathrm{s}}G_{\mathrm{PLL}}(s)\end{bmatrix}\hat{\boldsymbol{u}}_{\mathrm{dq}}^{\mathrm{s}}(s)+\hat{\boldsymbol{i}}_{\mathrm{dq}}^{\mathrm{s}}(s)=\boldsymbol{G}_{\mathrm{PLL,i}}(s)\hat{\boldsymbol{u}}_{\mathrm{dq}}^{\mathrm{s}}(s)+\hat{\boldsymbol{i}}_{\mathrm{dq}}^{\mathrm{s}}(s) \tag{2.59}$$

$$\hat{\boldsymbol{d}}_{\mathrm{dq}}^{\mathrm{s}}(s)=\begin{bmatrix}0 & -D_{\mathrm{q}}^{\mathrm{s}}G_{\mathrm{PLL}}(s)\\ 0 & D_{\mathrm{d}}^{\mathrm{s}}G_{\mathrm{PLL}}(s)\end{bmatrix}\hat{\boldsymbol{u}}_{\mathrm{dq}}^{\mathrm{s}}(s)+\hat{\boldsymbol{d}}_{\mathrm{dq}}^{\mathrm{c}}(s)=\boldsymbol{G}_{\mathrm{PLL,d}}(s)\hat{\boldsymbol{u}}_{\mathrm{dq}}^{\mathrm{s}}(s)+\hat{\boldsymbol{d}}_{\mathrm{dq}}^{\mathrm{c}}(s) \quad (2.60)$$

将由 PLL 引起的不同 dq 坐标系的传递函数关系代入到图 2.23b 所示的控制框图中，可得考虑 PLL 后的系统控制框图如图 2.26 所示。考虑后续闭环传递函数推导的简洁性和便利性，图中没有标注上述定义中的上标“s”和“c”。通过对比图 2.23b 和图 2.26 可以发现：PLL 将 VSC 并网点处的电压扰动 $\hat{\boldsymbol{u}}_{\mathrm{dq}}(s)$ 引入了闭环控制环路中，这必将引起 VSC 闭环传递函数的变化。

由图 2.26 可得，考虑 PLL 后占空比 $\boldsymbol{d}_{\mathrm{dq}}(s)$ 的小信号表达式为

$$\begin{aligned}\hat{\boldsymbol{d}}_{\mathrm{dq}}(s)&=\boldsymbol{G}_{\mathrm{m}}(s)\boldsymbol{G}_{\mathrm{i}}(s)\boldsymbol{G}_{\mathrm{v}}(s)\hat{v}_{\mathrm{o}}(s)+\boldsymbol{G}_{\mathrm{m}}(s)[\boldsymbol{G}_{\mathrm{i}}(s)+\boldsymbol{G}_{\mathrm{L}}(s)][\hat{\boldsymbol{i}}_{\mathrm{dq}}(s)+\boldsymbol{G}_{\mathrm{PLL,i}}(s)\hat{\boldsymbol{u}}_{\mathrm{dq}}(s)]+\\&\quad\boldsymbol{G}_{\mathrm{PLL,d}}(s)\hat{\boldsymbol{u}}_{\mathrm{dq}}(s)\\&=\boldsymbol{G}_{\mathrm{m}}(s)\boldsymbol{G}_{\mathrm{i}}(s)\boldsymbol{G}_{\mathrm{v}}(s)\hat{v}_{\mathrm{o}}(s)+\boldsymbol{G}_{\mathrm{m}}(s)[\boldsymbol{G}_{\mathrm{i}}(s)+\boldsymbol{G}_{\mathrm{L}}(s)]\hat{\boldsymbol{i}}_{\mathrm{dq}}(s)+\\&\quad\{\boldsymbol{G}_{\mathrm{m}}(s)[\boldsymbol{G}_{\mathrm{i}}(s)+\boldsymbol{G}_{\mathrm{L}}(s)]\boldsymbol{G}_{\mathrm{PLL,i}}(s)+\boldsymbol{G}_{\mathrm{PLL,d}}(s)\}\hat{\boldsymbol{u}}_{\mathrm{dq}}(s)\\&=\boldsymbol{G}_{1}(s)\hat{v}_{\mathrm{o}}(s)+\boldsymbol{G}_{2}(s)\hat{\boldsymbol{i}}_{\mathrm{dq}}(s)+\boldsymbol{G}_{3}(s)\hat{\boldsymbol{u}}_{\mathrm{dq}}(s)\end{aligned} \quad (2.61)$$

式中，传递函数矩阵 $\boldsymbol{G}_3(s)$ 的表达式由式（2.62）给出。

$$\boldsymbol{G}_{3}(s)=\boldsymbol{G}_{\mathrm{m}}(s)[\boldsymbol{G}_{\mathrm{i}}(s)+\boldsymbol{G}_{\mathrm{L}}(s)]\boldsymbol{G}_{\mathrm{PLL,i}}(s)+\boldsymbol{G}_{\mathrm{PLL,d}}(s) \quad (2.62)$$

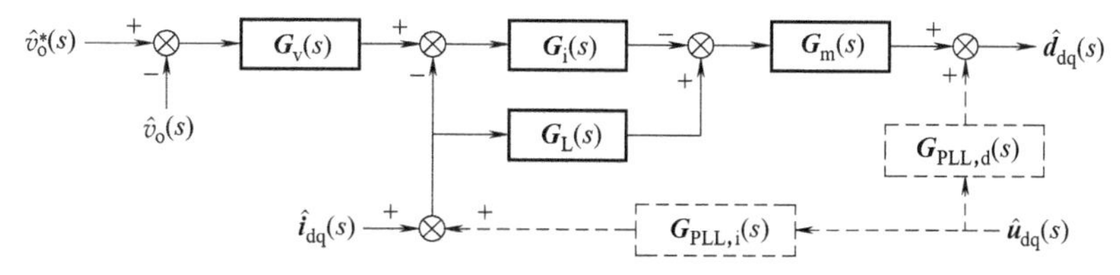

图 2.26 考虑 PLL 后的系统控制框图

将式（2.54）代入式（2.50）并消去 $\hat{\boldsymbol{d}}_{\mathrm{dq}}(s)$ 可得：未考虑 PLL 时，VSC 采用电压电流双闭环控制的闭环小信号等效数学模型为

$$\begin{bmatrix}\hat{\boldsymbol{i}}_{\mathrm{dq}}(s)\\ \hat{v}_{\mathrm{o}}(s)\end{bmatrix}=\begin{bmatrix}\boldsymbol{Y}_{\mathrm{in}}(s) & \boldsymbol{G}_{\mathrm{ii}}(s)\\ \boldsymbol{G}_{\mathrm{vv}}(s) & -Z_{\mathrm{o}}(s)\end{bmatrix}\begin{bmatrix}\hat{\boldsymbol{u}}_{\mathrm{dq}}(s)\\ \hat{i}_{\mathrm{o}}(s)\end{bmatrix} \quad (2.63)$$

式中，$\boldsymbol{Y}_{\mathrm{in}}(s)$ 为交流侧闭环输入导纳矩阵，是一个 2×2 的方阵；$\boldsymbol{G}_{\mathrm{ii}}(s)$ 为从 $\hat{i}_{\mathrm{o}}(s)$ 到 $\hat{\boldsymbol{i}}_{\mathrm{dq}}(s)$ 的闭环传递函数矩阵，是一个二维列向量；$\boldsymbol{G}_{\mathrm{vv}}(s)$ 为从 $\hat{\boldsymbol{u}}_{\mathrm{dq}}(s)$ 到 $\hat{v}_{\mathrm{o}}(s)$ 的闭环传递函数矩阵，是一个二维行向量；$Z_{\mathrm{o}}(s)$ 为直流侧闭环输出阻抗，是一个一维的传递函数。这些传递函数（矩阵）的解析表达式由式（2.64）给出。

$$\begin{cases}\boldsymbol{Y}_{\text{in}}(s)=[\boldsymbol{I}-\boldsymbol{G}_{\text{di,op}}(s)\boldsymbol{G}_2(s)]^{-1}[\boldsymbol{Y}_{\text{in,op}}(s)+\boldsymbol{G}_{\text{di,op}}(s)\boldsymbol{G}_1(s)\boldsymbol{G}_{\text{vv}}(s)]\\ \boldsymbol{G}_{\text{ii}}(s)=[\boldsymbol{I}-\boldsymbol{G}_{\text{di,op}}(s)\boldsymbol{G}_2(s)]^{-1}[\boldsymbol{G}_{\text{ii,op}}(s)-\boldsymbol{G}_{\text{di,op}}(s)\boldsymbol{G}_1(s)\boldsymbol{Z}_{\text{o}}(s)]\\ \boldsymbol{G}_{\text{vv}}(s)=\dfrac{\boldsymbol{G}_{\text{vv,op}}(s)+\boldsymbol{G}_{\text{dv,op}}(s)\boldsymbol{G}_2(s)[\boldsymbol{I}-\boldsymbol{G}_{\text{di,op}}(s)\boldsymbol{G}_2(s)]^{-1}\boldsymbol{Y}_{\text{in,op}}(s)}{1-\boldsymbol{G}_{\text{dv,op}}(s)\boldsymbol{G}_1(s)-\boldsymbol{G}_{\text{dv,op}}(s)\boldsymbol{G}_2(s)[\boldsymbol{I}-\boldsymbol{G}_{\text{di,op}}(s)\boldsymbol{G}_2(s)]^{-1}\boldsymbol{G}_{\text{di,op}}(s)\boldsymbol{G}_1(s)}\\ \boldsymbol{Z}_{\text{o}}(s)=\dfrac{\boldsymbol{Z}_{\text{o,op}}(s)-\boldsymbol{G}_{\text{dv,op}}(s)\boldsymbol{G}_2(s)[\boldsymbol{I}-\boldsymbol{G}_{\text{di,op}}(s)\boldsymbol{G}_2(s)]^{-1}\boldsymbol{G}_{\text{ii,op}}(s)}{1-\boldsymbol{G}_{\text{dv,op}}(s)\boldsymbol{G}_1(s)-\boldsymbol{G}_{\text{dv,op}}(s)\boldsymbol{G}_2(s)[\boldsymbol{I}-\boldsymbol{G}_{\text{di,op}}(s)\boldsymbol{G}_2(s)]^{-1}\boldsymbol{G}_{\text{di,op}}(s)\boldsymbol{G}_1(s)}\end{cases} \tag{2.64}$$

将式（2.61）代入式（2.50）并消去 $\hat{\boldsymbol{d}}_{\text{dq}}(s)$ 可得：考虑PLL时，VSC采用电压电流双闭环控制的四个闭环传递函数（矩阵）解析表达式为

$$\begin{cases}\boldsymbol{Y}_{\text{in}}(s)=[\boldsymbol{I}-\boldsymbol{G}_{\text{di,op}}(s)\boldsymbol{G}_2(s)]^{-1}[\boldsymbol{Y}_{\text{in,op}}(s)+\boldsymbol{G}_{\text{di,op}}(s)\boldsymbol{G}_3(s)+\boldsymbol{G}_{\text{di,op}}(s)\boldsymbol{G}_1(s)\boldsymbol{G}_{\text{vv}}(s)]\\ \boldsymbol{G}_{\text{ii}}(s)=[\boldsymbol{I}-\boldsymbol{G}_{\text{di,op}}(s)\boldsymbol{G}_2(s)]^{-1}[\boldsymbol{G}_{\text{ii,op}}(s)-\boldsymbol{G}_{\text{di,op}}(s)\boldsymbol{G}_1(s)\boldsymbol{Z}_{\text{o}}(s)]\\ \boldsymbol{G}_{\text{vv}}(s)=\dfrac{\begin{gathered}\boldsymbol{G}_{\text{vv,op}}(s)\hat{\boldsymbol{u}}_{\text{dq}}(s)+\boldsymbol{G}_{\text{dv,op}}(s)\boldsymbol{G}_3(s)+\boldsymbol{G}_{\text{dv,op}}(s)\boldsymbol{G}_2(s)[\boldsymbol{I}-\\ \boldsymbol{G}_{\text{di,op}}(s)\boldsymbol{G}_2(s)]^{-1}[\boldsymbol{Y}_{\text{in,op}}(s)+\boldsymbol{G}_{\text{di,op}}(s)\boldsymbol{G}_3(s)]\end{gathered}}{1-\boldsymbol{G}_{\text{dv,op}}(s)\boldsymbol{G}_1(s)-\boldsymbol{G}_{\text{dv,op}}(s)\boldsymbol{G}_2(s)[\boldsymbol{I}-\boldsymbol{G}_{\text{di,op}}(s)\boldsymbol{G}_2(s)]^{-1}\boldsymbol{G}_{\text{di,op}}(s)\boldsymbol{G}_1(s)}\\ \boldsymbol{Z}_{\text{o}}(s)=\dfrac{\boldsymbol{Z}_{\text{o,op}}(s)-\boldsymbol{G}_{\text{dv,op}}(s)\boldsymbol{G}_2(s)[\boldsymbol{I}-\boldsymbol{G}_{\text{di,op}}(s)\boldsymbol{G}_2(s)]^{-1}\boldsymbol{G}_{\text{ii,op}}(s)}{1-\boldsymbol{G}_{\text{dv,op}}(s)\boldsymbol{G}_1(s)-\boldsymbol{G}_{\text{dv,op}}(s)\boldsymbol{G}_2(s)[\boldsymbol{I}-\boldsymbol{G}_{\text{di,op}}(s)\boldsymbol{G}_2(s)]^{-1}\boldsymbol{G}_{\text{di,op}}(s)\boldsymbol{G}_1(s)}\end{cases} \tag{2.65}$$

通过对比式（2.64）和式（2.65）可以发现：PLL将影响VSC的 $\boldsymbol{Y}_{\text{in}}(s)$、$\boldsymbol{G}_{\text{ii}}(s)$ 和 $\boldsymbol{G}_{\text{vv}}(s)$ 三个闭环传递函数矩阵，而不改变VSC直流侧输出阻抗 $\boldsymbol{Z}_{\text{o}}(s)$ 的传递函数表达式。

式（2.63）也称为VSC采用电压电流双闭环控制时的广义二端口（或三端口）闭环小信号模型，其等效电路图如图2.27所示。

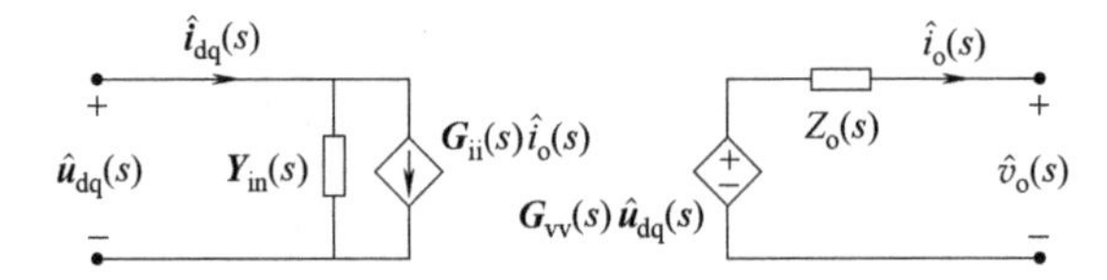

图2.27　VSC采用电压电流双闭环控制时的广义二端口闭环小信号等效电路模型

2.4.3　基于P-Q控制的VSC闭环小信号模型

图2.28所示为VSC采用P-Q控制时的控制框图，其中，$P^*(s)$ 和 $Q^*(s)$ 分别为VSC交流侧输出的额定有功功率和无功功率，交流侧电流控制参考值的dq分量分别由下式计算得到：

$$i_{\mathrm{d}}^{*}(s)=\frac{2}{3}\frac{P^{*}(s)u_{\mathrm{d}}(s)-Q^{*}(s)u_{\mathrm{q}}(s)}{u_{\mathrm{d}}^{2}(s)+u_{\mathrm{q}}^{2}(s)},\quad i_{\mathrm{q}}^{*}(s)=\frac{2}{3}\frac{P^{*}(s)u_{\mathrm{q}}(s)-Q^{*}(s)u_{\mathrm{d}}(s)}{u_{\mathrm{d}}^{2}(s)+u_{\mathrm{q}}^{2}(s)}\tag{2.66}$$

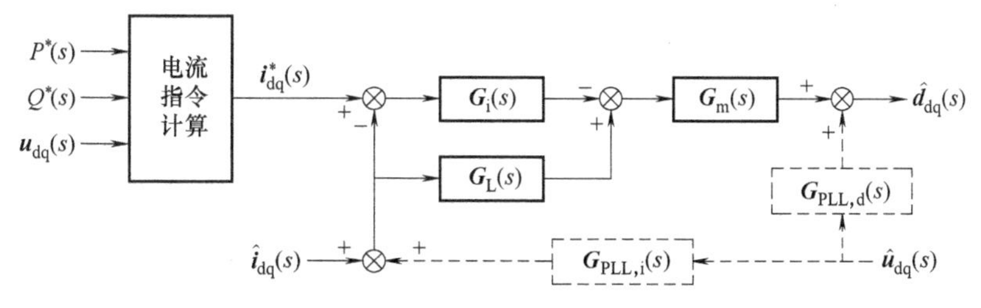

图 2.28 电压电流双闭环控制框图

由图 2.28 可得，占空比 $\boldsymbol{d}_{\mathrm{dq}}(s)$ 的小信号表达式为

$$\begin{aligned}\hat{\boldsymbol{d}}_{\mathrm{dq}}(s)&=\boldsymbol{G}_{\mathrm{m}}(s)\{\boldsymbol{G}_{\mathrm{L}}(s)[\hat{\boldsymbol{i}}_{\mathrm{dq}}(s)+\boldsymbol{G}_{\mathrm{PLL,i}}(s)\hat{\boldsymbol{u}}_{\mathrm{dq}}(s)]-\boldsymbol{G}_{\mathrm{i}}(s)[\hat{\boldsymbol{i}}_{\mathrm{dq}}^{*}(s)-\hat{\boldsymbol{i}}_{\mathrm{dq}}(s)-\\&\quad\boldsymbol{G}_{\mathrm{PLL,i}}(s)\hat{\boldsymbol{u}}_{\mathrm{dq}}(s)]\}+\boldsymbol{G}_{\mathrm{PLL,d}}(s)\hat{\boldsymbol{u}}_{\mathrm{dq}}(s)\\&=\boldsymbol{G}_{\mathrm{m}}(s)[\boldsymbol{G}_{\mathrm{i}}(s)+\boldsymbol{G}_{\mathrm{L}}(s)][\hat{\boldsymbol{i}}_{\mathrm{dq}}(s)+\boldsymbol{G}_{\mathrm{PLL,i}}(s)\hat{\boldsymbol{u}}_{\mathrm{dq}}(s)]+\boldsymbol{G}_{\mathrm{PLL,d}}(s)\hat{\boldsymbol{u}}_{\mathrm{dq}}(s)\\&=\boldsymbol{G}_{2}(s)\hat{\boldsymbol{i}}_{\mathrm{dq}}(s)+\boldsymbol{G}_{3}(s)\hat{\boldsymbol{u}}_{\mathrm{dq}}(s)\end{aligned}\tag{2.67}$$

将式（2.67）代入式（2.52）并消去 $\hat{\boldsymbol{d}}_{\mathrm{dq}}(s)$ 可得：VSC 采用 P-Q 控制时的闭环小信号等效数学模型为

$$\begin{bmatrix}\hat{i}_{\mathrm{o}}(s)\\ \hat{\boldsymbol{i}}_{\mathrm{dq}}(s)\end{bmatrix}=\begin{bmatrix}Y_{\mathrm{in}}(s) & \boldsymbol{Y}_{\mathrm{tr,1}}(s)\\ \boldsymbol{Y}_{\mathrm{tr,2}}(s) & -\boldsymbol{Y}_{\mathrm{o}}(s)\end{bmatrix}\begin{bmatrix}\hat{v}_{\mathrm{o}}(s)\\ \hat{\boldsymbol{u}}_{\mathrm{dq}}(s)\end{bmatrix}\tag{2.68}$$

式中，$Y_{\mathrm{in}}(s)$ 为直流侧闭环输入导纳，是一个一维的传递函数；$\boldsymbol{Y}_{\mathrm{tr,1}}(s)$ 为从 $\hat{\boldsymbol{u}}_{\mathrm{dq}}(s)$ 到 $\hat{i}_{\mathrm{o}}(s)$ 的闭环转移导纳矩阵，是一个二维行向量；$\boldsymbol{Y}_{\mathrm{tr,2}}(s)$ 为从 $\hat{v}_{\mathrm{o}}(s)$ 到 $\hat{\boldsymbol{i}}_{\mathrm{dq}}(s)$ 的闭环转移导纳矩阵，是一个二维列向量；$\boldsymbol{Y}_{\mathrm{o}}(s)$ 为交流侧闭环输出导纳矩阵，是一个 2×2 的方阵。这些传递函数（矩阵）的解析表达式由式（2.69）给出。

$$\begin{cases}Y_{\mathrm{in}}(s)=Y_{\mathrm{in,op}}(s)+\boldsymbol{G}_{\mathrm{di,1,op}}(s)\boldsymbol{G}_{2}(s)\boldsymbol{Y}_{\mathrm{tr,2}}(s)\\ \boldsymbol{Y}_{\mathrm{tr,1}}(s)=\boldsymbol{Y}_{\mathrm{tr,1,op}}(s)+\boldsymbol{G}_{\mathrm{di,1,op}}(s)\boldsymbol{G}_{3}(s)-\boldsymbol{G}_{\mathrm{di,1,op}}(s)\boldsymbol{G}_{2}(s)\boldsymbol{Y}_{\mathrm{o}}(s)\\ \boldsymbol{Y}_{\mathrm{tr,2}}(s)=[\boldsymbol{I}-\boldsymbol{G}_{\mathrm{di,2,op}}(s)\boldsymbol{G}_{2}(s)]^{-1}\boldsymbol{Y}_{\mathrm{tr,2,op}}(s)\\ \boldsymbol{Y}_{\mathrm{o}}(s)=[\boldsymbol{I}-\boldsymbol{G}_{\mathrm{di,2,op}}(s)\boldsymbol{G}_{2}(s)]^{-1}[\boldsymbol{Y}_{\mathrm{o,op}}(s)-\boldsymbol{G}_{\mathrm{di,2,op}}(s)\boldsymbol{G}_{3}(s)]\end{cases}\tag{2.69}$$

式（2.68）也称为 VSC 采用 P-Q 控制时的广义二端口（或三端口）闭环小信号模型，其等效电路图如图 2.29 所示。

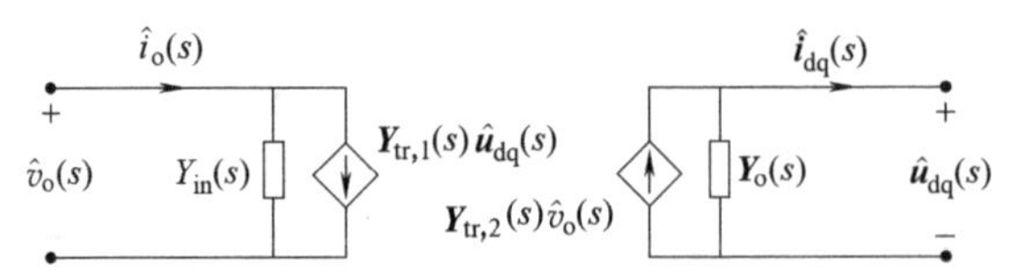

图 2.29　VSC 采用 P-Q 控制时的广义二端口闭环小信号等效电路模型

2.5　本章小结

本章介绍了直流配用电系统小信号稳定分析中常用的控制理论和网络理论，并详细推导了 DC-DC 变换器和电压源换流器在不同控制方式下的闭环小信号模型。

本章主要结论如下：

1）柯西辐角原理、奈奎斯特稳定判据与对数频率稳定判据是判断控制系统稳定性常用的三种频域分析方法。

2）基于网络理论，建立了 DC-DC 变换器的开环小信号模型，并推导了 DC-DC 变换器采用单电压环控制、单电流环控制、下垂控制和电压电流双闭环控制方式下的闭环二端口小信号模型。当 DC-DC 变换器分别采用输出电压和输出电流控制时，其二端口小信号模型的形式不同。当 DC-DC 变换器采用单电压环控制、下垂控制或电压电流双闭环控制时，其二端口小信号模型的形式完全一致，但模型中四个传递函数的解析表达式不同。

3）构建了三相 VSC 在 dq 坐标系下的广义二端口（或三端口）开环小信号模型，以及采用电压电流双闭环控制和 P-Q 控制方式下的闭环小信号模型。

第3章 两变换器级联直流系统稳定分析与判据

第2章阐述了直流配用电系统稳定性分析所需的控制理论与常见变换器的小信号建模方法，从本章开始，将逐步介绍不同类型直流配用电系统的小信号建模、稳定分析、控制与设计方法。根据阻抗分析法，直流配用电系统的稳定问题可以由不同变换器的端口阻抗交互作用进行解释，本章将介绍最简单的直流配用电系统——两变换器级联直流系统的稳定分析与判据方法。

3.1 系统建模与稳定性分析

3.1.1 系统小信号模型

由两个变换器组成的级联直流系统如图3.1所示，其中，前级变换器又称为源变换器，采用输出电压控制方式，向后级负载变换器提供稳定的直流母线电压 v_{bus} 及功率。

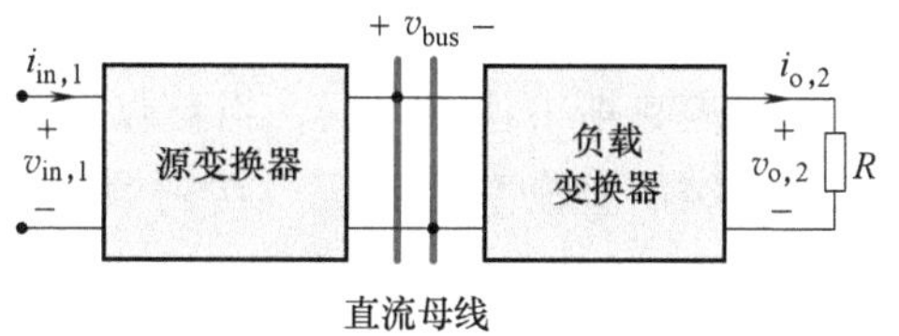

图3.1　两个变换器组成的级联直流系统

如图3.2所示，源变换器和负载变换器均采用一端口等效建模方法，图中同时给出了等效电路形式与结构图形式的系统小信号等效模型。其中，源变换器采用戴维南等效模型，$v_{c,1}(s)$、$Z_{o,1}(s)$ 和 $i_{o,1}(s)$ 分别表示模型中的受控电压源、输出阻抗和输出电流；负载变换器采用诺顿等效模型，$i_{c,2}(s)$、$Y_{in,2}(s)$ 和 $i_{in,2}(s)$ 分别表示模型中的受控电流源、输入导纳和输入电流。根据第2章中式(2.33)可知：$\hat{v}_{c,1}(s)=G_{vv,1}(s)\hat{v}_{in,1}(s)$，$\hat{i}_{c,2}(s)=G_{ii,2}(s)\hat{i}_{o,2}(s)$，其中，$G_{vv,1}(s)$ 为源变换器中从输入电压 $v_{in,1}(s)$ 到 $v_{bus}(s)$ 的小信号闭环传递函数，$G_{ii,2}(s)$ 为负载变换器中从输出电流 $i_{o,2}(s)$ 到输入电流 $i_{in,2}(s)$ 的小信号闭环传递函数。当源变换器可以独立稳定运行时，$Z_{o,1}(s)$ 没有右半平面极点；当负载变换器可以独立稳定运行时，$Y_{in,2}(s)$ 没有右半平面极点。

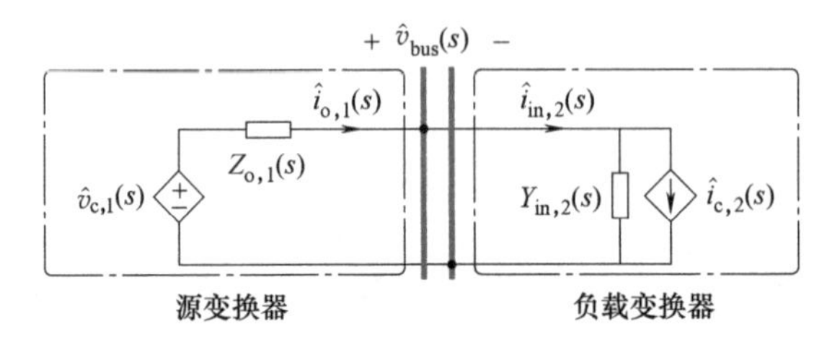

a) 等效电路形式

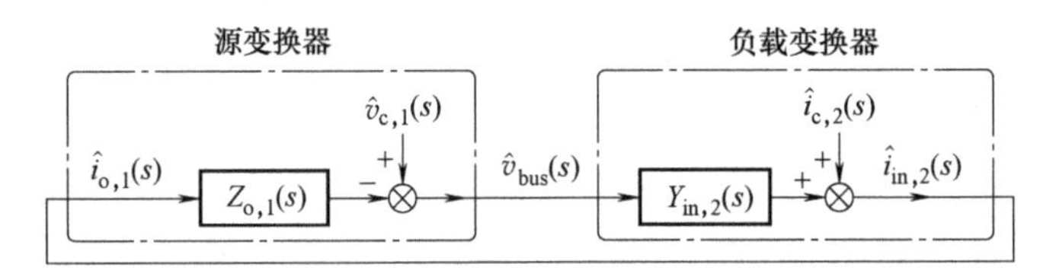

b) 结构图形式

图 3.2 级联直流系统的小信号等效模型

由于级联直流系统稳定即指直流母线电压 v_{bus} 稳定，因此系统小信号稳定性分析时，输入变量为 $v_{c,1}(s)$ 和 $i_{c,2}(s)$，输出变量为 $v_{bus}(s)$。根据图 3.2 可构建两个输入变量扰动 $\hat{v}_{c,1}(s)$ 和 $\hat{i}_{c,2}(s)$ 与母线电压扰动 $\hat{v}_{bus}(s)$ 间的数学关系式为

$$\hat{v}_{bus}(s)=\frac{1}{1+T_2(s)}\hat{v}_{c,1}(s)-\frac{Z_{o,1}(s)}{1+T_2(s)}\hat{i}_{c,2}(s) \tag{3.1}$$

式中，传递函数 $T_2(s)=Z_{o,1}(s)Y_{in,2}(s)$。

3.1.2 小信号稳定性分析

根据麦克斯韦稳定判据，当且仅当所有闭环输入-输出传递函数均没有右半平面极点时级联直流系统稳定。首先假设源变换器和负载变换器均可以独立运行稳定，于是 $Z_{o,1}(s)$ 和 $Y_{in,2}(s)$ 均没有右半平面极点。结合式（3.1），系统的两个输入-输出传递函数分别表示为

$$\left.\frac{\hat{v}_{bus}(s)}{\hat{v}_{c,1}(s)}\right|_{\hat{i}_{c,2}(s)=0}=\frac{1}{1+T_2(s)} \tag{3.2}$$

$$\left.\frac{\hat{v}_{bus}(s)}{\hat{i}_{c,2}(s)}\right|_{\hat{v}_{c,1}(s)=0}=-\frac{Z_{o,1}(s)}{1+T_2(s)} \tag{3.3}$$

显然，当且仅当 $1/[1+T_2(s)]$ 没有右半平面极点时，式（3.2）和式（3.3）均没有右半平面极点，级联直流系统稳定。为进一步分析，首先分离 $Z_{o,1}(s)$ 和 $Y_{in,2}(s)$ 的分子分母多项式：

$$Z_{o,1}(s)=\frac{N_{o,1}(s)}{D_{o,1}(s)},\quad Y_{in,2}(s)=\frac{N_{in,2}(s)}{D_{in,2}(s)} \tag{3.4}$$

式中，$N_{o,1}(s)$ 和 $D_{o,1}(s)$ 分别为 $Z_{o,1}(s)$ 的分子和分母多项式；$N_{in,2}(s)$ 和 $D_{in,2}(s)$ 分别为 $Y_{in,2}(s)$ 的分子和分母多项式。

于是，有

$$\frac{1}{1+T_2(s)}=\frac{1}{1+Z_{o,1}(s)Y_{in,2}(s)}=\frac{D_{o,1}(s)D_{in,2}(s)}{N_{o,1}(s)N_{in,2}(s)+D_{o,1}(s)D_{in,2}(s)} \tag{3.5}$$

结合上述小信号稳定性分析结论与式（3.5）可知：级联直流系统是否稳定等价于关于 s 的多项式 $N_{o,1}(s)N_{in,2}(s)+D_{o,1}(s)D_{in,2}(s)$ 是否有右半平面的根。于是，多项式 $N_{o,1}(s)N_{in,2}(s)+D_{o,1}(s)D_{in,2}(s)$ 为图3.1所示级联直流系统的特征多项式，方程 $N_{o,1}(s)N_{in,2}(s)+D_{o,1}(s)D_{in,2}(s)=0$ 是系统的特征方程。显然，系统特征多项式与特征方程是由源变换器输出阻抗 $Z_{o,1}(s)$ 和负载变换器输入导纳 $Y_{in,2}(s)$ 的分子分母多项式构造得到的。

3.2　小信号稳定判据及对比分析

3.2.1　阻抗比判据

根据柯西辐角原理，$1/[1+T_2(s)]$ 没有右半平面极点等价于阻抗比 $T_2(s)=Z_{o,1}(s)Y_{in,2}(s)=Z_{o,1}(s)/Z_{in,2}(s)$ 满足奈奎斯特稳定判据，其中，$Z_{in,2}(s)=1/Y_{in,2}(s)$ 为负载变换器的输入阻抗。同时考虑到源变换器和负载变换器独立稳定运行时，$T_2(s)$ 没有右半平面极点，因此级联直流系统的阻抗比判据可以描述为：当且仅当阻抗比 $T_2(s)$ 的奈奎斯特曲线不包围（-1，j0）点时，系统稳定，反之则不稳定。需要指出的是，阻抗比 $T_2(s)$ 也被 Middlebrook 教授定义为系统等效环路增益，这是由于系统的输入-输出关系式（3.1）可以基于 $T_2(s)$ 描述为控制理论中的负反馈系统，其中 $T_2(s)$ 为该负反馈系统的开环增益，如图3.3所示。

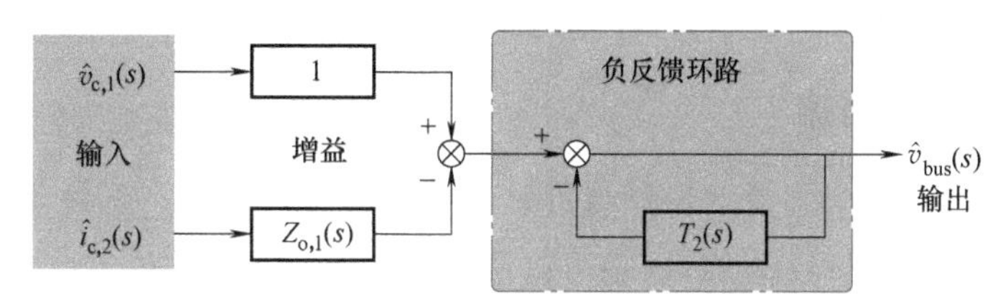

图3.3　基于等效环路增益的负反馈控制框图

阻抗比判据是两变换器级联直流系统稳定的充要条件。当阻抗比 $T_2(s)$ 的奈奎斯特曲线穿过（-1，j0）点时，系统处于临界稳定状态。因此，（-1，j0）点为系统稳定性的临界点，而阻抗比 $T_2(s)$ 的奈奎斯特曲线相对于临界点的位置即为

系统偏离临界稳定的程度，可以反映系统的相对稳定性。为此，基于阻抗比 $T_2(s)$ 可以定义直流系统的稳定裕度，如图 3.4 所示。其中，PM 为相角裕度，$GM=-20\lg|gm|$ 为增益裕度，它们的计算公式分别为

$$\begin{cases} PM=180°+\angle T_2(\mathrm{j}2\pi f_1)=180°+\angle[Z_{o,1}(\mathrm{j}2\pi f_1)Y_{in,2}(\mathrm{j}2\pi f_1)] \\ |T_2(\mathrm{j}2\pi f_1)|=|Z_{o,1}(\mathrm{j}2\pi f_1)Y_{in,2}(\mathrm{j}2\pi f_1)|=1 \end{cases} \tag{3.6}$$

$$\begin{cases} GM=-20\lg|T_2(\mathrm{j}2\pi f_2)|=-20\lg|Z_{o,1}(\mathrm{j}2\pi f_2)Y_{in,2}(\mathrm{j}2\pi f_2)| \\ \angle T_2(\mathrm{j}2\pi f_2)=\angle[Z_{o,1}(\mathrm{j}2\pi f_2)Y_{in,2}(\mathrm{j}2\pi f_2)]=\pm180° \end{cases} \tag{3.7}$$

式中，f_1 为截止频率；f_2 为穿越频率。

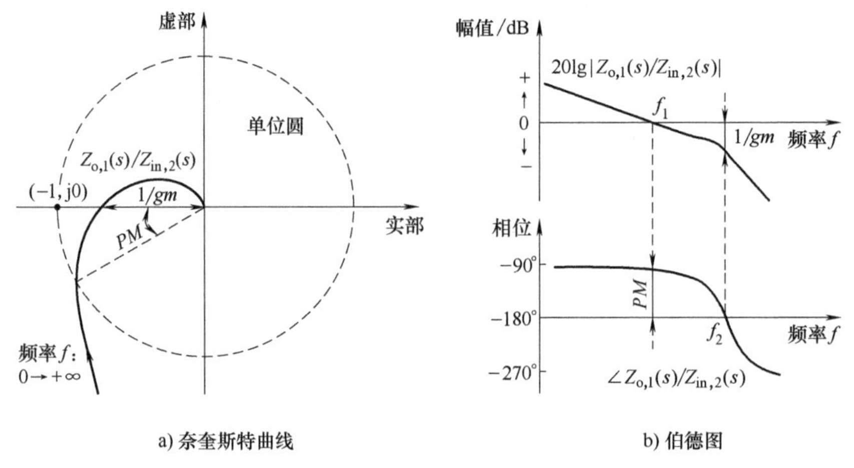

a) 奈奎斯特曲线　　　　b) 伯德图

图 3.4　级联直流系统的稳定裕度

根据阻抗比 $T_2(s)$ 的相位裕度的定义，也可以根据 $Z_{o,1}(s)$ 和 $Z_{in,2}(s)$ 在伯德图上的交截情况评估系统稳定性，具体如下：

1）当 $Z_{o,1}(s)$ 和 $Z_{in,2}(s)$ 的幅频特性曲线不发生交截时，系统稳定。

2）当 $Z_{o,1}(s)$ 和 $Z_{in,2}(s)$ 的幅频特性曲线存在交截，但交截频率处 $Z_{o,1}(s)$ 和 $Z_{in,2}(s)$ 的相位差小于 180°时，系统稳定；若相位差大于 180°，系统不稳定，且此时的交截频率约等于系统的振荡频率。

3.2.2　反阻抗比判据

阻抗比 $T_2(s)$ 定义为源变换器与负载变换器的阻抗之比，实际上 $T_2(s)$ 的倒数，即反阻抗比 $Z_{in,2}(s)/Z_{o,1}(s)$ 也可以用以评估整个系统的稳定性，这是由于：

$$\frac{1}{1+Z_{in,2}(s)/Z_{o,1}(s)}=\frac{N_{o,1}(s)N_{in,2}(s)}{N_{o,1}(s)N_{in,2}(s)+D_{o,1}(s)D_{in,2}(s)} \tag{3.8}$$

由式（3.8）可以看出：$1/[1+Z_{in,2}(s)/Z_{o,1}(s)]$ 是否含有右半平面极点等价于系统特征方程是否有右半平面的根。结合奈奎斯特稳定判据可知：当且仅当反阻

抗比 $Z_{in,2}(s)/Z_{o,1}(s)$ 满足奈奎斯特稳定判据，即反阻抗比 $Z_{in,2}(s)/Z_{o,1}(s)$ 的右半平面极点数与其奈奎斯特曲线逆时针包围（−1，j0）点的圈数相同时，系统稳定。

不过，与阻抗比判据不同的是：当源变换器或负载变换器是非最小相位系统时，即使它们可以独立稳定运行，$Z_{o,1}(s)$ 或 $Y_{in,2}(s)$ 也会存在右半平面零点，这将导致反阻抗比 $Z_{in,2}(s)/Z_{o,1}(s)$ 中存在右半平面极点。反阻抗比 $Z_{in,2}(s)/Z_{o,1}(s)$ 的右半平面极点数计算方法为

$$\mathbb{P}\{Z_{in,2}(s)/Z_{o,1}(s)\}=\mathbb{Z}\{Z_{o,1}(s)\}+\mathbb{Z}\{Y_{in,2}(s)\} \tag{3.9}$$

式中，$\mathbb{P}\{\ \}$ 和$\mathbb{Z}\{\ \}$ 分别表示传递函数的右半平面极点数和零点数。

根据柯西辐角原理，由于 $Z_{o,1}(s)$ 没有右半平面极点，因此其右半平面零点数与其奈奎斯特曲线顺时针包围原点的圈数相同；同样地，$Y_{in,2}(s)$ 的右半平面零点数也等于其奈奎斯特曲线顺时针包围原点的圈数。需要说明的是，当反阻抗比 $Z_{in,2}(s)/Z_{o,1}(s)$ 中存在右半平面极点时，系统稳定要求其奈奎斯特曲线必须包围（−1，j0）点。

3.2.3 阻抗和判据

除上述比值型稳定判据外，和式稳定判据也可以用于评估两变换器级联直流系统的小信号稳定性，例如阻抗和 $Z_{o,1}(s)+Z_{in,2}(s)$。将式（3.4）代入阻抗和 $Z_{o,1}(s)+Z_{in,2}(s)$ 可得

$$Z_{o,1}(s)+Z_{in,2}(s)=\frac{N_{o,1}(s)N_{in,2}(s)+D_{o,1}(s)D_{in,2}(s)}{D_{o,1}(s)N_{in,2}(s)} \tag{3.10}$$

显然，阻抗和 $Z_{o,1}(s)+Z_{in,2}(s)$ 的分子多项式刚好为系统的特征多项式，因此当且仅当阻抗和 $Z_{o,1}(s)+Z_{in,2}(s)$ 没有右半平面零点时，系统稳定，反之则不稳定。需要指出的是，当负载变换器为非最小相位系统时，$Z_{in,2}(s)$ 存在右半平面极点，此时阻抗和 $Z_{o,1}(s)+Z_{in,2}(s)$ 也存在右半平面极点，且其数目与 $Y_{in,2}(s)$ 的右半平面零点数相同。因此，结合柯西辐角原理，系统小信号稳定要求：阻抗和 $Z_{o,1}(s)+Z_{in,2}(s)$ 的奈奎斯特曲线逆时针包围原点的圈数应等于 $Y_{in,2}(s)$ 的奈奎斯特曲线顺指针包围原点的圈数。

3.2.4 导纳和判据

基于导纳和 $Y_{o,1}(s)+Y_{in,2}(s)$ 的稳定判据是另一种和式判据，其中，$Y_{o,1}(s)=1/Z_{o,1}(s)$ 为源变换器的输出导纳。将式（3.4）代入导纳和 $Y_{o,1}(s)+Y_{in,2}(s)$ 有

$$Y_{o,1}(s)+Y_{in,2}(s)=\frac{N_{o,1}(s)N_{in,2}(s)+D_{o,1}(s)D_{in,2}(s)}{N_{o,1}(s)D_{in,2}(s)} \tag{3.11}$$

显然，导纳和 $Y_{o,1}(s)+Y_{in,2}(s)$ 的分子也刚好为系统的特征多项式，因此当且仅当导纳和 $Y_{o,1}(s)+Y_{in,2}(s)$ 没有右半平面零点时，系统稳定，反之则不稳定。与阻抗和类似，当源变换器为非最小相位系统时，$Y_{o,1}(s)$ 存在右半平面极点，此时导纳和 $Y_{o,1}(s)+Y_{in,2}(s)$ 也存在右半平面极点，且其数目与 $Z_{o,1}(s)$ 的右半平面零点数相同。因此，结合柯西辐角原理，当且仅当导纳和 $Y_{o,1}(s)+Y_{in,2}(s)$ 的奈奎斯特曲线逆时针包围原点的圈数与 $Z_{o,1}(s)$ 的奈奎斯特曲线顺时针包围原点的圈数相同时，系统稳定，反之则不稳定。

3.2.5 母线阻抗判据与无源判据

从直流母线侧来看，图 3.1 所示级联直流系统可以认为是一个一端口等效网络，如图 3.5 所示，其中，$i_{inj}(s)$ 是外部设备向直流母线注入的电流。于是母线阻抗 $Z_{bus}(s)$ 定义为

$$Z_{bus}(s)=\frac{\hat{v}_{bus}(s)}{\hat{i}_{inj}(s)}=Z_{o,1}(s)//Z_{in,2}(s)=\frac{1}{Y_{o,1}(s)+Y_{in,2}(s)} \tag{3.12}$$

由式（3.12）可以看出：母线阻抗 $Z_{bus}(s)$ 与导纳和 $Y_{o,1}(s)+Y_{in,2}(s)$ 互为倒数，这表明母线阻抗 $Z_{bus}(s)$ 的分子多项式为系统的特征多项式，因此系统稳定的充要条件是母线阻抗 $Z_{bus}(s)$ 没有右半平面极点。与导纳和相同，当源变换器为非最小相位系统时，$Y_{o,1}(s)$ 存在右半平面极点，导致母线阻抗 $Z_{bus}(s)$ 也存在右半平面零点，且其数目与 $Z_{o,1}(s)$ 的右半平面零点数相同。结合柯西辐角原理，当且仅当母线阻抗 $Z_{bus}(s)$ 的奈奎斯特曲线顺时针包围原点的圈数等于 $Z_{o,1}(s)$ 的奈奎斯特曲线顺时针包围原点的圈数时，系统稳定，反之则不稳定。

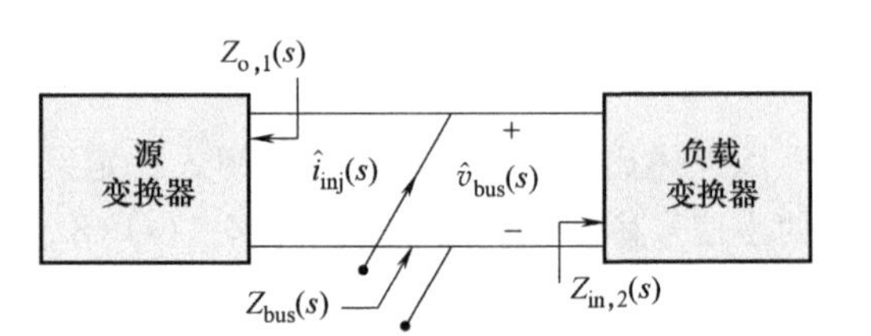

图 3.5 两变换器级联直流系统的母线阻抗

特别地，当源变换器为最小相位系统时，两变换器级联直流系统的稳定性仅与 $Z_{bus}(s)$ 的奈奎斯特曲线是否包围（0，j0）点有关，即不包围时系统稳定，反之则不稳定。在这种情况下，无源理论要求母线阻抗 $Z_{bus}(s)$ 的奈奎斯特曲线不能进入 s 平面的左半平面，因此基于母线阻抗 $Z_{bus}(s)$ 的无源判据可以表述为：$Z_{bus}(s)$ 没有右半平面极点且对任意的 ω 均满足 $\angle Z_{bus}(j\omega)\in[-90°, 90°]$ 或 $\mathrm{Re}[Z_{bus}(j\omega)]\geqslant 0$。需要指出的是，当源变换器为最小相位系统时，无源判据是两变换器级联直流系统稳定的充分非必要条件。

3.2.6 几类稳定判据的对比分析

根据式（3.5）、式（3.8）、式（3.10）~式（3.12）可得

$$
\begin{aligned}
&\mathbb{R}\{N_{o,1}(s)N_{in,2}(s)+D_{o,1}(s)D_{in,2}(s)=0\}\\
&=\mathbb{P}\left\{\frac{1}{1+T_2(s)}\right\}=\mathbb{P}\left\{\frac{1}{1+Z_{o,1}(s)/Z_{in,2}(s)}\right\}\\
&=\mathbb{P}\left\{\frac{1}{1+Z_{in,2}(s)/Z_{o,1}(s)}\right\}=\mathbb{Z}\{Z_{o,1}(s)+Z_{in,2}(s)\}\\
&=\mathbb{Z}\{Y_{o,1}(s)+Y_{in,2}(s)\}=\mathbb{P}\{Z_{bus}(s)\}
\end{aligned}
\tag{3.13}
$$

式中，$\mathbb{R}\{\ \}$ 表示右半平面根的个数。

由式（3.13）可以看出：系统特征方程是否存在右半平面的根可由等效环路增益（阻抗比）$T_2(s)=Z_{o,1}(s)/Z_{in,2}(s)$、反阻抗比 $Z_{in,2}(s)/Z_{o,1}(s)$、阻抗和 $Z_{o,1}(s)+Z_{in,2}(s)$、导纳和 $Y_{o,1}(s)+Y_{in,2}(s)$ 与母线阻抗 $Z_{bus}(s)$ 中的任意一个进行确定，因此上述五种稳定判据在控制理论上完全等价。但这些稳定判据在实际应用时又各有特点，表 3.1 总结了它们在不同方面的对比情况，详细分析如下。

表 3.1　级联直流系统的稳定判据对比

稳定判据	构造视角	变换器分类	零极点对消	稳定裕度定义	“黑/灰箱”系统稳定性评估步骤
系统特征方程	整个系统	需要	无	无	不适用
阻抗比判据	子系统角度	需要	无	有	简单
反阻抗比判据	子系统角度	需要	无	无	复杂
阻抗和判据	子系统角度	不需要	可能存在	无	较为复杂
导纳和判据	子系统角度	不需要	可能存在	无	较为复杂
母线阻抗判据	一端口网络	不需要	可能存在	无	较为复杂

1）从稳定判据构造的视角来看，基于系统特征方程的稳定判据是从整个系统的闭环输入-输出传递函数推导得到的；阻抗比判据、反阻抗比判据、阻抗和判据与导纳和判据是通过将整个系统在直流母线处划分为两个子系统（或两个变换器）进而构造出来的；而母线阻抗判据则是从直流母线处将整个系统视为一个一端口网络从而提出的。

2）从是否需要对变换器分类的角度来看，基于系统特征方程的稳定判据、阻抗比判据和反阻抗比判据均需要确定变换器的类型，即是源变换器还是负载变换器，但剩余三种稳定判据则无需事先确定变换器类型。

3）上述几种稳定判据都需要对两个变换器的端口阻抗进行传递函数计算，若阻抗计算后，传递函数中的一个右半平面极点与一个右半平面零点完全相等，那么这个右半平面零点或极点对系统稳定性的影响将会被抵消，从而导致对系统稳定性作出误判。若能避免传递函数表达式中右半平面的零点和极点同时存在，就能从根本上避免零极点对消对系统稳定性的影响。由于系统特征方程仅仅是一个多项式，不存在分母，因此不可能发生零极点对消。在比值型判据中，由于 $Z_{o,1}(s)$ 和

$Y_{in,2}(s)$ 均没有右半平面极点，因此阻抗比 $Z_{o,1}(s)/Z_{in,2}(s)$ 没有右半平面极点，反阻抗比 $Z_{in,2}(s)/Z_{o,1}(s)$ 没有右半平面零点，这意味着两种稳定判据都不会出现右半平面零极点对消的可能。剩余三种稳定判据则可能会出现零极点对消，以阻抗和判据为例进行分析，由式（3.10）可以看出，当负载变换器为非最小相位系统时，$N_{in,2}(s)$ 一定存在右半平面零点，这导致阻抗和 $Z_{o,1}(s)+Z_{in,2}(s)$ 一定存在右半平面极点，当这一右半平面极点与阻抗和分子多项式（即系统特征多项式）的右半平面零点相同时，阻抗和 $Z_{o,1}(s)+Z_{in,2}(s)$ 的奈奎斯特曲线或伯德图均无法反映出对消的右半平面零点，此时基于阻抗和的稳定性评估结果将可能出错。

4）除了评估系统的小信号稳定性外，还期望基于阻抗的稳定判据可以评价系统的稳定裕度，以确定系统的相对稳定性。在经典控制理论中，稳定裕度是基于稳定的开环增益进行定义的，这要求阻抗判据一定不能存在右半平面极点。同时，开环增益的分子多项式最高次数不能高于分母多项式。显然，只有阻抗比判据满足上述要求，因此可以基于阻抗比定义两变换器级联直流系统的稳定裕度，具体方法已在 3.2.1 节给出。

5）在实际工程应用中，由于系统的“灰箱”或“黑箱”属性，导致基于传递函数的阻抗精确建模难以实现，此时基于端口阻抗测量的扫频方法能有效替代阻抗建模进行系统稳定性分析。这种情况下，几类稳定判据评估系统稳定性的可实现性与复杂程度不尽相同。其中，系统特征方程需要拆解两个变换器阻抗的分子和分母，但基于扫频数据无法完成阻抗的分子分母拆分，因此不适用于“灰箱”或“黑箱”系统。基于 $Z_{o,1}(s)$ 和 $Y_{in,2}(s)$ 的阻抗扫频数据可以计算得到阻抗比 $Z_{o,1}(s)$ $Y_{in,2}(s)$，进而绘制其奈奎斯特曲线并对系统稳定性进行评估。根据 3.2.3 节~3.2.5 节，阻抗和判据、导纳和判据与母线阻抗判据不但需要绘制对应的阻抗和、导纳和与母线阻抗的奈奎斯特曲线，还需要单独绘制其中一个变换器阻抗的频率特性曲线以分析右半平面零极点数，相较于阻抗比判据略复杂。根据 3.2.2 节，基于反阻抗比判据的稳定性评估最复杂，这是由于该判据需要同时绘制 $Z_{o,1}(s)$、$Y_{in,2}(s)$ 和反阻抗比 $Z_{in,2}(s)/Z_{o,1}(s)$ 的奈奎斯特曲线进行分析。

3.3 案例分析与实验验证

3.3.1 系统介绍

由两个 Buck 变换器构成的级联直流系统如图 3.6 所示，其中，#1 变换器为源变换器，采用输出电压控制方式以提供直流母线电压 v_{bus}；#2 变换器为负载变换器，向负载电阻 R_2 提供稳定的输出电压 $v_{o,2}$。系统主要参数如表 3.2 所示，需要说明的是，表中参数可以保证两个变换器都可以独立稳定运行。v_{dc} 为输入直流电压；f 为开关频率；在 #x（$x=1$，2）变换器中，$H_{v,x}$ 为电压采样系数，$G_{v,x}(s)=$

$k_{vp,x}+k_{vi,x}/s$ 为电压环控制器的传递函数，$G_{m,x}$ 为 PWM 增益。

为评估案例系统在不同运行工况下的稳定性，根据#2 变换器负载电阻 R_2 的不同取值，设置了两种系统运行工况，即工况 1：$R_2=10\Omega$，工况 2：$R_2=3\Omega$。请注意，#2 变换器采用输出电压控制方式，表现为恒功率负载特性，因此当其输入功率随着 R_2 的变化而变化时，系统稳定性可能发生改变。

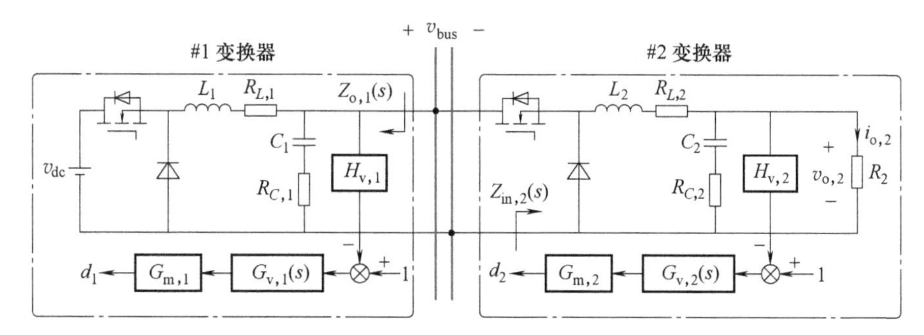

图 3.6　由两个 Buck 变换器构成的级联直流系统

表 3.2　系统主要参数

参数	取值	参数	取值	参数	取值
v_{dc}/V	48	$k_{vp,1}$	0.1	$R_{C,2}/\Omega$	0.1
f/kHz	50	$k_{vi,1}$	100	$H_{v,2}$	1/12
L_1/μH	560	$G_{m,1}$	1	$k_{vp,2}$	1.6
$R_{L,1}/\Omega$	0.1	v_{bus}/V	24	$k_{vi,2}$	100
C_1/μF	185	L_2/μH	200	$G_{m,2}$	1
$R_{C,1}/\Omega$	0.1	$R_{L,2}/\Omega$	0.1	$v_{o,2}$/V	12
$H_{v,1}$	1/24	C_2/μF	39		

3.3.2　基于阻抗比判据的稳定性分析

图 3.7 给出了 $1/[1+Z_{o,1}(s)/Z_{in,2}(s)]$ 在两种系统工况下的零极点图。请注意由于尺寸限制，图中没有给出具有较小负实部的左半平面零极点，这并不影响对整个系统的稳定性分析结果。从图 3.7 可以看出：当系统运行于工况 1 时，$1/[1+Z_{o,1}(s)/Z_{in,2}(s)]$ 没有右半平面极点，这意味着系统特征方程没有右半平面的根，因此可以推测系统此时是稳定的；而当系统运行于工况 2 时，系统特征方程有一对右半平面的根，因此可以推测此时系统不稳定。

图 3.8 给出了阻抗比 $T_2(s)=Z_{o,1}(s)/Z_{in,2}(s)$ 在两种系统运行工况下的奈奎斯特曲线，可以看出当系统运行于工况 1 时，$T_2(s)$ 的奈奎斯特曲线不包围（-1，j0）点；而当系统运行于工况 2 时，$T_2(s)$ 的奈奎斯特曲线顺时针包围（-1，j0）点两圈，因此同样可以推测：系统在工况 1 时稳定，而在工况 2 时不稳定。这一结

论也可以根据 $Z_{o,1}(s)$ 和 $Z_{in,2}(s)$ 的伯德图得到，如图 3.9 所示。需要说明的是，由于#1 变换器采用单电压环控制方式，根据第 2 章中 Buck 变换器在单电压环控制下的输出阻抗表达式可以发现其输出阻抗与#2 变换器参数无关，因此 $Z_{o,1}(s)$ 的阻抗曲线在两种系统工况下完全相同。从图 3.9 可以看出：$Z_{o,1}(s)$ 和 $Z_{in,2}(s)$ 的幅频特性曲线在工况 1 时没有交截，因此可以推测系统在工况 1 时稳定；而在工况 2 时，$Z_{o,1}(s)$ 和 $Z_{in,2}(s)$ 的幅频特性曲线在 535Hz 处发生交截，且该频率下源载阻抗的相角差约为 185°，大于系统稳定（或相角裕度）要求的 180°，因此可以推测系统在工况 2 时不稳定且直流母线电压的振荡频率约为 535Hz。

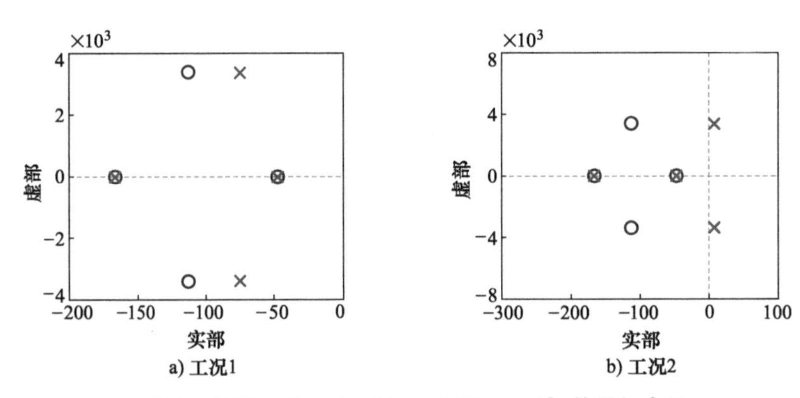

a) 工况1　　b) 工况2

图 3.7　传递函数 $1/[1+Z_{o,1}(s)/Z_{in,2}(s)]$ 的零极点图

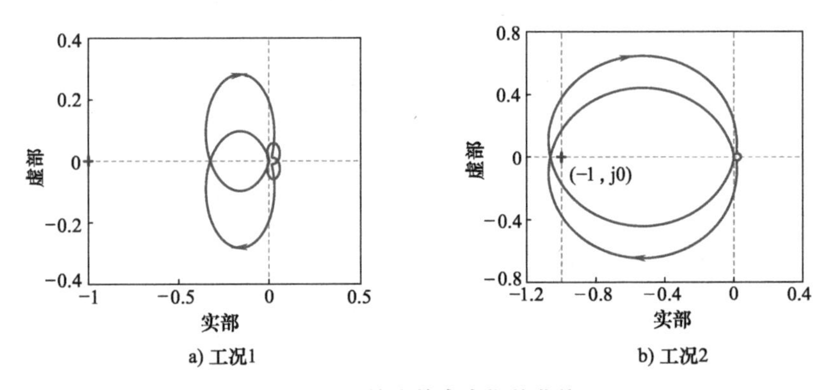

a) 工况1　　b) 工况2

图 3.8　阻抗比的奈奎斯特曲线

3.3.3　基于反阻抗比判据的稳定性分析

为了基于反阻抗比判据评估系统稳定性，根据 3.2.2 节的分析，首先需要确定反阻抗比 $Z_{in,2}(s)/Z_{o,1}(s)$ 的右半平面极点数，即 $Z_{o,1}(s)$ 和 $Y_{in,2}(s)$ 的右半平面零点数之和，为此绘制了 $Z_{o,1}(s)$ 和 $Y_{in,2}(s)$ 的奈奎斯特曲线如图 3.10 所示。可以看出：$Z_{o,1}(s)$ 的奈奎斯特曲线不包围原点，而 $Y_{in,2}(s)$ 的奈奎斯特曲线在每种系统工况下均顺时针包围原点一圈。考虑到 $Z_{o,1}(s)$ 和 $Y_{in,2}(s)$ 均没有右半平面极

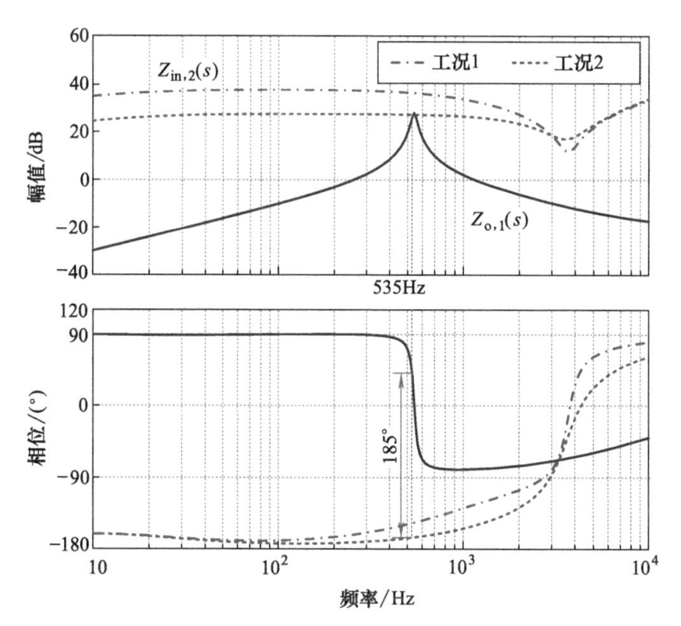

图 3.9 源变换器与负载变换器的阻抗伯德图

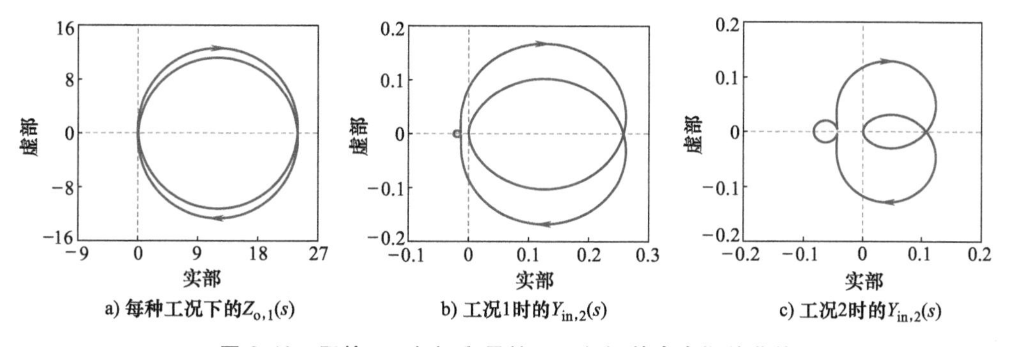

a) 每种工况下的$Z_{o,1}(s)$ b) 工况1时的$Y_{in,2}(s)$ c) 工况2时的$Y_{in,2}(s)$

图 3.10 阻抗 $Z_{o,1}(s)$ 和导纳 $Y_{in,2}(s)$ 的奈奎斯特曲线

点，根据柯西辐角原理可知：两种系统工况下，$Z_{o,1}(s)$ 都没有右半平面零点，而 $Y_{in,2}(s)$ 均有一个右半平面零点，即$\mathbb{Z}\{Z_{o,1}(s)\}=0$，$\mathbb{Z}\{Y_{in,2}(s)\}=1$。因此 $Z_{in,2}(s)/Z_{o,1}(s)$ 在两种系统工况下均有一个右半平面极点。

然后绘制 $Z_{in,2}(s)/Z_{o,1}(s)$ 的奈奎斯特曲线，如图 3.11 所示。需要说明的是，两种工况下的奈奎斯特曲线都不是闭合曲线且它们的起始点都在无穷远处，因此需要从 $Z_{in,2}(j0_+)/Z_{o,1}(j0_+)$ 起为正频率部分（上半部分）逆时针补一个半径为无穷大且圆心角为 90°的圆弧，方向为顺时针，如虚线部分所示；考虑到奈奎斯特曲线对称性，负频率部分（下半部分）也应补上如虚线所示的 1/4 圆弧，方向为顺时针。如图 3.11a 所示，当系统运行于工况 1 时，$Z_{in,2}(s)/Z_{o,1}(s)$ 的奈奎斯特曲线逆时针包围（-1，j0）点两圈，顺时针包围（-1，j0）点一圈，因此逆时针包围

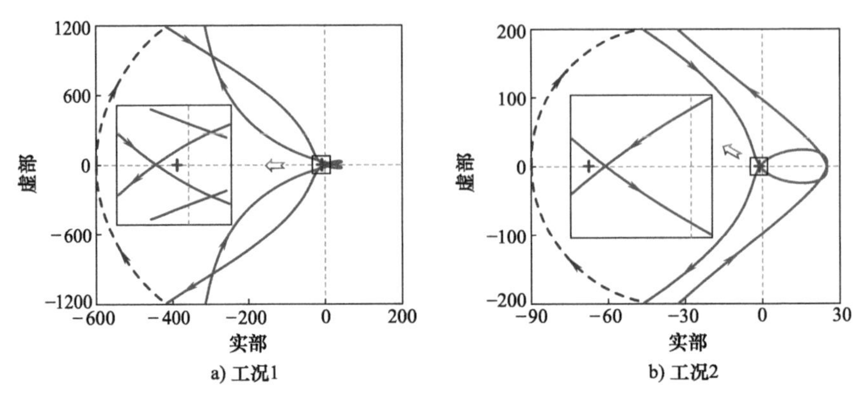

图 3.11　反阻抗比的奈奎斯特曲线

(−1，j0) 点的等效圈数为一圈。如图 3.11b 所示，当系统运行于工况 2 时，$Z_{in,2}(s)/Z_{o,1}(s)$ 的奈奎斯特曲线只顺时针包围 (−1，j0) 点一圈。由于两种系统工况下 $Z_{in,2}(s)/Z_{o,1}(s)$ 的右半平面极点数均为 1，于是根据反阻抗比判据可以推测：系统在工况 1 时稳定，而在工况 2 时不稳定。

3.3.4　基于阻抗和判据的稳定性分析

阻抗和 $Z_{o,1}(s)+Z_{in,2}(s)$ 的奈奎斯特曲线如图 3.12 所示，可以看出：其在工况 1 时逆时针包围原点一圈，而在工况 2 时顺时针包围原点的等效圈数为一圈。根据 3.3.3 节可知：$Y_{in,2}(s)$ 在两种工况下均有一个右半平面零点，即阻抗和 $Z_{o,1}(s)+Z_{in,2}(s)$ 总有一个右半平面极点。因此根据阻抗和判据可以推测：系统在工况 1 时稳定，而在工况 2 时不稳定。

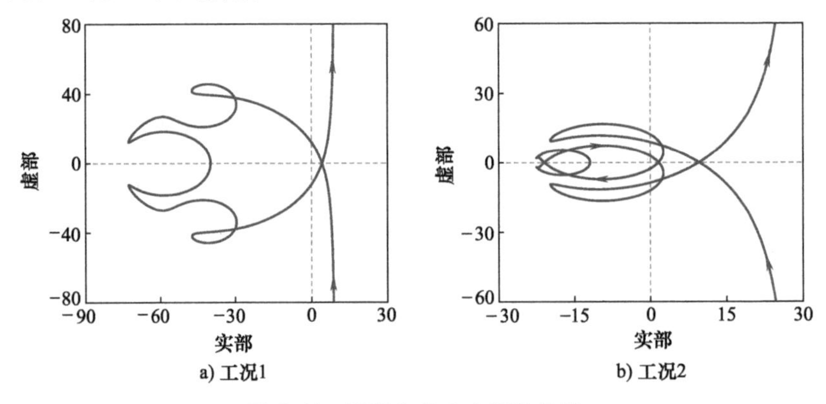

图 3.12　阻抗和的奈奎斯特曲线

3.3.5　基于导纳和判据的稳定性分析

导纳和 $Y_{o,1}(s)+Y_{in,2}(s)$ 的奈奎斯特曲线如图 3.13 所示。需要说明的是，与

图 3.11 类似，两种系统工况下，$Y_{o,1}(s)+Y_{in,2}(s)$ 的奈奎斯特曲线都不是闭合曲线且它们的起始点都从无穷远处出发，因此也需要补圆弧，但由于该圆弧位于右半平面，不会包围原点，因此没有在图 3.13 中给出。由图 3.13 可以看出：显然在工况 1 时导纳和 $Y_{o,1}(s)+Y_{in,2}(s)$ 的奈奎斯特曲线不包围原点，而在工况 2 时顺时针包围原点两圈。根据 3.3.3 节可知：$Z_{o,1}(s)$ 在每种系统工况下都没有右半平面零点。因此结合导纳和判据可以推测：系统在工况 1 稳定，而在工况 2 不稳定。

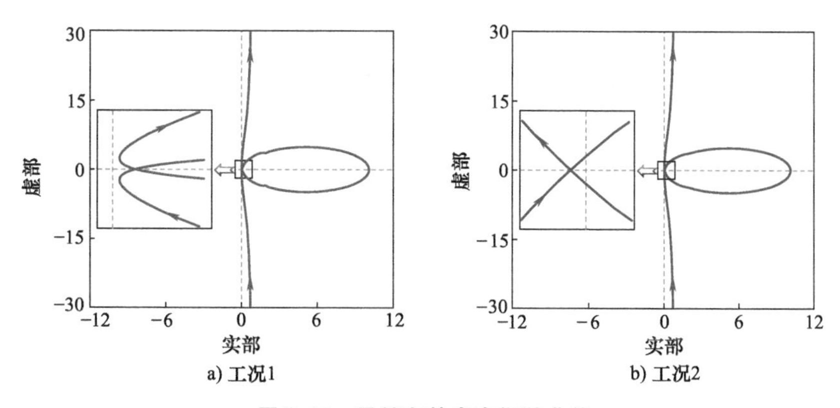

a) 工况1　　b) 工况2

图 3.13　导纳和的奈奎斯特曲线

3.3.6　基于母线阻抗的稳定性分析

母线阻抗 $Z_{bus}(s)=Z_{o,1}(s)//Z_{in,2}(s)$ 的奈奎斯特曲线如图 3.14 所示，显然工况 1 时该曲线不包围原点，而在工况 2 时逆时针包围原点两圈。由于 $Z_{o,1}(s)$ 在两种系统工况下都没有右半平面零点，因此根据母线阻抗判据可以推测：系统在工况 1 时稳定，而在工况 2 时不稳定。

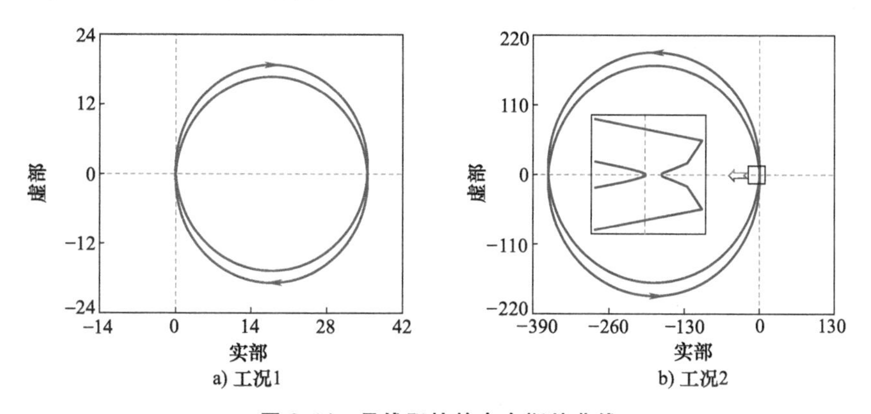

a) 工况1　　b) 工况2

图 3.14　母线阻抗的奈奎斯特曲线

综上所述，上述几类阻抗判据评估图 3.6 所示两变换器级联直流系统小信号稳定性的结论一致，即均推测得到：系统在工况 1 时稳定，而在工况 2 时不稳定。根据上述稳定性分析过程，将五种稳定判据的特点进行总结对比，如表 3.3 所示，可以看出：阻抗比判据评估系统稳定性所需信息最少，评估步骤相对简单，且可以预测系统失稳频率，是分析两变换器级联直流系统的最佳稳定判据。

表 3.3 五种稳定判据的总结对比

稳定判据	单个变换器阻抗或导纳的零极点信息		阻抗表达式的奈奎斯特曲线	是否可以预测失稳频率
	$Z_{o,1}(s)$ 的右半平面零点	$Y_{in,2}(s)$ 的右半平面零点		
阻抗比判据	不需要	不需要	需要［图 3.8］	可以［图 3.9］
反阻抗比判据	需要［图 3.10a］	需要［图 3.10b 和 c］	需要［图 3.11］	不可以
阻抗和判据	不需要	需要［图 3.10b 和 c］	需要［图 3.12］	不可以
导纳和判据	需要［图 3.10a］	不需要	需要［图 3.13］	不可以
母线阻抗判据	需要［图 3.10a］	不需要	需要［图 3.14］	不可以

3.3.7 实验验证

为验证上述稳定性分析结论的正确性，搭建了图 3.6 所示系统对应的实验平台，其电路与控制参数与表 3.2 一致，控制部分由数字信号处理器（Digital Signal Processor，DSP）TMS320 F28335 实现。图 3.15 给出了两种系统工况下母线电压 v_{bus}、#2 变换器输出电压 $v_{o,2}$ 和负载电流 $i_{o,2}$ 的实验波形。图 3.16 给出了系统在两种工况下切换时的动态实验波形。

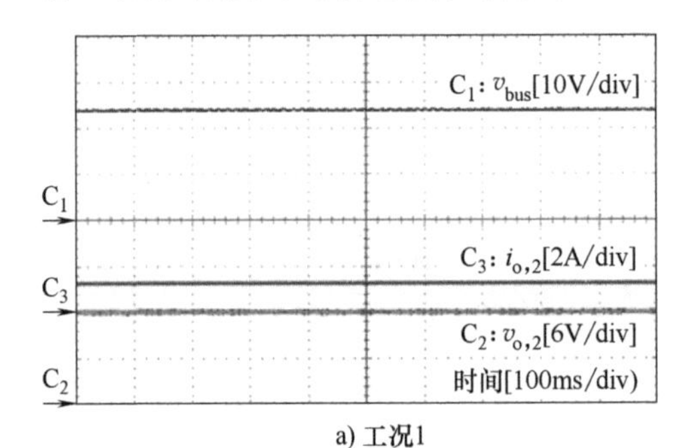

a) 工况1

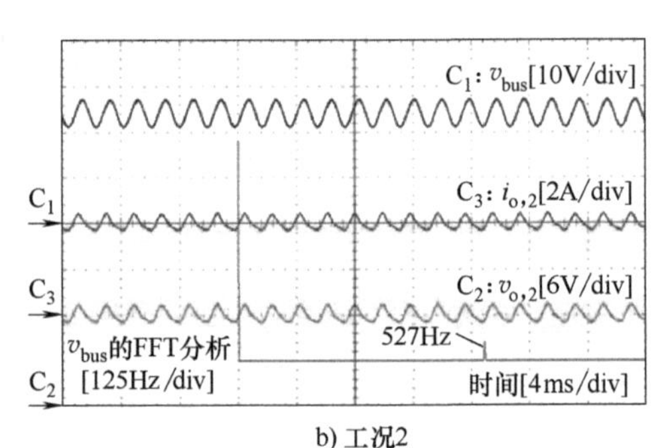

b) 工况2

图 3.15 系统在两种工况下的稳态实验波形

当系统运行于工况 1 时，如图 3.15a 所示，直流母线电压和#2 变换器输出电压、电流均稳定，表明整个系统处于稳定运行状态。而当系统运行于工况 2 时，如图 3.15b 所示，直流母线电压中出现幅值较大的、远低于开关频率的交流分量，这意味着系统处于不稳定运行状态。进一步地，通过采用快速傅里叶变换（Fast Fourier Transform，FFT）对直流母线电压进行分析，可以发现直流母线电压的振荡频率约为 527Hz，与预测值存在一定偏差，但偏差较小。因此可以认为实验验证结论

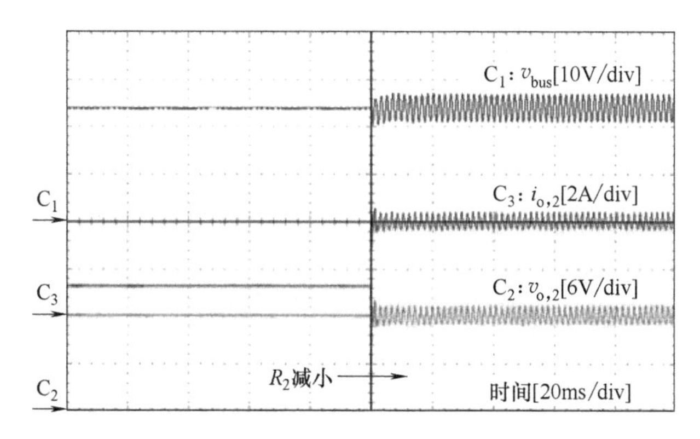

图 3.16　系统由工况 1 切换到工况 2 的动态实验波形

与上述理论分析结果基本完全一致。需要指出的是，振荡频率的预测误差可能是由于元器件寄生参数误差等因素所导致的。

综上所述，阻抗比判据、反阻抗比判据、阻抗和判据、导纳和判据与母线阻抗判据均可以有效评估两变换器级联直流系统的稳定性。

3.4　本章小结

本章建立了由两个变换器级联组成的直流系统小信号模型，进行了系统级稳定分析，介绍了多种基于阻抗的稳定判据，并进行了对比分析。最后，通过对案例系统的稳定分析与实验测试，验证了理论分析的正确性。

本章主要结论如下：

1）两变换器级联直流系统的特征方程为 $N_{o,1}(s)N_{in,2}(s)+D_{o,1}(s)D_{in,2}(s)=0$，由源变换器输出阻抗和负载变换器输入导纳的分子分母多项式构成。阻抗比判据、反阻抗比判据、阻抗和判据、导纳和判据与母线阻抗判据本质上均在于讨论系统特征方程是否有右半平面的根，因此它们在控制原理上是等价的。

2）尽管阻抗比判据需要区分变换器类型，但其本身不存在右半平面极点，评估系统稳定性所需信息和步骤最少，且可以预测系统失稳频率，是分析两变换器级联直流系统的最佳稳定判据。

第 4 章

多变换器单母线直流配用电系统稳定分析与判据

第 3 章介绍的级联直流系统由于变换器数量只有两个、工作模式单一，系统稳定性分析难度相对较小。在典型的单电压等级直流配用电系统中，多路输入电源和多类型负载经电力电子变换器并联连接到同一条直流母线上，由于系统内各变换器的类型与控制模式多种多样，给系统级建模与稳定性评估带来了很大挑战。为此，本章将继续采用阻抗分析方法，深入讨论多变换器单母线直流配用电系统的小信号建模、稳定性分析与稳定判据。

4.1 系统建模与稳定性分析

4.1.1 系统统一形式与小信号模型

多变换器单母线直流配用电系统的一般结构如图 4.1a 所示，由一条直流母线与多个并联连接的变换器组成。为便于后续小信号建模与稳定性分析，首先对系统内的所有变换器进行分类：

1）由于控制或提供直流母线电压的变换器独立稳定运行时，其输出阻抗没有右半平面极点，因此将此类变换器定义为 Z 型变换器，简称为 ZTC。

2）由于控制或影响直流母线电流或功率的变换器独立稳定运行时，其直流母线侧端口导纳没有右半平面极点，因此将此类变换器定义为 Y 型变换器，简称为 YTC。

假设系统内有 M 个变换器控制或提供直流母线电压，并依次定义为 ZTC_1，ZTC_2，…，ZTC_j，…，ZTC_M，其余 K 个变换器则依次定义为 YTC_1，YTC_2，…，YTC_l，…，YTC_K，于是可得单母线直流配用电系统的统一形式如图 4.1b 所示。需要指出的是，系统内各变换器运行模式与投入数量的变化仅改变 M 和 K 的取值，并不改变整个系统的统一形式。

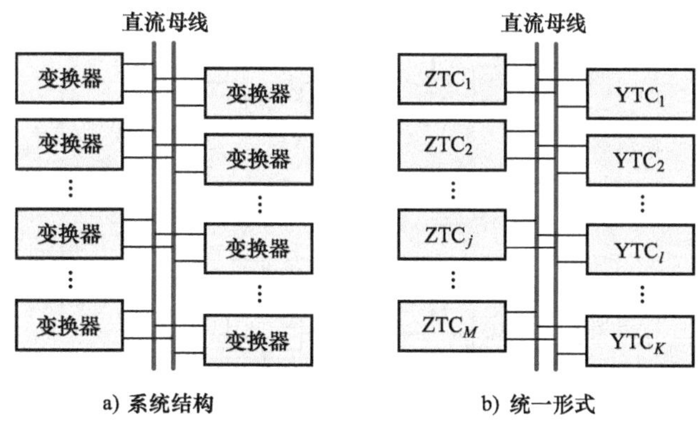

图 4.1　多变换器单母线直流配用电系统结构及其统一形式

如图 4.2 所示为多变换器单母线直流配用电系统的小信号等效模型，这里同时给出了等效电路和结构图两种形式。其中，$v_{\mathrm{bus}}(s)$ 为直流母线电压，$v_{\mathrm{c},j}(s)$、$Z_{\mathrm{o},j}(s)$ 和 $i_{\mathrm{o},j}(s)$ 分别表示 ZTC$_j$（$j=1$，2，…，M）戴维南等效模型中的受控电压源、输出阻抗和输出电流，$i_{\mathrm{c},l}(s)$、$Y_{\mathrm{in},l}(s)$ 和 $i_{\mathrm{in},l}(s)$ 分别表示 YTC$_l$（$l=1$，2，…，K）诺顿等效模型中的受控电流源、输入导纳和输入电流。当 ZTC$_j$ 可以独立稳定运行时，$Z_{\mathrm{o},j}(s)$ 没有右半平面极点；当 YTC$_l$ 可以独立稳定运行时，$Y_{\mathrm{in},l}(s)$ 没有右半平面极点。需要说明的是，系统小信号稳定性分析时，输入变量为 $\hat{v}_{\mathrm{c},j}(s)$ 和 $\hat{i}_{\mathrm{c},l}(s)$，输出变量为 $\hat{v}_{\mathrm{bus}}(s)$。

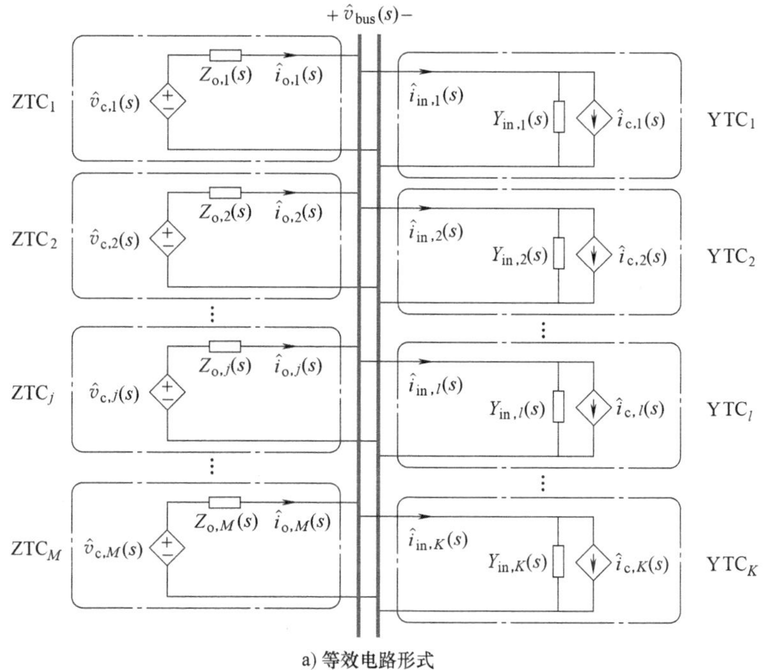

图 4.2　多变换器单母线直流配用电系统的小信号等效模型

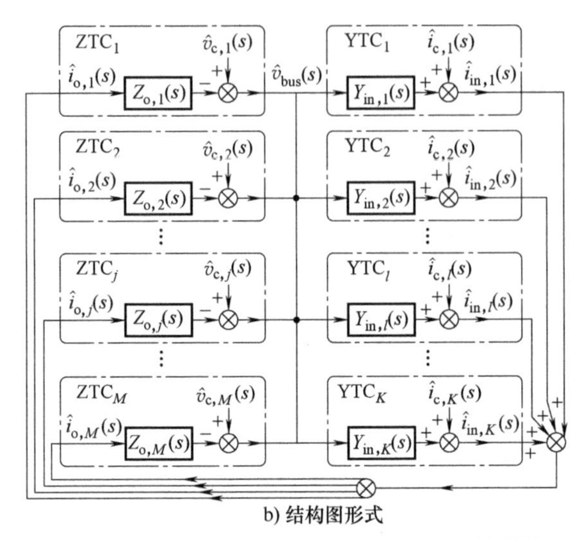

b) 结构图形式

图 4.2　多变换器单母线直流配用电系统的小信号等效模型（续）

根据图 4.2 可得，ZTC_j 和 YTC_l 的小信号方程分别可以表示为

$$\hat{v}_{bus}(s)=\hat{v}_{c,j}(s)-Z_{o,j}(s)\hat{i}_{o,j}(s) \tag{4.1}$$

$$\hat{i}_{in,l}(s)=Y_{in,l}(s)\hat{v}_{bus}(s)+\hat{i}_{c,l}(s) \tag{4.2}$$

所有变换器注入和流出直流母线的电流和为 0，因此有

$$\sum_{j=1}^{M}\hat{i}_{o,j}(s)-\sum_{l=1}^{K}\hat{i}_{in,l}(s)=0 \tag{4.3}$$

联立式（4.1）~式（4.3），可得直流母线电压 $v_{bus}(s)$ 的小信号表达式为

$$\hat{v}_{bus}(s)=\frac{\sum_{j=1}^{M}Z_{o,j}^{-1}(s)\hat{v}_{c,j}(s)-\sum_{l=1}^{K}\hat{i}_{c,l}(s)}{\sum_{j=1}^{M}Z_{o,j}^{-1}(s)+\sum_{l=1}^{K}Y_{in,l}(s)} \tag{4.4}$$

4.1.2　小信号稳定性分析

由式（4.4）可得该直流配用电系统的两类输入-输出传递函数分别为

$$\left.\frac{\hat{v}_{bus}(s)}{\hat{v}_{c,j}(s)}\right|_{\hat{v}_{c,j'}(s)=0,\hat{i}_{c,l}(s)=0}=Z_{o,j}^{-1}(s)\left[\sum_{j=1}^{M}Z_{o,j}^{-1}(s)+\sum_{l=1}^{K}Y_{in,l}(s)\right]^{-1} \tag{4.5}$$

$$\left.\frac{\hat{v}_{bus}(s)}{\hat{i}_{c,l}(s)}\right|_{\hat{v}_{c,j}(s)=0,\hat{i}_{c,l'}(s)=0}=-\left[\sum_{j=1}^{M}Z_{o,j}^{-1}(s)+\sum_{l=1}^{K}Y_{in,l}(s)\right]^{-1} \tag{4.6}$$

式中，$j'=1,2,\cdots,M$ 且 $j'\neq j$；$l'=1,2,\cdots,K$ 且 $l'\neq l$。

为进一步分析，分离 $Z_{o,j}(s)$ 和 $Y_{in,l}(s)$ 的分子分母多项式：

$$Z_{o,j}(s)=\frac{N_{o,j}(s)}{D_{o,j}(s)},\ Y_{in,l}(s)=\frac{N_{in,l}(s)}{D_{in,l}(s)} \tag{4.7}$$

式中，$N_{o,j}(s)$ 和 $D_{o,j}(s)$ 分别为 $Z_{o,j}(s)$ 的分子和分母多项式；$N_{in,l}(s)$ 和 $D_{in,l}(s)$ 分别为 $Y_{in,l}(s)$ 的分子和分母多项式。

显然，当 $Z_{o,j}(s)$ 没有右半平面极点时，$D_{o,j}(s)$ 没有右半平面零点；当 $Y_{in,l}(s)$ 没有右半平面极点时，$D_{in,l}(s)$ 没有右半平面零点。

将式（4.7）代入式（4.5）和式（4.6）分离两类输入-输出传递函数的分子分母多项式：

$$\left.\frac{\hat{v}_{bus}(s)}{\hat{v}_{c,j}(s)}\right|_{\hat{v}_{c,j'}(s)=0,\hat{i}_{c,l}(s)=0}=\frac{D_{o,j}(s)}{N_{o,j}(s)}\left[\sum_{j=1}^{M}\frac{D_{o,j}(s)}{N_{o,j}(s)}+\sum_{l=1}^{K}\frac{N_{in,l}(s)}{D_{in,l}(s)}\right]^{-1}=\frac{D_{o,j}(s)}{F(s)}\prod_{j'=1}^{M}N_{o,j'}(s)\prod_{l=1}^{K}D_{in,l}(s)\tag{4.8}$$

$$\left.\frac{\hat{v}_{bus}(s)}{\hat{i}_{c,l}(s)}\right|_{\hat{v}_{c,j}(s)=0,\hat{i}_{c,l'}(s)=0}=-\left[\sum_{j=1}^{M}\frac{D_{o,j}(s)}{N_{o,j}(s)}+\sum_{l=1}^{K}\frac{N_{in,l}(s)}{D_{in,l}(s)}\right]^{-1}=-\frac{1}{F(s)}\prod_{j=1}^{M}N_{o,j}(s)\prod_{l=1}^{K}D_{in,l}(s)\tag{4.9}$$

式中，分母多项式 $F(s)$ 由式（4.10）给出。

根据麦克斯韦稳定判据，当且仅当上述两类输入-输出传递函数没有右半平面极点时，图4.2所示单电压等级直流配用电系统是稳定的。结合式（4.8）~式（4.10）可得：单电压等级直流配用电系统是否稳定取决于 $F(s)$ 是否有右半平面零点，因此 $F(s)=0$ 为单电压等级直流配用电系统的特征方程。

$$\begin{aligned}F(s)&=\prod_{l=1}^{K}D_{in,l}(s)\prod_{j=1}^{M}N_{o,j}(s)\sum_{j=1}^{M}\frac{D_{o,j}(s)}{N_{o,j}(s)}+\prod_{l=1}^{K}D_{in,l}(s)\prod_{j=1}^{M}N_{o,j}(s)\sum_{l=1}^{K}\frac{N_{in,l}(s)}{D_{in,l}(s)}\\&=\prod_{l=1}^{K}D_{in,l}(s)\sum_{j=1}^{M}\left[D_{o,j}(s)\prod_{j'=1}^{M}N_{o,j'}(s)\right]+\prod_{j=1}^{M}N_{o,j}(s)\sum_{l=1}^{K}\left[N_{in,l}(s)\prod_{l'=1}^{K}D_{in,l'}(s)\right]\end{aligned}\tag{4.10}$$

4.2 小信号稳定判据及对比分析

4.2.1 子系统阻抗比判据

阻抗比判据被广泛应用于描述单母线直流配用电系统内部子系统间的交互作用，其基本思路是通过将整个系统从特定节点处划分为两个子系统，然后根据子系统的等效阻抗之比是否满足奈奎斯特稳定判据来评估整个系统的稳定性。一般地，图4.1所示直流系统可以被划分为如图4.3所示的两个

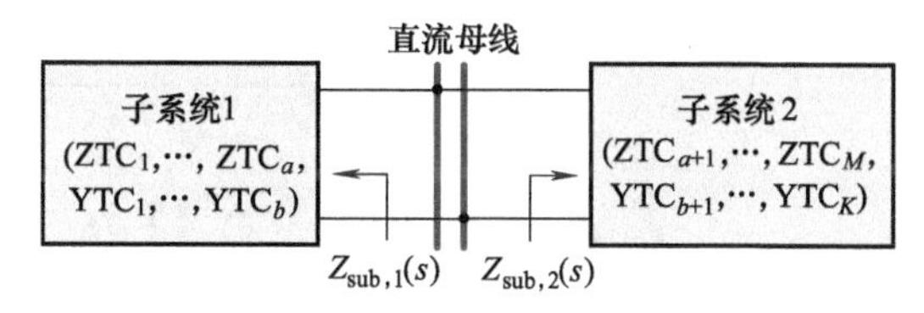

图4.3 多变换器单母线直流配用电系统的两个子系统

子系统，其中，子系统 1 内包含 a 个 ZTC 和 b 个 YTC($1 \leqslant a+b \leqslant M+K-1$)，剩余的 $M-a$ 个 ZTC 和 $K-b$ 个 YTC 则包含在子系统 2 中。$Z_{\text{sub},1}(s)$ 和 $Z_{\text{sub},2}(s)$ 分别为两个子系统在母线侧的等效阻抗，其表达式分别为

$$Z_{\text{sub},1}(s) = \left[\sum_{j=1}^{a} Z_{\text{o},j}^{-1}(s) + \sum_{l=1}^{b} Y_{\text{in},l}(s)\right]^{-1} \tag{4.11}$$

$$Z_{\text{sub},2}(s) = \left[\sum_{j=a+1}^{M} Z_{\text{o},j}^{-1}(s) + \sum_{l=b+1}^{K} Y_{\text{in},l}(s)\right]^{-1} \tag{4.12}$$

于是，子系统 1 与子系统 2 的阻抗比 $R_{a,b}(s)$ 定义为

$$R_{a,b}(s) = \frac{Z_{\text{sub},1}(s)}{Z_{\text{sub},2}(s)} = \frac{\left[\sum_{j=1}^{a} Z_{\text{o},j}^{-1}(s) + \sum_{l=1}^{b} Y_{\text{in},l}(s)\right]^{-1}}{\left[\sum_{j=a+1}^{M} Z_{\text{o},j}^{-1}(s) + \sum_{l=b+1}^{K} Y_{\text{in},l}(s)\right]^{-1}} \tag{4.13}$$

根据式（4.7）、式（4.10）和式（4.13），可得式（4.14）。显然，子系统阻抗比 $R_{a,b}(s)$ 是否满足奈奎斯特稳定判据等价于特征方程 $F(s)=0$ 是否有右半平面的根。因此，该直流配用电系统的稳定性可以由子系统阻抗比判据进行评估，即当子系统阻抗比 $R_{a,b}(s)$ 满足奈奎斯特稳定判据时，系统稳定，反之则不稳定。此外，由式（4.14）可以看出：无论 a 和 b 取值如何，$1/[1+R_{a,b}(s)]$ 的分母总是系统特征多项式 $F(s)$，这意味着对整个系统进行子系统划分时，无需考虑两个子系统内各自应有多少个 ZTC 和 YTC，所得到的子系统阻抗比 $R_{a,b}(s)$ 总可以用于评估系统稳定性。

$$\begin{aligned}
\frac{1}{1+R_{a,b}(s)} &= \frac{\sum_{j=1}^{a} Z_{\text{o},j}^{-1}(s) + \sum_{l=1}^{b} Y_{\text{in},l}(s)}{\sum_{j=1}^{a} Z_{\text{o},j}^{-1}(s) + \sum_{l=1}^{b} Y_{\text{in},l}(s) + \sum_{j=a+1}^{M} Z_{\text{o},j}^{-1}(s) + \sum_{l=b+1}^{K} Y_{\text{in},l}(s)} \\
&= \frac{\sum_{j=1}^{a} \frac{D_{\text{o},j}(s)}{N_{\text{o},j}(s)} + \sum_{l=1}^{b} \frac{N_{\text{in},l}(s)}{D_{\text{in},l}(s)}}{\sum_{j=1}^{M} \frac{D_{\text{o},j}(s)}{N_{\text{o},j}(s)} + \sum_{l=1}^{K} \frac{N_{\text{in},l}(s)}{D_{\text{in},l}(s)}} \\
&= \frac{1}{F(s)} \prod_{j=1}^{M} N_{\text{o},j}(s) \prod_{l=1}^{K} D_{\text{in},l}(s) \left[\sum_{j=1}^{a} \frac{D_{\text{o},j}(s)}{N_{\text{o},j}(s)} + \sum_{l=1}^{b} \frac{N_{\text{in},l}(s)}{D_{\text{in},l}(s)}\right] \\
&= \frac{\prod_{j=a+1}^{M} N_{\text{o},j}(s) \prod_{l=1}^{K} D_{\text{in},l}(s) \sum_{j=1}^{a} \left[D_{\text{o},j}(s) \prod_{j'=1}^{a} N_{\text{o},j'}(s)\right]}{F(s)} + \\
&\quad \frac{\prod_{j=1}^{M} N_{\text{o},j}(s) \prod_{l=b+1}^{K} D_{\text{in},l}(s) \sum_{l=1}^{b} \left[N_{\text{in},l}(s) \prod_{l'=1}^{b} D_{\text{in},l'}(s)\right]}{F(s)}
\end{aligned} \tag{4.14}$$

不过，需要指出的是，由于 $R_{a,b}(s)$ 是子系统 1 与子系统 2 的等效阻抗之比，因此系统划分后，如何选择子系统 1 和子系统 2，也即哪个子系统的等效阻抗作分子，哪个子系统的等效阻抗作分母，则需要进一步讨论。一般地，奈奎斯特稳定判据要求传递函数的分子阶数不应大于分母，这样才能保证 s 在右半平面的无穷大半圆上运动时，对应的奈奎斯特曲线部分可以忽略。基于这一要求，$Z_{\mathrm{sub},1}(s)$ 和 $Z_{\mathrm{sub},2}(s)$ 应满足：

$$\lim_{\omega\to\infty}\frac{Z_{\mathrm{sub},1}(\mathrm{j}\omega)}{Z_{\mathrm{sub},2}(\mathrm{j}\omega)}=\text{常数} \tag{4.15}$$

然而，无穷频率处的阻抗取值无论是建模还是测量都难以获取，考虑到变换器的阻抗主要由其控制系统与内部滤波器决定，因此可以通过比较较高频率处 $|Z_{\mathrm{sub},1}(s)|$ 和 $|Z_{\mathrm{sub},2}(s)|$ 大小与趋势，即可确定上述阻抗比的分子和分母。

此外，在利用子系统阻抗比 $R_{a,b}(s)$ 评估多变换器单母线直流配用电系统稳定性时，还需要计算 $R_{a,b}(s)$ 的右半平面极点数。根据式（4.13），$R_{a,b}(s)$ 的右半平面极点数可由下式计算：

$$\mathbb{P}\{R_{a,b}(s)\}=\mathbb{P}\{Z_{\mathrm{sub},1}(s)\}+\mathbb{Z}\{Z_{\mathrm{sub},2}(s)\} \tag{4.16}$$

特别地，当所有的 ZTC 和 b 个 YTC 都被划分到子系统 1，而剩余的 $K-b$ 个 YTC 被划分到子系统 2 时，对应的子系统阻抗比 $R_{M,b}(s)$ 为

$$R_{M,b}(s)=\frac{Z_{\mathrm{sub},1}(s)}{Z_{\mathrm{sub},2}(s)}=\left[\sum_{j=1}^{M}Z_{\mathrm{o},j}^{-1}(s)+\sum_{l=1}^{b}Y_{\mathrm{in},l}(s)\right]^{-1}\cdot\sum_{l=b+1}^{K}Y_{\mathrm{in},l}(s) \tag{4.17}$$

由于 $Y_{\mathrm{in},l}(s)$ 没有右半平面极点，因此$\mathbb{Z}\{Z_{\mathrm{sub},2}(s)\}=0$，于是有

$$\mathbb{P}\{R_{a,b}(s)\}=\mathbb{P}\{Z_{\mathrm{sub},1}(s)\} \tag{4.18}$$

根据式（4.18），在上述子系统划分方式下，当且仅当 $R_{a,b}(s)$ 的奈奎斯特曲线逆时针包围（-1，j0）点的圈数等于 $Z_{\mathrm{sub},1}(s)$ 的右半平面极点数时，多变换器单母线直流配用电系统是稳定的。

虽然相较于 $R_{a,b}(s)$，基于 $R_{M,b}(s)$ 的稳定性评估步骤有所减少，但 $R_{M,b}(s)$ 要求在系统稳定分析前必须确定某些或所有变换器的类型。例如，若采用 $R_{M,K-1}(s)$ 评估系统稳定性，只需确定一个 YTC，即可对整个系统进行子系统划分，这一要求即使是对于“黑箱”或“灰箱”系统也并不苛刻；但若采用 $R_{M,0}(s)$ 评估系统稳定性，则划分的子系统 1 应包含所有的 ZTC，子系统 2 应包含所有的 YTC，这种划分方式要求必须明确系统中所有变换器的类型，这在系统运行模式较多的场景下，可能是复杂且繁琐的。

4.2.2 全局导纳判据

将系统内部所有变换器的导纳之和定义为全局导纳 $Y_{\mathrm{sum}}(s)$，其表达式为

$$Y_{\mathrm{sum}}(s)=\sum_{j=1}^{M}Z_{\mathrm{o},j}^{-1}(s)+\sum_{l=1}^{K}Y_{\mathrm{in},l}(s) \tag{4.19}$$

将式（4.7）代入式（4.19），并结合式（4.10），有

$$\begin{aligned}Y_{\mathrm{sum}}(s)&=\sum_{j=1}^{M}\frac{D_{\mathrm{o},j}(s)}{N_{\mathrm{o},j}(s)}+\sum_{l=1}^{K}\frac{N_{\mathrm{in},l}(s)}{D_{\mathrm{in},l}(s)}\\&=\frac{\prod_{j=1}^{M}N_{\mathrm{o},j}(s)\prod_{l=1}^{K}D_{\mathrm{in},l}(s)\left[\sum_{j=1}^{M}\frac{D_{\mathrm{o},j}(s)}{N_{\mathrm{o},j}(s)}+\sum_{l=1}^{K}\frac{N_{\mathrm{in},l}(s)}{D_{\mathrm{in},l}(s)}\right]}{\prod_{j=1}^{M}N_{\mathrm{o},j}(s)\prod_{l=1}^{K}D_{\mathrm{in},l}(s)}\\&=\frac{F(s)}{\prod_{j=1}^{M}N_{\mathrm{o},j}(s)\prod_{l=1}^{K}D_{\mathrm{in},l}(s)}\end{aligned} \tag{4.20}$$

由式（4.20）可以看出：全局导纳 $Y_{\mathrm{sum}}(s)$ 的分子多项式刚好为多变换器单母线直流配用电系统的特征多项式 $F(s)$，于是，当且仅当全局导纳 $Y_{\mathrm{sum}}(s)$ 没有右半平面零点时，该系统稳定，反之则不稳定。全局导纳判据无需对整个系统进行子系统划分，也无需区分各变换器的类型。

根据柯西辐角原理，全局导纳判据还可以描述为：系统稳定的充分必要条件是 $Y_{\mathrm{sum}}(s)$ 的右半平面极点数与其奈奎斯特曲线逆时针包围原点的圈数相同。其中，$Y_{\mathrm{sum}}(s)$ 的右半平面极点数可由下式计算：

$$\begin{aligned}\mathbb{P}\{Y_{\mathrm{sum}}(s)\}&=\mathbb{P}\left\{\sum_{j=1}^{M}Z_{\mathrm{o},j}^{-1}(s)\right\}+\mathbb{P}\left\{\sum_{l=1}^{K}Y_{\mathrm{in},l}(s)\right\}=\sum_{j=1}^{M}\mathbb{P}\{Z_{\mathrm{o},j}^{-1}(s)\}+\sum_{l=1}^{K}\mathbb{P}\{Y_{\mathrm{in},l}(s)\}\\&=\sum_{j=1}^{M}\mathbb{Z}\{Z_{\mathrm{o},j}(s)\}\end{aligned} \tag{4.21}$$

特别地，当系统内所有 ZTC 的输出阻抗 $Z_{\mathrm{o},j}(s)$ 都没有右半平面零点时，多变换器单母线直流配用电系统的稳定性仅与 $Y_{\mathrm{sum}}(s)$ 的奈奎斯特曲线是否包围（0，j0）点有关，即不包围时系统稳定，反之则不稳定。

还需要指出的是，根据子系统等效阻抗的表达式，即式（4.11）和式（4.12），可知：全局导纳也是子系统等效导纳之和，即

$$Y_{\mathrm{sum}}(s)=Z_{\mathrm{sub},1}^{-1}(s)+Z_{\mathrm{sub},2}^{-1}(s) \tag{4.22}$$

4.2.3 母线阻抗判据

如图 4.4 所示，将整个多变换器单母线直流配用电系统视为一个一端口网络，其中，$i_{\mathrm{inj}}(s)$ 是外部设备注入直流母线的电流，$Z_{\mathrm{bus}}(s)$ 是整个系统在直流母线端口的等效阻抗，其表达式为

$$Z_{\mathrm{bus}}(s)=\frac{\hat{v}_{\mathrm{bus}}(s)}{\hat{i}_{\mathrm{inj}}(s)}=\left[\sum_{j=1}^{M}Z_{\mathrm{o},j}^{-1}(s)+\sum_{l=1}^{K}Y_{\mathrm{in},l}(s)\right]^{-1} \tag{4.23}$$

对比式（4.19）和式（4.23）可以发现：母线阻抗 $Z_{\mathrm{bus}}(s)$ 与全局导纳 $Y_{\mathrm{sum}}(s)$ 互为倒数，因此多变换器单母线直流配用电系统的母线阻抗判据可以描述为：当且仅当 $Z_{\mathrm{bus}}(s)$ 没有右半平面极点或 $Z_{\mathrm{bus}}(s)$ 的右半平面零点数与其奈奎斯特曲线顺时针包围原点的圈数相同时，系统稳定，反之则不稳定。

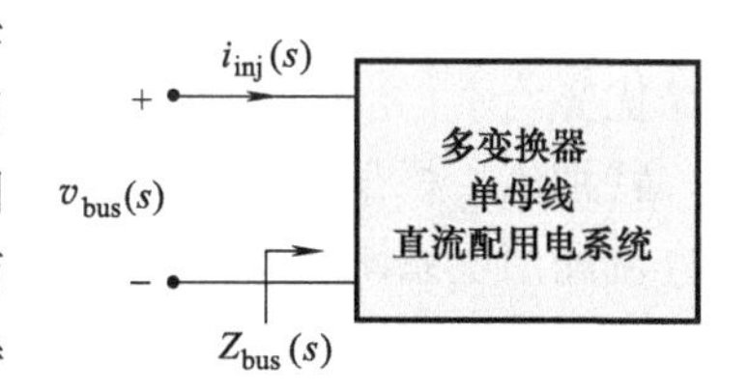

图 4.4 多变换器单母线直流配用电系统的母线阻抗

4.2.4 无右半平面极点型判据

在评估多变换器单母线直流配用电系统的稳定性时，上述三种稳定判据不但需要确定奈奎斯特曲线包围（−1，j0）点或原点的圈数和方向，还需要了解各自阻抗表达式的右半平面极点数或零点数，分析步骤较为繁琐。为简化系统稳定性评估步骤，首先根据各变换器阻抗或导纳构造一个无右半平面极点的传递函数 $T_{\mathrm{no}}(s)$，其表达式为

$$\begin{aligned}T_{\mathrm{no}}(s)&=\prod_{j=1}^{M}Z_{\mathrm{o},j}(s)\cdot\left[\sum_{j=1}^{M}Z_{\mathrm{o},j}^{-1}(s)+\sum_{l=1}^{K}Y_{\mathrm{in},l}(s)\right]\\&=\sum_{j=1}^{M}\left[\prod_{j'=1}^{M}Z_{\mathrm{o},j'}(s)\right]+\prod_{j=1}^{M}Z_{\mathrm{o},j}(s)\sum_{l=1}^{K}Y_{\mathrm{in},l}(s)\end{aligned} \tag{4.24}$$

将式（4.7）代入式（4.24），并结合式（4.10），有

$$T_{\mathrm{no}}(s)=\prod_{j=1}^{M}\frac{N_{\mathrm{o},j}(s)}{D_{\mathrm{o},j}(s)}\cdot\left[\sum_{j=1}^{M}\frac{D_{\mathrm{o},j}(s)}{N_{\mathrm{o},j}(s)}+\sum_{l=1}^{K}\frac{N_{\mathrm{in},l}(s)}{D_{\mathrm{in},l}(s)}\right]=\frac{F(s)}{\prod_{j=1}^{M}D_{\mathrm{o},j}(s)\prod_{l=1}^{K}D_{\mathrm{in},l}(s)} \tag{4.25}$$

由于 $D_{\mathrm{o},j}(s)$ 和 $D_{\mathrm{in},l}(s)$ 均没有右半平面零点，因此 $T_{\mathrm{no}}(s)$ 也没有右半平面极点。同时，由于 $T_{\mathrm{no}}(s)$ 的分子多项式刚好为系统的特征多项式 $F(s)$，因此可以提出一种基于 $T_{\mathrm{no}}(s)$ 的无右半平面极点型判据：当且仅当 $T_{\mathrm{no}}(s)$ 没有右半平面零点时，多变换器单母线直流配用电系统稳定，反之则不稳定。根据柯西辐角原理，可得该判据的另一种形式：系统稳定的充分必要条件是 $T_{\mathrm{no}}(s)$ 的奈奎斯特曲线不包围原点。

根据传递函数的奈奎斯特曲线与其伯德图之间的关系，$T_{\mathrm{no}}(s)$ 的奈奎斯特曲线顺时针包围原点的等效圈数可以由 $2(N_{+}-N_{-})$ 计算得到。其中，N_{+}和 N_{-}分别表示 $T_{\mathrm{no}}(s)$ 的相位曲线从上向下和从下向上穿越 $(2\gamma+1)\times180°$线的次数，$\gamma=\pm1$，±2，…。需要说明的是，当相位曲线从上向下止于或起于 $(2\gamma+1)\times180°$线时，$N_{+}=0.5$；而当相位曲线从下向上止于或起于 $(2\gamma+1)\times180°$线时，$N_{-}=0.5$。因此，

可以仅通过 $T_{no}(s)$ 的相位曲线穿越 $(2\gamma+1)\times180°$线的情况评估系统稳定性。

与前述几类稳定判据相比，该判据需要首先对所有变换器进行分类，但从根本上避免了额外讨论右半平面极点的数目，且可以仅由阻抗相位信息进行评估，具有明显优势。

特别地，根据式（4.24）可得由两个或三个变换器组成的特殊多变换器单母线直流配用电系统所对应的 $T_{no}(s)$ 表达式，如表 4.1 所示。其中，对于只含一个 ZTC 的系统，即 $M=1$，$K\geqslant1$ 时，基于 $T_{no}(s)$ 的稳定判据可以进一步推导得到基于阻抗比的稳定判据，例如对于 Z-Y-Y 型系统，$T_{no}(s)$ 的奈奎斯特曲线是否包围原点完全等价于阻抗比 $Z_{o,1}(s)[Y_{in,1}(s)+Y_{in,2}(s)]$ 的奈奎斯特曲线是否包围 $(-1,\ j0)$ 点。但当系统内部存在不少于 1 个 ZTC，即 $M\geqslant1$ 时，基于 $T_{no}(s)$ 的稳定判据与阻抗比判据完全不同，例如 Z-Z-Y 型系统。

表 4.1　几类特殊多变换器单母线直流配用电系统对应的 $T_{no}(s)$ 表达式

类型	系统	M 和 K 的取值	$T_{no}(s)$的表达式
单电压源系统	Z-Y 型系统(由 1 个 ZTC 和 1 个 YTC 组成)	$M=1,K=1$	$1+Z_{o,1}(s)Y_{in,1}(s)$
	Z-Y-Y 型系统(由 1 个 ZTC 和 2 个 YTC 组成)	$M=1,K=2$	$1+Z_{o,1}(s)[Y_{in,1}(s)+Y_{in,2}(s)]$
多电压源系统	Z-Z-Y 型系统(由 2 个 ZTC 和 1 个 YTC 组成)	$M=2,K=1$	$Z_{o,1}(s)+Z_{o,2}(s)+Z_{o,1}(s)Z_{o,2}(s)Y_{in,1}(s)$

4.3　案例分析与实验验证

4.3.1　案例 1：单电压源多负载系统

1. 系统介绍

一种由三个变换器组成的单电压源多负载系统如图 4.5 所示，#1 变换器为 Boost 变换器，#2 变换器和#3 变换器均为 Buck 变换器。Boost 变换器用于提供直流母线电压 v_{bus}，两个 Buck 变换器分别向负载电阻 R_2 和 R_3 提供稳定的输出电压 $v_{o,2}$ 和 $v_{o,3}$。该系统是一种 Z-Y-Y 型系统，其主要参数如表 4.2 所示，其中，v_{dc} 为输入直流电压；f 为各变换器的开关频率；在#x($x=1$，2，3）变换器中，$H_{v,x}$ 为电压采样系数，$G_{v,x}(s)=k_{vp,x}+k_{vi,x}/s$ 为电压环控制器的传递函数，$G_{m,x}$ 为 PWM 增益。为评估案例系统在不同运行工况下的稳定性，根据#2 变换器负载电阻 R_2 的不同取值，设置了两种系统运行工况，即工况 1：$R_2=10\Omega$，工况 2：$R_2=2.87\Omega$。请注意，#2 变换器采用输出电压控制方式，表现为恒功率负载特性，因此当其输入功率随着 R_2 的变化而变化时，系统稳定性可能发生改变。

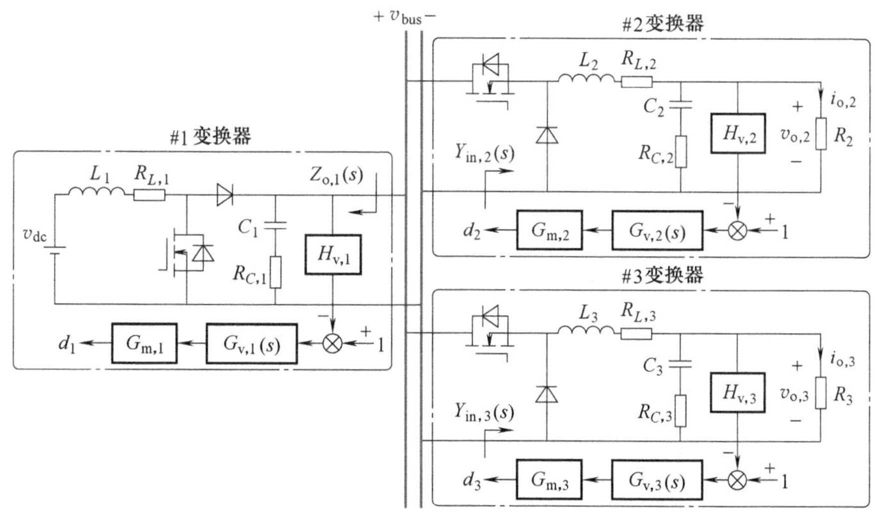

图 4.5　一种单电压源多负载系统

表 4.2　系统主要参数

参数	取值	参数	取值	参数	取值
v_{dc}/V	24	L_2/μH	214	$R_{L,3}$/Ω	0.1
L_1/μH	758	$R_{L,2}$/Ω	0.1	C_3/μF	43
$R_{L,1}$/Ω	0.3	C_2/μF	43	$R_{C,3}$/Ω	0.1
C_1/μF	180	$R_{C,2}$/Ω	0.1	$H_{v,3}$	1/12
$R_{C,1}$/Ω	0.1	$H_{v,2}$	1/15	$k_{vp,3}$	1.2
$H_{v,1}$	1/48	$k_{vp,2}$	1.2	$k_{vi,3}$	50
$k_{vp,1}$	0.3	$k_{vi,2}$	50	$G_{m,3}$	1
$k_{vi,1}$	200	$G_{m,2}$	1	$v_{o,3}$/V	12
$G_{m,1}$	1	$v_{o,2}$/V	15	R_3/Ω	2.34
v_{bus}/V	48	L_3/μH	203	f/kHz	50

2. 基于子系统阻抗比判据的稳定性分析

若将图 4.5 所示系统按照图 4.6a 进行子系统划分，则两个子系统的等效阻抗分别为 $Z_{sub,1}(s)=Z_{o,1}(s)$ 和 $Z_{sub,2}(s)=1/[Y_{in,2}(s)+Y_{in,3}(s)]$。绘制 $Z_{sub,1}(s)$ 和 $Z_{sub,2}(s)$ 的伯德图，如图 4.6b 所示，可以看出：在较高频率处有 $|Z_{sub,1}(s)|\ll|Z_{sub,2}(s)|$，因此子系统阻抗比的形式应为 $Z_{sub,1}(s)/Z_{sub,2}(s)$。需要说明的是，由于子系统 1 仅由#1 变换器构成，且#1 变换器采用单电压环控制方式，因此两种系统工况下，$Z_{sub,1}(s)$ 的阻抗特性完全相同。由于各变换器均独立稳定运行，因此子系统阻抗比 $Z_{sub,1}(s)/Z_{sub,2}(s)$ 没有右半平面极点，于是可以根据两个子系统的阻抗交互情况进行稳定性分析。如图 4.6b 所示，当系统运行于工况 1 时，两个子系统等效阻抗的幅频特性曲线不相交，因此可以预测系统在工况 1 时是稳定的；而当系统运行于工况 2 时，$Z_{sub,1}(s)$ 和 $Z_{sub,2}(s)$ 的幅频特性曲线约在 270Hz 处发生交截，且该频率下两个子系统等效阻抗的相角差约为 200°，大于系统稳定要求

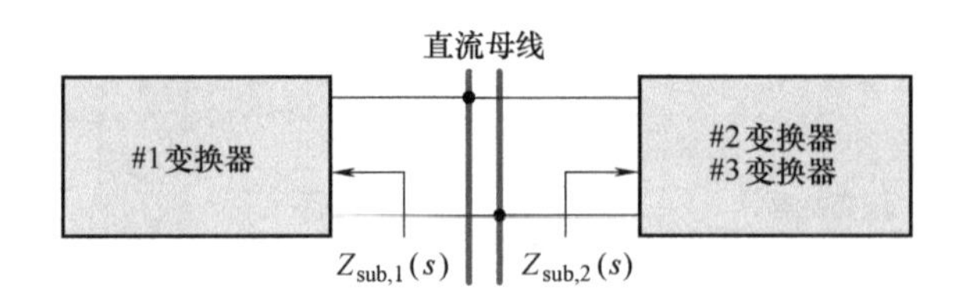

a) 第一种子系统划分方式

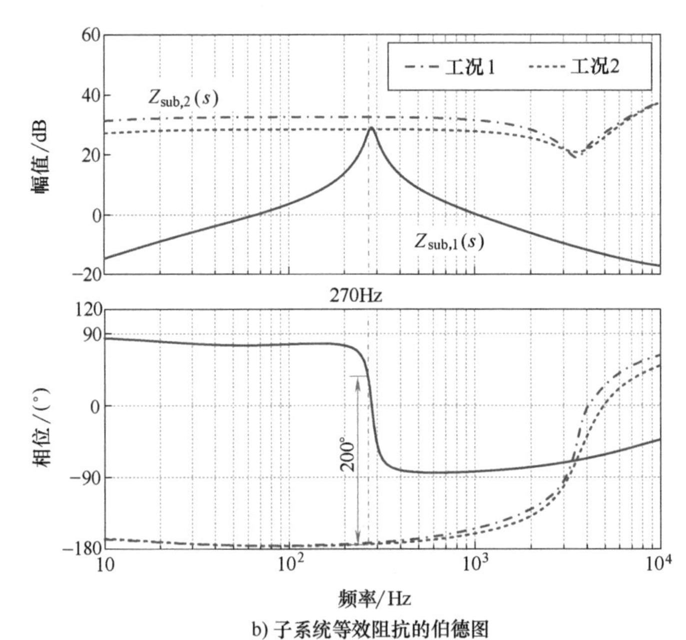

b) 子系统等效阻抗的伯德图

图 4.6　第一种子系统划分方式及稳定分析

的 180°，因此可以预测系统此时不稳定且直流母线的振荡频率约为 270Hz。

若将图 4.5 所示系统按照图 4.7a 进行子系统划分，则两个子系统的等效阻抗分别为 $Z_{sub,1}(s)=Z_{o,1}(s)/[1+Z_{o,1}(s)Y_{in,2}(s)]$ 和 $Z_{sub,2}(s)=1/Y_{in,3}(s)$。图 4.7b 给出了 $Z_{sub,1}(s)$ 和 $Z_{sub,2}(s)$ 在两种系统工况下的伯德图，需要说明的是，由于 R_2 的变化并不改变子系统 2 的等效阻抗 $Z_{sub,2}(s)$，因此图中并未对 $Z_{sub,2}(s)$ 区分系统工况。由图 4.7b 可以看出：在较高频率处有 $|Z_{sub,1}(s)| \ll |Z_{sub,2}(s)|$，因此子系统阻抗比的形式仍为 $Z_{sub,1}(s)/Z_{sub,2}(s)$。由于 $Z_{sub,2}(s)$ 没有右半平面零点，而 $Z_{sub,1}(s)$ 的右半平面零点数等于 $Z_{o,1}(s)Y_{in,2}(s)$ 的奈奎斯特曲线顺时针包围点 (−1, j0) 的圈数。根据图 4.7b 可知：两种系统工况下，$Z_{sub,1}(s)$ 的右半平面零点数均为 0，因此子系统阻抗比也没有右半平面极点。根据子系统阻抗比判据，并结合图 4.7b 可以推测：系统在工况 1 时稳定，而在工况 2 时不稳定，且直流母线的振荡频率约为 270Hz。类似地，根据图 4.8 给出的第三种子系统划分方式及阻抗曲线，基于子系统阻抗比判据也可以得到与上述分析完全相同的结论，不再赘述。

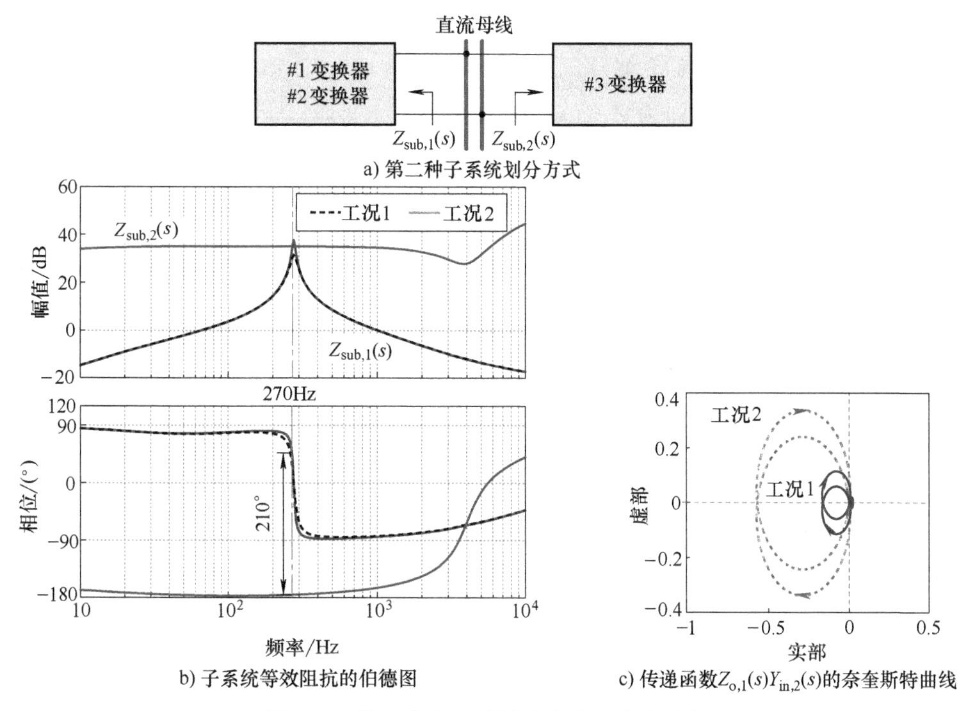

a) 第二种子系统划分方式

b) 子系统等效阻抗的伯德图

c) 传递函数$Z_{o,1}(s)Y_{in,2}(s)$的奈奎斯特曲线

图 4.7 第二种子系统划分方式及稳定分析

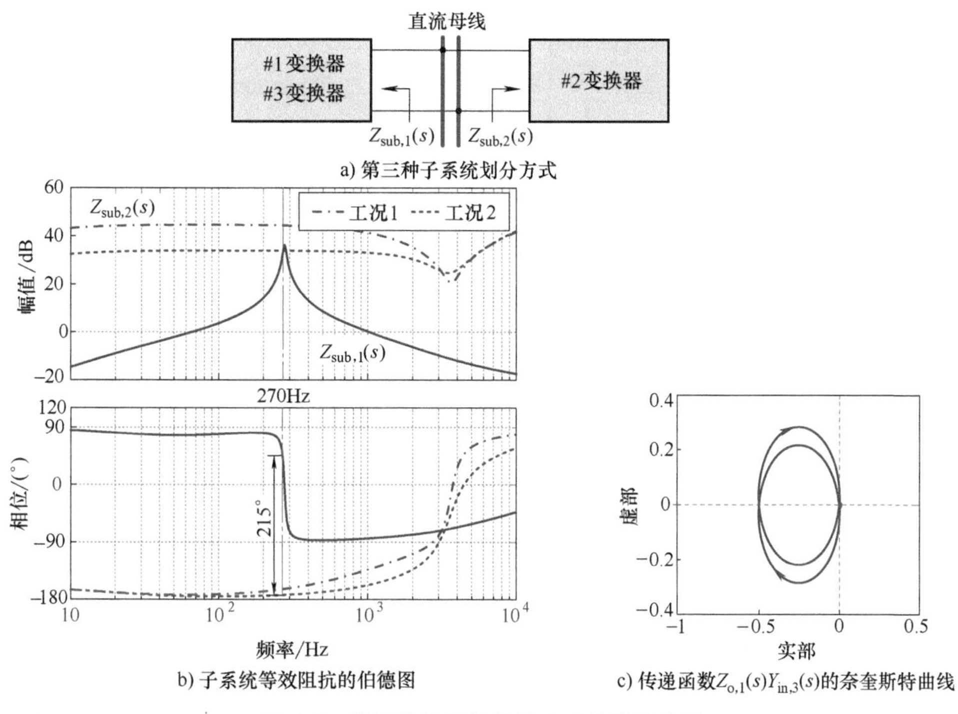

a) 第三种子系统划分方式

b) 子系统等效阻抗的伯德图

c) 传递函数$Z_{o,1}(s)Y_{in,3}(s)$的奈奎斯特曲线

图 4.8 第三种子系统划分方式及稳定分析

3. 基于全局导纳判据和母线阻抗判据的稳定性分析

由图 4.5 可得：全局导纳 $Y_{sum}(s)=1/Z_{o,1}(s)+Y_{in,2}(s)+Y_{in,3}(s)$。显然，$Y_{sum}(s)$ 的右半平面极点即为 $Z_{o,1}(s)$ 的右半平面零点。如图 4.9 所示为 $Z_{o,1}(s)$ 的奈奎斯特曲线，由于 $Z_{o,1}(s)$ 本身没有右半平面极点且其奈奎斯特曲线不包围原点，因此根据柯西辐角原理可知：$Z_{o,1}(s)$ 也没有右半平面零点，即 $Y_{sum}(s)$ 没有右半平面极点。于是可以根据全局导纳 $Y_{sum}(s)$ 的奈奎斯特曲线包围原点的圈数是否为 0 来分析系统稳定性。图 4.10 给出了两种系统工况下全局导纳 $Y_{sum}(s)$ 的奈奎斯特曲线，可以看出：当系统运行于工况 1 时，$Y_{sum}(s)$ 的奈奎斯特曲线不包围原点，而当系统运行于工况 2 时，$Y_{sum}(s)$ 的奈奎斯特曲线顺时针包围原点两圈。根据全局导纳判据可以推测：系统在工况 1 时稳定，而在工况 2 时不稳定。

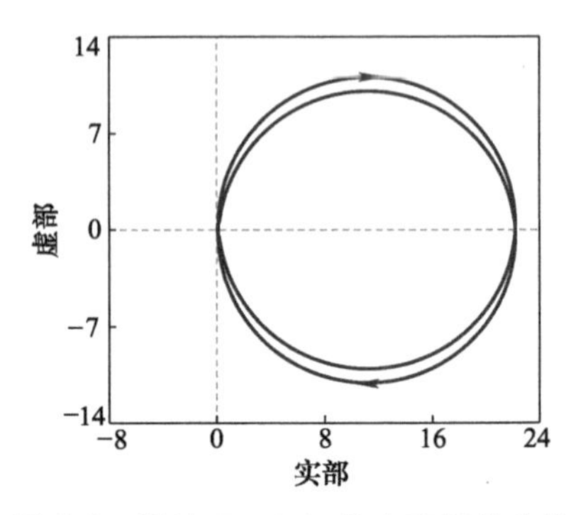

图 4.9　阻抗 $Z_{o,1}(s)$ 的奈奎斯特曲线

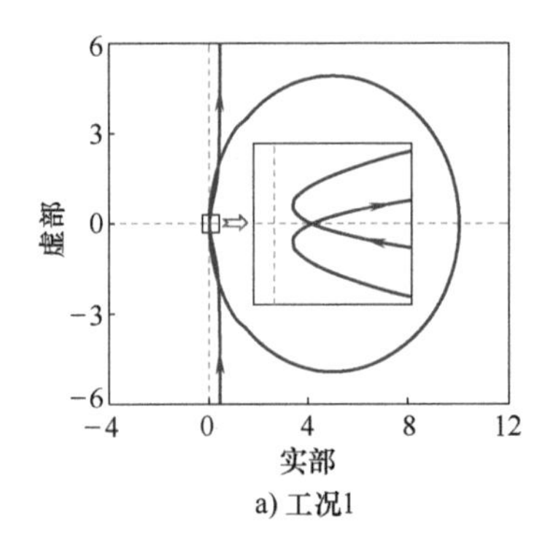

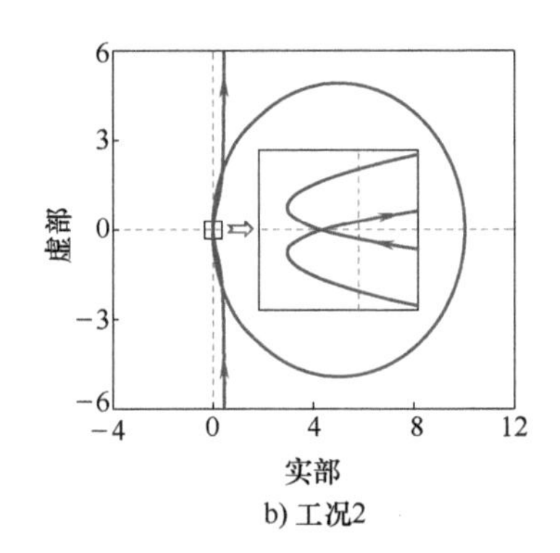

图 4.10　全局导纳 $Y_{sum}(s)$ 的奈奎斯特曲线

类似地，图 4.5 所示系统的母线阻抗 $Z_{bus}(s)=1/Y_{sum}(s)$ 且没有右半平面零点。根据母线阻抗判据可知：当母线阻抗 $Z_{bus}(s)$ 的奈奎斯特曲线不包围原点时，系统稳定，反之则不稳定。于是由图 4.11 也可以得到系统在工况 1 时稳定而在工况 2 时不稳定的结论。

4. 基于无右半平面极点型判据的稳定性分析

由式（4.24）可得图 4.5 所示系统对应的无右半平面极点型判据的阻抗表达式为

$$T_{no}(s)=1+Z_{o,1}(s)[Y_{in,2}(s)+Y_{in,3}(s)] \tag{4.26}$$

图 4.12 给出了两种系统工况下 $T_{no}(s)$ 的奈奎斯特曲线，可以看出：当系统运行于工况 1 时，$T_{no}(s)$ 的奈奎斯特曲线不包围原点，而当系统运行于工况 2 时，$T_{no}(s)$ 的奈奎斯特曲线顺时针包围原点两圈，因此可以推测：系统在工况 1 时稳

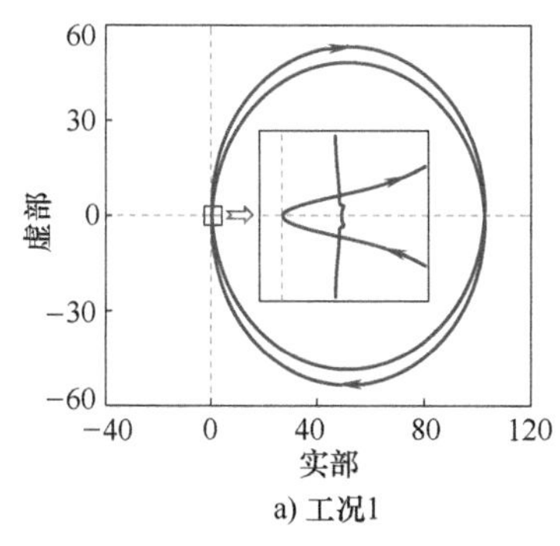

a) 工况1

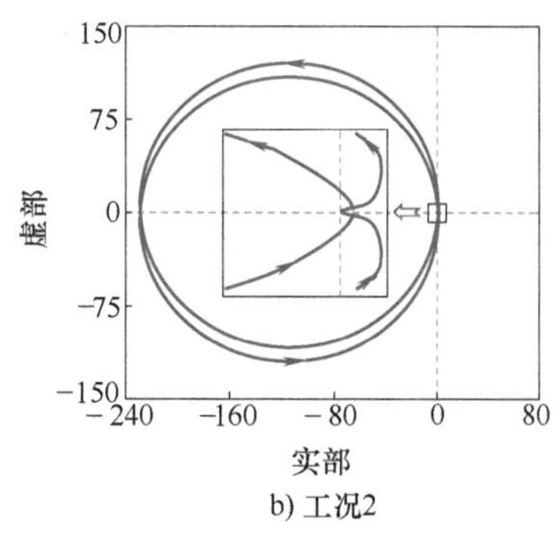

b) 工况2

图 4.11 母线阻抗 $Z_{bus}(s)$ 的奈奎斯特曲线

定而在工况 2 时不稳定。需要指出的是，$T_{no}(s)$ 实际上就是第一种子系统划分方式对应的子系统阻抗比 $Z_{sub,1}(s)/Z_{sub,2}(s)$ 加 1，因此其奈奎斯特曲线可由 $Z_{sub,1}(s)/Z_{sub,2}(s)$ 的奈奎斯特曲线向右平移 1 个单位长度得到。

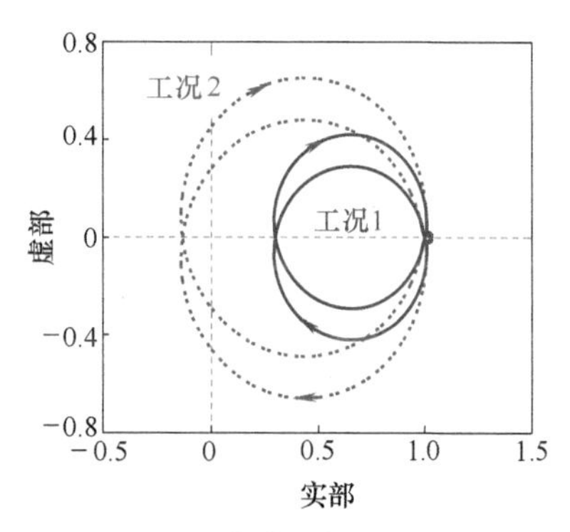

图 4.12 传递函数 $T_{no}(s)$ 的奈奎斯特曲线

实际上，上述稳定性结论也可以由 $T_{no}(s)$ 的相位曲线推测得到。如图 4.13 所示，可以看出：系统在工况 1 时，有 $N_+ = N_- = 0$，而在工况 2 时，有 $N_+ = 1$，$N_- = 0$，因此，$T_{no}(s)$ 的奈奎斯特曲线在工况 1 时不包围原点，而在工况 2 时顺时针包围原点两圈，与上述分析结论完全相同。

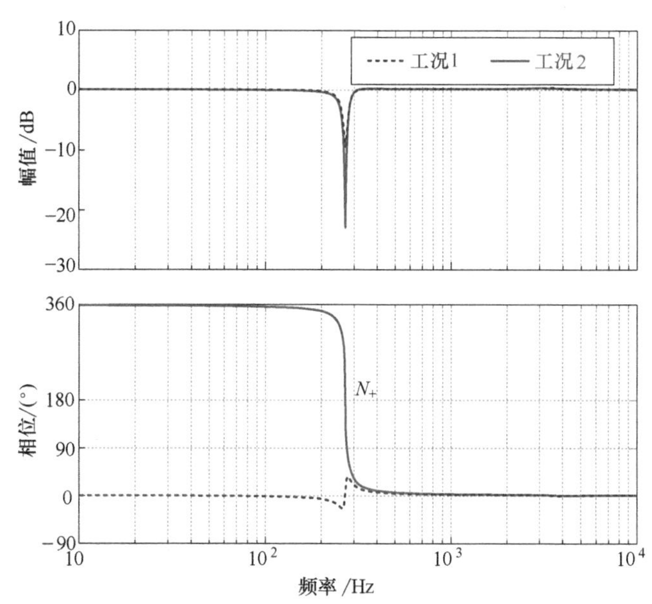

图 4.13 传递函数 $T_{no}(s)$ 的伯德图

综上所述，四种稳定判据对图 4.5 所示系统的稳定性预测结论完全一致。

5. 实验验证

为验证上述稳定性分析结论的正确性，搭建了图 4.5 所示系统对应的实验平台，系统的电路与控制参数与表 4.2 一致，控制部分由 DSP TMS320 F28335 实现。如图 4.14 所示，给出了直流母线电压 v_{bus}、#2 变换器和#3 变换器的输出电压 $v_{o,2}$ 和 $v_{o,3}$，以及#2 变换器的负载电流 $i_{o,2}$ 的实验波形。图 4.15 给出了系统在两种工况下切换时的动态实验波形。

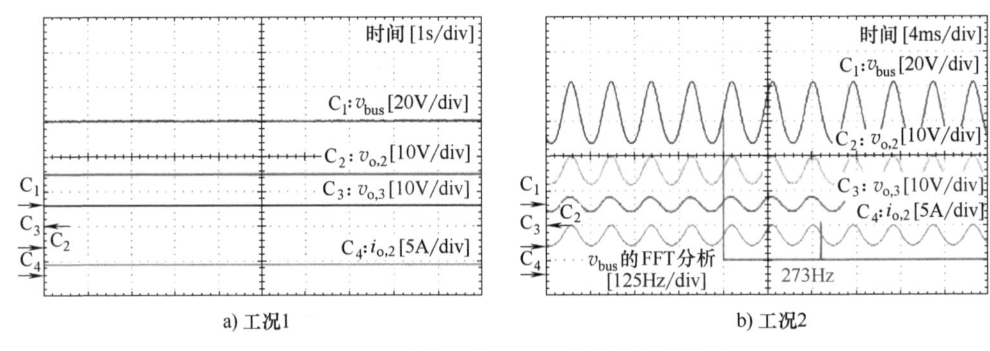

a) 工况1　　b) 工况2

图 4.14　系统在两种工况下的稳态实验波形

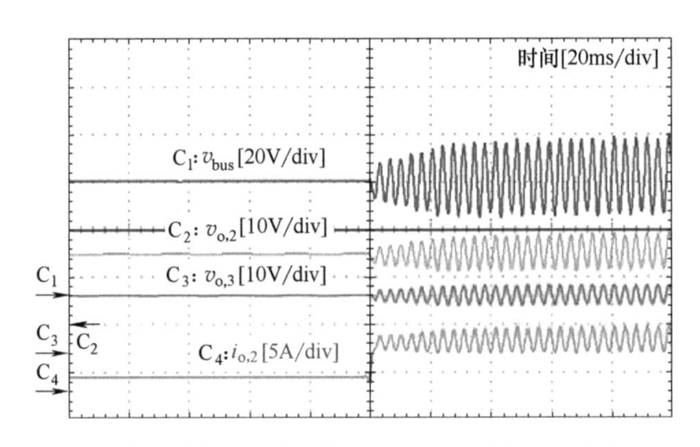

图 4.15　系统由工况 1 切换到工况 2 的动态实验波形

当系统运行于工况 1 时，如图 4.14a 所示，各电量波形稳定，表明整个系统是稳定的。而当系统运行于工况 2 时，如图 4.14b 所示，直流母线电压中出现幅值较大且远低于开关频率的交流分量，这意味着系统处于不稳定运行状态。进一步，通过对直流母线电压进行 FFT 分析，可以发现直流母线电压的振荡频率约为 273Hz，与上述理论分析结果基本完全一致。

综上所述，系统在两个工况下的稳定性与失稳特性与四种稳定判据的分析结果一致，表明了这些稳定判据应用于多变换器单母线直流系统配用电的可行性与有效性。

4.3.2 案例 2：基于下垂控制的多电压源直流配用电系统

1. 系统介绍

一种基于下垂控制的多电压源直流配用电系统如图 4.16 所示，#1 和#2 变换器采用下垂控制以提供直流母线电压 v_{bus}，输入侧带 LC 滤波器的#3 变换器向负载电阻 R_3 提供稳定的输出电压 $v_{o,3}$。该系统是一种 Z-Z-Y 型系统，其主要参数如表 4.3 所示，其中，$v_{dc,1}$ 和 $v_{dc,2}$ 分别为#1 和#2 变换器的输入电压，$H_{d,1}$ 和 $H_{d,2}$ 分别为#1 和#2 变换器的下垂系数；L_f 和 C_f 分别为#3 变换器输入侧的滤波电感和滤波电容，R_{Lf} 和 R_{Cf} 分别为 L_f 和 C_f 的串联等效电阻。

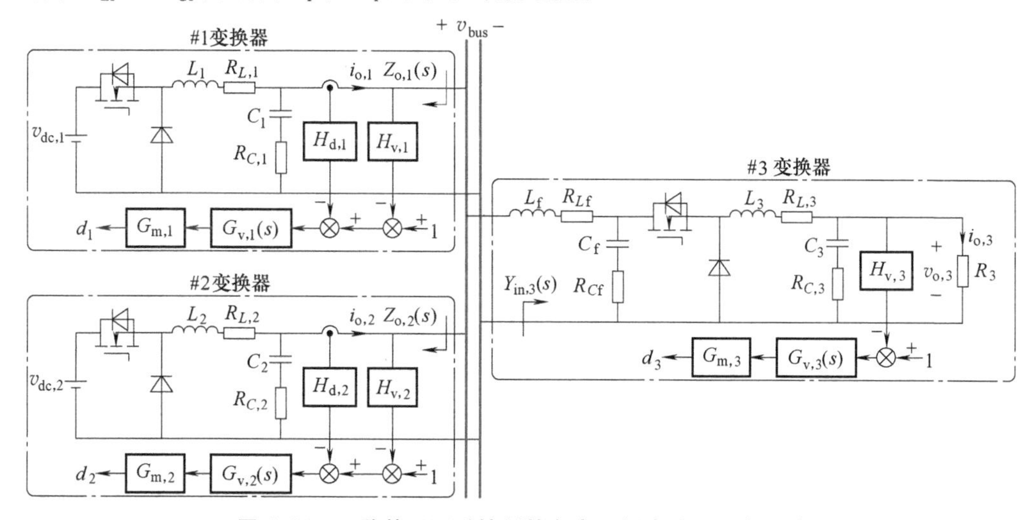

图 4.16 一种基于下垂控制的多电压源直流配用电系统

表 4.3 系统主要参数

参数	取值	参数	取值	参数	取值
$v_{dc,1}$/V	48	$v_{dc,2}$/V	48	C_f/μF	100
L_1/mH	1	L_2/mH	1	R_{Cf}/Ω	0.1
$R_{L,1}$/Ω	0.2	$R_{L,2}$/Ω	0.2	L_3/μH	245
C_1/μF	100	C_2/μF	100	$R_{L,3}$/Ω	0.1
$R_{C,1}$/Ω	0.1	$R_{C,2}$/Ω	0.1	C_3/μF	39
$H_{d,1}$	0.05/24	$H_{d,2}$	0.1/24	$R_{C,3}$/Ω	0.1
$H_{v,1}$	1/24	$H_{v,2}$	1/24	$H_{v,3}$	1/15
$k_{vp,1}$	0.13	$k_{vp,2}$	0.1	$k_{vp,3}$	1.2
$k_{vi,1}$	80	$k_{vi,2}$	80	$k_{vi,3}$	80
$G_{m,1}$	1	$G_{m,2}$	1	$G_{m,3}$	1
v_{bus}/V	24	L_f/μH	100	$v_{o,3}$/V	15
f/kHz	40	R_{Lf}/Ω	0.1		

为评估案例系统在不同运行工况下的稳定性，根据#3 变换器负载电阻 R_3 的不同取值，设置了两种系统运行工况，即工况 1：$R_3=4\Omega$，工况 2：$R_3=2\Omega$。

2. 基于子系统阻抗比判据的稳定性分析

若将图 4.16 所示系统按照图 4.6a 进行子系统划分，则两个子系统的等效阻抗分别为 $Z_{sub,1}(s)=Z_{o,1}(s)$ 和 $Z_{sub,2}(s)=Z_{o,2}(s)/[1+Z_{o,2}(s)Y_{in,3}(s)]$。图 4.17 给出了两种系统工况下 $Z_{sub,1}(s)$ 和 $Z_{sub,2}(s)$ 的伯德图，需要说明的是，根据第 2 章给出的小信号阻抗模型，$Z_{sub,1}(s)$ 与 R_3 的变化无关，因此两种系统工况下 $Z_{sub,1}(s)$ 的阻抗特性曲线完全相同。由图 4.17 可以看出：在较高频率处有 $|Z_{sub,1}(s)|\approx|Z_{sub,2}(s)|$，因此子系统阻抗比的形式既可以选为 $Z_{sub,1}(s)/Z_{sub,2}(s)$，也可以选为 $Z_{sub,2}(s)/Z_{sub,1}(s)$。

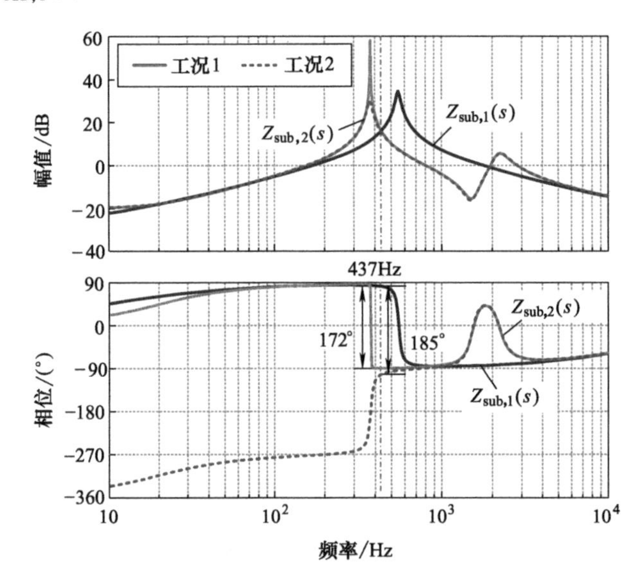

图 4.17 第一种子系统划分方式下，子系统等效阻抗的伯德图

由于 $Z_{sub,1}(s)$ 本身没有右半平面极点，而 $Z_{sub,2}(s)$ 的右半平面零点数等于 $Z_{o,2}(s)$ 的右半平面零点数，$Z_{sub,2}(s)$ 的右半平面极点数等于 $Z_{o,2}(s)Y_{in,3}(s)$ 的奈奎斯特曲线逆时针包围 (−1, j0) 点的圈数。因此，子系统阻抗比的形式选为 $Z_{sub,1}(s)/Z_{sub,2}(s)$，此时其右半平面极点数即为 $Z_{o,2}(s)$ 的右半平面零点数。图 4.18 给出了 $Z_{o,2}(s)$ 的奈奎斯特曲线，由于 $Z_{o,2}(s)$ 没有右半平面极点且其奈奎斯特曲线并不包围原点，因此 $Z_{o,2}(s)$ 也没有右半平面零点，于是可以根据两个子系统的阻抗交互情况进行稳定性分析。

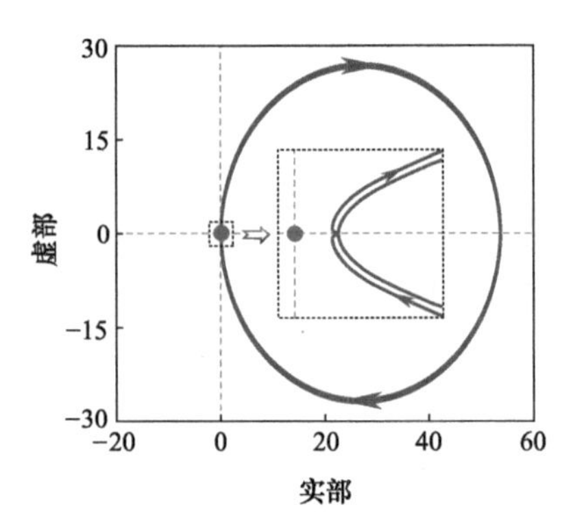

图 4.18 阻抗 $Z_{o,2}(s)$ 的奈奎斯特曲线

由图 4.17 可以看出：当系统运行于工况 1 时，$Z_{sub,1}(s)$ 和 $Z_{sub,2}(s)$ 的幅频特性曲线在任何交截处的相位差都小于 180°，因此可以推测系统此时是稳定的；而当系统运行于工况 2 时，$Z_{sub,1}(s)$ 和 $Z_{sub,2}(s)$ 的幅频特性曲线在中频段约 437Hz 处发生交截，且该频率处的相位差约为 185°，大于系统稳定所要求的 180°，因此可以预测系统此时不稳定且直流母线的振荡频率约为 437Hz。

若将图 4.16 所示系统按照图 4.7a 进行子系统划分，则两个子系统的等效阻抗分别为 $Z_{sub,1}(s)=Z_{o,1}(s)Z_{o,2}(s)/[Z_{o,1}(s)+Z_{o,2}(s)]$ 和 $Z_{sub,2}(s)=1/Y_{in,3}(s)$。图 4.19 给出了两种系统工况下 $Z_{sub,1}(s)$ 和 $Z_{sub,2}(s)$ 的伯德图，需要说明的是，由于 $Z_{sub,1}(s)$ 仍然与 R_3 的变化无关，因此图中并未对 $Z_{sub,1}(s)$ 区分两种系统工况。由图 4.19 可以看出：在较高频率处有 $|Z_{sub,1}(s)|\ll|Z_{sub,2}(s)|$，因此子系统阻抗比的形式确定为 $Z_{sub,1}(s)/Z_{sub,2}(s)$。

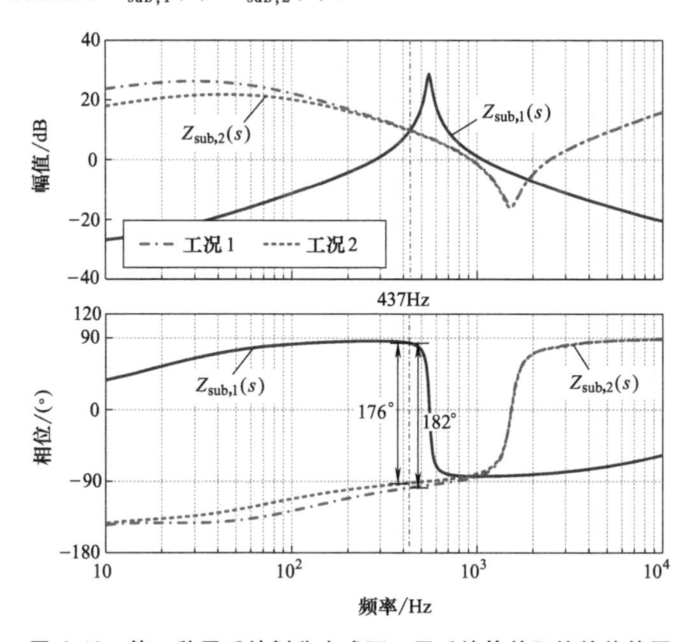

图 4.19　第二种子系统划分方式下，子系统等效阻抗的伯德图

由于 $Z_{sub,1}(s)/Z_{sub,2}(s)$ 的右半平面极点数等于阻抗和 $Z_{o,1}(s)+Z_{o,2}(s)$ 的右半平面零点数，考虑到 $Z_{o,1}(s)$ 和 $Z_{o,2}(s)$ 均没有右半平面极点，因此 $Z_{sub,1}(s)/Z_{sub,2}(s)$ 的右半平面极点数也等于 $Z_{o,1}(s)+Z_{o,2}(s)$ 的奈奎斯特曲线顺时针包围原点的圈数。图 4.20 给出了 $Z_{o,1}(s)+Z_{o,2}(s)$ 的奈奎斯特曲线，显然可知 $Z_{o,1}(s)+Z_{o,2}(s)$ 没有右半平面零点，也即 $Z_{sub,1}(s)/Z_{sub,2}(s)$ 没有右半平面极点，于是可以根据两个子系统的阻抗交互情况进行稳定性分析。

由图 4.19 可以看出：当系统运行于工况 1 时，两个子系统等效阻抗的幅频特性曲线在交截处的相位差恒小于 180°，因而可以推测系统稳定；而当系统运行于工况 2 时，$Z_{sub,1}(s)$ 和 $Z_{sub,2}(s)$ 的幅频特性曲线在约 437Hz 处发生交截，且该频率下两个子系统等效阻抗的相位差约为 182°，大于系统稳定要求的 180°，因此可以预测系统此时不稳定且直流母线的振荡频率约为 437Hz。

第三种子系统划分方式及阻抗分析过程与第一种子系统划分方式类似，此处不再赘述。

3. 基于全局导纳判据和母线阻抗判据的稳定性分析

由图 4.16 可得全局导纳 $Y_{sum}(s)=1/Z_{o,1}(s)+1/Z_{o,2}(s)+Y_{in,3}(s)$。显然，$Y_{sum}(s)$ 的右半平面极点即为 $Z_{o,1}(s)$ 和 $Z_{o,2}(s)$ 的右半平面零点数之和。根据图 4.18 与前述分析可知$Z_{o,2}(s)$ 没有右半平面零点。图 4.21 给出了 $Z_{o,1}(s)$ 的奈奎斯特曲线，由于 $Z_{o,1}(s)$ 没有右半平面极点且其奈奎斯特曲线并不包围原点，因此 $Z_{o,1}(s)$ 没有右半平面零点，于是全局导纳 $Y_{sum}(s)$ 也没有右半平面极点。于是可以根据全局导纳 $Y_{sum}(s)$ 的奈奎斯特曲线包围原点的圈数是否为 0 来分析系统稳定性。图 4.22 给出了两种系统工况下全局导纳 $Y_{sum}(s)$ 的奈奎斯特曲线，可以看出：当系统运行于工况 1 时，$Y_{sum}(s)$ 的奈奎斯特曲线不包围原点，而当系统运行于工况 2 时，$Y_{sum}(s)$ 的奈奎斯特曲线顺时针包围原点两圈。根据全局导纳判据可以推测：系统在工况 1 时稳定，而在工况 2 时不稳定。

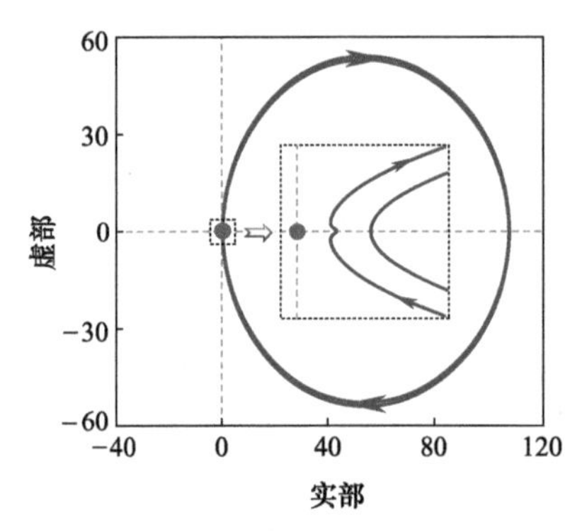

图 4.20 阻抗和 $Z_{o,1}(s)+Z_{o,2}(s)$ 的奈奎斯特曲线

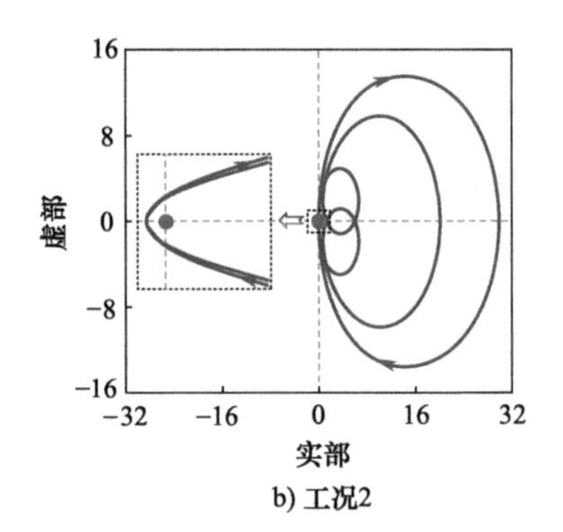

图 4.21 阻抗 $Z_{o,1}(s)$ 的奈奎斯特曲线

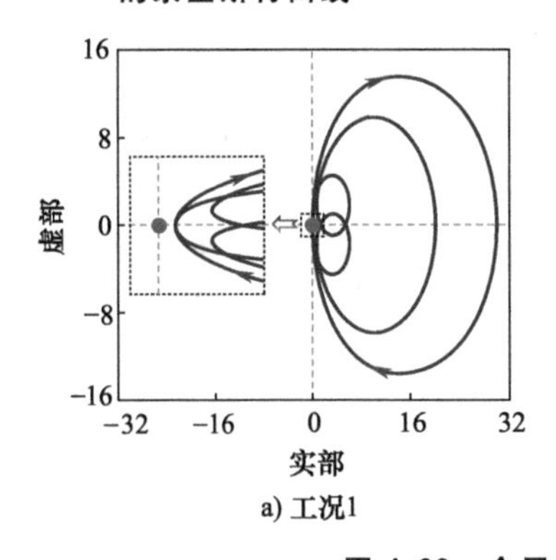

a) 工况1

b) 工况2

图 4.22 全局导纳的奈奎斯特曲线

类似地，由于图4.16所示系统的母线阻抗 $Z_{bus}(s)=1/Y_{sum}(s)$，因此 $Z_{bus}(s)$ 没有右半平面零点。进一步地，结合母线阻抗判据可知：当母线阻抗 $Z_{bus}(s)$ 的奈奎斯特曲线不包围原点时，系统稳定，反之则不稳定。如图4.23a所示，当系统运行于工况1时，母线阻抗 $Z_{bus}(s)$ 的奈奎斯特曲线不包围原点，因而可以推测系统此时是稳定的。如图4.23b所示，当系统运行于工况2时，母线阻抗 $Z_{bus}(s)$ 的奈奎斯特曲线逆时针包围原点两圈，此时可以推测系统不稳定。

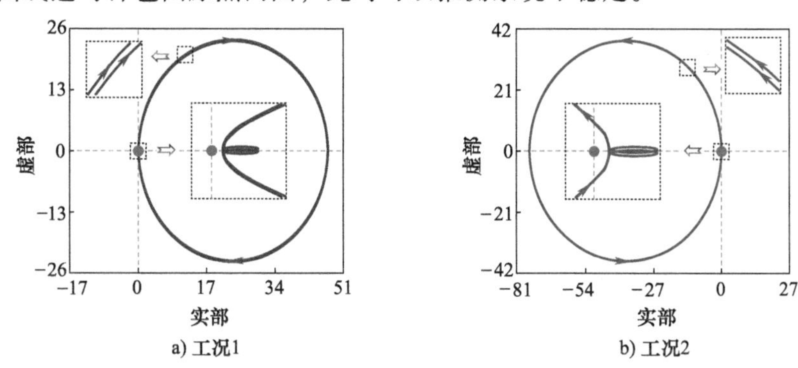

图4.23 母线阻抗的奈奎斯特曲线

4. 基于无右半平面极点型判据的稳定性分析

由式（4.24）可得图4.16所示系统对应的无右半平面极点型判据的阻抗表达式为

$$T_{no}(s)=Z_{o,1}(s)+Z_{o,2}(s)+Z_{o,1}(s)Z_{o,2}(s)Y_{in,3}(s) \tag{4.27}$$

由图4.24可以看出：当系统运行于工况1时，$T_{no}(s)$ 的奈奎斯特曲线包围原点的等效圈数为0，因此可以推测系统在该工况下是稳定的。由图4.25可以看出：当系统运行于工况2时，$T_{no}(s)$ 的奈奎斯特曲线顺时针包围原点两圈，因此可以推测：系统在工况2时将不稳定。

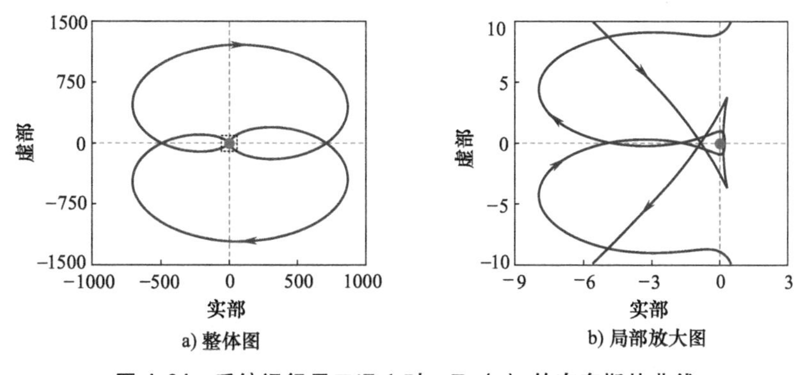

图4.24 系统运行于工况1时，$T_{no}(s)$ 的奈奎斯特曲线

实际上，上述稳定性结论也可以由 $T_{no}(s)$ 的相位曲线推测得到。如图4.26所示，可以看出：系统在工况1时，有 $N_+=N_-=2$，而在工况2时，有 $N_+=2$，$N_-=$

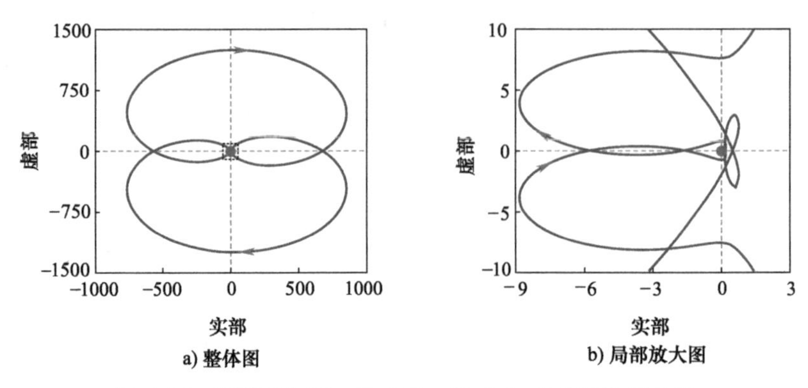

a) 整体图　　b) 局部放大图

图 4.25　系统运行于工况 2 时，$T_{no}(s)$ 的奈奎斯特曲线

1，因此，$T_{no}(s)$ 的奈奎斯特曲线在工况 1 时包围原点的等效圈数为 0，而在工况 2 时顺时针包围原点两圈，与上述分析结论完全相同。

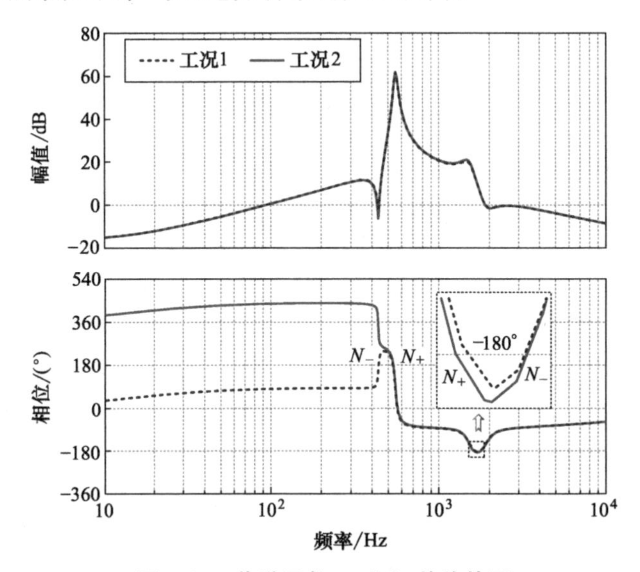

图 4.26　传递函数 $T_{no}(s)$ 的伯德图

综上所述，四种稳定判据对图 4.16 所示系统的稳定性预测结论完全一致。

5. 实验验证

为验证上述稳定性分析结论的正确性，搭建了图 4.16 所示系统对应的实验平台，系统的电路和控制参数与表 4.3 一致，控制部分由 DSP TMS320 F28335 实现。如图 4.27 所示，给出了直流母线电压 v_{bus}、#1 变换器和#2 变换器的输出电流 $i_{o,1}$ 和 $i_{o,2}$，以及#3 变换器的输出电压 $v_{o,3}$ 的实验波形。图 4.28 给出了系统在两种工况下切换时的动态实验波形。

当系统运行于工况 1 时，如图 4.27a 所示，各电量波形稳定，#1 变换器和#2 变换器的输出电流比为 2∶1，符合下垂控制系数比，表明整个系统是稳定的。而当系统运行于工况 2 时，如图 4. 27b 所示，直流母线电压中出现幅值较大且远低于开关频率的交流分量，这意味着系统处于不稳定运行状态。进一步，通过对直流母线电压进行 FFT 分析，可以发现直流母线电压的振荡频率约为 423Hz，与上述理论分析结果基本完全一致。

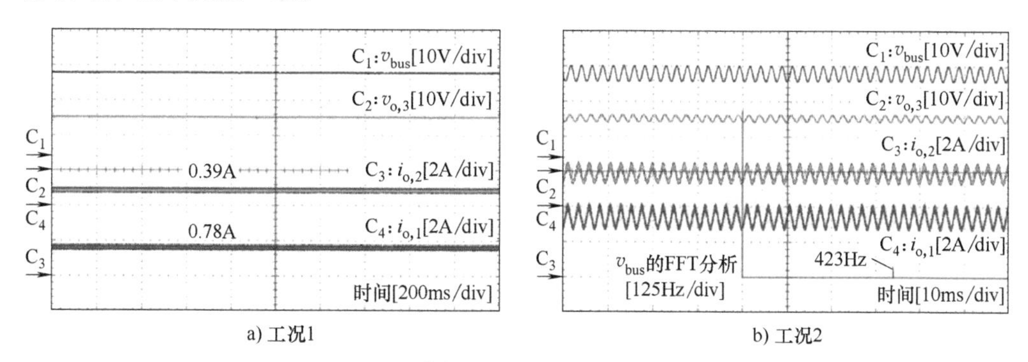

a) 工况1　　　b) 工况2

图 4. 27　系统在两种工况下的稳态实验波形

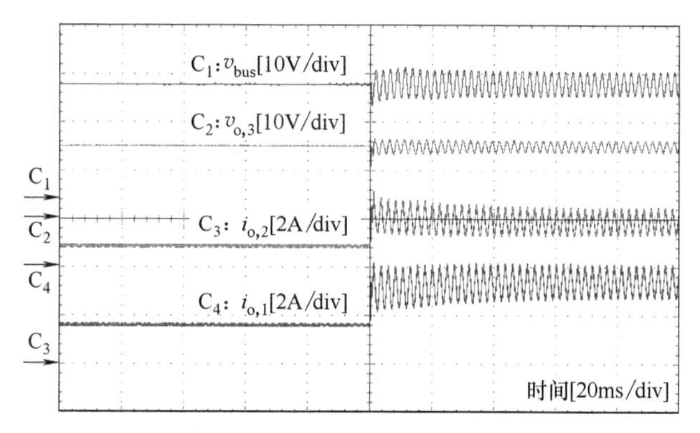

图 4. 28　系统由工况 1 切换到工况 2 的动态实验波形

综上所述，系统在两种工况下的稳定性与失稳特性与四种稳定判据的分析结果一致，验证了这些稳定判据的可行性与有效性。

4.4　本章小结

本章建立了多变换器单母线直流配用电系统的小信号模型，进行了系统级稳定分析，介绍了子系统阻抗比判据、全局导纳判据、母线阻抗判据和无右半平面极点型判据共四种稳定判据。最后，通过对两种案例系统的稳定分析与实验测试，验证了理论分析的正确性。

本章主要结论如下：

1）多变换器单母线直流配用电系统的特征方程为 $F(s)=0$，其中，特征多项式 $F(s)$ 由各变换器阻抗或导纳的分子分母多项式构成。由于四种稳定判据本质上均在于讨论系统特征方程是否有右半平面的根，因此它们在控制原理上是等价的。

2）在对整个系统进行子系统划分时，无论两个子系统内的变换器类型和数目如何，均可以基于子系统等效阻抗之比评估系统稳定性；但若要降低子系统阻抗比右半平面极点数的计算复杂度，需要尽可能掌握系统内部更多变换器的类型。

3）由于多变换器单母线直流配用电系统的全局导纳与母线阻抗互为倒数，因此全局导纳判据和母线阻抗判据完全等价，且不需要区分系统内部的变换器类型。

4）无右半平面极点型判据从根本上避免了其他三种稳定判据需要额外讨论右半平面极点数的分析过程，可以仅由阻抗相位信息评估系统稳定性，但需要区分所有变换器的类型。特别地，在单电压源直流配用电系统中，无右半平面极点型判据与子系统阻抗比判据完全等价。

第5章 分布式直流配用电系统稳定分析与判据

当单电压等级直流配用电系统内部的所有电气设备在地理位置上较为集中时，设备间的线路阻抗可以忽略不计，整个系统呈现出多源、多负荷并联的特点，此类系统的稳定性已经在第4章进行了详细分析。然而，当电源和负载分布式接入直流配用电系统或系统自身具有环网结构时，各直流母线节点间的线路阻抗无法忽略，此时面向多源、多负荷并联系统的稳定判据将不再适用。为此，本章将进一步介绍考虑线路阻抗的分布式直流配用电系统小信号稳定性评估与判据方法。

5.1 系统建模与小信号稳定性分析

考虑线路阻抗的分布式直流配用电系统的典型结构如图5.1a所示，系统内部各变换器并非直接采用并联方式连接到直流母线，而是通过不同母线节点接入系统。不同母线节点间的线路阻抗构成了复杂的系统架构与线路网络。该系统形式既可以表示放射型直流配用电系统，也可以表示环网型直流配用电系统，适用范围较广。通过对变换器进行分类，可得分布式直流配用电系统的统一形式如图5.1b所示。整个系统包含r个变换器接入的母线节点n_1，…，n_α，…，n_r，其中有M个ZTC和K个YTC，且$M+K=r$。不妨假设接入前M个母线节点的均为ZTC，并依次定义为ZTC_1，…，ZTC_j，…，ZTC_M，而接入其余母线节点的均为YTC，依次定义为YTC_1，…，YTC_l，…，YTC_K。

如图5.2所示为分布式直流配用电系统的小信号等效电路模型，其中，对于母线节点$\mathrm{n}_\alpha(\alpha=1, 2, \cdots, r)$而言，$v_{\mathrm{n},\alpha}$是母线节点电压，$Y_{\alpha,\alpha}(s)$是其自导纳，$Y_{M,\alpha}(s)=Y_{\alpha,M}(s)$则是其与母线节点$\mathrm{n}_M$的互导纳；$v_{\mathrm{c},j}(s)$、$Z_{\mathrm{o},j}(s)$和$i_{\mathrm{o},j}(s)$分别表示$\mathrm{ZTC}_j(j=1, 2, \cdots, M)$戴维南等效模型中的受控电压源、输出阻抗和输出电流，$i_{\mathrm{c},l}(s)$、$Y_{\mathrm{in},l}(s)$和$i_{\mathrm{in},l}(s)$分别表示$\mathrm{YTC}_l(l=1, 2, \cdots, K)$诺顿等效模型中的受控电流源、输入导纳和输入电流。当ZTC_j可以独立稳定运行时，$Z_{\mathrm{o},j}(s)$没

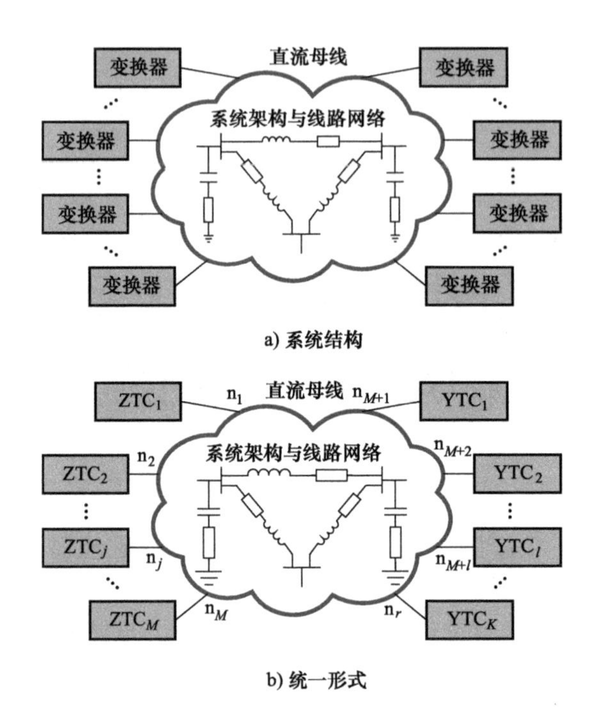

a) 系统结构

b) 统一形式

图 5.1　分布式直流配用电系统

有右半平面极点；当 YTC_l 可以独立稳定运行时，$Y_{in,l}(s)$ 没有右半平面极点。需要说明的是，为了采用节点导纳法对系统进行节点导纳建模，各 ZTC 的戴维南模型被等效替换为诺顿模型，这并不影响后续的系统建模和稳定性分析，其中，ZTC_j 的输入导纳 $Y_{o,j}(s)=1/Z_{o,j}(s)$。

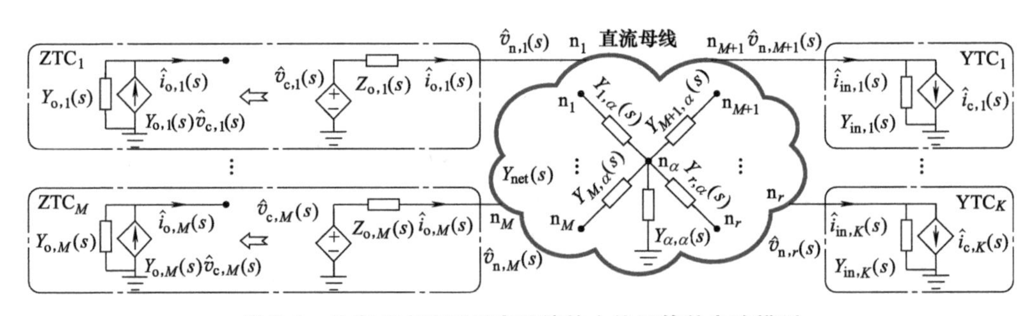

图 5.2　分布式直流配用电系统的小信号等效电路模型

应用节点导纳法[101-102]，可得图 5.2 所示系统的节点导纳方程为

$$\hat{\boldsymbol{i}}_{n}(s)=[\boldsymbol{Y}_{con}(s)+\boldsymbol{Y}_{net}(s)]\hat{\boldsymbol{v}}_{n}(s) \tag{5.1}$$

式中，$\boldsymbol{i}_n(s)$ 为母线节点注入电流向量，$\boldsymbol{Y}_{con}(s)$ 为所有变换器的导纳矩阵，$\boldsymbol{Y}_{net}(s)$ 为线路网络的节点导纳矩阵，$\boldsymbol{v}_n(s)$ 为母线节点电压向量，且它们的数学表达式分别由式（5.2）~式（5.5）给出。

$$\hat{\boldsymbol{i}}_{\mathrm{n}}(s)=[Y_{\mathrm{o},1}(s)\hat{v}_{\mathrm{c},1}(s),\cdots,Y_{\mathrm{o},M}(s)\hat{v}_{\mathrm{c},M}(s),-\hat{i}_{\mathrm{c},1}(s),\cdots,-\hat{i}_{\mathrm{c},K}(s)]^{\mathrm{T}} \tag{5.2}$$

$$\boldsymbol{Y}_{\mathrm{con}}(s)=\mathrm{diag}[Y_{\mathrm{o},1}(s),\cdots,Y_{\mathrm{o},M}(s),Y_{\mathrm{in},1}(s),\cdots,Y_{\mathrm{in},K}(s)] \tag{5.3}$$

$$\boldsymbol{Y}_{\mathrm{net}}(s)=\begin{bmatrix}\sum_{\alpha=1}^{r}Y_{1,\alpha}(s) & -Y_{1,2}(s) & \cdots & -Y_{1,r}(s)\\ -Y_{2,1}(s) & \sum_{\alpha=1}^{r}Y_{2,\alpha}(s) & \cdots & -Y_{2,r}(s)\\ \vdots & \vdots & & \vdots\\ -Y_{r,1}(s) & -Y_{r,2}(s) & \cdots & \sum_{\alpha=1}^{r}Y_{r,\alpha}(s)\end{bmatrix} \tag{5.4}$$

$$\hat{\boldsymbol{v}}_{\mathrm{n}}(s)=[\hat{v}_{\mathrm{n},1}(s),\cdots,\hat{v}_{\mathrm{n},M}(s),\hat{v}_{\mathrm{n},M+1}(s),\cdots,\hat{v}_{\mathrm{n},r}(s)]^{\mathrm{T}} \tag{5.5}$$

为便于后续分析，令

$$\boldsymbol{Z}_{\mathrm{o}}(s)=\mathrm{diag}[Z_{\mathrm{o},1}(s),\cdots,Z_{\mathrm{o},M}(s),-1,\cdots,-1] \tag{5.6}$$

$$\boldsymbol{Y}_{\mathrm{in}}(s)=\mathrm{diag}[1,\cdots,1,-Y_{\mathrm{in},1}(s),\cdots,-Y_{\mathrm{in},K}(s)] \tag{5.7}$$

$$\hat{\boldsymbol{h}}(s)=[\hat{v}_{\mathrm{c},1}(s),\cdots,\hat{v}_{\mathrm{c},M}(s),\hat{i}_{\mathrm{c},1}(s),\cdots,\hat{i}_{\mathrm{c},K}(s)]^{\mathrm{T}} \tag{5.8}$$

式中，$\hat{\boldsymbol{h}}(s)$ 定义为系统的输入扰动向量。

于是，有

$$\hat{\boldsymbol{i}}_{\mathrm{n}}(s)=\boldsymbol{Z}_{\mathrm{o}}^{-1}(s)\hat{\boldsymbol{h}}(s) \tag{5.9}$$

$$\boldsymbol{Y}_{\mathrm{con}}(s)=\boldsymbol{Z}_{\mathrm{o}}^{-1}(s)\boldsymbol{Y}_{\mathrm{in}}(s) \tag{5.10}$$

将式（5.9）和式（5.10）代入式（5.1）并整理可得输入扰动向量 $\hat{\boldsymbol{h}}(s)$ 与母线节点电压扰动向量 $\hat{\boldsymbol{v}}_{\mathrm{n}}(s)$ 之间的关系式为

$$\hat{\boldsymbol{v}}_{\mathrm{n}}(s)=\boldsymbol{T}_{\mathrm{m}}(s)\hat{\boldsymbol{h}}(s)=[\boldsymbol{Y}_{\mathrm{in}}(s)+\boldsymbol{Z}_{\mathrm{o}}(s)\boldsymbol{Y}_{\mathrm{net}}(s)]^{-1}\hat{\boldsymbol{h}}(s) \tag{5.11}$$

将式（5.4）、式（5.6）和式（5.7）代入 $\boldsymbol{T}_{\mathrm{m}}(s)$ 可得

$$\boldsymbol{T}_{\mathrm{m}}(s)=\begin{bmatrix}1+Z_{\mathrm{o},1}(s)\sum_{\alpha=1}^{r}Y_{1,\alpha}(s) & \cdots & -Z_{\mathrm{o},1}(s)Y_{1,M}(s) & -Z_{\mathrm{o},1}(s)Y_{1,M+1}(s) & \cdots & -Z_{\mathrm{o},1}(s)Y_{1,r}(s)\\ \vdots & & \vdots & \vdots & & \vdots\\ -Z_{\mathrm{o},M}(s)Y_{M,1}(s) & \cdots & 1+Z_{\mathrm{o},M}(s)\sum_{\alpha=1}^{r}Y_{M,\alpha}(s) & -Z_{\mathrm{o},M}(s)Y_{M,M+1}(s) & \cdots & -Z_{\mathrm{o},M}(s)Y_{M,r}(s)\\ Y_{M+1,1}(s) & \cdots & Y_{M+1,M}(s) & -Y_{\mathrm{in},1}(s)-\sum_{\alpha=1}^{r}Y_{M+1,\alpha}(s) & \cdots & Y_{M+1,r}(s)\\ \vdots & & \vdots & \vdots & & \vdots\\ Y_{r,1}(s) & \cdots & Y_{r,M}(s) & Y_{r,M+1}(s) & \cdots & -Y_{\mathrm{in},K}(s)-\sum_{\alpha=1}^{r}Y_{r,\alpha}(s)\end{bmatrix}^{-1} \tag{5.12}$$

对于图 5.2 所示的分布式直流配用电系统，$\hat{\boldsymbol{h}}(s)$ 为输入扰动。由于系统稳定性要求各母线节点的电压是稳定的，因此 $\hat{\boldsymbol{v}}_{\mathrm{n}}(s)$ 为系统的输出扰动。显然式（5.11）可以表示分布式直流配用电系统的输入-输出传递函数关系。根据麦克斯韦稳定判据，当且仅当 $\boldsymbol{T}_{\mathrm{m}}(s)$ 中的各个传递函数均没有右半平面极点时，图 5.2 所示分布式直流配用电系统是稳定的。

5.2 基于阻抗行列式的稳定判据

5.2.1 阻抗行列式判据

在 5.1 节的小信号稳定性分析中，分布式直流配用电系统的稳定性取决于 $\boldsymbol{T}_{\mathrm{m}}(s)$ 是否包含右半平面极点。但是，由式（5.12）可知 $\boldsymbol{T}_{\mathrm{m}}(s)$ 是一个 r 阶的传递函数逆矩阵，其本身包含了大量的传递函数运算，并且上述稳定性结论要求 $\boldsymbol{T}_{\mathrm{m}}(s)$ 中的每一项传递函数都要被评估，这在实际应用中较为复杂。为进一步简化系统的稳定性分析，下面提出了一种基于阻抗行列式的稳定判据。

根据逆矩阵的计算公式，有

$$\boldsymbol{T}_{\mathrm{m}}(s)=\frac{\operatorname{adj}[\boldsymbol{Y}_{\mathrm{in}}(s)+\boldsymbol{Z}_{\mathrm{o}}(s)\boldsymbol{Y}_{\mathrm{net}}(s)]}{\det[\boldsymbol{Y}_{\mathrm{in}}(s)+\boldsymbol{Z}_{\mathrm{o}}(s)\boldsymbol{Y}_{\mathrm{net}}(s)]} \tag{5.13}$$

式中，det［ ］和 adj［ ］分别表示矩阵的行列式和伴随矩阵。

假设

$$\operatorname{adj}[\boldsymbol{Y}_{\mathrm{in}}(s)+\boldsymbol{Z}_{\mathrm{o}}(s)\boldsymbol{Y}_{\mathrm{net}}(s)]=\begin{bmatrix} G_{1,1}(s) & G_{1,2}(s) & \cdots & G_{1,r}(s) \\ G_{2,1}(s) & G_{2,2}(s) & \cdots & G_{2,r}(s) \\ \vdots & \vdots & & \vdots \\ G_{r,1}(s) & G_{r,2}(s) & \cdots & G_{r,r}(s) \end{bmatrix} \tag{5.14}$$

于是，有

$$\boldsymbol{T}_{\mathrm{m}}(s)=\begin{bmatrix} \frac{G_{1,1}(s)}{\det[\boldsymbol{Y}_{\mathrm{in}}(s)+\boldsymbol{Z}_{\mathrm{o}}(s)\boldsymbol{Y}_{\mathrm{net}}(s)]} & \frac{G_{1,2}(s)}{\det[\boldsymbol{Y}_{\mathrm{in}}(s)+\boldsymbol{Z}_{\mathrm{o}}(s)\boldsymbol{Y}_{\mathrm{net}}(s)]} & \cdots & \frac{G_{1,r}(s)}{\det[\boldsymbol{Y}_{\mathrm{in}}(s)+\boldsymbol{Z}_{\mathrm{o}}(s)\boldsymbol{Y}_{\mathrm{net}}(s)]} \\ \frac{G_{2,1}(s)}{\det[\boldsymbol{Y}_{\mathrm{in}}(s)+\boldsymbol{Z}_{\mathrm{o}}(s)\boldsymbol{Y}_{\mathrm{net}}(s)]} & \frac{G_{2,2}}{\det[\boldsymbol{Y}_{\mathrm{in}}(s)+\boldsymbol{Z}_{\mathrm{o}}(s)\boldsymbol{Y}_{\mathrm{net}}(s)]} & \cdots & \frac{G_{2,r}(s)}{\det[\boldsymbol{Y}_{\mathrm{in}}(s)+\boldsymbol{Z}_{\mathrm{o}}(s)\boldsymbol{Y}_{\mathrm{net}}(s)]} \\ \vdots & \vdots & & \vdots \\ \frac{G_{r,1}(s)}{\det[\boldsymbol{Y}_{\mathrm{in}}(s)+\boldsymbol{Z}_{\mathrm{o}}(s)\boldsymbol{Y}_{\mathrm{net}}(s)]} & \frac{G_{r,2}(s)}{\det[\boldsymbol{Y}_{\mathrm{in}}(s)+\boldsymbol{Z}_{\mathrm{o}}(s)\boldsymbol{Y}_{\mathrm{net}}(s)]} & \cdots & \frac{G_{r,r}(s)}{\det[\boldsymbol{Y}_{\mathrm{in}}(s)+\boldsymbol{Z}_{\mathrm{o}}(s)\boldsymbol{Y}_{\mathrm{net}}(s)]} \end{bmatrix} \tag{5.15}$$

由于本章的侧重点在于讨论系统级小信号稳定性，因此将各变换器独立稳定运行作为前提条件，这意味着 $Z_{\mathrm{o},j}(s)$ 和 $Y_{\mathrm{in},l}(s)$ 均没有右半平面极点，即 $\boldsymbol{Z}_{\mathrm{o}}(s)$ 和

$\boldsymbol{Y}_{\text{in}}(s)$ 中的每一项也没有右半平面极点。此外，由于线路网络是由无源元件所构成的，因此其节点导纳矩阵 $\boldsymbol{Y}_{\text{net}}(s)$ 中的每一个传递函数都没有右半平面的零极点。进一步地，由于矩阵运算 $\boldsymbol{Y}_{\text{in}}(s)+\boldsymbol{Z}_{\text{o}}(s)\boldsymbol{Y}_{\text{net}}(s)$ 只涉及三个矩阵中元素的加法和乘法运算，这些运算过程不可能引入新的右半平面极点，所以 $\boldsymbol{Y}_{\text{in}}(s)+\boldsymbol{Z}_{\text{o}}(s)\boldsymbol{Y}_{\text{net}}(s)$ 本身也不存在右半平面极点。同时，结合伴随矩阵和矩阵行列式的计算方法可知：只要各变换器可以独立稳定运行，伴随矩阵 adj $[\boldsymbol{Y}_{\text{in}}(s)+\boldsymbol{Z}_{\text{o}}(s)\boldsymbol{Y}_{\text{net}}(s)]$ 和行列式 det $[\boldsymbol{Y}_{\text{in}}(s)+\boldsymbol{Z}_{\text{o}}(s)\boldsymbol{Y}_{\text{net}}(s)]$ 就一定不存在右半平面极点。于是由式（5.14）可知：对任意的 a 和 $b(a, b=1, 2, \cdots, r)$，$G_{a,b}(s)$ 没有右半平面极点。

根据上述分析，结合式（5.15）可知：矩阵 $\boldsymbol{T}_{\text{m}}(s)$ 中每个传递函数是否存在右半平面极点等价于行列式 det $[\boldsymbol{Y}_{\text{in}}(s)+\boldsymbol{Z}_{\text{o}}(s)\boldsymbol{Y}_{\text{net}}(s)]$ 是否存在右半平面零点，为此可以得到基于阻抗行列式的稳定判据：当且仅当行列式 det $[\boldsymbol{Y}_{\text{in}}(s)+\boldsymbol{Z}_{\text{o}}(s)\boldsymbol{Y}_{\text{net}}(s)]$ 没有右半平面零点或其奈奎斯特曲线不包围原点时，分布式直流配用电系统是稳定的，反之则不稳定。

根据传递函数的奈奎斯特曲线与其伯德图之间的关系，行列式 $\det[\boldsymbol{Y}_{\text{in}}(s)+\boldsymbol{Z}_{\text{o}}(s)\boldsymbol{Y}_{\text{net}}(s)]$的奈奎斯特曲线顺时针包围原点的等效圈数可以由 $2(N_{+}-N_{-})$ 计算得到。其中，N_{+}和 N_{-}分别表示行列式 $\det[\boldsymbol{Y}_{\text{in}}(s)+\boldsymbol{Z}_{\text{o}}(s)\boldsymbol{Y}_{\text{net}}(s)]$的相位曲线从上向下和从下向上穿越 $(2\gamma+1)\times180°$线的次数，$\gamma=\pm1, \pm2, \cdots$。需要说明的是，当相位曲线从上向下止于或起于 $(2\gamma+1)\times180°$线时，$N_{+}=0.5$；而当相位曲线从下向上止于或起于 $(2\gamma+1)\times180°$线时，$N_{-}=0.5$。

相较于基于 $\boldsymbol{T}_{\text{m}}(s)$ 的稳定判据，阻抗行列式判据的传递函数计算量大大简化。此外，由于行列式 $\det[\boldsymbol{Y}_{\text{in}}(s)+\boldsymbol{Z}_{\text{o}}(s)\boldsymbol{Y}_{\text{net}}(s)]$本身不存在右半平面极点，结合柯西幅角原理，可以根据所测 $\boldsymbol{Y}_{\text{in}}(s)$、$\boldsymbol{Z}_{\text{o}}(s)$ 和 $\boldsymbol{Y}_{\text{net}}(s)$ 的频域阻抗或导纳数据，绘制 $\det[\boldsymbol{Y}_{\text{in}}(s)+\boldsymbol{Z}_{\text{o}}(s)\boldsymbol{Y}_{\text{net}}(s)]$的奈奎斯特曲线或伯德图评估分布式直流配用电系统的稳定性，而无需精确构建各变换器阻抗或导纳的解析表达式，更适用于具有“灰箱”或“黑箱”属性的分布式直流配用电系统。

5.2.2 与其他行列式判据的对比分析

在分布式交流配用电系统中，基于节点导纳矩阵 $\boldsymbol{Y}_{\text{con}}(s)+\boldsymbol{Y}_{\text{net}}(s)$ 和回路比矩阵$\boldsymbol{Y}_{\text{con}}(s)\boldsymbol{Z}_{\text{net}}(s)$ 的行列式判据常用于评估系统稳定性，其中，$\boldsymbol{Z}_{\text{net}}(s)=\boldsymbol{Y}_{\text{net}}^{-1}(s)$。下面将从等价性和差异性两个角度对三种基于行列式 $\det[\boldsymbol{Y}_{\text{in}}(s)+\boldsymbol{Z}_{\text{o}}(s)\boldsymbol{Y}_{\text{net}}(s)]$、$\det[\boldsymbol{Y}_{\text{con}}(s)+\boldsymbol{Y}_{\text{net}}(s)]$和 $\det[\boldsymbol{I}+\boldsymbol{Z}_{\text{net}}(s)\boldsymbol{Y}_{\text{con}}(s)]$的稳定判据进行对比分析。

1. 三类行列式判据的等价性

根据式（5.10）可得

$$
\begin{aligned}
\mathbb{Z}\{\det[\boldsymbol{Y}_{\text{con}}(s)+\boldsymbol{Y}_{\text{net}}(s)]\} &= \mathbb{Z}\{\det[\boldsymbol{Z}_{\text{o}}^{-1}(s)\boldsymbol{Y}_{\text{in}}(s)+\boldsymbol{Y}_{\text{net}}(s)]\} \\
&= \mathbb{Z}\left\{\frac{\det[\boldsymbol{Z}_{\text{o}}(s)(\boldsymbol{Z}_{\text{o}}^{-1}(s)\boldsymbol{Y}_{\text{in}}(s)+\boldsymbol{Y}_{\text{net}}(s))]}{\det[\boldsymbol{Z}_{\text{o}}(s)]}\right\} \\
&= \mathbb{Z}\{\det[\boldsymbol{Y}_{\text{in}}(s)+\boldsymbol{Z}_{\text{o}}(s)\boldsymbol{Y}_{\text{net}}(s)]\}+\mathbb{P}\{\det[\boldsymbol{Z}_{\text{o}}(s)]\}
\end{aligned}
\tag{5.16}
$$

$$\mathbb{Z}\{\det[\boldsymbol{I}+\boldsymbol{Z}_{\text{net}}(s)\boldsymbol{Y}_{\text{con}}(s)]\}=\mathbb{Z}\left\{\frac{\det[\boldsymbol{Y}_{\text{net}}(s)(\boldsymbol{I}+\boldsymbol{Z}_{\text{net}}(s)\boldsymbol{Y}_{\text{con}}(s))]}{\det[\boldsymbol{Y}_{\text{net}}(s)]}\right\}$$
$$=\mathbb{Z}\{\det[\boldsymbol{Y}_{\text{con}}(s)+\boldsymbol{Y}_{\text{net}}(s)]\}+\mathbb{P}\{\det[\boldsymbol{Y}_{\text{net}}(s)]\} \tag{5.17}$$

根据式（5.6）和式（5.7）可得

$$\det[\boldsymbol{Z}_{\text{o}}(s)]=(-1)^{K}Z_{\text{o},1}(s)Z_{\text{o},2}(s)\cdots Z_{\text{o},M}(s) \tag{5.18}$$

$$\det[\boldsymbol{Y}_{\text{in}}(s)]=(-1)^{K}Y_{\text{in},1}(s)Y_{\text{in},2}(s)\cdots Y_{\text{in},K}(s) \tag{5.19}$$

由于 $Z_{\text{o},j}(s)$ 和 $Y_{\text{in},l}(s)$ 均没有右半平面极点，因此有

$$\mathbb{P}\{\det[\boldsymbol{Z}_{\text{o}}(s)]\}=\mathbb{P}\{Z_{\text{o},1}(s)\}+\mathbb{P}\{Z_{\text{o},2}(s)\}+\cdots+\mathbb{P}\{Z_{\text{o},M}(s)\}=0 \tag{5.20}$$

$$\mathbb{P}\{\det[\boldsymbol{Y}_{\text{in}}(s)]\}=\mathbb{P}\{Y_{\text{in},1}(s)\}+\mathbb{P}\{Y_{\text{in},2}(s)\}+\cdots+\mathbb{P}\{Y_{\text{in},K}(s)\}=0 \tag{5.21}$$

又由于 $\boldsymbol{Y}_{\text{net}}(s)$ 中的每一个传递函数都没有右半平面的零点和极点，因此有

$$\mathbb{P}\{\det[\boldsymbol{Y}_{\text{net}}(s)]\}=\mathbb{Z}\{\det[\boldsymbol{Y}_{\text{net}}(s)]\}=0 \tag{5.22}$$

将式（5.20）和式（5.22）分别代入式（5.16）和式（5.17），可得

$$\mathbb{Z}\{\det[\boldsymbol{Y}_{\text{con}}(s)+\boldsymbol{Y}_{\text{net}}(s)]\}=\mathbb{Z}\{\det[\boldsymbol{I}+\boldsymbol{Z}_{\text{net}}(s)\boldsymbol{Y}_{\text{con}}(s)]\}$$
$$=\mathbb{Z}\{\det[\boldsymbol{Y}_{\text{in}}(s)+\boldsymbol{Z}_{\text{o}}(s)\boldsymbol{Y}_{\text{net}}(s)]\} \tag{5.23}$$

由式（5.23）可以看出：行列式 $\det[\boldsymbol{Y}_{\text{con}}(s)+\boldsymbol{Y}_{\text{net}}(s)]$、$\det[\boldsymbol{I}+\boldsymbol{Z}_{\text{net}}(s)\boldsymbol{Y}_{\text{con}}(s)]$ 和 $\det[\boldsymbol{Y}_{\text{in}}(s)+\boldsymbol{Z}_{\text{o}}(s)\boldsymbol{Y}_{\text{net}}(s)]$ 是否包含右半平面零点是完全等价的。这意味着当 $\det[\boldsymbol{Y}_{\text{con}}(s)+\boldsymbol{Y}_{\text{net}}(s)]$、$\det[\boldsymbol{I}+\boldsymbol{Z}_{\text{net}}(s)\boldsymbol{Y}_{\text{con}}(s)]$ 或 $\det[\boldsymbol{Y}_{\text{in}}(s)+\boldsymbol{Z}_{\text{o}}(s)\boldsymbol{Y}_{\text{net}}(s)]$ 中的任意一个没有右半平面零点时，图 5.2 所示分布式直流配用电系统是稳定的。因此，上述三个行列式判据在评估分布式直流配用电系统稳定性的控制原理上是等价的。

2. 三类行列式判据的差异性

根据上述分析，可以通过三类行列式是否包含右半平面零点评估分布式直流配用电系统的稳定性。然而计算传递函数的零点需要依赖于详细的系统建模，当系统具有“灰箱”或“黑箱”属性时，变换器的电路和控制参数难以全部获取，其端口阻抗的获取只能通过测量实现。根据柯西辐角原理，当一个传递函数没有右半平面极点时，其右半平面零点数可以通过奈奎斯特曲线顺时针包围原点的圈数来确定。因此，上述行列式是否有可能存在右半平面极点将成为其评估系统稳定性步骤是否繁琐的一个重要指标。

根据 5.2.1 节的分析，只要各 ZTC 和 YTC 可以独立稳定运行，行列式 $\det[\boldsymbol{Y}_{\text{in}}(s)+\boldsymbol{Z}_{\text{o}}(s)\boldsymbol{Y}_{\text{net}}(s)]$ 一定不存在右半平面极点，因此其对应的稳定判据可以适用于“灰箱”或“黑箱”分布式直流配用电系统。而对于行列式 $\det[\boldsymbol{Y}_{\text{con}}(s)+\boldsymbol{Y}_{\text{net}}(s)]$ 和 $\det[\boldsymbol{I}+\boldsymbol{Z}_{\text{net}}(s)\boldsymbol{Y}_{\text{con}}(s)]$，其右半平面极点数可以分别由式（5.24）和式（5.25）计算得到。

$$\begin{aligned}\mathbb{P}\{\det[\boldsymbol{Y}_{\text{con}}(s)+\boldsymbol{Y}_{\text{net}}(s)]\} &= \mathbb{P}\left\{\frac{\det[\boldsymbol{Z}_{\text{o}}(s)(\boldsymbol{Z}_{\text{o}}^{-1}(s)\boldsymbol{Y}_{\text{in}}(s)+\boldsymbol{Y}_{\text{net}}(s))]}{\det[\boldsymbol{Z}_{\text{o}}(s)]}\right\}\\ &= \mathbb{P}\{\det[\boldsymbol{Y}_{\text{in}}(s)+\boldsymbol{Z}_{\text{o}}(s)\boldsymbol{Y}_{\text{net}}(s)]\}+\mathbb{Z}\{\det[\boldsymbol{Z}_{\text{o}}(s)]\}\\ &= \mathbb{Z}\{\det[\boldsymbol{Z}_{\text{o}}(s)]\}\end{aligned} \tag{5.24}$$

$$\begin{aligned}\mathbb{P}\{\det[\boldsymbol{I}+\boldsymbol{Z}_{\text{net}}(s)\boldsymbol{Y}_{\text{con}}(s)]\} &= \mathbb{P}\left\{\frac{\det[\boldsymbol{Y}_{\text{net}}(s)(\boldsymbol{I}+\boldsymbol{Z}_{\text{net}}(s)\boldsymbol{Y}_{\text{con}}(s))]}{\det[\boldsymbol{Y}_{\text{net}}(s)]}\right\}\\ &= \mathbb{P}\{\det[\boldsymbol{Y}_{\text{con}}(s)+\boldsymbol{Y}_{\text{net}}(s)]\}+\mathbb{Z}\{\det[\boldsymbol{Y}_{\text{net}}(s)]\}\\ &= \mathbb{Z}\{\det[\boldsymbol{Z}_{\text{o}}(s)]\}\end{aligned} \tag{5.25}$$

式中，

$$\mathbb{P}\{\det[\boldsymbol{Y}_{\text{in}}(s)+\boldsymbol{Z}_{\text{o}}(s)\boldsymbol{Y}_{\text{net}}(s)]\}=0 \tag{5.26}$$

由式（5.18）可得

$$\mathbb{Z}\{\det[\boldsymbol{Z}_{\text{o}}(s)]\}=\mathbb{Z}\{Z_{\text{o},1}(s)\}+\mathbb{Z}\{Z_{\text{o},2}(s)\}+\cdots+\mathbb{Z}\{Z_{\text{o},M}(s)\} \tag{5.27}$$

当 ZTC_j 为一个非最小相位变换器时，即使其可以稳定运行，$Z_{\text{o},j}(s)$ 也存在右半平面零点。相应地，就有

$$\mathbb{P}\{\det[\boldsymbol{Y}_{\text{con}}(s)+\boldsymbol{Y}_{\text{net}}(s)]\}\neq 0 \tag{5.28}$$

$$\mathbb{P}\{\det[\boldsymbol{I}+\boldsymbol{Z}_{\text{net}}(s)\boldsymbol{Y}_{\text{con}}(s)]\}\neq 0 \tag{5.29}$$

综上所述，由于基于行列式 $\det[\boldsymbol{Y}_{\text{con}}(s)+\boldsymbol{Y}_{\text{net}}(s)]$ 和 $\det[\boldsymbol{I}+\boldsymbol{Z}_{\text{net}}(s)\boldsymbol{Y}_{\text{con}}(s)]$ 的稳定判据可能存在右半平面极点，因此在评估“灰箱”或“黑箱”分布式直流配用电系统的稳定性时，需要额外计算右半平面极点的数目。不过，相较于基于行列式 $\det[\boldsymbol{Y}_{\text{in}}(s)+\boldsymbol{Z}_{\text{o}}(s)\boldsymbol{Y}_{\text{net}}(s)]$ 和 $\det[\boldsymbol{I}+\boldsymbol{Z}_{\text{net}}(s)\boldsymbol{Y}_{\text{con}}(s)]$ 的稳定判据，基于行列式 $\det[\boldsymbol{Y}_{\text{con}}(s)+\boldsymbol{Y}_{\text{net}}(s)]$ 的稳定判据也有一个优势，即不需要区分系统内变换器的类型，而其余两种行列式判据则需要首先分区系统内每个变换器是 ZTC 还是 YTC，然后再确定 $\boldsymbol{Y}_{\text{in}}(s)$ 和 $\boldsymbol{Z}_{\text{o}}(s)$。

5.2.3 阻抗行列式判据与无右半平面极点型判据的相关性

在第 4 章对多变换器单母线直流配用电系统的稳定性分析中，给出了一种无右半平面极点型判据，其特点也是在任何情况下判据中的阻抗表达式都不存在右半平面极点，这与基于行列式 $\det[\boldsymbol{Y}_{\text{in}}(s)+\boldsymbol{Z}_{\text{o}}(s)\boldsymbol{Y}_{\text{net}}(s)]$ 的稳定判据具有相同特性。通过对比图 4.2 与图 5.2 所示系统可以发现：多变换器单母线直流配用电系统实际上是分布式直流配用电系统在所有母线节点的自导纳 $Y_{\alpha,\alpha}(s)\equiv 0$ 与任意两个母线节点间的互导纳 $Y_{M,\alpha}(s)=Y_{\alpha,M}(s)=\infty$ 时的特例。为此，基于图 5.2 得到多变换器单母线直流配用电系统的小信号等效模型如图 5.3 所示，其中任意两个母线节点间的互导纳均假设为 $\varepsilon(s)$，且 $\varepsilon(s)$ 趋近于 ∞。此时系统小信号模型中，仅线路网络

的节点导纳矩阵 $\boldsymbol{Y}_{\text{net}}(s)$ 变化为

$$\boldsymbol{Y}_{\text{net}}(s)=\begin{bmatrix}(r-1)\varepsilon(s) & -\varepsilon(s) & \cdots & -\varepsilon(s)\\ -\varepsilon(s) & (r-1)\varepsilon(s) & \cdots & -\varepsilon(s)\\ \vdots & \vdots & & \vdots\\ -\varepsilon(s) & -\varepsilon(s) & \cdots & (r-1)\varepsilon(s)\end{bmatrix} \tag{5.30}$$

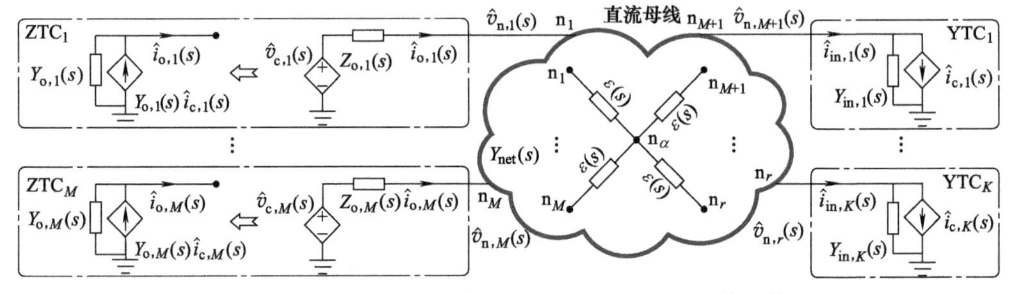

图 5.3 多变换器单母线直流配用电系统的小信号等效模型

结合式（5.6）、式（5.7）和式（5.30）可得

$$\boldsymbol{Y}_{\text{in}}(s)+\boldsymbol{Z}_{\text{o}}(s)\boldsymbol{Y}_{\text{net}}(s)=$$

$$\begin{bmatrix}1+(r-1)Z_{\text{o},1}(s)\varepsilon(s) & \cdots & -Z_{\text{o},1}(s)\varepsilon(s) & -Z_{\text{o},1}(s)\varepsilon(s) & \cdots & -Z_{\text{o},1}(s)\varepsilon(s)\\ \vdots & & \vdots & \vdots & & \vdots\\ -Z_{\text{o},M}(s)\varepsilon(s) & \cdots & 1+(r-1)Z_{\text{o},M}(s)\varepsilon(s) & -Z_{\text{o},M}(s)\varepsilon(s) & \cdots & -Z_{\text{o},M}(s)\varepsilon(s)\\ \varepsilon(s) & \cdots & \varepsilon(s) & -Y_{\text{in},1}(s)-(r-1)\varepsilon(s) & \cdots & \varepsilon(s)\\ \vdots & & \vdots & \vdots & & \vdots\\ \varepsilon(s) & \cdots & \varepsilon(s) & \varepsilon(s) & \cdots & -Y_{\text{in},K}(s)-(r-1)\varepsilon(s)\end{bmatrix} \tag{5.31}$$

根据伴随矩阵的定义可知此时 $\text{adj}[\boldsymbol{Y}_{\text{in}}(s)+\boldsymbol{Z}_{\text{o}}(s)\boldsymbol{Y}_{\text{net}}(s)]$中 $G_{\alpha,\beta}(s)$ 的计算过程如下：将 r 阶行列式 $\det[\boldsymbol{Y}_{\text{in}}(s)+\boldsymbol{Z}_{\text{o}}(s)\boldsymbol{Y}_{\text{net}}(s)]$中第 α 行和第 β 列的所有元素都去掉，而剩下的元素其表达式和位置都不变，这样就可以得到一个 $r-1$ 阶行列式 $M_{\alpha,\beta}(s)$，于是 $G_{\alpha,\beta}(s)=(-1)^{\alpha+\beta}M_{\alpha,\beta}(s)$。根据行列式的计算方法和式（5.31）可知当 $\varepsilon(s)$ 趋近于∞时，$G_{\alpha,\beta}(s)/\varepsilon(s)^{r-1}$ 没有右半平面极点。

结合式（5.13）可得

$$\boldsymbol{T}_{\text{m}}(s)=\frac{\text{adj}[\boldsymbol{Y}_{\text{in}}(s)+\boldsymbol{Z}_{\text{o}}(s)\boldsymbol{Y}_{\text{net}}(s)]}{\varepsilon(s)^{r-1}}\cdot\left\{\frac{\det[\boldsymbol{Y}_{\text{in}}(s)+\boldsymbol{Z}_{\text{o}}(s)\boldsymbol{Y}_{\text{net}}(s)]}{\varepsilon(s)^{r-1}}\right\}^{-1},\quad \varepsilon(s)\to\infty \tag{5.32}$$

基于上述分析，可知多变换器单母线直流配用电系统稳定的充分必要条件是式（5.33）没有右半平面零点，其中传递函数 $T_{\text{no}}(s)$ 的定义和表达式与第 4.2.4 节一致。式（5.33）的详细推导过程见附录部分。由于式（5.33）中常数项 $(-1)^K r^{r-2}$ 并不影响其零极点，因此基于 $T_{\text{no}}(s)$ 的无右半平面极点型判据可以由基于行列式$\det[\boldsymbol{Y}_{\text{in}}(s)+\boldsymbol{Z}_{\text{o}}(s)\boldsymbol{Y}_{\text{net}}(s)]$的稳定判据导出。但需要指出的是，由于式

(5.31) 中存在无穷大项，因此基于行列式 $\det[\boldsymbol{Y}_{\mathrm{in}}(s)+\boldsymbol{Z}_{\mathrm{o}}(s)\boldsymbol{Y}_{\mathrm{net}}(s)]$ 的稳定判据无法直接应用于多变换器单母线直流配用电系统的稳定分析中。

$$\begin{aligned}\lim_{\varepsilon(s)\to\infty}\frac{\det[\boldsymbol{Y}_{\mathrm{in}}(s)+\boldsymbol{Z}_{\mathrm{o}}(s)\boldsymbol{Y}_{\mathrm{net}}(s)]}{\varepsilon(s)^{r-1}} &= (-1)^{K}r^{r-2}\prod_{j=1}^{M}Z_{\mathrm{o},j}(s)\cdot\left[\sum_{j=1}^{M}Z_{\mathrm{o},j}^{-1}(s)+\sum_{l=1}^{K}Y_{\mathrm{in},l}(s)\right]\\ &= (-1)^{K}r^{r-2}T_{\mathrm{no}}(s)\end{aligned} \tag{5.33}$$

5.3 基于母线节点阻抗的稳定判据

5.3.1 母线节点阻抗判据

母线节点阻抗定义为图 5.1 所示分布式直流配用电系统在母线上任意节点处的对外等效阻抗。以母线节点 n_α 的对外等效阻抗 $Z_{\mathrm{bus},\alpha}(s)$ 为例，如图 5.4 所示，向母线节点 n_α 注入一个理想电流源 i_α，然后根据外加电源法，将所有变换器等效模型中的受控源置零，即可得 $Z_{\mathrm{bus},\alpha}(s)$。

对图 5.4 应用节点导纳法，可得此时系统的节点导纳方程为

$$\hat{i}_\alpha(s)\boldsymbol{\eta}_\alpha^{\mathrm{T}}=[\boldsymbol{Y}_{\mathrm{con}}(s)+\boldsymbol{Y}_{\mathrm{net}}(s)]\hat{\boldsymbol{v}}_{\mathrm{n}}(s) \tag{5.34}$$

式中，$\boldsymbol{\eta}_\alpha$ 表示一个 r 维行向量，其元素中仅第 α 个元素为 1，其余元素全为 0。

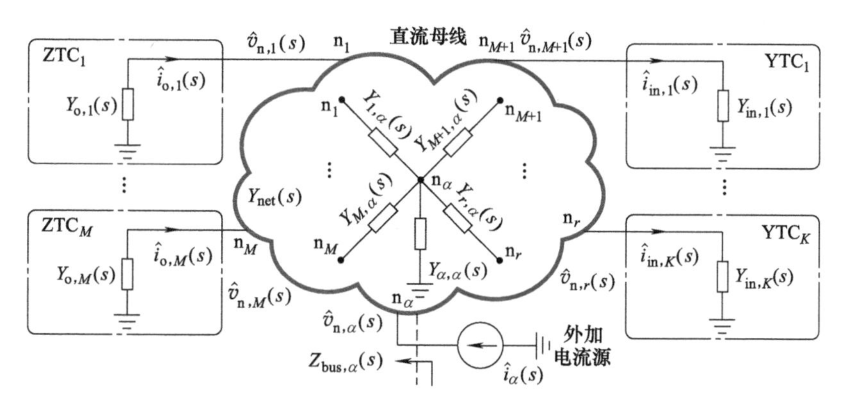

图 5.4 基于外加电源法的母线节点阻抗计算示意图

母线节点 n_α 处的电压 $v_{\mathrm{n},\alpha}(s)$ 的小信号方程可以表示为

$$\hat{v}_{\mathrm{n},\alpha}(s)=\boldsymbol{\eta}_\alpha\hat{\boldsymbol{v}}_{\mathrm{n}}(s) \tag{5.35}$$

联立式 (5.10)、式 (5.34) 和式 (5.35) 可得母线节点阻抗 $Z_{\mathrm{bus},\alpha}(s)$ 为

$$Z_{\mathrm{bus},\alpha}(s)=\left.\frac{\hat{v}_{\mathrm{n},\alpha}(s)}{\hat{i}_\alpha(s)}\right|_{\substack{\hat{v}_{\mathrm{c},1}(s)=\cdots=\hat{v}_{\mathrm{c},M}(s)=0\\ \hat{i}_{\mathrm{c},1}(s)=\cdots=\hat{i}_{\mathrm{c},K}(s)=0}}=\boldsymbol{\eta}_\alpha[\boldsymbol{Y}_{\mathrm{con}}(s)+\boldsymbol{Y}_{\mathrm{net}}(s)]^{-1}\boldsymbol{\eta}_\alpha^{\mathrm{T}}$$

$$
\begin{aligned}
&=\boldsymbol{\eta}_{\alpha}[\boldsymbol{Z}_{\mathrm{o}}^{-1}(s)\boldsymbol{Y}_{\mathrm{in}}(s)+\boldsymbol{Y}_{\mathrm{net}}(s)]^{-1}\boldsymbol{\eta}_{\alpha}^{\mathrm{T}}\\
&=\boldsymbol{\eta}_{\alpha}\{[\boldsymbol{Y}_{\mathrm{in}}(s)+\boldsymbol{Z}_{\mathrm{o}}(s)\boldsymbol{Y}_{\mathrm{net}}(s)]^{-1}\boldsymbol{Z}_{\mathrm{o}}(s)\}\boldsymbol{\eta}_{\alpha}^{\mathrm{T}}\\
&=\frac{\boldsymbol{\eta}_{\alpha}\{\mathrm{adj}[\boldsymbol{Y}_{\mathrm{in}}(s)+\boldsymbol{Z}_{\mathrm{o}}(s)\boldsymbol{Y}_{\mathrm{net}}(s)]\boldsymbol{Z}_{\mathrm{o}}(s)\}\boldsymbol{\eta}_{\alpha}^{\mathrm{T}}}{\det[\boldsymbol{Y}_{\mathrm{in}}(s)+\boldsymbol{Z}_{\mathrm{o}}(s)\boldsymbol{Y}_{\mathrm{net}}(s)]}
\end{aligned}
\tag{5.36}
$$

再将式(5.14)代入式(5.36)，可得母线节点阻抗 $Z_{\mathrm{bus},\alpha}(s)$ 的表达式为

$$
Z_{\mathrm{bus},\alpha}(s)=\begin{cases}\dfrac{G_{\alpha,\alpha}(s)Z_{\mathrm{o},\alpha}(s)}{\det[\boldsymbol{Y}_{\mathrm{in}}(s)+\boldsymbol{Z}_{\mathrm{o}}(s)\boldsymbol{Y}_{\mathrm{net}}(s)]}, & 1\leqslant\alpha\leqslant M\\ -\dfrac{G_{\alpha,\alpha}(s)}{\det[\boldsymbol{Y}_{\mathrm{in}}(s)+\boldsymbol{Z}_{\mathrm{o}}(s)\boldsymbol{Y}_{\mathrm{net}}(s)]}, & M<\alpha\leqslant r\end{cases}
\tag{5.37}
$$

由式（5.37）可以看出：对任意的母线节点 n_{α}，其等效阻抗 $Z_{\mathrm{bus},\alpha}(s)$ 的分母部分均为行列式 $\det[\boldsymbol{Y}_{\mathrm{in}}(s)+\boldsymbol{Z}_{\mathrm{o}}(s)\boldsymbol{Y}_{\mathrm{net}}(s)]$，而其分子部分的 $G_{\alpha,\alpha}(s)Z_{\mathrm{o},\alpha}(s)$ 或 $G_{\alpha,\alpha}(s)$ 在所有 ZTC 和 YTC 均可以独立稳定运行的前提下都没有右半平面极点。因此，行列式 $\det[\boldsymbol{Y}_{\mathrm{in}}(s)+\boldsymbol{Z}_{\mathrm{o}}(s)\boldsymbol{Y}_{\mathrm{net}}(s)]$ 是否含有右半平面零点等价于任意一个母线节点阻抗 $Z_{\mathrm{bus},\alpha}(s)$ 是否包含右半平面极点。于是可得母线节点阻抗判据：当且仅当任意一个母线节点阻抗 $Z_{\mathrm{bus},\alpha}(s)$ 没有右半平面极点时，图 5.2 所示分布式直流配用电系统是稳定的。该判据揭示了分布式直流配用电系统的稳定性与其任意一个母线节点阻抗间的关系：对于一个稳定的分布式直流配用电系统来说（需要至少包含一个 ZTC），其任意一个母线节点处的等效阻抗一定没有右半平面极点，其整体对外呈现出 ZTC 的特性。

5.3.2 母线节点阻抗判据与母线阻抗判据的相关性

第 4 章 4.2.3 节中提出了一种用于分析多变换器单母线直流配用电系统稳定性的母线阻抗判据，其原理也是从母线端口的角度出发，揭示了系统稳定性与基于直流母线的一端口等效阻抗间的关系，与母线节点阻抗判据的本质相同。为此基于 5.2.3 节中对两类系统的分析，可以通过对 $Z_{\mathrm{bus},\alpha}(s)$ 设置 $Y_{\alpha,\alpha}(s)\equiv0$ 且 $Y_{M,\alpha}(s)=Y_{\alpha,M}(s)=\varepsilon(s)\to\infty$ 的条件以分析其与 4.2.3 节中母线阻抗 $Z_{\mathrm{bus}}(s)$ 间的关系，于是可得

$$
\lim_{\varepsilon(s)\to\infty}Z_{\mathrm{bus},\alpha}(s)=\begin{cases}Z_{\mathrm{o},\alpha}(s)\lim\limits_{\varepsilon(s)\to\infty}\dfrac{G_{\alpha,\alpha}(s)}{\varepsilon(s)^{r-1}}\left\{\lim\limits_{\varepsilon(s)\to\infty}\dfrac{\det[\boldsymbol{Y}_{\mathrm{in}}(s)+\boldsymbol{Z}_{\mathrm{o}}(s)\boldsymbol{Y}_{\mathrm{net}}(s)]}{\varepsilon(s)^{r-1}}\right\}^{-1}, & 1\leqslant\alpha\leqslant M\\ -\lim\limits_{\varepsilon(s)\to\infty}\dfrac{G_{\alpha,\alpha}(s)}{\varepsilon(s)^{r-1}}\left\{\lim\limits_{\varepsilon(s)\to\infty}\dfrac{\det[\boldsymbol{Y}_{\mathrm{in}}(s)+\boldsymbol{Z}_{\mathrm{o}}(s)\boldsymbol{Y}_{\mathrm{net}}(s)]}{\varepsilon(s)^{r-1}}\right\}^{-1}, & M<\alpha\leqslant r\end{cases}
\tag{5.38}
$$

结合式（5.12）和式（5.14）可计算得到如下极限：

$$
\lim_{\varepsilon(s)\to\infty}\frac{G_{\alpha,\alpha}(s)}{\varepsilon(s)^{r-1}}=\begin{cases}(-1)^{K}r^{r-2}Z_{\mathrm{o},1}(s)\cdots Z_{\mathrm{o},\alpha-1}(s)Z_{\mathrm{o},\alpha+1}(s)\cdots Z_{\mathrm{o},M}(s), & 1\leqslant\alpha\leqslant M\\ (-1)^{K-1}r^{r-2}Z_{\mathrm{o},1}(s)\cdots Z_{\mathrm{o},M}(s), & M<\alpha\leqslant r\end{cases}
\tag{5.39}
$$

将式（5.33）和式（5.39）代入式（5.38）可得

$$\lim_{\varepsilon(s)\to\infty} Z_{\mathrm{bus},\alpha}(s)=\left[\sum_{j=1}^{M} Z_{\mathrm{o},j}^{-1}(s)+\sum_{l=1}^{K} Y_{\mathrm{in},l}(s)\right]^{-1}=Z_{\mathrm{bus}}(s) \tag{5.40}$$

由式（5.40）可以看出，$Z_{\mathrm{bus}}(s)$ 是 $Z_{\mathrm{bus},\alpha}(s)$ 的一种特例，这意味着母线节点阻抗判据本质上是母线阻抗判据的进一步拓展和延伸，更具通用性。

5.3.3 母线节点阻抗判据与阻抗行列式判据的简单比较

基于前述分析，母线节点阻抗判据与阻抗行列式判据有如下差异：

1）母线节点阻抗具有清晰的物理意义，即指系统任意一个直流母线节点的对外等效阻抗，但阻抗行列式仅仅是一个数学表达式，没有实际物理意义。

2）阻抗行列式判据需要明确区分系统内每一个变换器为 ZTC 还是 YTC，而母线节点阻抗判据则不需要区分变换器类型。

3）当系统可以完全精确解析建模时，两类稳定判据没有明显差别。对于“灰箱”或“黑箱”分布式直流配用电系统，需要通过测量获得阻抗数据时，由于阻抗行列式判据的传递函数表达式没有右半平面极点，因此评估系统稳定性时无需额外计算右半平面极点的数目，只需要分析阻抗行列式的奈奎斯特曲线包围原点的等效圈数是否为 0 即可；但由于母线节点阻抗可能会存在右半平面零点，所以只通过母线节点阻抗的频率特性曲线无法确定其右半平面极点的数目是否为 0，即无法确定系统是否稳定。

4）阻抗行列式判据需要获得各个变换器的阻抗和系统节点导纳数据，而母线节点阻抗可以直接通过测量直流母线节点的对外等效阻抗获得，也可以先测量子系统的等效阻抗，再经过适当的聚合计算得到。需要说明的是，阻抗测量只能在系统稳定时才能进行，因此基于测量的母线节点阻抗判据在实际中也可能会遇到困难。

5.4 案例分析与实验验证

5.4.1 系统介绍

一种由四个 Buck 变换器和四个母线节点（n_1，n_2，n_3 和 n_4）组成的分布式直流配用电系统如图 5.5 所示，其中，#1 和#2 变换器采用下垂控制，控制直流母线电压；#3 和#4 变换器分别向负载电阻 R_3 和 R_4 提供稳定的输出电压 $v_{\mathrm{o},3}$ 和 $v_{\mathrm{o},4}$，$Y_{1,2}(s)=1/(L_{\mathrm{n},1}s+R_{L\mathrm{n},1})$ 是母线节点 n_1 与 n_2 的互导纳，$Y_{1,3}(s)=1/(L_{\mathrm{n},2}s+R_{L\mathrm{n},2})$ 是母线节点 n_1 与 n_3 的互导纳，$Y_{2,4}(s)=1/(L_{\mathrm{n},3}s+R_{L\mathrm{n},3})$ 是母线节点 n_2 与 n_4 的互导纳，$Y_{3,3}(s)=C_{\mathrm{n},2}s/(R_{C\mathrm{n},2}C_{\mathrm{n},2}s+1)$ 和 $Y_{4,4}(s)=C_{\mathrm{n},3}s/(R_{C\mathrm{n},3}C_{\mathrm{n},3}s+1)$ 分别是母

线节点 n_3 和 n_4 的自导纳。系统主要参数如表 5.1 所示，其中，$v_{dc,1}$ 和 $v_{dc,2}$ 分别为 #1 和#2 变换器的输入电压，$H_{d,1}$ 和 $H_{d,2}$ 分别为#1 和#2 变换器的下垂系数；f 为各变换器的开关频率；在 #x（x = 1，2，3，4）变换器中，$H_{v,x}$ 为电压采样系数，$G_{v,x}(s)=k_{vp,x}+k_{vi,x}/s$ 为电压环控制器的传递函数，$G_{m,x}$ 为 PWM 增益。

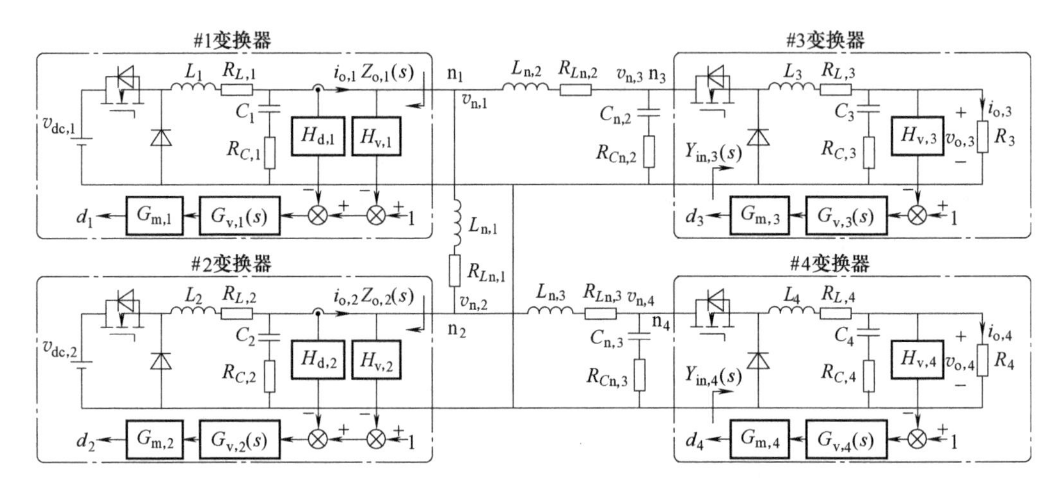

图 5.5　四个变换器组成的分布式直流配用电系统

为评估案例系统在不同运行工况下的稳定性，根据#4 变换器负载电阻 R_4 的不同取值，设置了两种系统运行工况，即工况 1：$R_4=3\Omega$，工况 2：$R_4=1.5\Omega$。

表 5.1　系统主要参数

参数	取值	参数	取值	参数	取值	参数	取值
$v_{dc,1}$/V	48	$v_{dc,2}$/V	48	$R_{Cn,2}$/Ω	0.1	$C_{n,3}$/μF	200
L_1/mH	1	L_2/mH	1	L_3/μH	200	$R_{Cn,3}$/Ω	0.1
$R_{L,1}$/Ω	0.12	$R_{L,2}$/Ω	0.12	$R_{L,3}$/Ω	0.05	L_4/μH	500
C_1/μF	90	C_2/μF	90	C_3/μF	39	$R_{L,4}$/Ω	0.1
$R_{C,1}$/Ω	0.1	$R_{C,2}$/Ω	0.1	$R_{C,3}$/Ω	0.1	C_4/μF	90
$H_{d,1}$	0.05/24	$H_{d,2}$	0.1/24	$H_{v,3}$	1/15	$R_{C,4}$/Ω	0.1
$H_{v,1}$	1/24	$H_{v,2}$	1/24	$k_{vp,3}$	0.65	$H_{v,4}$	1/12
$k_{vp,1}$	0.13	$k_{vp,2}$	0.1	$k_{vi,3}$	100	$k_{vp,4}$	0.9
$k_{vi,1}$	100	$k_{vi,2}$	100	$G_{m,3}$	1	$k_{vi,4}$	200
$G_{m,1}$	1	$G_{m,2}$	1	$v_{o,3}$/V	15	$G_{m,4}$	1
v_{bus}/V	24	$L_{n,2}$/μH	100	R_3/Ω	3	$v_{o,4}$/V	12
$L_{n,1}$/μH	100	$R_{Ln,2}$/Ω	0.05	$L_{n,3}$/μH	200	f/kHz	40
$R_{Ln,1}$/Ω	0.05	$C_{n,2}$/μF	100	$R_{Ln,3}$/Ω	0.05		

5.4.2　基于阻抗行列式判据的稳定性分析

由图 5.5 可知

$$
\boldsymbol{Y}_{\mathrm{net}}(s)=\begin{bmatrix} Y_{1,2}(s)+Y_{1,3}(s) & -Y_{1,2}(s) & -Y_{1,3}(s) & 0 \\ -Y_{1,2}(s) & Y_{1,2}(s)+Y_{2,4}(s) & 0 & -Y_{2,4}(s) \\ -Y_{1,3}(s) & 0 & Y_{1,3}(s)+Y_{3,3}(s) & 0 \\ 0 & -Y_{2,4}(s) & 0 & Y_{2,4}(s)+Y_{4,4}(s) \end{bmatrix} \tag{5.41}
$$

$$
\boldsymbol{Z}_{\mathrm{o}}(s)=\mathrm{diag}\left[Z_{\mathrm{o},1}(s),\ Z_{\mathrm{o},2}(s),\ -1,\ -1\right] \tag{5.42}
$$

$$
\boldsymbol{Y}_{\mathrm{in}}(s)=\mathrm{diag}\left[1,\ 1,\ -Y_{\mathrm{in},3}(s),\ -Y_{\mathrm{in},4}(s)\right] \tag{5.43}
$$

为分析图 5.5 所示系统的稳定性，图 5.6 给出了行列式 $\det[\boldsymbol{Y}_{\mathrm{in}}(s)+\boldsymbol{Z}_{\mathrm{o}}(s)\boldsymbol{Y}_{\mathrm{net}}(s)]$在两种系统工况下的零极点图。由于尺寸限制，本节所有零极点图中均没有给出具有较小负实部的左半平面零极点，这并不影响分析结果。可以看出：当系统运行于工况 1 时，行列式 $\det[\boldsymbol{Y}_{\mathrm{in}}(s)+\boldsymbol{Z}_{\mathrm{o}}(s)\boldsymbol{Y}_{\mathrm{net}}(s)]$没有右半平面零点，而当系统运行于工况 2 时，行列式 $\det[\boldsymbol{Y}_{\mathrm{in}}(s)+\boldsymbol{Z}_{\mathrm{o}}(s)\boldsymbol{Y}_{\mathrm{net}}(s)]$有一对右半平面零点。根据阻抗行列式判据可以推测：系统在工况 1 时稳定，而在工况 2 时不稳定。由于工况 2 时，行列式的右半平面零点对应的频率约为 332Hz，因此系统在该工况下的失稳频率约为 332Hz。

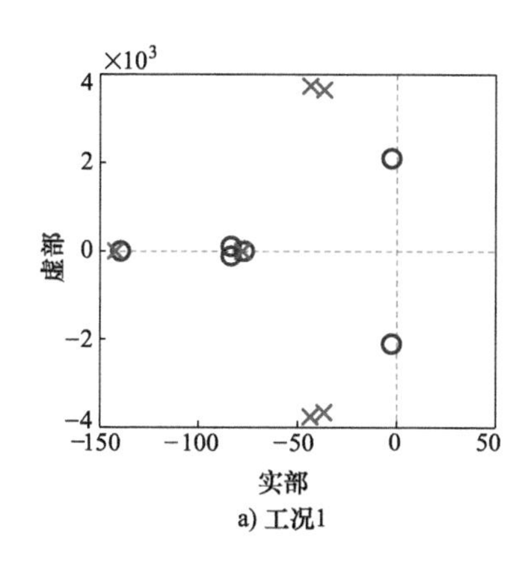

a) 工况1

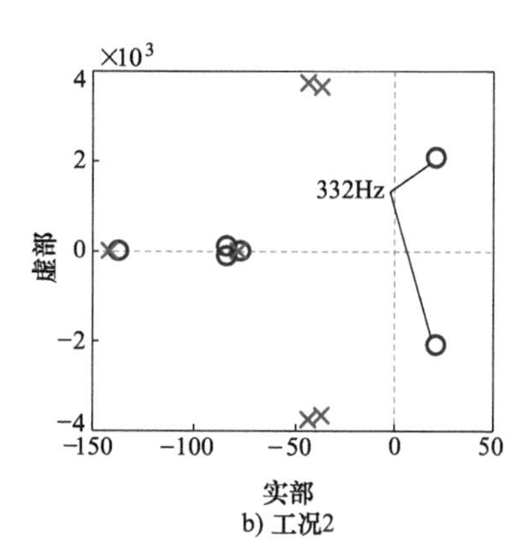

b) 工况2

图 5.6　行列式 $\det[\boldsymbol{Y}_{\mathrm{in}}(s)+\boldsymbol{Z}_{\mathrm{o}}(s)\boldsymbol{Y}_{\mathrm{net}}(s)]$的零极点图

上述结论也可以根据行列式 $\det[\boldsymbol{Y}_{\mathrm{in}}(s)+\boldsymbol{Z}_{\mathrm{o}}(s)\boldsymbol{Y}_{\mathrm{net}}(s)]$的伯德图分析得到，如图 5.7 所示，可以看出：系统在工况 1 时，$N_{+}=N_{-}=1$，而在工况 2 时，$N_{+}=2$，$N_{-}=1$，因此行列式 $\det[\boldsymbol{Y}_{\mathrm{in}}(s)+\boldsymbol{Z}_{\mathrm{o}}(s)\boldsymbol{Y}_{\mathrm{net}}(s)]$的奈奎斯特曲线在工况 1 时包围原点

的等效圈数为 0，而在工况 2 时顺时针包围原点的等效圈数为 2，因此可以推测系统在工况 1 时稳定，而在工况 2 时不稳定。

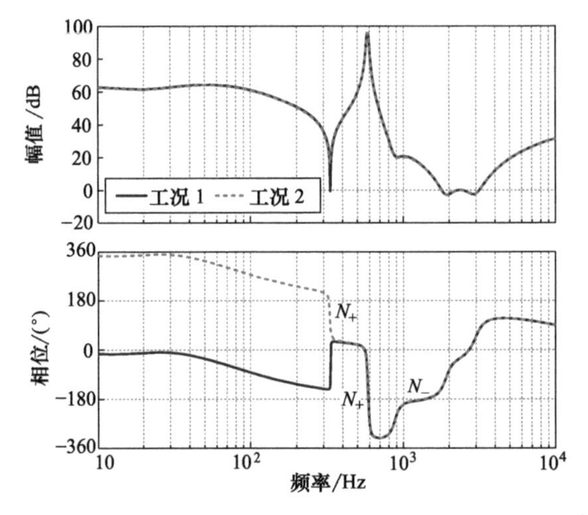

图 5.7 行列式 $\det[Y_{in}(s)+Z_o(s)Y_{net}(s)]$ 的伯德图

5.4.3 基于母线节点阻抗判据的稳定性分析

将式（5.41）~式（5.43）代入式（5.14）和式（5.37），并结合表 5.1 所示参数，可绘制四个母线节点阻抗 $Z_{bus,1}(s)$、$Z_{bus,2}(s)$、$Z_{bus,3}(s)$ 和 $Z_{bus,4}(s)$ 在两种系统工况下的零极点图，分别如图 5.8~图 5.11 所示。可以看出：任意一个母线节点阻抗在工况 1 时均没有右半平面极点，而在工况 2 时均有一对频率为 332Hz 的右半平面极点。根据母线节点阻抗判据可以推测：系统在工况 1 时稳定，而在工况 2 时不稳定，且系统在工况 2 时的失稳频率约为 332Hz。上述结论与基于阻抗行列式判据的分析结果完全一致。

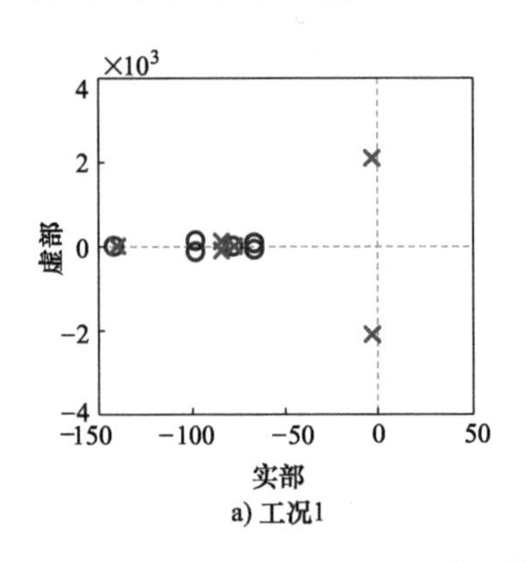

a) 工况1

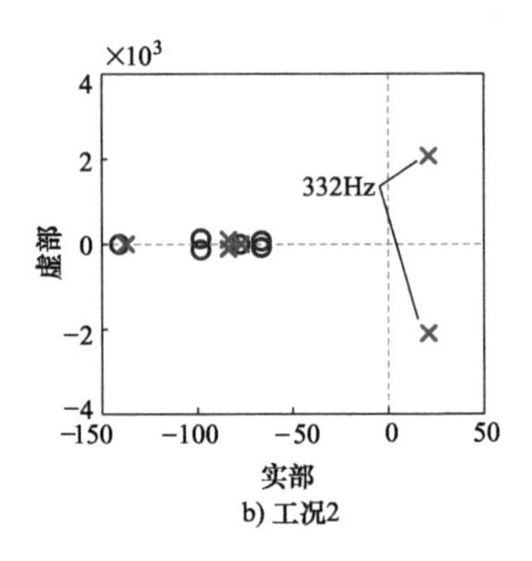

b) 工况2

图 5.8 母线阻抗 $Z_{bus,1}(s)$ 的零极点图

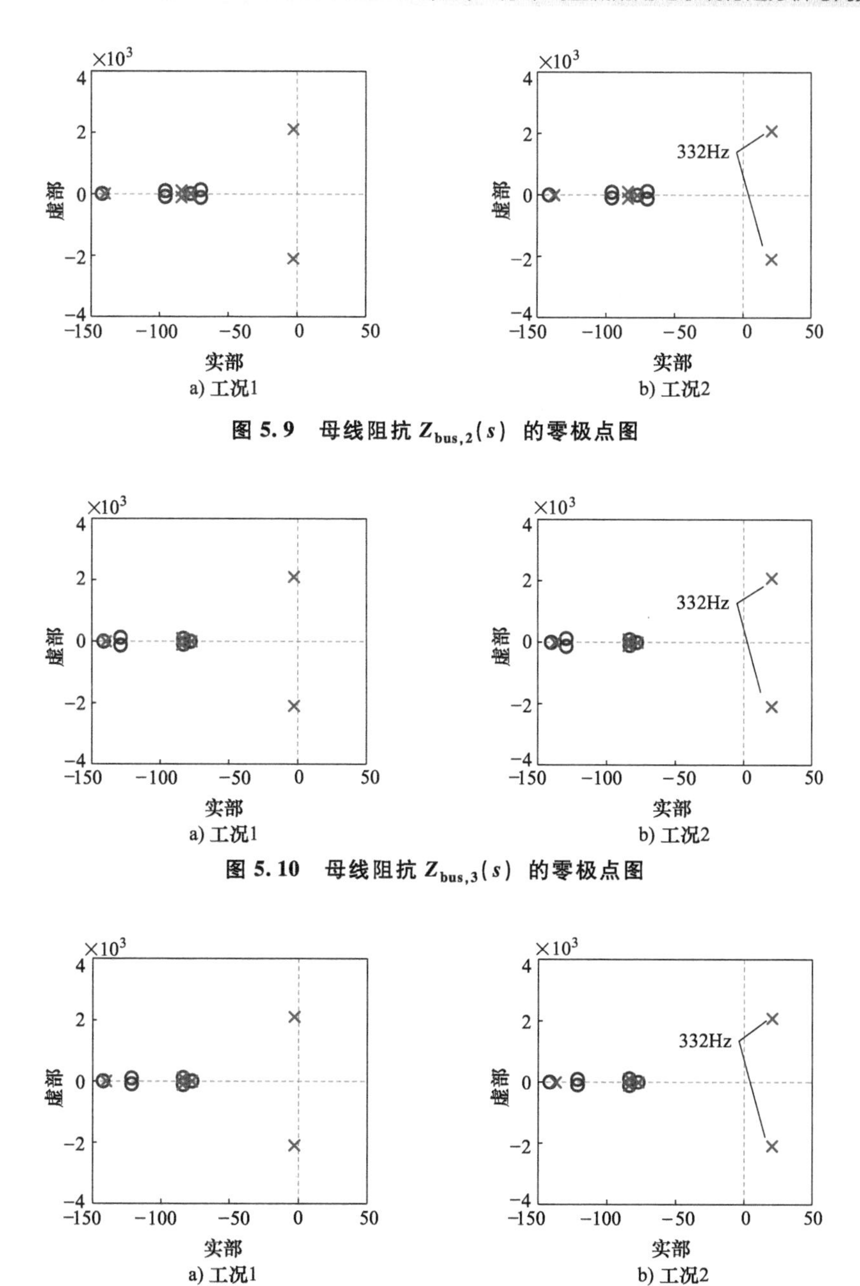

图 5.9　母线阻抗 $Z_{bus,2}(s)$ 的零极点图

图 5.10　母线阻抗 $Z_{bus,3}(s)$ 的零极点图

图 5.11　母线阻抗 $Z_{bus,4}(s)$ 的零极点图

5.4.4　实验验证

为验证上述稳定性分析结论的正确性，搭建了图 5.5 所示系统对应的实验平台，系统的电路与控制参数与表 5.1 一致，控制部分由 DSP TMS320 F28335 实现。

本部分将给出四个母线节点电压 $v_{n,1}$、$v_{n,2}$、$v_{n,3}$ 和 $v_{n,4}$，#1 和#2 变换器的输出电流 $i_{o,1}$ 和 $i_{o,2}$，#3 变换器的输出电压 $v_{o,3}$ 和输出电流 $i_{o,3}$，以及#4 变换器的输出电压 $v_{o,4}$ 和输出电流 $i_{o,4}$ 的实验波形。

当系统运行于工况 1 时，如图 5.12 所示，各电量波形稳定，#1 变换器和#2 变换器的输出电流比为 2∶1，符合下垂控制系数比，表明整个系统是稳定的。而当系统运行于工况 2 时，如图 5.13 所示，四个母线节点电压中均出现幅值较大且远低于开关频率的交流分量，这意味着系统处于不稳定运行状态。进一步地，通过对母线节点电压 $v_{n,1}$ 和 $v_{n,3}$ 进行 FFT 分析，可以发现母线节点电压的振荡频率约为

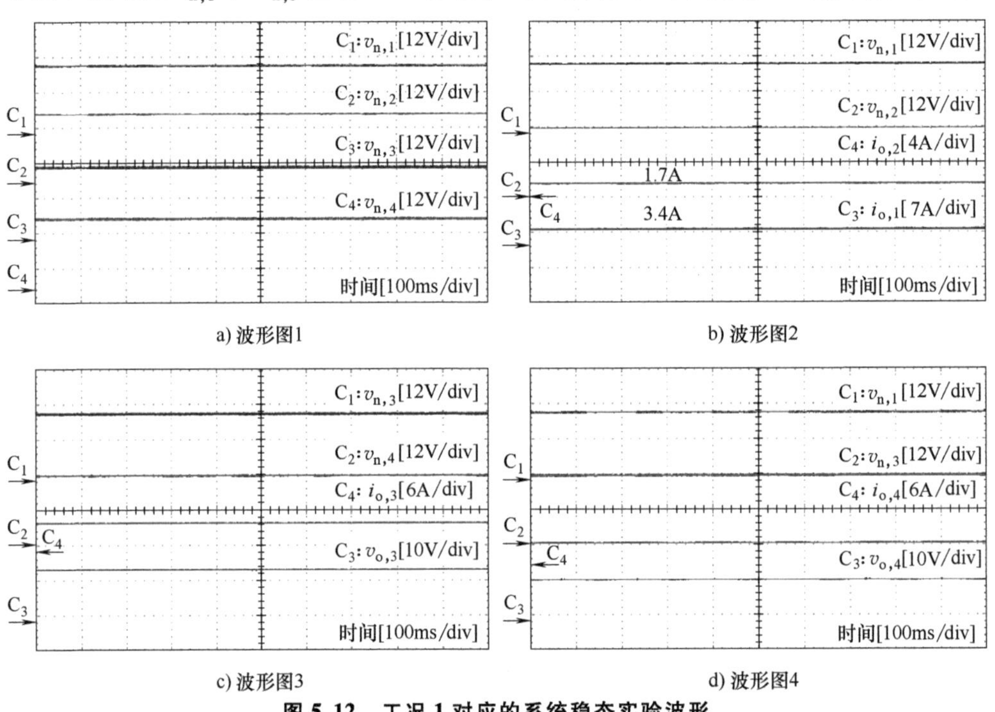

a) 波形图1　b) 波形图2

c) 波形图3　d) 波形图4

图 5.12　工况 1 对应的系统稳态实验波形

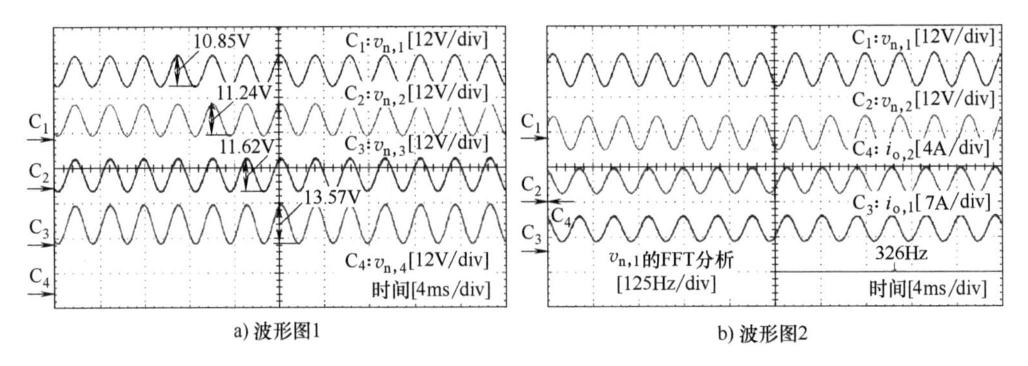

a) 波形图1　b) 波形图2

图 5.13　工况 2 对应的系统稳态实验波形与 FFT 分析结果

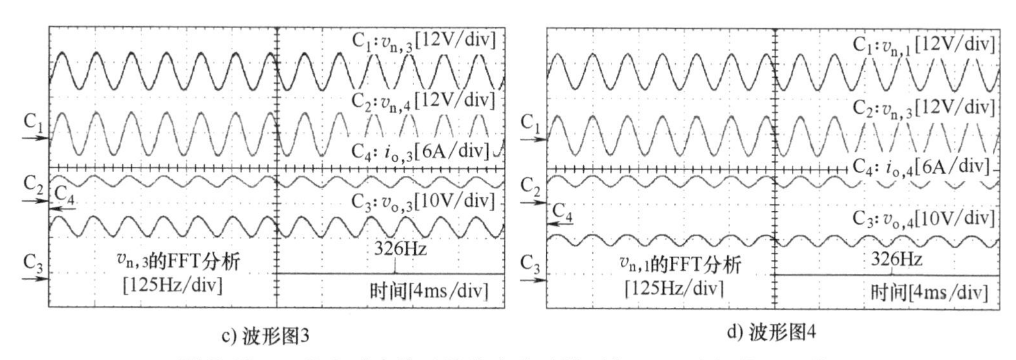

c) 波形图3　　d) 波形图4

图 5.13　工况 2 对应的系统稳态实验波形与 FFT 分析结果（续）

326Hz，与上述理论分析结果基本完全一致，表明阻抗行列式判据与母线节点阻抗判据的正确性。图 5.14 给出了系统在两种工况下切换时的动态实验波形。

综上，实验结果验证了所提阻抗行列式判据与母线节点阻抗判据用于评估分布式直流配用电系统小信号稳定性的可行性与有效性。

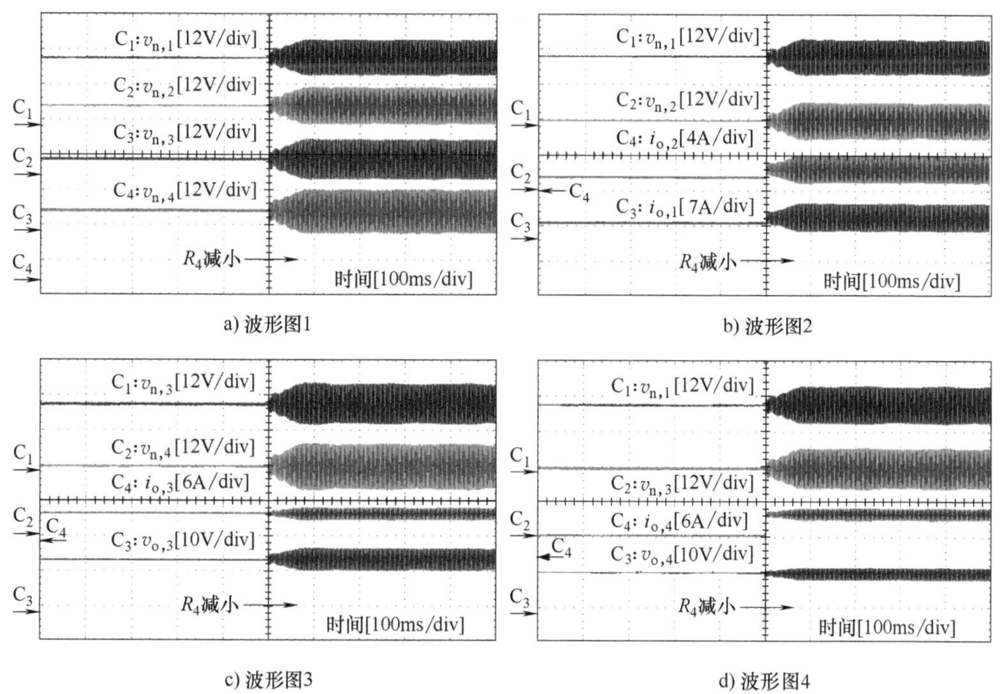

a) 波形图1　　b) 波形图2

c) 波形图3　　d) 波形图4

图 5.14　系统由工况 1 切换到工况 2 的动态实验波形

5.5　本章小结

本章建立了考虑线路阻抗的分布式直流配用电系统的小信号模型，进行了系统级稳定分析，介绍了基于阻抗行列式与母线节点阻抗的两种稳定判据。最后，通过对案例系统的稳定分析与实验测试，验证了理论分析的正确性。

本章主要结论如下：

1）分布式直流配用电系统的小信号数学模型由矩阵形式表示，其阶数等于直流母线节点的数目。

2）相较于基于阻抗逆矩阵的稳定性评估方法，阻抗行列式判据的计算量大大简化，且由于阻抗行列式本身不存在右半平面极点，因此在稳定性评估时，只需确定其奈奎斯特曲线包围原点的等效圈数是否为0，有效避免了现有基于节点导纳矩阵和回路比矩阵的稳定判据需要额外计算右半平面极点数目的繁琐步骤。

3）在各节点互导纳趋近于无穷且自导纳趋近于零，即不存在线路阻抗的条件下，可以由阻抗行列式判据推导得到多变换器单母线直流配用电系统的无右半平面极点型判据。

4）母线节点阻抗判据无需区分系统内部各变换器的类型，表征了系统稳定性与其任意一个直流母线节点对外等效阻抗间的关系，是多变换器单母线直流配用电系统母线阻抗判据的进一步拓展和延伸，更具通用性。

第6章 接入弱电网的直流配用电系统稳定分析与判据

实际工程应用中，直流配用电系统往往会经换流器与交流电网进行柔性互联。由于非线性电气设备以及线路阻抗的共同作用，交流电网并非是三相理想电压源，而是存在复杂阻抗的弱电网。在前面几个章节中，主要针对直流母线电压的稳定性进行分析讨论，并未考虑交流电网与直流配用电系统间的相互影响。此外，由于三相交流系统与直流配用电系统的稳定判据在阻抗模型维度和控制理论依据等方面的明显不同，因此很少有研究讨论两者在交直流配用电系统中应用时的等价性和差异。为此，本章一方面将深入分析接入弱电网的直流配用电系统稳定性，另一方面则将讨论交、直流侧稳定判据间的内在联系与区别。

6.1 系统建模

接入弱电网的直流配用电系统典型结构如图 6.1 所示，其中，交流侧由理想三相电压源与电网阻抗构成弱电网；公共连接点（Point of Common Coupling，PCC）处的 AC-DC 变换器实现交流电网和直流配用电系统的柔性互联，并提供稳定的直流母线电压；直流侧可集成光伏发电单元、储能单元与直流负载等，它们经过

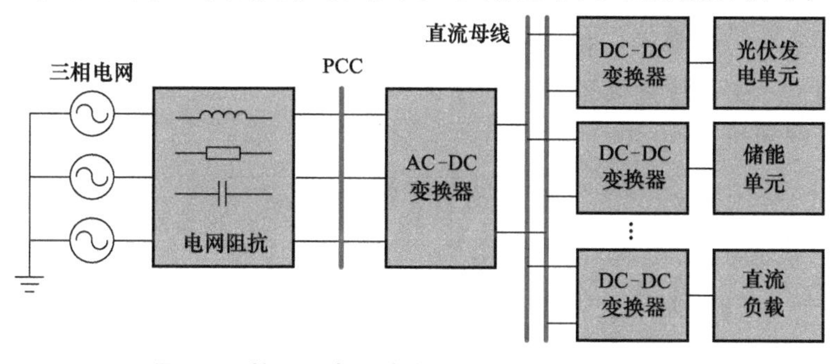

图 6.1　接入弱电网的直流配用电系统典型结构

DC-DC 变换器连接到直流母线。假设直流侧有 K 个 DC-DC 变换器，并依次定义为 YTC_1，YTC_2，…，YTC_l，…，YTC_K。结合 AC-DC 变换器的三端口小信号模型与 YTC 的诺顿等效模型，可构建接入弱电网的直流配用电系统小信号等效模型如图 6.2 所示，这里同时给出了系统模型的等效电路形式和结构图形式。

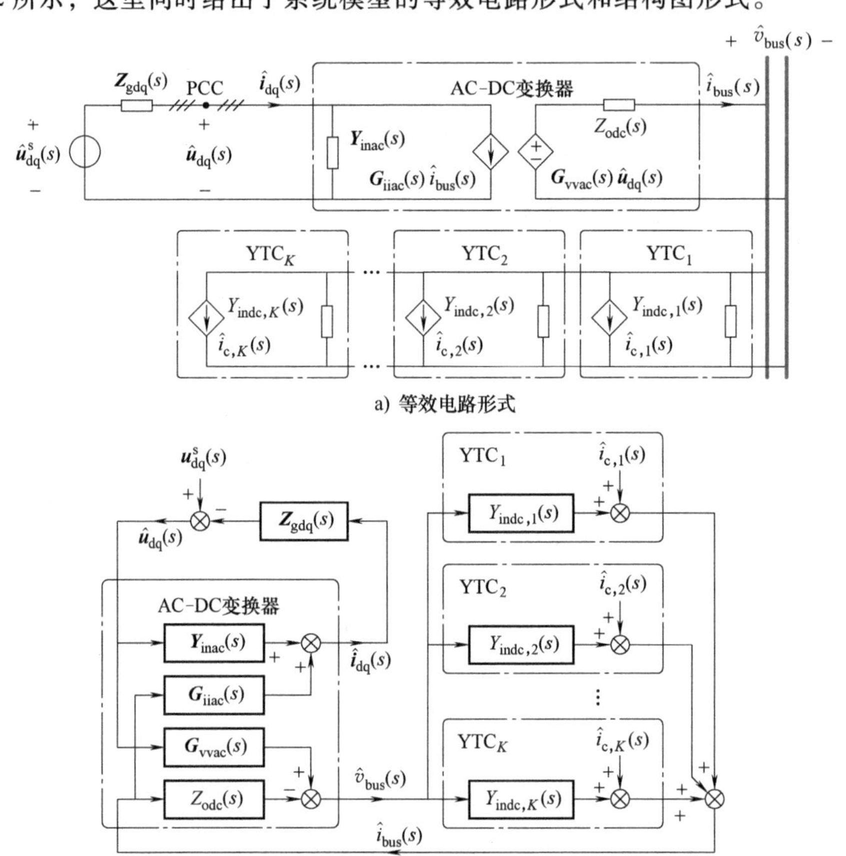

图 6.2　接入弱电网的直流配用电系统的小信号等效模型

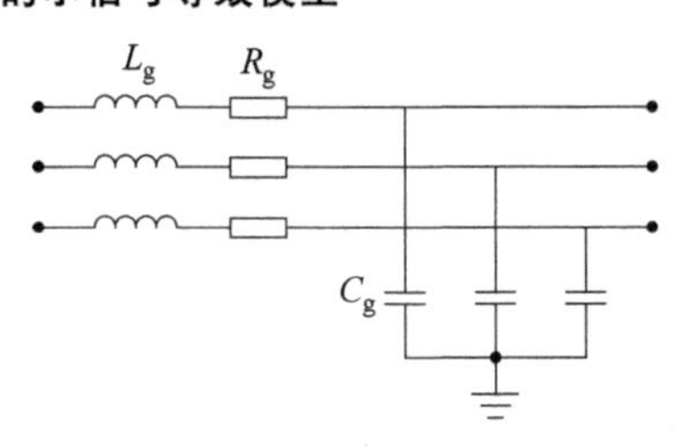

图 6.3　三相电网阻抗

图 6.2 的交流侧在 dq 坐标系下建模，其中，$\boldsymbol{u}_{dq}^{s}(s)=[u_d^s, u_q^s]^T$ 为理想三相电压源对应的电压向量；$\boldsymbol{Z}_{gdq}(s)$ 为电网阻抗矩阵，对于图 6.3 所示的三相电网阻抗，$\boldsymbol{Z}_{gdq}(s)$ 由式（6.1）给出；$\boldsymbol{u}_{dq}(s)=[u_d, u_q]^T$ 为 PCC 点处的电压向量；$\boldsymbol{i}_{dq}(s)=[i_d, i_q]^T$ 为电网电流向量。

$$\boldsymbol{Z}_{gdq}(s)=[\boldsymbol{Z}_{RLdq}^{-1}(s)+\boldsymbol{Y}_{Cdq}(s)]^{-1}=\left\{\begin{bmatrix} L_g s+R_g & -\omega_g L_g \\ \omega_g L_g & L_g s+R_g \end{bmatrix}^{-1}+\begin{bmatrix} C_g s & -\omega_g C_g \\ \omega_g C_g & C_g s \end{bmatrix}\right\}^{-1} \tag{6.1}$$

式中，$\boldsymbol{Z}_{\text{RLdq}}(s)$ 为三相串联电感 L_{g} 与电阻 R_{g} 在 dq 坐标系下的阻抗矩阵；$\boldsymbol{Y}_{\text{Cdq}}(s)$ 为电容 C_{g} 在 dq 坐标系下的阻抗矩阵；$\omega_{\text{g}}=2\pi f_{\text{g}}$ 为三相电网角频率；f_{g} 为基频。

系统在交流侧的小信号电路方程为

$$\hat{\boldsymbol{u}}_{\text{dq}}(s)=\hat{\boldsymbol{u}}_{\text{dq}}^{\text{s}}(s)-\boldsymbol{Z}_{\text{gdq}}(s)\hat{\boldsymbol{i}}_{\text{dq}}(s) \tag{6.2}$$

对于 AC-DC 变换器，其三端口小信号数学模型为

$$\begin{bmatrix}\hat{\boldsymbol{i}}_{\text{dq}}(s)\\ \hat{v}_{\text{bus}}(s)\end{bmatrix}=\begin{bmatrix}\boldsymbol{Y}_{\text{inac}}(s) & \boldsymbol{G}_{\text{iiac}}(s)\\ \boldsymbol{G}_{\text{vvac}}(s) & -Z_{\text{odc}}(s)\end{bmatrix}\begin{bmatrix}\hat{\boldsymbol{u}}_{\text{dq}}(s)\\ \hat{i}_{\text{bus}}(s)\end{bmatrix} \tag{6.3}$$

式中，$\boldsymbol{Y}_{\text{inac}}(s)$ 为 AC-DC 变换器的交流侧输入导纳矩阵，其阶数为 2；$\boldsymbol{G}_{\text{iiac}}(s)$ 为从 $\hat{i}_{\text{bus}}(s)$ 到 $\hat{\boldsymbol{i}}_{\text{dq}}(s)$ 的二维传递函数列向量；$\boldsymbol{G}_{\text{vvac}}(s)$ 为从 $\hat{\boldsymbol{u}}_{\text{dq}}(s)$ 到 $\hat{v}_{\text{bus}}(s)$ 的二维传递函数行向量；$Z_{\text{odc}}(s)$ 为 AC-DC 变换器的直流侧输出阻抗。

对于直流母线侧，$v_{\text{bus}}(s)$ 和 $i_{\text{bus}}(s)$ 为直流母线电压和电流，$Y_{\text{indc},l}(s)$ 和 $i_{\text{c},l}(s)$ 分别表示 YTC_l 诺顿等效模型中的输入导纳和受控电流源。根据基尔霍夫电流定律，有

$$\hat{i}_{\text{bus}}(s)=\hat{v}_{\text{bus}}(s)\sum_{l=1}^{K}Y_{\text{indc},l}(s)+\sum_{l=1}^{K}\hat{i}_{\text{c},l}(s) \tag{6.4}$$

在图 6.2 所示接入弱电网的直流配用电系统中，电网电压 $\hat{\boldsymbol{u}}_{\text{dq}}^{\text{s}}(s)$ 和各 YTC 的受控电流源 $\hat{i}_{\text{c},l}(s)$ 为系统的输入变量扰动。由于系统稳定的关键是交流侧电网电流$\boldsymbol{i}_{\text{dq}}(s)$ 和直流母线电压 $v_{\text{bus}}(s)$ 均稳定，故 $\hat{\boldsymbol{i}}_{\text{dq}}(s)$ 和 $\hat{v}_{\text{bus}}(s)$ 是系统的输出变量扰动。为便于后续分析整个系统的小信号稳定性，需要首先构建系统所有输入变量扰动到所有输出变量扰动间的传递函数表达式。

将式（6.2）代入式（6.3），整理可得式（6.5）和式（6.6），其中，$\boldsymbol{I}$ 为 2 阶单位矩阵。

$$[\boldsymbol{I}+\boldsymbol{Y}_{\text{inac}}(s)\boldsymbol{Z}_{\text{gdq}}(s)]\hat{\boldsymbol{i}}_{\text{dq}}(s)=\boldsymbol{Y}_{\text{inac}}(s)\hat{\boldsymbol{u}}_{\text{dq}}^{\text{s}}(s)+\boldsymbol{G}_{\text{iiac}}(s)\hat{i}_{\text{bus}}(s) \tag{6.5}$$

$$\hat{v}_{\text{bus}}(s)=\boldsymbol{G}_{\text{vvac}}(s)\hat{\boldsymbol{u}}_{\text{dq}}^{\text{s}}(s)-\boldsymbol{G}_{\text{vvac}}(s)\boldsymbol{Z}_{\text{gdq}}(s)\hat{\boldsymbol{i}}_{\text{dq}}(s)-Z_{\text{odc}}(s)\hat{i}_{\text{bus}}(s) \tag{6.6}$$

再将式（6.4）代入式（6.5），整理可得

$$\begin{aligned}[\boldsymbol{I}+\boldsymbol{Y}_{\text{inac}}(s)\boldsymbol{Z}_{\text{gdq}}(s)]\hat{\boldsymbol{i}}_{\text{dq}}(s)={}&\boldsymbol{Y}_{\text{inac}}(s)\hat{\boldsymbol{u}}_{\text{dq}}^{\text{s}}(s)+\\ &\boldsymbol{G}_{\text{iiac}}(s)\sum_{l=1}^{K}Y_{\text{indc},l}(s)\hat{v}_{\text{bus}}(s)+\boldsymbol{G}_{\text{iiac}}(s)\sum_{l=1}^{K}\hat{i}_{\text{c},l}(s)\end{aligned} \tag{6.7}$$

将式（6.4）代入式（6.6），整理可得

$$\begin{aligned}\left[1+Z_{\text{odc}}(s)\sum_{l=1}^{K}Y_{\text{indc},l}(s)\right]\hat{v}_{\text{bus}}(s)={}&\boldsymbol{G}_{\text{vvac}}(s)\hat{\boldsymbol{u}}_{\text{dq}}^{\text{s}}(s)-\\ &\boldsymbol{G}_{\text{vvac}}(s)\boldsymbol{Z}_{\text{gdq}}(s)\hat{\boldsymbol{i}}_{\text{dq}}(s)-Z_{\text{odc}}(s)\sum_{l=1}^{K}\hat{i}_{\text{c},l}(s)\end{aligned} \tag{6.8}$$

最后联立式（6.7）和式（6.8），整理可得交流侧电网电流 $\boldsymbol{i}_{dq}(s)$ 和直流母线电压 $v_{bus}(s)$ 的小信号表达式，分别为式（6.9）和式（6.10）。其中，$\boldsymbol{L}_m(s)$ 定义为交流等效环路增益矩阵，其表达式由式（6.11）给出；$T_m(s)$ 定义为直流等效环路增益，其表达式由式（6.12）给出；det［ ］、adj［ ］和 Tr［ ］分别表示矩阵的行列式、伴随矩阵和迹。

$$
\begin{aligned}
\hat{\boldsymbol{i}}_{dq}(s) &= [\boldsymbol{I}+\boldsymbol{L}_m(s)]^{-1}\cdot \\
&\quad \left\{\boldsymbol{Y}_{inac}(s)\left[1+Z_{odc}(s)\sum_{l=1}^{K}Y_{indc,l}(s)\right]+\boldsymbol{G}_{iiac}(s)\boldsymbol{G}_{vvac}(s)\sum_{l=1}^{K}Y_{indc,l}(s)\right\}\hat{\boldsymbol{u}}_{dq}^{s}(s)+ \\
&\quad [\boldsymbol{I}+\boldsymbol{L}_m(s)]^{-1}\boldsymbol{G}_{iiac}(s)\sum_{l=1}^{K}\hat{i}_{c,l}(s) \\
&= [\boldsymbol{I}+\boldsymbol{L}_m(s)]^{-1}\left[\boldsymbol{A}(s)\hat{\boldsymbol{u}}_{dq}^{s}(s)+\boldsymbol{G}_{iiac}(s)\sum_{l=1}^{K}\hat{i}_{c,l}(s)\right]
\end{aligned}
\tag{6.9}
$$

$$
\begin{aligned}
\hat{v}_{bus}(s) &= \frac{\begin{array}{c}\det[\boldsymbol{I}+\boldsymbol{Y}_{inac}(s)\boldsymbol{Z}_{gdq}(s)]\boldsymbol{G}_{vvac}(s)- \\ \boldsymbol{G}_{vvac}(s)\boldsymbol{Z}_{gdq}(s)\,\mathrm{adj}[\boldsymbol{I}+\boldsymbol{Y}_{inac}(s)\boldsymbol{Z}_{gdq}(s)]\boldsymbol{Y}_{inac}(s)\end{array}}{1+T_m(s)}\hat{\boldsymbol{u}}_{dq}^{s}(s)- \\
&\quad \frac{\begin{array}{c}Z_{odc}(s)\det[\boldsymbol{I}+\boldsymbol{Y}_{inac}(s)\boldsymbol{Z}_{gdq}(s)]+ \\ \boldsymbol{G}_{vvac}(s)\boldsymbol{Z}_{gdq}(s)\,\mathrm{adj}[\boldsymbol{I}+\boldsymbol{Y}_{inac}(s)\boldsymbol{Z}_{gdq}(s)]\boldsymbol{G}_{iiac}(s)\end{array}}{1+T_m(s)}\sum_{l=1}^{K}\hat{i}_{c,l}(s) \\
&= \frac{1}{1+T_m(s)}\left[\boldsymbol{B}(s)\hat{\boldsymbol{u}}_{dq}^{s}(s)-C(s)\sum_{l=1}^{K}\hat{i}_{c,l}(s)\right]
\end{aligned}
\tag{6.10}
$$

$$
\begin{aligned}
\boldsymbol{L}_m(s) &= \boldsymbol{Y}_{inac}(s)\boldsymbol{Z}_{gdq}(s)+[\boldsymbol{I}+\boldsymbol{Y}_{inac}(s)\boldsymbol{Z}_{gdq}(s)]Z_{odc}(s)\sum_{l=1}^{K}Y_{indc,l}(s)+ \\
&\quad \boldsymbol{G}_{iiac}(s)\boldsymbol{G}_{vvac}(s)\boldsymbol{Z}_{gdq}(s)\sum_{l=1}^{K}Y_{indc,l}(s)
\end{aligned}
\tag{6.11}
$$

$$
\begin{aligned}
T_m(s) &= \det[\boldsymbol{I}+\boldsymbol{Y}_{inac}(s)\boldsymbol{Z}_{gdq}(s)]\left[1+Z_{odc}(s)\sum_{l=1}^{K}Y_{indc,l}(s)\right]-1+ \\
&\quad \boldsymbol{G}_{vvac}(s)\boldsymbol{Z}_{gdq}(s)\,\mathrm{adj}[\boldsymbol{I}+\boldsymbol{Y}_{inac}(s)\boldsymbol{Z}_{gdq}(s)]\boldsymbol{G}_{iiac}(s)\sum_{l=1}^{K}Y_{indc,l}(s) \\
&= \det[\boldsymbol{Y}_{inac}(s)\boldsymbol{Z}_{gdq}(s)]+\mathrm{Tr}[\boldsymbol{Y}_{inac}(s)\boldsymbol{Z}_{gdq}(s)]+ \\
&\quad \det[\boldsymbol{I}+\boldsymbol{Y}_{inac}(s)\boldsymbol{Z}_{gdq}(s)]Z_{odc}(s)\sum_{l=1}^{K}Y_{indc,l}(s)+ \\
&\quad \boldsymbol{G}_{vvac}(s)\boldsymbol{Z}_{gdq}(s)\,\mathrm{adj}[\boldsymbol{I}+\boldsymbol{Y}_{inac}(s)\boldsymbol{Z}_{gdq}(s)]\boldsymbol{G}_{iiac}(s)\sum_{l=1}^{K}Y_{indc,l}(s)
\end{aligned}
\tag{6.12}
$$

6.2 稳定性分析与基于等效环路增益的稳定判据

为便于后续分析，首先定义：

$$\begin{bmatrix} G_{11}(s) & G_{12}(s) \\ G_{21}(s) & G_{22}(s) \end{bmatrix} = \mathrm{adj}[\boldsymbol{I} + \boldsymbol{L}_{\mathrm{m}}(s)] \cdot \left\{ \boldsymbol{Y}_{\mathrm{inac}}(s)\left[1 + Z_{\mathrm{odc}}(s)\sum_{l=1}^{K} Y_{\mathrm{indc},l}(s)\right] + \boldsymbol{G}_{\mathrm{iiac}}(s)\boldsymbol{G}_{\mathrm{vvac}}(s)\sum_{l=1}^{K} Y_{\mathrm{indc},l}(s)\right\} \tag{6.13}$$

$$[G_1(s) \quad G_2(s)]^{\mathrm{T}} = \mathrm{adj}[\boldsymbol{I}+\boldsymbol{L}_{\mathrm{m}}(s)]\boldsymbol{G}_{\mathrm{iiac}}(s) \tag{6.14}$$

$$\begin{aligned} \boldsymbol{B}(s) &= [G_3(s) \quad G_4(s)] \\ &= \det[\boldsymbol{I}+\boldsymbol{Y}_{\mathrm{inac}}(s)\boldsymbol{Z}_{\mathrm{gdq}}(s)]\boldsymbol{G}_{\mathrm{vvac}}(s) - \\ &\quad \boldsymbol{G}_{\mathrm{vvac}}(s)\boldsymbol{Z}_{\mathrm{gdq}}(s)\mathrm{adj}[\boldsymbol{I}+\boldsymbol{Y}_{\mathrm{inac}}(s)\boldsymbol{Z}_{\mathrm{gdq}}(s)]\boldsymbol{Y}_{\mathrm{inac}}(s) \end{aligned} \tag{6.15}$$

于是，式（6.9）和式（6.10）可以分别表示为式（6.16）和式（6.17）。

$$\begin{bmatrix} \hat{i}_{\mathrm{d}}(s) \\ \hat{i}_{\mathrm{q}}(s) \end{bmatrix} = \frac{1}{\det[\boldsymbol{I} + \boldsymbol{L}_{\mathrm{m}}(s)]}\begin{bmatrix} G_{11}(s) & G_{12}(s) \\ G_{21}(s) & G_{22}(s) \end{bmatrix}\begin{bmatrix} \hat{u}_{\mathrm{d}}^{\mathrm{s}}(s) \\ \hat{u}_{\mathrm{q}}^{\mathrm{s}}(s) \end{bmatrix} + \begin{bmatrix} G_1(s) \\ G_2(s) \end{bmatrix}\sum_{l=1}^{K}\hat{i}_{\mathrm{c},l}(s) \tag{6.16}$$

$$\hat{v}_{\mathrm{bus}}(s) = \frac{1}{1 + T_{\mathrm{m}}(s)}[G_3(s) \quad G_4(s)]\begin{bmatrix} \hat{u}_{\mathrm{d}}^{\mathrm{s}}(s) \\ \hat{u}_{\mathrm{q}}^{\mathrm{s}}(s) \end{bmatrix} - \frac{1}{1 + T_{\mathrm{m}}(s)}C(s)\sum_{l=1}^{K}\hat{i}_{\mathrm{c},l}(s) \tag{6.17}$$

根据式（6.16）和式（6.17）可得图6.2所示系统的所有输入-输出传递函数分别为

$$\left.\frac{\hat{i}_{\mathrm{d}}(s)}{\hat{u}_{\mathrm{d}}^{\mathrm{s}}(s)}\right|_{\hat{u}_{\mathrm{q}}^{\mathrm{s}}(s)=0,\ \hat{i}_{\mathrm{c},l}=0} = \frac{G_{11}(s)}{\det[\boldsymbol{I}+\boldsymbol{L}_{\mathrm{m}}(s)]} \tag{6.18}$$

$$\left.\frac{\hat{i}_{\mathrm{d}}(s)}{\hat{u}_{\mathrm{q}}^{\mathrm{s}}(s)}\right|_{\hat{u}_{\mathrm{d}}^{\mathrm{s}}(s)=0,\ \hat{i}_{\mathrm{c},l}=0} = \frac{G_{12}(s)}{\det[\boldsymbol{I}+\boldsymbol{L}_{\mathrm{m}}(s)]} \tag{6.19}$$

$$\left.\frac{\hat{i}_{\mathrm{d}}(s)}{\hat{i}_{\mathrm{c},l}(s)}\right|_{\hat{u}_{\mathrm{d}}^{\mathrm{s}}(s)=0,\hat{u}_{\mathrm{q}}^{\mathrm{s}}(s)=0,\ \hat{i}_{\mathrm{c},l'}=0} = \frac{G_1(s)}{\det[\boldsymbol{I}+\boldsymbol{L}_{\mathrm{m}}(s)]} \tag{6.20}$$

$$\left.\frac{\hat{i}_{\mathrm{q}}(s)}{\hat{u}_{\mathrm{d}}^{\mathrm{s}}(s)}\right|_{\hat{u}_{\mathrm{q}}^{\mathrm{s}}(s)=0,\ \hat{i}_{\mathrm{c},l}=0} = \frac{G_{21}(s)}{\det[\boldsymbol{I}+\boldsymbol{L}_{\mathrm{m}}(s)]} \tag{6.21}$$

$$\left.\frac{\hat{i}_{\mathrm{q}}(s)}{\hat{u}_{\mathrm{q}}^{\mathrm{s}}(s)}\right|_{\hat{u}_{\mathrm{d}}^{\mathrm{s}}(s)=0,\ \hat{i}_{\mathrm{c},l}=0} = \frac{G_{22}(s)}{\det[\boldsymbol{I}+\boldsymbol{L}_{\mathrm{m}}(s)]} \tag{6.22}$$

$$\left.\frac{\hat{i}_{\mathrm{q}}(s)}{\hat{i}_{\mathrm{c},l}(s)}\right|_{\hat{u}_{\mathrm{d}}^{\mathrm{s}}(s)=0,\hat{u}_{\mathrm{q}}^{\mathrm{s}}(s)=0,\ \hat{i}_{\mathrm{c},l'}=0}=\frac{G_2(s)}{\det[\boldsymbol{I}+\boldsymbol{L}_{\mathrm{m}}(s)]} \tag{6.23}$$

$$\left.\frac{\hat{v}_{\mathrm{bus}}(s)}{\hat{u}_{\mathrm{d}}^{\mathrm{s}}(s)}\right|_{\hat{u}_{\mathrm{q}}^{\mathrm{s}}(s)=0,\ \hat{i}_{\mathrm{c},l}=0}=\frac{G_3(s)}{1+T_{\mathrm{m}}(s)} \tag{6.24}$$

$$\left.\frac{\hat{v}_{\mathrm{bus}}(s)}{\hat{u}_{\mathrm{q}}^{\mathrm{s}}(s)}\right|_{\hat{u}_{\mathrm{d}}^{\mathrm{s}}(s)=0,\ \hat{i}_{\mathrm{c},l}=0}=\frac{G_4(s)}{1+T_{\mathrm{m}}(s)} \tag{6.25}$$

$$\left.\frac{\hat{v}_{\mathrm{bus}}(s)}{\hat{i}_{\mathrm{c},l}(s)}\right|_{\hat{u}_{\mathrm{d}}^{\mathrm{s}}(s)=0,\hat{u}_{\mathrm{q}}^{\mathrm{s}}(s)=0,\ \hat{i}_{\mathrm{c},l'}=0}=-\frac{C(s)}{1+T_{\mathrm{m}}(s)} \tag{6.26}$$

式中，$l'=1, 2, \cdots, K$ 且 $l'\neq l$。

为进一步分析图 6.2 所示系统的小信号稳定性，给出三个基本假定：①三相电网电压稳定，即 $\hat{\boldsymbol{u}}_{\mathrm{dq}}^{\mathrm{s}}(s)$ 有界；②AC-DC 变换器可以独立运行稳定，即 $\boldsymbol{Y}_{\mathrm{inac}}(s)$、$\boldsymbol{G}_{\mathrm{iiac}}(s)$、$\boldsymbol{G}_{\mathrm{vvac}}(s)$ 和 $\boldsymbol{Z}_{\mathrm{odc}}(s)$ 均没有右半平面极点；③每个 DC-DC 变换器均可以独立运行稳定，即 $Y_{\mathrm{indc},l}(s)$ 没有右半平面极点且 $\hat{i}_{\mathrm{c},l}(s)$ 有界。此外，由于电网阻抗是无源的，因此 $\boldsymbol{Z}_{\mathrm{gdq}}(s)$ 不存在任何右半平面的零极点。

根据麦克斯韦稳定判据，交流侧电网电流 $\boldsymbol{i}_{\mathrm{dq}}(s)$ 稳定的充分必要条件是：式（6.18）~式（6.23）所示六个传递函数均没有右半平面极点。结合式（6.11）、式（6.13）和式（6.14），该充要条件可以进一步描述为：行列式 $\det[\boldsymbol{I}+\boldsymbol{L}_{\mathrm{m}}(s)]$ 没有右半平面零点，或交流等效环路增益矩阵 $\boldsymbol{L}_{\mathrm{m}}(s)$ 满足广义奈奎斯特判据。结合式（6.11）可知，由于 $\boldsymbol{L}_{\mathrm{m}}(s)$ 本身在满足上述三个基本假定的前提下没有右半平面极点，因此基于交流等效环路增益矩阵的稳定判据也可以描述为：当且仅当 $\boldsymbol{L}_{\mathrm{m}}(s)$ 的两个特征值 $\boldsymbol{\lambda}_1(s)$ 和 $\boldsymbol{\lambda}_2(s)$ 的奈奎斯特曲线均不包围（-1，j0）点时，交流侧电网电流 $\boldsymbol{i}_{\mathrm{dq}}(s)$ 稳定。

类似地，直流母线电压 $v_{\mathrm{bus}}(s)$ 稳定的充分必要条件是：式（6.24）~式（6.26）所示三个传递函数均没有右半平面极点。结合式（6.12）和式（6.15），该充要条件还可以表述为：传递函数 $1/[1+T_{\mathrm{m}}(s)]$ 没有右半平面极点。进一步地，当且仅当直流等效环路增益 $T_{\mathrm{m}}(s)$ 满足奈奎斯特稳定判据时，直流母线电压 $v_{\mathrm{bus}}(s)$ 稳定。结合式（6.12）可知，由于 $T_{\mathrm{m}}(s)$ 本身在满足上述三个基本假定的前提下没有右半平面极点，因此基于直流等效环路增益的稳定判据也可以描述为：当且仅当 $T_{\mathrm{m}}(s)$ 的奈奎斯特曲线不包围（-1，j0）点时，直流母线电压 $v_{\mathrm{bus}}(s)$ 稳定。

上述分析中给出了两种基于等效环路增益的稳定判据，一种是基于传递函数矩阵 $\boldsymbol{L}_{\mathrm{m}}(s)$ 的，另一种是基于标量传递函数 $T_{\mathrm{m}}(s)$ 的。尽管它们看起来好像只是图 6.2 所示系统的局部稳定条件，分别对应着交流侧电网电流稳定和直流母线电压稳定，但实际上这两种稳定判据完全等价，这是由于行列式 $\det[\boldsymbol{I}+\boldsymbol{L}_{\mathrm{m}}(s)]$ 是否含有右半平面零点与 $1+T_{\mathrm{m}}(s)$ 是否含有右半平面零点完全等价，具体证明如下。

证明：为简化计算，首先定义式（6.27）。

$$\boldsymbol{I}+\boldsymbol{Y}_{\mathrm{inac}}(s)\boldsymbol{Z}_{\mathrm{gdq}}(s)=\begin{bmatrix}A_{11}(s) & A_{12}(s)\\ A_{21}(s) & A_{22}(s)\end{bmatrix},\quad \boldsymbol{G}_{\mathrm{iiac}}(s)=\begin{bmatrix}B_1(s)\\ B_2(s)\end{bmatrix},$$
$$\boldsymbol{G}_{\mathrm{vvac}}(s)\boldsymbol{Z}_{\mathrm{gdq}}(s)=\begin{bmatrix}C_1(s) & C_2(s)\end{bmatrix} \tag{6.27}$$

将式（6.27）代入式（6.11）并整理可得

$$\frac{\det[\boldsymbol{I}+\boldsymbol{L}_{\mathrm{m}}(s)]}{1+Z_{\mathrm{odc}}(s)\sum_{l=1}^{K}Y_{\mathrm{indc},\,l}(s)}=[A_{11}(s)A_{22}(s)-A_{12}(s)A_{21}(s)][1+Z_{\mathrm{odc}}(s)\sum_{l=1}^{K}Y_{\mathrm{indc},\,l}(s)]+$$
$$\sum_{l=1}^{K}Y_{\mathrm{indc},\,l}(s)\begin{bmatrix}A_{22}(s)B_1(s)C_1(s)+A_{11}(s)B_2(s)C_2(s)-\\ A_{12}(s)B_2(s)C_1(s)-A_{21}(s)B_1(s)C_2(s)\end{bmatrix} \tag{6.28}$$

将式（6.27）代入式（6.12）并整理可得

$$1+T_{\mathrm{m}}(s)=[A_{11}(s)A_{22}(s)-A_{12}(s)A_{21}(s)][1+Z_{\mathrm{odc}}(s)\sum_{l=1}^{K}Y_{\mathrm{indc},\,l}(s)]+$$
$$\sum_{l=1}^{K}Y_{\mathrm{indc},\,l}(s)\begin{bmatrix}A_{22}(s)B_1(s)C_1(s)+A_{11}(s)B_2(s)C_2(s)-\\ A_{12}(s)B_2(s)C_1(s)-A_{21}(s)B_1(s)C_2(s)\end{bmatrix} \tag{6.29}$$

对比式（6.28）和式（6.29）可以发现

$$\frac{\det[\boldsymbol{I}+\boldsymbol{L}_{\mathrm{m}}(s)]}{1+Z_{\mathrm{odc}}(s)\sum_{l=1}^{K}Y_{\mathrm{indc},l}(s)}=1+T_{\mathrm{m}}(s) \tag{6.30}$$

由于 $Z_{\mathrm{odc}}(s)$ 和 $Y_{\mathrm{indc},l}(s)$ 都没有右半平面极点，因此，$\det[\boldsymbol{I}+\boldsymbol{L}_{\mathrm{m}}(s)]$是否含有右半平面零点完全等价于 $1+T_{\mathrm{m}}(s)$ 是否含有右半平面零点，证毕。

综上所述，交流等效环路增益矩阵 $\boldsymbol{L}_{\mathrm{m}}(s)$ 满足广义奈奎斯特判据完全等价于直流等效环路增益 $T_{\mathrm{m}}(s)$ 满足奈奎斯特稳定判据，因此两种基于等效环路增益的稳定判据都是图 6.2 所示系统全局小信号稳定的充要条件。事实上，式（6.9）和式（6.10）还可以分别表示为基于开环增益 $\boldsymbol{L}_{\mathrm{m}}(s)$ 和 $T_{\mathrm{m}}(s)$ 的负反馈控制框图形式，如图 6.4 所示。根据反馈控制理论，上述两种基于等效环路增益的稳定判据是显而易见的。

此外需要指出的是，基于交流等效环路增益矩阵 $\boldsymbol{L}_{\mathrm{m}}(s)$ 的稳定判据也适用于图 6.5a 所示的交流系统，该系统没有直流母线和 DC-DC 变换器接入，即 $Y_{\mathrm{indc},l}(s)=0$，此时 $\boldsymbol{L}_{\mathrm{m}}(s)$ 如式（6.31）所示，这表明纯交流系统中基于回路比矩阵 $\boldsymbol{L}_{\mathrm{r}}(s)$ 的稳定判据是基于 $\boldsymbol{L}_{\mathrm{m}}(s)$ 的稳定判据的特例。同样地，基于直流等效环路增益

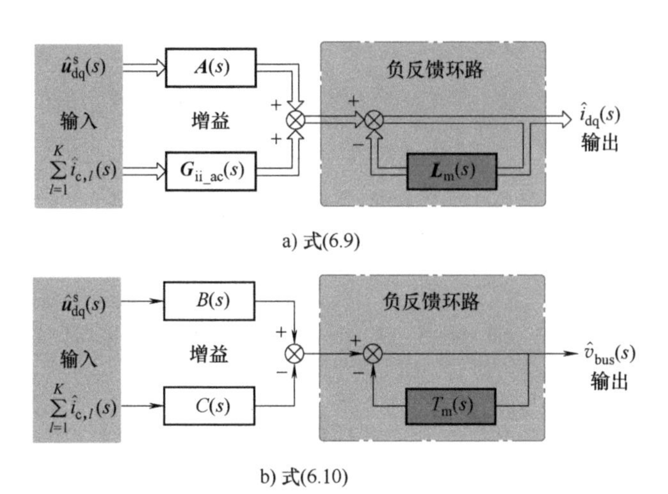

图 6.4　基于 $L_m(s)$ 和 $T_m(s)$ 的负反馈控制框图形式

$T_m(s)$ 的稳定判据也适用于图 6.5b 所示的多变换器单母线直流配用电系统，该系统没有 PCC 点，即 $\boldsymbol{Z}_{gdq}(s)=\boldsymbol{O}$，这里 $\boldsymbol{O}$ 表示零矩阵，此时 $T_m(s)$ 由式（6.32）给出，因此基于阻抗比 $T_r(s)$ 的稳定判据也是基于 $T_m(s)$ 的稳定判据的特例。

$$\boldsymbol{L}_m(s)=\boldsymbol{L}_r(s)=\boldsymbol{Y}_{inac}(s)\boldsymbol{Z}_{gdq}(s) \tag{6.31}$$

$$T_m(s)=T_r(s)=Z_{odc}(s)\sum_{l=1}^{K}Y_{indc,l}(s) \tag{6.32}$$

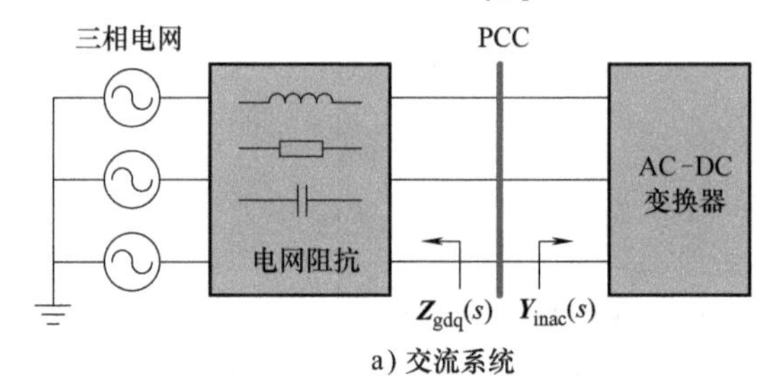

a) 交流系统

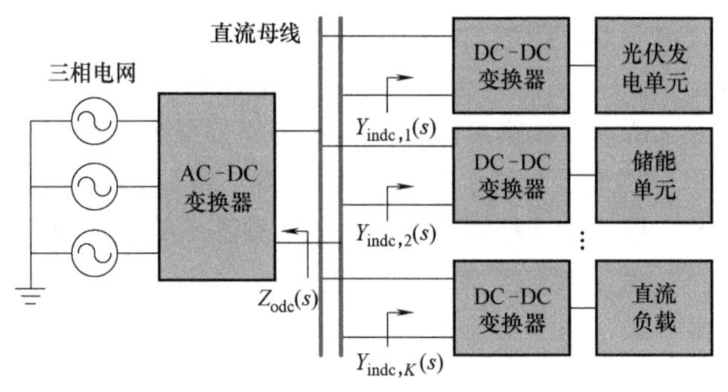

b) 多变换器单母线直流配用电系统

图 6.5　接入弱电网的直流配用电系统对应的两种特例系统

6.3 基于子系统的稳定判据

第 6.2 节从整个系统内部环路的角度得到了两种基于等效环路增益的稳定判据，本节将从子系统的相互作用角度推导另外两种稳定判据。

6.3.1 基于交流侧子系统回路比矩阵的稳定判据

如图 6.6 所示，从 PPC 处可以将接入弱电网的直流配用电系统划分为子系统 1 和子系统 2，为利用两个子系统在 PCC 处的等效阻抗矩阵 $\boldsymbol{Z}_{\mathrm{sub},1}(s)$ 和 $\boldsymbol{Z}_{\mathrm{sub},2}(s)$ 评估整个系统的小信号稳定性，需要首先推导 $\boldsymbol{Z}_{\mathrm{sub},1}(s)$ 和 $\boldsymbol{Z}_{\mathrm{sub},2}(s)$ 的表达式。

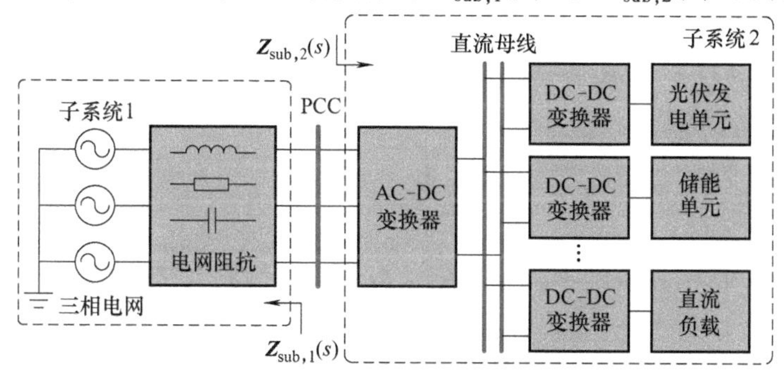

图 6.6　接入弱电网的直流配用电系统的交流侧子系统划分

子系统 1 仅由理想三相电压源和电网阻抗构成，因此有

$$\boldsymbol{Z}_{\mathrm{sub},1}(s)=\boldsymbol{Z}_{\mathrm{gdq}}(s) \tag{6.33}$$

子系统 2 由 AC-DC 变换器及直流侧的所有 DC-DC 变换器构成，结合图 6.2 所示系统的小信号模型可以得到 $\boldsymbol{Z}_{\mathrm{sub},2}(s)$ 的表达式。首先将式 (6.4) 代入式 (6.3)，整理可得

$$\hat{\boldsymbol{i}}_{\mathrm{dq}}(s)=\boldsymbol{Y}_{\mathrm{inac}}(s)\hat{\boldsymbol{u}}_{\mathrm{dq}}(s)+\boldsymbol{G}_{\mathrm{iiac}}(s)\hat{v}_{\mathrm{bus}}(s)\sum_{l=1}^{K}Y_{\mathrm{indc},l}(s)+\boldsymbol{G}_{\mathrm{iiac}}(s)\sum_{l=1}^{K}\hat{i}_{\mathrm{c},l}(s) \tag{6.34}$$

$$\hat{v}_{\mathrm{bus}}(s)=\left[1+Z_{\mathrm{odc}}(s)\sum_{l=1}^{K}Y_{\mathrm{in},l}(s)\right]^{-1}\left[\boldsymbol{G}_{\mathrm{vvac}}(s)\hat{\boldsymbol{u}}_{\mathrm{dq}}(s)-Z_{\mathrm{odc}}(s)\sum_{l=1}^{K}\hat{i}_{\mathrm{c},l}(s)\right] \tag{6.35}$$

将式 (6.35) 代入式 (6.34)，整理可得

$$\begin{aligned}\hat{\boldsymbol{i}}_{\mathrm{dq}}(s)=&\left\{\boldsymbol{Y}_{\mathrm{inac}}(s)+\boldsymbol{G}_{\mathrm{iiac}}(s)\boldsymbol{G}_{\mathrm{vvac}}(s)\left[1+Z_{\mathrm{odc}}(s)\sum_{l=1}^{K}Y_{\mathrm{indc},l}(s)\right]^{-1}\sum_{l=1}^{K}Y_{\mathrm{indc},l}(s)\right\}\hat{\boldsymbol{u}}_{\mathrm{dq}}(s)+\\&\left\{\boldsymbol{G}_{\mathrm{iiac}}(s)-Z_{\mathrm{odc}}(s)\boldsymbol{G}_{\mathrm{iiac}}(s)\left[1+Z_{\mathrm{odc}}(s)\sum_{l=1}^{K}Y_{\mathrm{indc},l}(s)\right]^{-1}\sum_{l=1}^{K}Y_{\mathrm{indc},l}(s)\right\}\sum_{l=1}^{K}\hat{i}_{\mathrm{c},l}(s)\end{aligned} \tag{6.36}$$

令式（6.36）中 $\hat{i}_{c,l}(s)=0$，可得 $\boldsymbol{Z}_{sub,2}(s)$ 的表达式为

$$\boldsymbol{Z}_{sub,2}(s)=\left\{\boldsymbol{Y}_{inac}(s)+\boldsymbol{G}_{iiac}(s)\boldsymbol{G}_{vvac}(s)\left[1+Z_{odc}(s)\sum_{l=1}^{K}Y_{indc,l}(s)\right]^{-1}\sum_{l=1}^{K}Y_{indc,l}(s)\right\}^{-1} \tag{6.37}$$

于是，子系统 1 和子系统 2 的回路比矩阵 $\boldsymbol{L}_{r1,2}(s)$ 表示为

$$\begin{aligned}\boldsymbol{L}_{r1,2}(s)&=\boldsymbol{Z}_{sub,1}(s)\boldsymbol{Z}_{sub,2}^{-1}(s)\\&=\boldsymbol{Z}_{gdq}(s)\left\{\boldsymbol{Y}_{inac}(s)+\boldsymbol{G}_{iiac}(s)\boldsymbol{G}_{vvac}(s)\left[1+Z_{odc}(s)\sum_{l=1}^{K}Y_{indc,l}(s)\right]^{-1}\sum_{l=1}^{K}Y_{indc,l}(s)\right\}\end{aligned} \tag{6.38}$$

对比式（6.11）和式（6.38），并结合附录部分给出的矩阵运算性质及证明，有

$$\begin{aligned}\det[\boldsymbol{I}+\boldsymbol{L}_{r1,2}(s)]&=\det[\boldsymbol{I}+\boldsymbol{Z}_{sub,1}(s)\boldsymbol{Z}_{sub,2}^{-1}(s)]=\det[\boldsymbol{I}+\boldsymbol{Z}_{sub,2}^{-1}(s)\boldsymbol{Z}_{sub,1}(s)]\\&=\frac{\det[\boldsymbol{I}+\boldsymbol{L}_{m}(s)]}{\left[1+Z_{odc}(s)\sum_{l=1}^{K}Y_{indc,l}(s)\right]^{2}}=\frac{\det[\boldsymbol{I}+\boldsymbol{L}_{m}(s)]}{[1+T_{r}(s)]^{2}}\end{aligned} \tag{6.39}$$

由于图 6.2 所示系统的小信号稳定性取决于 $\det[\boldsymbol{I}+\boldsymbol{L}_{m}(s)]$ 是否包含右半平面零点，且 $Z_{odc}(s)$ 和 $Y_{indc,l}(s)$ 都没有右半平面极点，因此当且仅当交流侧子系统回路比矩阵 $\boldsymbol{L}_{r1,2}(s)$ 满足广义奈奎斯特判据时，该系统可以稳定运行，反之则不稳定，此即为基于交流侧子系统回路比矩阵的稳定判据。需要指出的是，$\boldsymbol{L}_{r1,2}(s)$ 可能包含右半平面极点，这取决于 $1+T_{r}(s)$ 的零点个数或 $T_{r}(s)$ 的奈奎斯特曲线顺时针包围（-1，j0）点的圈数是否为 0。

6.3.2 基于直流侧子系统阻抗比的稳定判据

如图 6.7 所示，若从 AC-DC 变换器的输出侧将整个系统在直流母线处划分为子系统 3 和子系统 4，也可以利用两个子系统的直流侧等效阻抗 $Z_{sub,3}(s)$ 和 $Z_{sub,4}(s)$ 评估整个系统的小信号稳定性，具体证明如下。

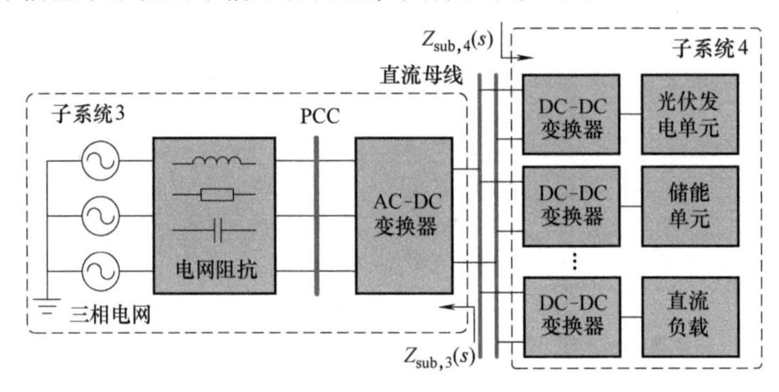

图 6.7　接入弱电网的直流配用电系统的直流侧子系统划分

子系统 3 由理想三相电压源、电网阻抗和 AC-DC 变换器构成，结合图 6.2 所示系统的小信号模型可以推导 $Z_{\mathrm{sub},3}(s)$ 的表达式。将式（6.5）代入式（6.6），整理可得

$$\hat{v}_{\mathrm{bus}}(s)=\{\boldsymbol{G}_{\mathrm{vvac}}(s)-\boldsymbol{G}_{\mathrm{vvac}}(s)\boldsymbol{Z}_{\mathrm{gdq}}(s)[\boldsymbol{I}+\boldsymbol{Y}_{\mathrm{inac}}(s)\boldsymbol{Z}_{\mathrm{gdq}}(s)]^{-1}\boldsymbol{Y}_{\mathrm{inac}}(s)\}\hat{\boldsymbol{u}}_{\mathrm{dq}}^{\mathrm{s}}(s)-\{\boldsymbol{Z}_{\mathrm{odc}}(s)+\boldsymbol{G}_{\mathrm{vvac}}(s)\boldsymbol{Z}_{\mathrm{gdq}}(s)[\boldsymbol{I}+\boldsymbol{Y}_{\mathrm{inac}}(s)\boldsymbol{Z}_{\mathrm{gdq}}(s)]^{-1}\boldsymbol{G}_{\mathrm{iiac}}(s)\}\hat{i}_{\mathrm{dc}}(s) \quad (6.40)$$

令式（6.40）中 $\hat{\boldsymbol{u}}_{\mathrm{dq}}^{\mathrm{s}}(s)=\boldsymbol{O}$，可得 $Z_{\mathrm{sub},3}(s)$ 的表达式为

$$Z_{\mathrm{sub},3}(s)=\boldsymbol{Z}_{\mathrm{odc}}(s)+\boldsymbol{G}_{\mathrm{vvac}}(s)\boldsymbol{Z}_{\mathrm{gdq}}(s)[\boldsymbol{I}+\boldsymbol{Y}_{\mathrm{inac}}(s)\boldsymbol{Z}_{\mathrm{gdq}}(s)]^{-1}\boldsymbol{G}_{\mathrm{iiac}}(s) \quad (6.41)$$

子系统 4 由并联的 DC-DC 变换器构成，其等效输入阻抗 $Z_{\mathrm{sub},4}(s)$ 为

$$Z_{\mathrm{sub},4}(s)=\left[\sum_{l=1}^{K}Y_{\mathrm{indc},l}(s)\right]^{-1} \quad (6.42)$$

于是，子系统 3 和子系统 4 的阻抗比 $T_{\mathrm{r}3,4}(s)$ 表示为

$$\begin{aligned}T_{\mathrm{r}3,4}(s)&=\frac{Z_{\mathrm{sub},3}(s)}{Z_{\mathrm{sub},4}(s)}\\&=\boldsymbol{Z}_{\mathrm{odc}}(s)\sum_{l=1}^{K}Y_{\mathrm{indc},l}(s)+\boldsymbol{G}_{\mathrm{vvac}}(s)\boldsymbol{Z}_{\mathrm{gdq}}(s)[\boldsymbol{I}+\boldsymbol{Y}_{\mathrm{inac}}(s)\boldsymbol{Z}_{\mathrm{gdq}}(s)]^{-1}\cdot\\&\quad\boldsymbol{G}_{\mathrm{iiac}}(s)\sum_{l=1}^{K}Y_{\mathrm{indc},l}(s)\end{aligned} \quad (6.43)$$

对比式（6.12）和式（6.43），有

$$1+T_{\mathrm{r}3,4}(s)=\frac{1+T_{\mathrm{m}}(s)}{\det[\boldsymbol{I}+\boldsymbol{Y}_{\mathrm{inac}}(s)\boldsymbol{Z}_{\mathrm{gdq}}(s)]}=\frac{1+T_{\mathrm{m}}(s)}{\det[\boldsymbol{I}+\boldsymbol{L}_{\mathrm{r}}(s)]} \quad (6.44)$$

由于图 6.2 所示系统的小信号稳定性取决于 $1+T_{\mathrm{m}}(s)$ 是否包含右半平面零点，且 $\boldsymbol{Y}_{\mathrm{inac}}(s)$ 和 $\boldsymbol{Z}_{\mathrm{gdq}}(s)$ 都没有右半平面极点，因此当且仅当直流侧两个子系统的阻抗比 $T_{\mathrm{r}3,4}(s)$ 满足奈奎斯特判据时，系统稳定，反之则不稳定，此即为基于直流侧子系统阻抗比的稳定判据。需要指出的是，$T_{\mathrm{r}3,4}(s)$ 也可能包含右半平面极点，这取决于行列式 $\det[\boldsymbol{I}+\boldsymbol{Y}_{\mathrm{inac}}(s)\boldsymbol{Z}_{\mathrm{gdq}}(s)]$右半平面零点的个数或 $\boldsymbol{L}_{\mathrm{r}}(s)$ 的两个特征值轨迹包围（-1，j0）点的圈数和是否为 0。

6.3.3 四种稳定判据的对比分析

1. 基于等效环路增益与基于子系统的稳定判据比较

由式（6.11）和式（6.12）可以看出：交流等效环路增益矩阵 $\boldsymbol{L}_{\mathrm{m}}(s)$ 和直流等效环路增益 $T_{\mathrm{m}}(s)$ 都要求对大量的传递函数或阻抗数据进行计算处理，这意味着需要了解或掌握系统内部各个变换器的传递函数表达式或阻抗数据。相较而言，子系统端口阻抗具有清晰的物理意义，可以直接从 PCC 或直流母线处测量获取，因此在系统具有“黑箱”或“灰箱”属性时，基于子系统的稳定判据可能只需要对较少的阻抗数据进行分析计算。

不过，根据前述分析，当系统满足三个基本假定时，$\boldsymbol{L}_{\mathrm{m}}(s)$ 和 $T_{\mathrm{m}}(s)$ 一定没有右半平面极点，而子系统回路比矩阵 $\boldsymbol{L}_{\mathrm{r}1,2}(s)$ 和子系统阻抗比 $T_{\mathrm{r}3,4}(s)$ 则分别会在子系统 2 和子系统 3 无法独立稳定运行时存在右半平面极点。因此，基于子系统的稳定判据必须准确计算 $\boldsymbol{L}_{\mathrm{r}1,2}(s)$ 和 $T_{\mathrm{r}3,4}(s)$ 的右半平面极点数，这可能需要测量更多的变换器或子系统阻抗数据。此外，一旦 $\boldsymbol{L}_{\mathrm{r}1,2}(s)$ 和 $T_{\mathrm{r}3,4}(s)$ 存在右半平面极点，将会呈现出非最小相位特性，这将对后续基于稳定裕度的系统设计带来困难。相较而言，基于等效环路增益的稳定判据不但需要更少的稳定性评估步骤，而且可以直接根据经典控制理论中的稳定裕度进行系统设计。

2. 交、直流侧稳定判据的比较

前述介绍的交、直流侧稳定判据有如下不同：

1）不同的阻抗模型维度。根据式（6.12）和式（6.43）可以发现：直流侧阻抗是一个标量传递函数，而由式（6.11）和式（6.38）可知：三相交流侧阻抗或导纳则是一个二维的传递函数矩阵。

2）由于电力电子系统在实际工程应用中的“黑箱”或“灰箱”属性，常采用阻抗扫频方法获得变换器或子系统的阻抗数据。然而，在三相系统中，注入扫频信号的测量设备和待测交流系统间存在不可避免的阻抗和频率耦合问题，这导致三相交流系统阻抗数据的提取相对困难并影响测量准确性，进而可能导致系统稳定性分析结果出错。相比而言，直流系统的阻抗测量中，由于扫频信号可以很容易从直流电压或电流中解耦出来，因此不存在频率耦合问题。

3）基于传递函数矩阵的两个特征值很难评估系统的稳定裕度，而基于直流侧阻抗比的稳定裕度现已被广泛应用于直流配用电系统的稳定设计与阻抗重塑中。

6.4 案例分析与实验验证

6.4.1 系统介绍

如图 6.8 所示，给出了一种接入弱电网的直流配用电系统，其中，#1 变换器为三相两电平 VSC，采用电压电流双闭环控制方式，用于提供直流母线电压 v_{bus}；#2 变换器和#3 变换器均为 Buck 变换器，分别向负载电阻 R_2 和 R_3 提供稳定的输出电压 $v_{\mathrm{o},2}$ 和 $v_{\mathrm{o},3}$。系统主要参数如表 6.1 所示，f_1 为 VSC 的开关频率，$H_{\mathrm{v},1}$ 为 VSC 直流侧输出电压采样系数，$G_{\mathrm{v},1}(s)=k_{\mathrm{vp},1}+k_{\mathrm{vi},1}/s$ 为电压外环 PI 控制器的传递函数，$\boldsymbol{G}_{\mathrm{i}}(s)=[k_{\mathrm{ip},1}+k_{\mathrm{ii},1}/s,\ 0;\ 0,\ k_{\mathrm{ip},1}+k_{\mathrm{ii},1}/s]$ 为电流内环 PI 控制器的传递函数矩阵；对于#x($x=2,3$) 变换器，$H_{\mathrm{v},x}$ 为电压采样系数，$G_{\mathrm{v},x}(s)=k_{\mathrm{vp},x}+k_{\mathrm{vi},x}/s$ 为 PI 控制器的传递函数，$G_{\mathrm{m},x}$ 为 PWM 增益，f_x 为开关频率。

为评估案例系统在不同运行工况下的稳定性，根据 VSC 电压外环比例系数 $k_{\mathrm{vp},1}$ 的不同取值，设置了两种系统运行工况，即工况 1：$k_{\mathrm{vp},1}=20$，工况 2：$k_{\mathrm{vp},1}=30$。

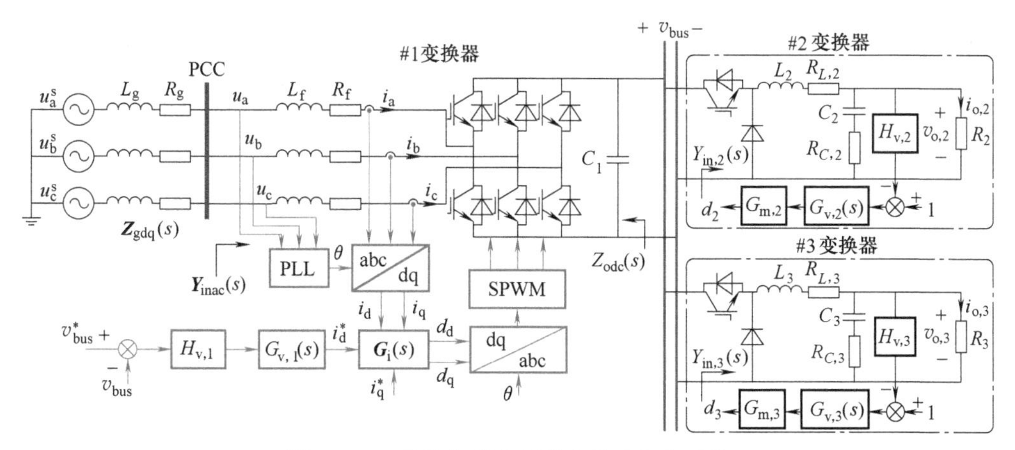

图 6.8　一种接入弱电网的直流配用电系统

表 6.1　系统主要参数

参数	取值	参数	取值	参数	取值
u_d^s, u_q^s/V	$60\sqrt{2}$, 0	v_{bus}/V	200	L_3/μH	500
L_g/mH	1	L_2/μH	500	$R_{L,3}$/Ω	0.1
R_g/Ω	0.25	$R_{L,2}$/Ω	0.1	C_3/μF	100
L_f/mH	6	C_2/μF	100	$R_{C,3}$/Ω	0.1
R_f/Ω	0.5	$R_{C,2}$/Ω	0.1	$H_{v,3}$	1/90
f_1/kHz	10	$H_{v,2}$	1/100	$k_{vp,3}$	0.65
C_1/μF	70	$k_{vp,2}$	0.65	$k_{vi,3}$	300
$H_{v,1}$	1/200	$k_{vi,2}$	300	$G_{m,3}$	1
$k_{vi,1}$	1000	$G_{m,2}$	1	$v_{o,3}$/V	90
$k_{ip,1}$	2	$v_{o,2}$/V	100	f_3/kHz	20
$k_{ii,1}$	15	f_2/kHz	20		

6.4.2　基于等效环路增益的稳定性分析

结合式（6.11）和式（6.12）可得：图 6.8 所示系统的交流等效环路增益矩阵 $\boldsymbol{L}_m(s)$ 和直流等效环路增益 $T_m(s)$ 分别为式（6.45）和式（6.46）。图 6.9 和图 6.10 分别给出了两种系统工况下，$\boldsymbol{L}_m(s)$ 的两个特征值 $\lambda_1(s)$ 和 $\lambda_2(s)$ 的奈奎斯特曲线，可以看出：$\lambda_1(s)$ 和$\lambda_2(s)$ 在工况 1 时均不包围（-1，j0）点，而在工况 2 时均顺时针包围（-1，j0）点两圈。根据基于 $\boldsymbol{L}_m(s)$ 的稳定判据可以推测：图 6.8 所示系统只在工况 1 时稳定，而在工况 2 时不稳定。

$$\boldsymbol{L}_m(s)=\boldsymbol{Y}_{inac}(s)\boldsymbol{Z}_{gdq}(s)+[\boldsymbol{I}+\boldsymbol{Y}_{inac}(s)\boldsymbol{Z}_{gdq}(s)]Z_{odc}(s)[Y_{in,2}(s)+Y_{in,3}(s)]+\boldsymbol{G}_{iiac}(s)\boldsymbol{G}_{vvac}(s)\boldsymbol{Z}_{gdq}(s)[Y_{in,2}(s)+Y_{in,3}(s)] \tag{6.45}$$

$$
\begin{aligned}
T_{\mathrm{m}}(s)= & \det[\boldsymbol{Y}_{\mathrm{inac}}(s)\boldsymbol{Z}_{\mathrm{gdq}}(s)]+\mathrm{Tr}[\boldsymbol{Y}_{\mathrm{inac}}(s)\boldsymbol{Z}_{\mathrm{gdq}}(s)]+\\
& \det[\boldsymbol{I}+\boldsymbol{Y}_{\mathrm{inac}}(s)\boldsymbol{Z}_{\mathrm{gdq}}(s)]Z_{\mathrm{odc}}(s)[Y_{\mathrm{in},2}(s)+Y_{\mathrm{in},3}(s)]+\\
& \boldsymbol{G}_{\mathrm{vvac}}(s)\boldsymbol{Z}_{\mathrm{gdq}}(s)\mathrm{adj}[\boldsymbol{I}+\boldsymbol{Y}_{\mathrm{inac}}(s)\boldsymbol{Z}_{\mathrm{gdq}}(s)]\boldsymbol{G}_{\mathrm{iiac}}(s)[Y_{\mathrm{in},2}(s)+Y_{\mathrm{in},3}(s)]
\end{aligned}
\tag{6.46}
$$

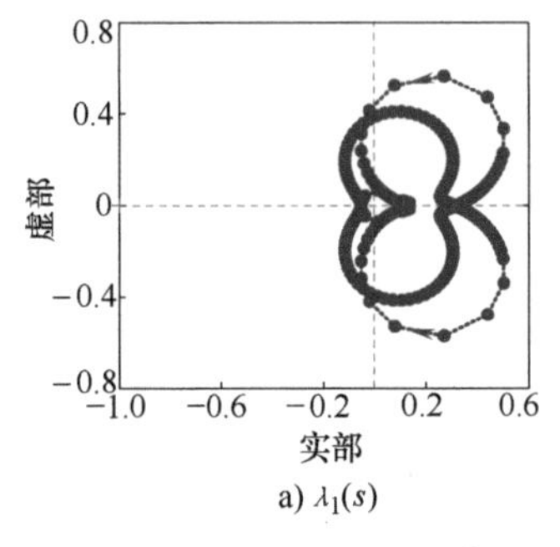

a) $\lambda_1(s)$

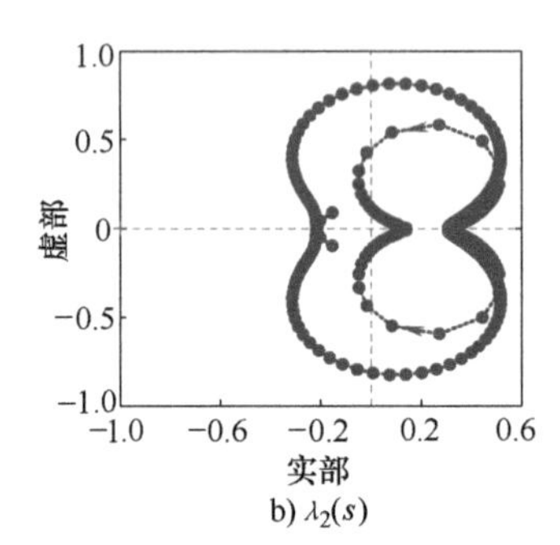

b) $\lambda_2(s)$

图 6.9　工况 1 时，$\boldsymbol{L}_{\mathrm{m}}(s)$ 的特征值的奈奎斯特曲线

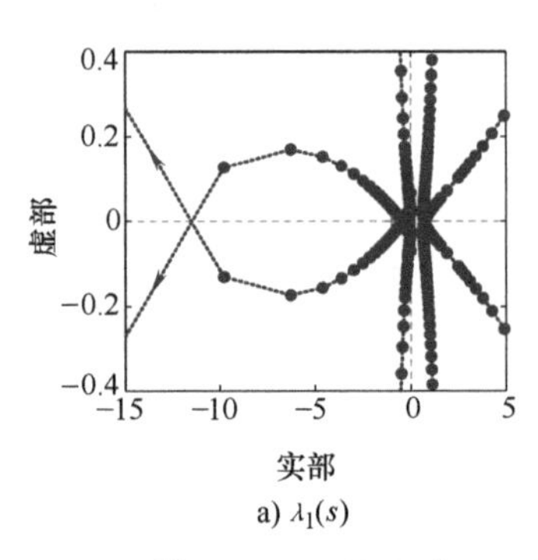

a) $\lambda_1(s)$

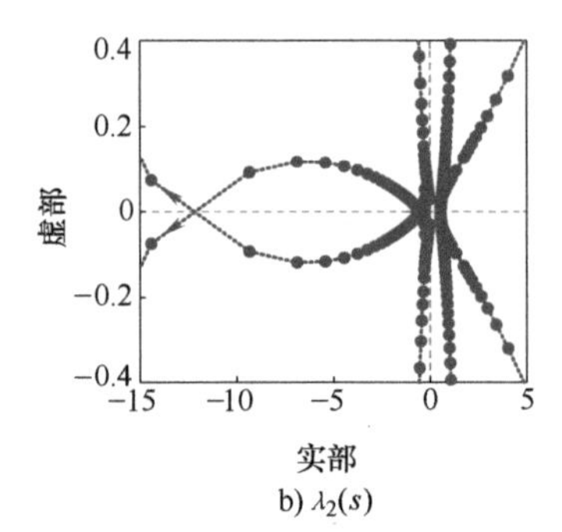

b) $\lambda_2(s)$

图 6.10　工况 2 时，$\boldsymbol{L}_{\mathrm{m}}(s)$ 的特征值的奈奎斯特曲线

如图 6.11 所示，可以看出：行列式 $\det[\boldsymbol{I}+\boldsymbol{L}_{\mathrm{m}}(s)]$的奈奎斯特曲线在工况 1 时包围原点的等效圈数为 0，而在工况 2 时顺时针包围原点两圈。因此，上述稳定性结论也可以根据行列式 $\det[\boldsymbol{I}+\boldsymbol{L}_{\mathrm{m}}(s)]$的奈奎斯特曲线得到。

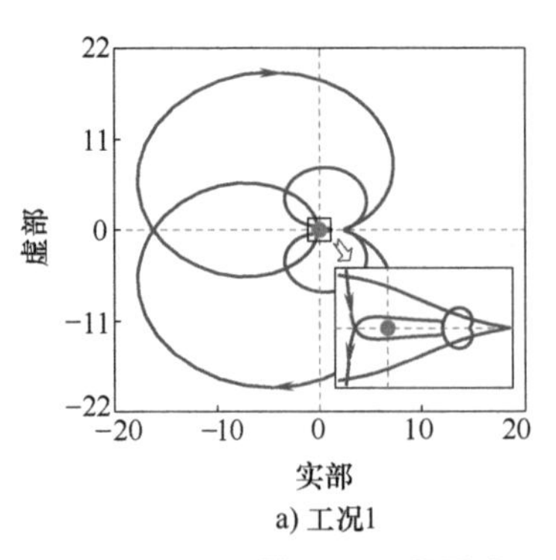

a) 工况1

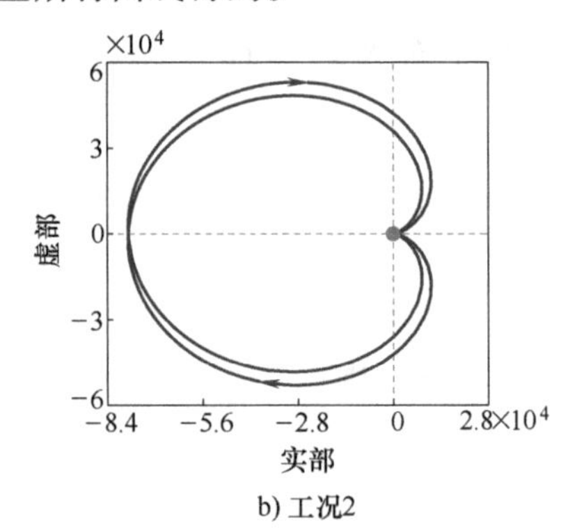

b) 工况2

图 6.11　行列式 $\det[\boldsymbol{I}+\boldsymbol{L}_{\mathrm{m}}(s)]$的奈奎斯特曲线

直流等效环路增益 $T_{\mathrm{m}}(s)$ 在两种系统工况下的奈奎斯特曲线如图 6.12 所示，可以看出：$T_{\mathrm{m}}(s)$ 的奈奎斯特曲线在工况 1 时不包围（-1，j0）点，而在工况 2 时顺时针包围（-1，j0）点两圈。根据基于 $T_{\mathrm{m}}(s)$ 的稳定判据可以推测：图 6.8 所示系统在工况 1 时稳定，而在工况 2 时不稳定。这与基于 $\boldsymbol{L}_{\mathrm{m}}(s)$ 的稳定判据所得结论一致，验证了两种基于等效环路增益的稳定判据在同一系统中应用时的等价性。

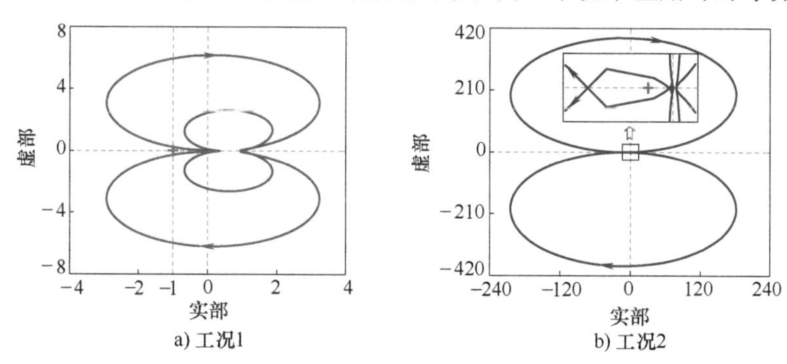

图 6.12 直流等效环路增益 $T_{\mathrm{m}}(s)$ 的奈奎斯特曲线

6.4.3 基于子系统的稳定性分析

首先，按照图 6.6 所示的划分方式将图 6.8 所示系统划分为两个交流子系统：子系统 1 和子系统 2，其中，子系统 1 由三相电网和电网阻抗构成，子系统 2 由 VSC 和两个 Buck 变换器构成。结合式（6.32），子系统 2 对应的阻抗比 $T_{\mathrm{r}}(s)=Z_{\mathrm{odc}}(s)[Y_{\mathrm{in},2}(s)+Y_{\mathrm{in},3}(s)]$，于是可绘制两种系统工况下，$1+T_{\mathrm{r}}(s)$ 的奈奎斯特曲线如图 6.13a 所示。可以看出，$1+T_{\mathrm{r}}(s)$ 的奈奎斯特曲线在工况 1 不包含原点，但在工况 2 顺时针包围原点两圈，这意味着 $1+T_{\mathrm{r}}(s)$ 在工况 1 时没有右半平面零点，但在工况 2 时有两个右半平面零点。进一步结合式（6.38）可得：两个交流子系统的回路比矩阵 $\boldsymbol{L}_{\mathrm{r}1,2}(s)$ 在工况 1 时没有右半平面极点，而在工况 2 时有 2 个右半平面极点。如图 6.14 和图 6.15 分别给出了两种工况下，$\boldsymbol{L}_{\mathrm{r}1,2}(s)$ 的特征值 $\boldsymbol{\lambda}_3(s)$

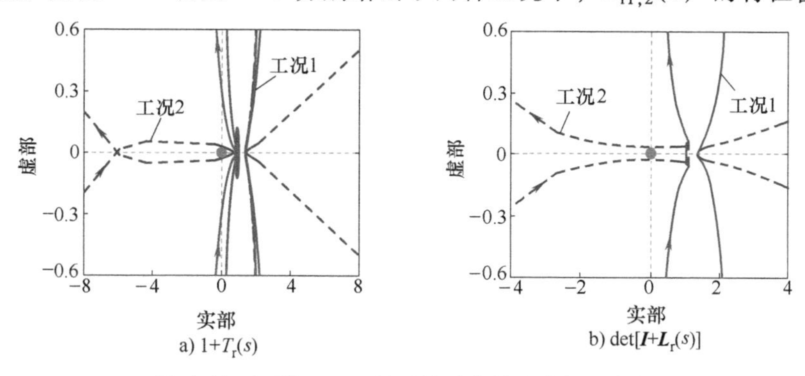

图 6.13 两种工况下子系统对应的奈奎斯特曲线

和 $\lambda_4(s)$ 的奈奎斯特曲线，可以看出：每种工况下 $\lambda_3(s)$ 和 $\lambda_4(s)$ 的奈奎斯特曲线都不包围（-1，j0）点。根据基于交流侧子系统回路比矩阵的稳定判据可以推测：图 6.8 所示系统在工况 1 时可以稳定运行，但在工况 2 无法稳定运行。

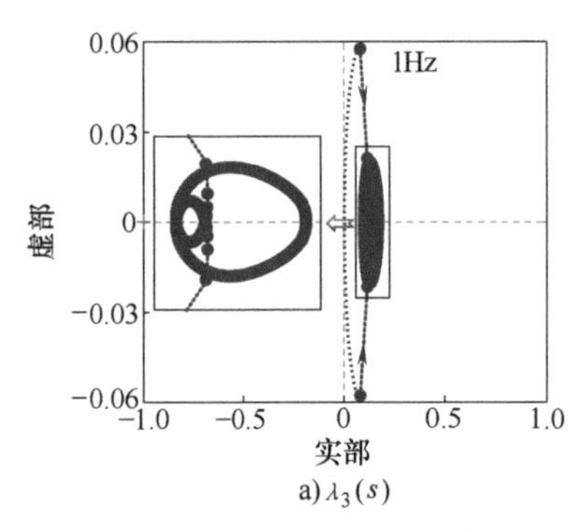

a) $\lambda_3(s)$

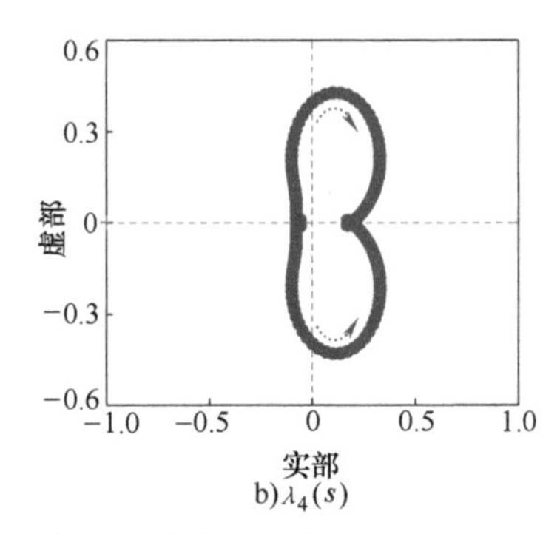

b) $\lambda_4(s)$

图 6.14 工况 1 时，$L_{r1,2}(s)$ 的特征值的奈奎斯特曲线

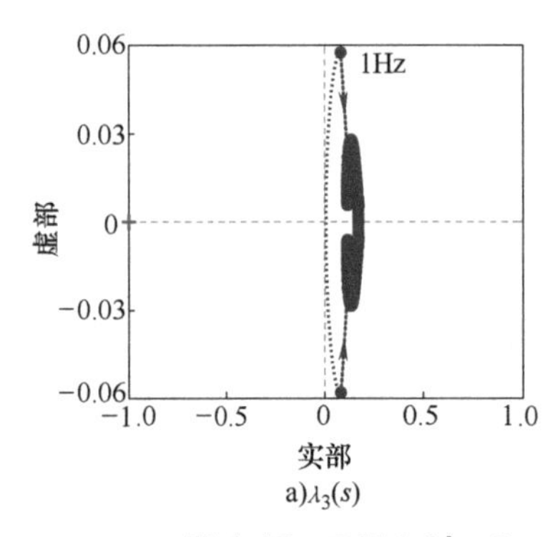

a) $\lambda_3(s)$

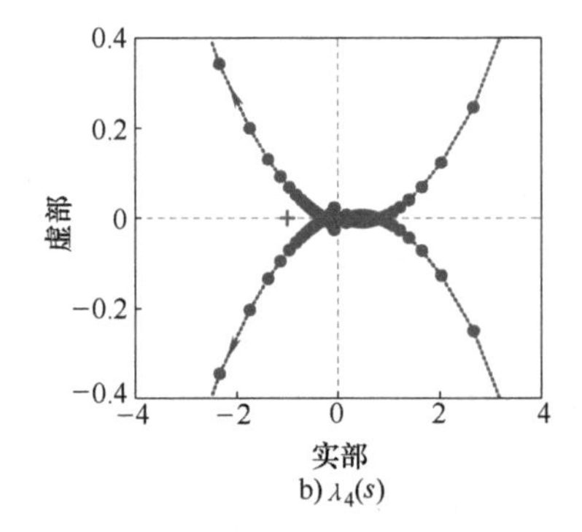

b) $\lambda_4(s)$

图 6.15 工况 2 时，$L_{r1,2}(s)$ 的特征值的奈奎斯特曲线

此外，也可以按照图 6.7 所示的划分方式将图 6.8 所示系统划分为两个直流子系统：子系统 3 和子系统 4，其中，子系统 3 由三相电网、电网阻抗和 VSC 构成，子系统 4 由两个并联的 Buck 变换器构成。结合式（6.31），子系统 3 对应的回路比矩阵$\boldsymbol{L}_{\mathrm{r}}(s)=\boldsymbol{Z}_{\mathrm{gdq}}(s)\boldsymbol{Y}_{\mathrm{inac}}(s)$，于是可绘制两种系统工况下，$\det[\boldsymbol{I}+\boldsymbol{L}_{\mathrm{r}}(s)]$的奈奎斯特曲线如图 6.13b 所示。可以看出：两种工况下，$\det[\boldsymbol{I}+\boldsymbol{L}_{\mathrm{r}}(s)]$的奈奎斯特曲线都不包围原点，这意味着 $\det[\boldsymbol{I}+\boldsymbol{L}_{\mathrm{r}}(s)]$没有右半平面零点。进一步结合式（6.43）可得：两个直流子系统的阻抗比 $T_{\mathrm{r}3,4}(s)$ 在两种工况下都没有右半平面极点。然后，绘制两种工况下子系统 3 和 4 的直流侧等效阻抗 $Z_{\mathrm{sub},3}(s)$ 和 $Z_{\mathrm{sub},4}(s)$ 的伯德图，如图 6.16 所示。可以看出：$Z_{\mathrm{sub},3}(s)$ 和 $Z_{\mathrm{sub},4}(s)$ 的幅频曲线在两种系统工况下都相交。其中，在工况 1 时的交截频率约为 124Hz，但该频率处 $Z_{\mathrm{sub},3}(s)$ 和 $Z_{\mathrm{sub},4}(s)$ 的相位差小于 180°，因此可以推测系统在该工况下是稳定的；在工况 2 时，交截频率 132Hz 处的相位差大于系统稳定要求的 180°，可以推测系统此时不稳定，且直流母线电压与 dq 坐标系下的电网电流中都将出现约 132Hz 的交流振荡分量。

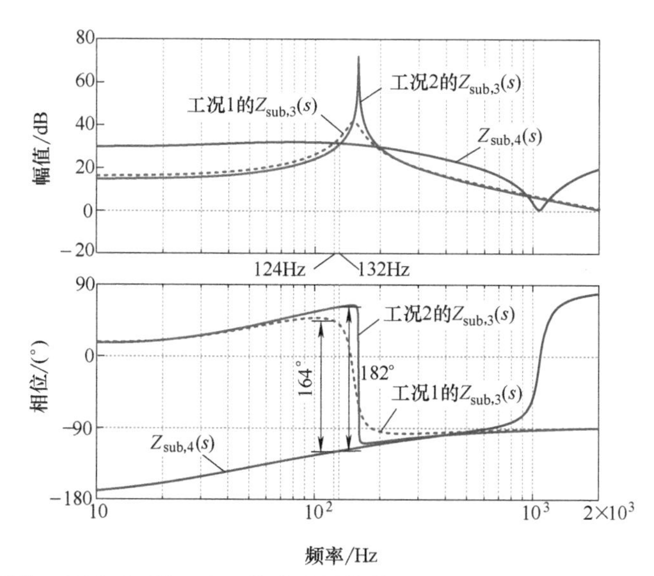

图 6.16 两种工况下子系统 3 和 4 的直流侧等效阻抗 $Z_{sub,3}(s)$ 和 $Z_{sub,4}(s)$ 的伯德图

综上，两种基于子系统的稳定判据评估图 6.8 所示系统稳定性的结论一致，且与基于等效环路增益的稳定判据所判断的结果也完全相同。但相较于基于等效环路增益的稳定判据，基于子系统的稳定判据需要额外计算其阻抗表达式的右半平面极点数，步骤更繁琐。

6.4.4 实验验证

为验证上述稳定性分析结论的正确性，搭建了图 6.8 所示系统对应的实验平台，系统的电路与控制参数与表 6.1 一致，其中 VSC 的控制部分由实时数字控制器 RTU-BOX 204 实现，Buck 变换器的控制部分由 TMS320 F28335 实现。图 6.17 和图 6.18 分别给出了直流母线电压 v_{bus}、#2 变换器和#3 变换器的输出电压 $v_{o,2}$ 和 $v_{o,3}$，以及 PCC 处的 A 相电压 u_a、A 相电流 i_a 和 B 相电流 i_b 在两种工况下的稳态实验波形。图 6.19 给出了系统在两种工况下切换时的动态实验波形。由图 6.17 可以看出，整个系统在

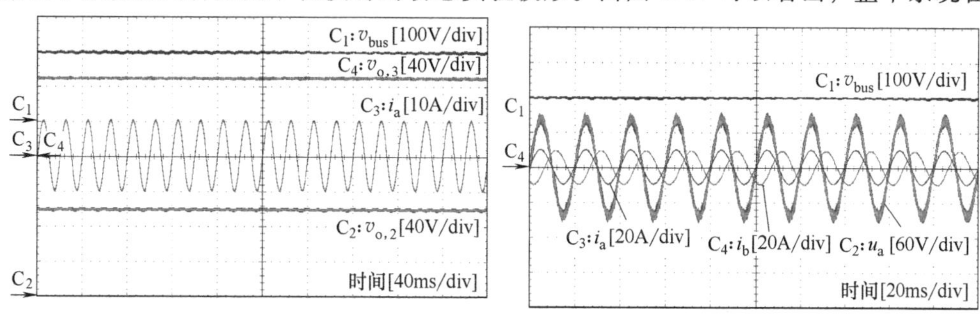

a) 波形图1　　b) 波形图2

图 6.17 工况 1 对应的系统稳态实验波形

工况 1 时是明显稳定的；而从图 6.18 可以看出，系统在工况 2 时不稳定，通过对 v_{bus} 和 i_a 进行 FFT 分解可以发现，直流母线电压中存在 125Hz 的振荡分量，而交流电流中除了 50Hz 基频分量外还有 75Hz 与 175Hz 的振荡分量。这里，交流侧与直流侧振荡频率的关系在附录中给出说明。

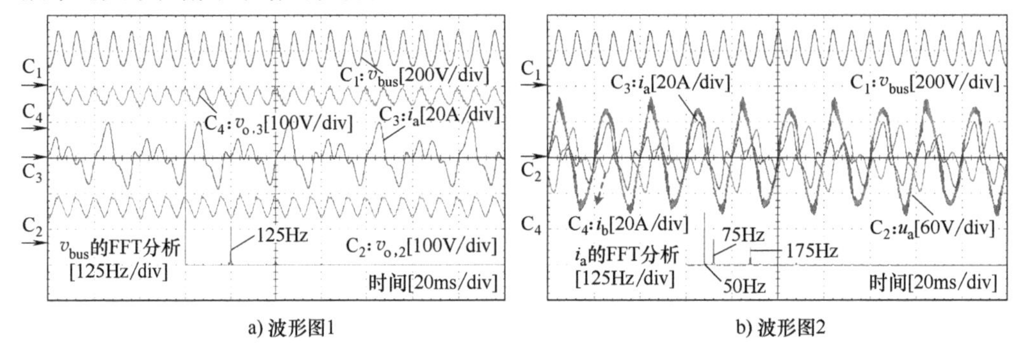

a) 波形图1　　b) 波形图2

图 6.18　工况 2 对应的系统稳态实验波形与 FFT 分析结果

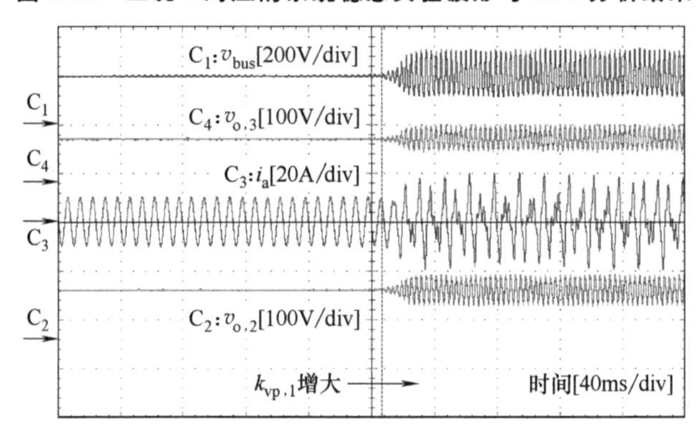

图 6.19　系统由工况 1 切换到工况 2 的动态实验波形

为进一步分析系统的不稳定特性，对电网电流 i_a 和 i_b 的测量数据进行 dq 变换，并进行 FFT 分析，结果如图 6.20 所示。显然，dq 坐标系下电网电流的振荡频

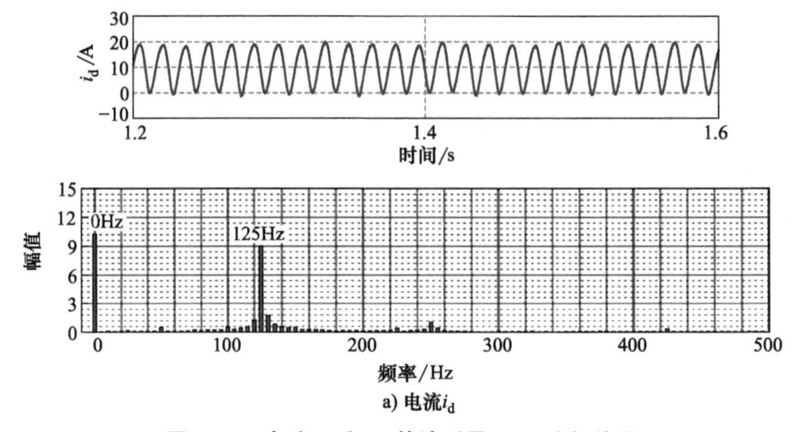

a) 电流i_d

图 6.20　电流 i_d 和 i_q 的波形及 FFT 分析结果

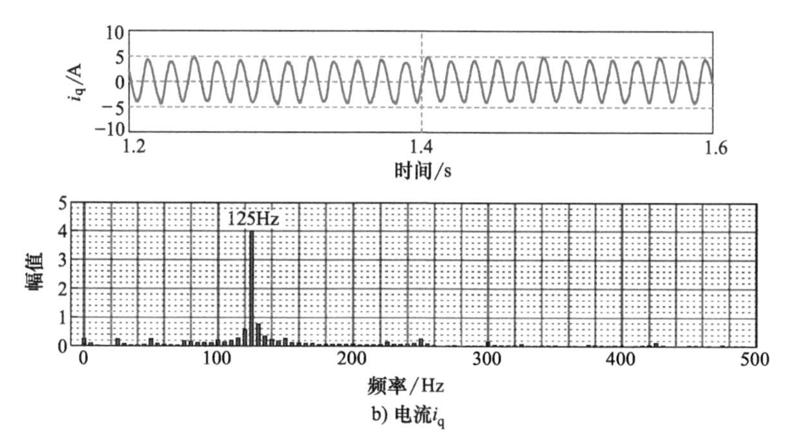

b) 电流i_q

图 6.20 电流 i_d 和 i_q 的波形及 FFT 分析结果（续）

率分量与直流母线电压的振荡频率分量完全相同，均为 125Hz。上述实验结果表明：系统在两个工况下的稳定性与失稳特性与上述基于等效环路增益与子系统的稳定判据分析结果一致，验证了四种稳定判据的正确性。

6.5 本章小结

本章通过构建接入弱电网的直流配用电系统的小信号模型，分析了系统稳定性，介绍了基于等效环路增益和子系统的四种稳定判据，并讨论了这些稳定判据间的关系和差异。最后，通过对案例系统的稳定分析与实验测试，验证了理论分析的正确性。

本章主要结论如下：

1）交流等效环路增益矩阵和直流等效环路增益是系统输入-输出闭环传递函数的开环增益，均不存在右半平面极点，且基于二者的稳定判据都是系统全局稳定的充要条件。

2）对于基于子系统的稳定判据，其阻抗表达式可能会由于所划分子系统的不稳定而存在右半平面极点，因此在系统稳定性分析时还需要计算右半平面极点数。

3）四种稳定判据在控制原理上被证明是完全等价的，但从模型维度、阻抗测量和稳定裕度评估等角度来看，直流侧的稳定判据可能比交流侧的更具优势。

4）当接入弱电网的直流配用电系统不稳定时，直流母线电压和 dq 坐标系下三相交流电网电流的振荡频率 f_{osc} 完全相同，而 abc 坐标系下的三相交流电网电流中除基频 f_g 外，还存在 f_g+f_{osc} 和 $|f_g-f_{osc}|$ 的振荡分量。

第7章 两电压等级直流配用电系统稳定分析与判据

近年来，随着直流配用电技术的不断发展和直流变压器的广泛应用，直流配用电系统已逐渐呈现多电压等级、多直流母线、多电力电子变换器接入等显著特点，这导致系统内部各变换器间的阻抗耦合关系更加复杂，系统稳定性问题日益突出。前几章介绍的系统稳定性分析方法和稳定判据主要针对仅含一个直流电压等级的配用电系统。本章将针对不同类型两电压等级直流配用电系统进行小信号建模和稳定性分析，克服现有稳定判据的应用限制，并给出面向复杂直流配用电系统稳定性评估的新思路。

7.1　三级级联直流系统

三级级联直流系统是一种最简单的两电压等级直流配用电系统，掌握其建模方法与稳定特性是进一步深入研究复杂两电压等级直流配用电系统小信号稳定性的基础。为此，本小节将首先讨论三级级联直流系统的小信号建模、稳定性分析方法与稳定判据。

7.1.1　系统建模

三级级联直流系统的结构如图7.1所示，由两条直流母线和三个级联连接的DC-DC变换器组成，各变换器均采用输出电压控制方式。第x($x=1, 2, 3$)个DC-DC变换器中，$v_{in,x}$和$i_{in,x}$分别为其输入电压和输入电流，$v_{o,x}$和$i_{o,x}$别为其输出电压和输出电流。$v_{bus,k}$第k($k=1, 2$)条直流母线的电压。系统功率流动方向为从左向右。

对于级联系统，若不考虑线路损耗，前级变换器的输出等于后级变换器的输入，于是有

$$\hat{v}_{o,x}(s)=\hat{v}_{in,x+1}(s)=\hat{v}_{bus,x}(s),\quad 1\leqslant x\leqslant 2 \tag{7.1}$$

$$\hat{i}_{o,x}(s)=\hat{i}_{in,x+1}(s),\quad 1\leqslant x\leqslant 2 \tag{7.2}$$

由于各变换器均可以由二端口小信号模型表示，因此第x个DC-DC变换器的

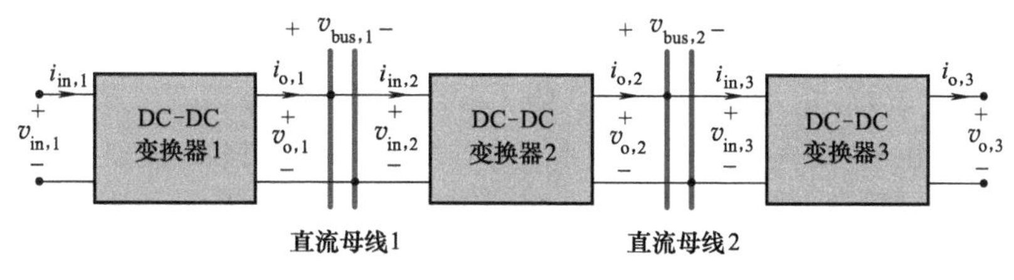

图 7.1 三级级联直流系统的结构

数学模型为式（7.3）。请注意，当各变换器均可以独立稳定运行时，式（7.3）中的四个传递函数均没有右半平面极点。

$$\begin{bmatrix} \hat{i}_{in,x}(s) \\ \hat{v}_{o,x}(s) \end{bmatrix} = \begin{bmatrix} Y_{in,x}(s) & G_{ii,x}(s) \\ G_{vv,x}(s) & -Z_{o,x}(s) \end{bmatrix} \begin{bmatrix} \hat{v}_{in,x}(s) \\ \hat{i}_{o,x}(s) \end{bmatrix} \tag{7.3}$$

式中，$Y_{in,x}(s)$ 为闭环输入导纳；$G_{ii,x}(s)$ 为从 $\hat{i}_{o,x}(s)$ 到 $\hat{i}_{in,x}(s)$ 的闭环传递函数；$G_{vv,x}(s)$ 为从 $\hat{v}_{in,x}(s)$ 到 $\hat{v}_{o,x}(s)$ 的闭环传递函数；$Z_{o,x}(s)$ 为闭环输出阻抗。

基于式（7.3）可得三级级联直流系统的小信号等效模型如图 7.2 所示，图中

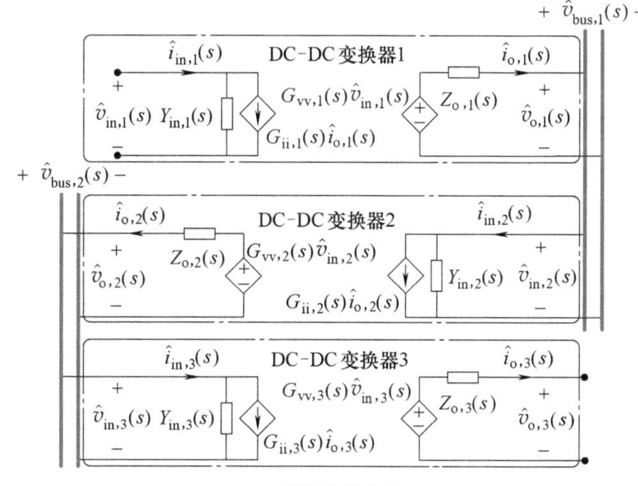

a) 等效电路形式

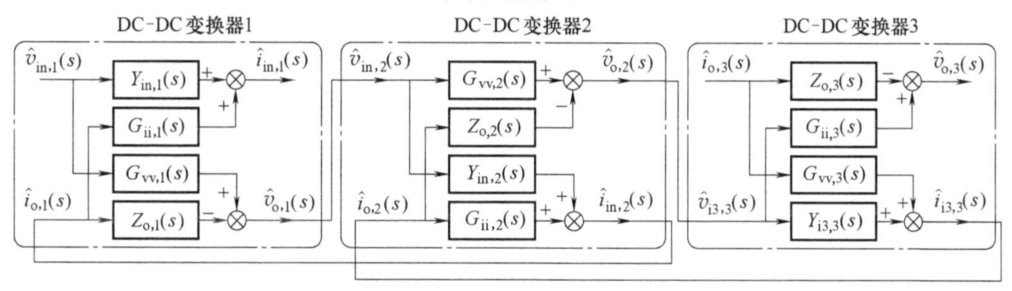

b) 结构图形式

图 7.2 三级级联直流系统的小信号等效模型

同时给出了等效电路和结构图两种形式的小信号等效模型。

从整个系统角度来看，图 7.1 所示三级级联直流系统也可视为一个等效二端口网络，其中 $v_{in,1}(s)$ 和 $i_{in,1}(s)$ 分别其输入电压和输入电流，$v_{o,3}(s)$ 和$i_{o,3}(s)$ 分别为其输出电压和输出电流。考虑到系统内各变换器采用级联方式连接，为便于建立整个系统的二端口小信号模型，首先将式（7.3）变换为基于 T 参数矩阵 $\boldsymbol{T}_x(s)$ 所表示的二端口小信号数学模型

$$\begin{bmatrix}\hat{v}_{in,x}(s)\\ \hat{i}_{in,x}(s)\end{bmatrix}=\boldsymbol{T}_x(s)\begin{bmatrix}\hat{v}_{o,x}(s)\\ \hat{i}_{o,x}(s)\end{bmatrix}=\begin{bmatrix}\dfrac{1}{G_{vv,x}(s)} & \dfrac{Z_{o,x}(s)}{G_{vv,x}(s)}\\ \dfrac{Y_{in,x}(s)}{G_{vv,x}(s)} & \dfrac{G_{ii,x}(s)G_{vv,x}(s)+Y_{in,x}(s)Z_{o,x}(s)}{G_{vv,x}(s)}\end{bmatrix}\begin{bmatrix}\hat{v}_{o,x}(s)\\ \hat{i}_{o,x}(s)\end{bmatrix}$$

(7.4)

结合式（7.1）、式（7.2）和式（7.4）可得式（7.5），其中，四个传递函数 $A_{11}(s)$、$A_{12}(s)$、$A_{21}(s)$ 和 $A_{22}(s)$ 的表达式分别由式（7.6）~式（7.9）给出，$T_3(s)$ 的表达式由式（7.10）给出。

$$\begin{bmatrix}\hat{v}_{in,1}(s)\\ \hat{i}_{in,1}(s)\end{bmatrix}=\boldsymbol{T}_1(s)\boldsymbol{T}_2(s)\boldsymbol{T}_3(s)\begin{bmatrix}\hat{v}_{o,3}(s)\\ \hat{i}_{o,3}(s)\end{bmatrix}=\begin{bmatrix}A_{11}(s) & A_{12}(s)\\ A_{21}(s) & A_{22}(s)\end{bmatrix}\begin{bmatrix}\hat{v}_{o,3}(s)\\ \hat{i}_{o,3}(s)\end{bmatrix} \quad (7.5)$$

$$A_{11}(s)=\frac{1+T_3(s)}{G_{vv,1}(s)G_{vv,2}(s)G_{vv,3}(s)} \quad (7.6)$$

$$A_{12}(s)=\frac{[1+T_3(s)]Z_{o,3}(s)+[1+Z_{o,1}(s)Y_{in,2}(s)]Z_{o,2}(s)G_{ii,3}(s)G_{vv,3}(s)+Z_{o,1}(s)G_{ii,2}(s)G_{vv,2}(s)G_{ii,3}(s)G_{vv,3}(s)}{G_{vv,1}(s)G_{vv,2}(s)G_{vv,3}(s)}$$

(7.7)

$$A_{21}(s)=\frac{[1+T_3(s)]Y_{in,1}(s)+[1+Z_{o,2}(s)Y_{in,3}(s)]G_{ii,1}(s)G_{vv,1}(s)Y_{in,2}(s)+G_{ii,1}(s)G_{vv,1}(s)G_{ii,2}(s)G_{vv,2}(s)Y_{in,3}(s)}{G_{vv,1}(s)G_{vv,2}(s)G_{vv,3}(s)}$$

(7.8)

$$A_{22}(s)=\frac{\begin{aligned}&[1+T_3(s)]Y_{in,1}(s)Z_{o,3}(s)+[1+Z_{o,1}(s)Y_{in,2}(s)]Y_{in,1}(s)Z_{o,2}(s)G_{ii,3}(s)G_{vv,3}(s)+\\&[1+Z_{o,2}(s)Y_{in,3}(s)]Y_{in,2}(s)Z_{o,3}(s)G_{ii,1}(s)G_{vv,1}(s)+\\&Y_{in,1}(s)Z_{o,1}(s)G_{ii,2}(s)G_{vv,2}(s)G_{ii,3}(s)G_{vv,3}(s)+\\&Y_{in,2}(s)Z_{o,2}(s)G_{ii,1}(s)G_{vv,1}(s)G_{ii,3}(s)G_{vv,3}(s)+\\&Y_{in,3}(s)Z_{o,3}(s)G_{ii,1}(s)G_{vv,1}(s)G_{ii,2}(s)G_{vv,2}(s)+\\&G_{ii,1}(s)G_{vv,1}(s)G_{ii,2}(s)G_{vv,2}(s)G_{ii,3}(s)G_{vv,3}(s)\end{aligned}}{G_{vv,1}(s)G_{vv,2}(s)G_{vv,3}(s)}$$

(7.9)

$$T_3(s)=[1+Z_{o,1}(s)Y_{in,2}(s)][1+Z_{o,2}(s)Y_{in,3}(s)]-1+Z_{o,1}(s)Y_{in,3}(s)G_{ii,2}(s)G_{vv,2}(s) \tag{7.10}$$

由式（7.5）可得简单三级级联直流系统的二端口小信号数学模型为

$$\begin{bmatrix}\hat{i}_{in,1}(s)\\ \hat{v}_{o,3}(s)\end{bmatrix}=\begin{bmatrix}\dfrac{A_{21}(s)}{A_{11}(s)} & \dfrac{A_{11}(s)A_{22}(s)-A_{12}(s)A_{21}(s)}{A_{11}(s)}\\ \dfrac{1}{A_{11}(s)} & -\dfrac{A_{12}(s)}{A_{11}(s)}\end{bmatrix}\begin{bmatrix}\hat{v}_{in,1}(s)\\ \hat{i}_{o,3}(s)\end{bmatrix} \tag{7.11}$$

$$=\begin{bmatrix}Y_{in,3}^{eq}(s) & G_{ii,3}^{eq}(s)\\ G_{vv,3}^{eq}(s) & -Z_{o,3}^{eq}(s)\end{bmatrix}\begin{bmatrix}\hat{v}_{in,1}(s)\\ \hat{i}_{o,3}(s)\end{bmatrix}$$

式中，$Y_{in,3}^{eq}(s)$ 为整个系统的闭环输入导纳；$G_{ii,3}^{eq}(s)$ 为从 $\hat{i}_{o,3}(s)$ 到 $\hat{i}_{in,1}(s)$ 的闭环传递函数；$G_{vv,3}^{eq}(s)$ 为从 $\hat{v}_{in,1}(s)$ 到 $\hat{v}_{o,3}(s)$ 的闭环传递函数；$Z_{o,3}^{eq}(s)$ 为整个系统的闭环输出阻抗。

根据行列式的计算公式和式（7.5），可得

$$A_{11}(s)A_{22}(s)-A_{12}(s)A_{21}(s)=\begin{vmatrix}A_{11}(s) & A_{12}(s)\\ A_{21}(s) & A_{22}(s)\end{vmatrix}=\prod_{k=1}^{3}\frac{G_{ii,k}(s)}{G_{vv,k}(s)} \tag{7.12}$$

将式（7.6）~式（7.8）和式（7.12）代入式（7.11）可得

$$Y_{in,3}^{eq}(s)=Y_{in,1}(s)+\frac{[Y_{in,2}(s)+Y_{in,3}(s)G_{ii,2}(s)G_{vv,2}(s)+Z_{o,2}(s)Y_{in,2}(s)Y_{in,3}(s)]G_{ii,1}(s)G_{vv,1}(s)}{1+T_3(s)} \tag{7.13}$$

$$G_{ii,3}^{eq}(s)=\frac{G_{ii,1}(s)G_{ii,2}(s)G_{ii,3}(s)}{1+T_3(s)} \tag{7.14}$$

$$G_{vv,n}^{eq}(s)=\frac{G_{vv,1}(s)G_{vv,2}(s)G_{vv,3}(s)}{1+T_3(s)} \tag{7.15}$$

$$Z_{o,3}^{eq}(s)=Z_{o,3}(s)+\frac{[Z_{o,2}(s)+Z_{o,1}(s)G_{ii,2}(s)G_{vv,2}(s)+Z_{o,1}(s)Z_{o,2}(s)Y_{in,2}(s)]G_{ii,3}(s)G_{vv,3}(s)}{1+T_3(s)} \tag{7.16}$$

7.1.2　小信号稳定性分析与稳定判据

1. 基于等效环路增益的稳定判据

式（7.13）~式（7.16）给出了三级直流系统的四个输入-输出传递函数。根据麦克斯韦稳定判据，当且仅当这四个输入-输出传递函数均没有右半平面极点时，系统即可稳定。由于系统内所有变换器均可以独立稳定运行时，$Y_{in,x}(s)$、$G_{ii,x}(s)$、$G_{vv,x}(s)$ 和 $Z_{o,x}(s)$ 都没有右半平面极点，因此整个系统的稳定性取决于 $1/[1+T_3(s)]$ 是否有右半平面极点。将 $T_3(s)$ 定义为系统的等效环路增益。结合奈奎斯特稳定判

据，可得到基于等效环路增益的稳定判据：当各变换器独立稳定运行且 $T_3(s)$ 满足奈奎斯特稳定判据时，该直流系统是稳定的，反之则不稳定。

进一步地，根据式（7.10），当 $Y_{in,x}(s)$、$G_{ii,x}(s)$、$G_{vv,x}(s)$ 和 $Z_{o,x}(s)$ 均没有右半平面极点时，$T_3(s)$ 也不含右半平面极点，因此基于等效环路增益的稳定判据可进一步描述为：三级级联直流系统稳定的充分必要条件是各变换器独立稳定运行且 $T_3(s)$ 的奈奎斯特曲线不包围（-1，j0）点。

基于等效环路增益的稳定判据本质上是从系统内部环路得到的稳定性分析方法，实际上，从子系统间的相互作用和系统对外端口角度也可以对整个系统的小信号稳定性进行评估。

2. 基于子系统阻抗比的稳定判据

首先给出基于子系统的稳定判据方法，如图 7.3 所示，分别从不同母线处对三级级联直流系统进行子系统划分，共有两种子系统划分方式。如图 7.3a 所示，第一种划分方式是从第一条直流母线处将整个系统划分为子系统 1 和子系统 2，$Z_{sub,1}(s)$ 和 $Z_{sub,2}(s)$ 分别为两个子系统在第一条直流母线侧的等效阻抗，其表达式分别为

$$Z_{sub,1}(s)=Z_{o,1}(s) \tag{7.17}$$

$$\begin{aligned}Z_{sub,2}(s)&=\left[Y_{in,2}(s)+\frac{Y_{in,3}(s)G_{ii,2}(s)G_{vv,2}(s)}{1+Z_{o,2}(s)Y_{in,3}(s)}\right]^{-1}\\&=\frac{1+Z_{o,2}(s)Y_{in,3}(s)}{[1+Z_{o,2}(s)Y_{in,3}(s)]Y_{in,2}(s)+Y_{in,3}(s)G_{ii,2}(s)G_{vv,2}(s)}\end{aligned} \tag{7.18}$$

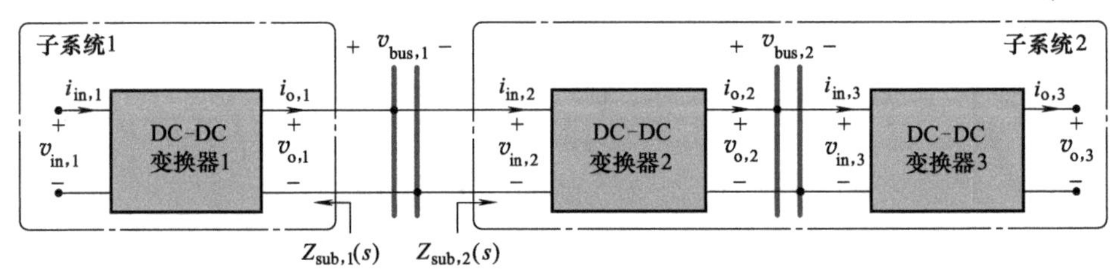

a) 第一种子系统划分方式

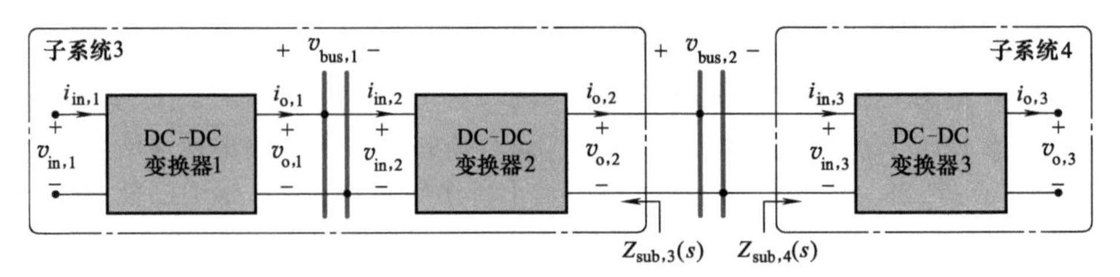

b) 第二种子系统划分方式

图 7.3　三级级联直流系统的子系统划分

于是定义第一个子系统阻抗比为

$$R_1(s)=\frac{Z_{\mathrm{sub},1}(s)}{Z_{\mathrm{sub},2}(s)}=Z_{\mathrm{o},1}Y_{\mathrm{in},2}(s)+\frac{Z_{\mathrm{o},1}Y_{\mathrm{in},3}(s)G_{\mathrm{ii},2}(s)G_{\mathrm{vv},2}(s)}{1+Z_{\mathrm{o},2}(s)Y_{\mathrm{in},3}(s)} \tag{7.19}$$

根据式（7.19），可得

$$\begin{aligned}\frac{1}{1+R_1(s)}&=\frac{1+Z_{\mathrm{o},2}(s)Y_{\mathrm{in},3}(s)}{[1+Z_{\mathrm{o},1}(s)Y_{\mathrm{in},2}(s)][1+Z_{\mathrm{o},2}(s)Y_{\mathrm{in},3}(s)]+Z_{\mathrm{o},1}(s)Y_{\mathrm{in},3}(s)G_{\mathrm{ii},2}(s)G_{\mathrm{vv},2}(s)}\\&=\frac{1+Z_{\mathrm{o},2}(s)Y_{\mathrm{in},3}(s)}{1+T_3(s)}\end{aligned} \tag{7.20}$$

由式（7.20）可以看出：$1/[1+R_1(s)]$ 与 $1/[1+T_3(s)]$ 是否存在右半平面极点完全等价。结合奈奎斯特稳定判据，当子系统阻抗比 $R_1(s)$ 满足奈奎斯特稳定判据时，该直流系统稳定，反之则不稳定。不过，不同于等效环路增益 $T_3(s)$，当子系统2不能独立稳定运行，即 $Z_{\mathrm{o},2}(s)$ $Y_{\mathrm{in},3}(s)$ 不满足奈奎斯特稳定判据时，$R_1(s)$ 则将包含右半平面极点。因此，子系统阻抗比 $R_1(s)$ 满足奈奎斯特稳定判据即要求 $R_1(s)$ 的奈奎斯特曲线逆时针包围（-1，j0）点的圈数等于其右半平面极点的数目。根据式（7.19）可知：$R_1(s)$ 的右半平面极点即为 $1+Z_{\mathrm{o},2}(s)Y_{\mathrm{in},3}(s)$ 的右半平面零点，其数目也等于阻抗比 $Z_{\mathrm{o},2}(s)Y_{\mathrm{in},3}(s)$ 的奈奎斯特曲线顺时针包围（-1，j0）点的圈数。所以，当子系统2不稳定时，$R_1(s)$ 一定存在右半平面极点。此时可以通过考察 $R_1(s)$ 的奈奎斯特曲线逆时针包围（-1，j0）点的圈数与 $Z_{\mathrm{o},2}(s)Y_{\mathrm{in},3}(s)$ 的奈奎斯特曲线顺时针包围(-1，j0）点的圈数是否相等来评估系统稳定性：若相等则系统稳定，反之则不稳定。

如图7.3b所示，第二种划分方式是从第二条直流母线处将整个系统划分为子系统3和子系统4，它们在第二条直流母线侧的等效阻抗 $Z_{\mathrm{sub},3}(s)$ 和 $Z_{\mathrm{sub},4}(s)$ 的表达式分别为

$$Z_{\mathrm{sub},3}(s)=Z_{\mathrm{o},2}(s)+\frac{Z_{\mathrm{o},1}(s)G_{\mathrm{ii},2}(s)G_{\mathrm{vv},2}(s)}{1+Z_{\mathrm{o},1}(s)Y_{\mathrm{in},2}(s)} \tag{7.21}$$

$$Z_{\mathrm{sub},4}(s)=1/Y_{\mathrm{in},3}(s) \tag{7.22}$$

因此第二个子系统阻抗比可以定义为

$$R_2(s)=\frac{Z_{\mathrm{sub},3}(s)}{Z_{\mathrm{sub},4}(s)}=Z_{\mathrm{o},2}(s)Y_{\mathrm{in},3}(s)+\frac{Z_{\mathrm{o},1}(s)Y_{\mathrm{in},3}(s)G_{\mathrm{ii},2}(s)G_{\mathrm{vv},2}(s)}{1+Z_{\mathrm{o},1}(s)Y_{\mathrm{in},2}(s)} \tag{7.23}$$

根据式（7.23），可得

$$\begin{aligned}\frac{1}{1+R_2(s)}&=\frac{1+Z_{\mathrm{o},1}(s)Y_{\mathrm{in},2}(s)}{[1+Z_{\mathrm{o},1}(s)Y_{\mathrm{in},2}(s)][1+Z_{\mathrm{o},2}(s)Y_{\mathrm{in},3}(s)]+Z_{\mathrm{o},1}(s)Y_{\mathrm{in},3}(s)G_{\mathrm{ii},2}(s)G_{\mathrm{vv},2}(s)}\\&=\frac{1+Z_{\mathrm{o},1}(s)Y_{\mathrm{in},2}(s)}{1+T_3(s)}\end{aligned} \tag{7.24}$$

由式（7.24）可以看出：与 $R_1(s)$ 类似，$1/[1+R_2(s)]$ 是否有右半平面极点同样等价于 $1/[1+T_3(s)]$ 是否有右半平面极点。这意味当子系统阻抗比 $R_2(s)$ 满足奈奎斯特稳定判据时，该直流系统也是稳定的。同样地，当子系统 3 不能独立稳定运行，即 $Z_{o,1}(s)Y_{in,2}(s)$ 不满足奈奎斯特稳定判据时，$R_2(s)$ 也将包含右半平面极点。因此，基于子系统阻抗比 $R_2(s)$ 的稳定判据可描述为：$R_2(s)$ 的奈奎斯特曲线逆时针包围（-1，j0）点的圈数等于其右半平面极点的数目。根据式（7.23）可知：$R_2(s)$ 的右半平面极点即为 $1+Z_{o,1}(s)Y_{in,2}(s)$ 的右半平面零点，也等于阻抗比 $Z_{o,1}(s)Y_{in,2}(s)$ 的奈奎斯特曲线顺时针包围（-1，j0）点的圈数。所以，当子系统 3 不稳定时，$R_2(s)$ 一定存在右半平面极点，此时可以通过判断 $R_2(s)$ 的奈奎斯特曲线逆时针包围（-1，j0）点的圈数与 $Z_{o,1}(s)\ Y_{in,2}(s)$ 的奈奎斯特曲线顺时针包围（-1，j0）点的圈数是否相等来评估系统稳定性：若相等则系统稳定，反之则不稳定。

基于上述分析可知，无论对哪一条直流母线进行划分，相应的子系统阻抗比均可以评估整个系统的稳定性。但当子系统不稳定时，子系统阻抗比中将包含右半平面极点，需要额外分析。

3. 基于母线阻抗的稳定判据

从系统对外端口角度，整个系统可以分别从不同直流母线处等效为一端口模型。如图 7.4 所示，基于式（7.17）、式（7.18）、式（7.21）和式（7.22），两条直流母线对应的端口等效阻抗，即母线阻抗 $Z_{bus,1}(s)$ 和 $Z_{bus,2}(s)$ 可以分别表示为

$$Z_{bus,1}(s)=Z_{sub,1}(s)//Z_{sub,2}(s)=Z_{o,1}(s)\frac{1+Z_{o,2}(s)Y_{in,3}(s)}{1+T_3(s)} \tag{7.25}$$

$$Z_{bus,2}(s)=Z_{sub,3}(s)//Z_{sub,4}(s)=\frac{Z_{o,2}(s)[1+Z_{o,1}(s)Y_{in,2}(s)]+Z_{o,1}(s)G_{ii,2}(s)G_{vv,2}(s)}{1+T_3(s)} \tag{7.26}$$

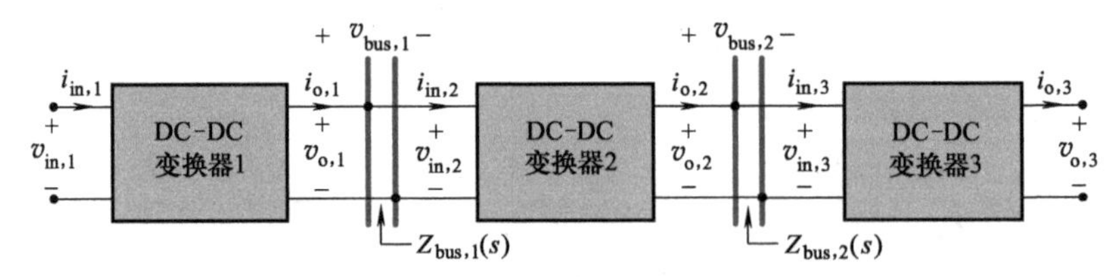

图 7.4　三级级联直流系统的母线阻抗

根据式（7.25）和式（7.26），当各变换器均可以独立稳定运行时，$Z_{bus,1}(s)$ 和 $Z_{bus,2}(s)$ 是否包含右半平面极点完全等价于 $1/[1+T_3(s)]$ 是否有右半平面极点。因此，只要任意一个母线阻抗没有右半平面极点，三级级联直流系统就是稳定的，此即为基于母线阻抗的稳定判据。

7.1.3 子系统稳定性与系统全局稳定性的关系

对于简单两电压等级直流系统，其稳定性要求由单个变换器构成的两个子系统均可以稳定运行。根据前述分析，在三级级联直流系统中，子系统可能由两个级联变换器组成，例如图 7.3 中的子系统 2 和子系统 3，这种子系统独立稳定运行的条件与整个系统全局稳定性的关系将在本小节中探讨。为进一步推导三级级联直流系统的稳定条件，对 $Y_{in,x}(s)$、$G_{ii,x}(s)$、$G_{vv,x}(s)$ 和 $Z_{o,x}(s)$ 的分子分母多项式分别进行分解：

$$\begin{cases}Y_{in,x}(s)=N_{in,x}(s)/D_{in,x}(s)\\G_{ii,x}(s)=N_{ii,x}(s)/D_{ii,x}(s)\\G_{vv,x}(s)=N_{vv,x}(s)/D_{vv,x}(s)\\Z_{o,x}(s)=N_{o,x}(s)/D_{o,x}(s)\end{cases}\tag{7.27}$$

式中，$N(s)$ 和 $D(s)$ 分别表示传递函数的分子和分母多项式，例如 $N_{in,x}(s)$ 和 $D_{in,x}(s)$ 分别表示 $Y_{in,x}(s)$ 的分子和分母多项式。由于各变换器独立稳定运行时，$Y_{in,x}(s)$、$G_{ii,x}(s)$、$G_{vv,x}(s)$ 和 $Z_{o,x}(s)$ 均没有右半平面极点，因此 $D_{in,x}(s)$、$D_{ii,x}(s)$、$D_{vv,x}(s)$ 和 $D_{o,x}(s)$ 也都没有右半平面零点。

将式 (7.27) 分别代入式 (7.13)~式 (7.16)，并整理可得

$$Y_{in,3}^{eq}(s)=\frac{N_{in,1}(s)}{D_{in,1}(s)}+\frac{N_{ii,1}(s)N_{vv,1}(s)H_1(s)}{D_{ii,1}(s)D_{vv,1}(s)F(s)}\tag{7.28}$$

$$G_{ii,3}^{eq}(s)=\frac{D_{o,1}(s)D_{o,2}(s)D_{in,2}(s)D_{in,3}(s)N_{ii,1}(s)N_{ii,2}(s)N_{ii,3}(s)D_{vv,2}(s)}{D_{ii,1}(s)D_{ii,3}(s)F(s)}\tag{7.29}$$

$$G_{vv,3}^{eq}(s)=\frac{D_{o,1}(s)D_{o,2}(s)D_{in,2}(s)D_{ii,2}(s)D_{in,3}(s)N_{vv,1}(s)N_{vv,2}(s)N_{vv,3}(s)}{D_{vv,1}(s)D_{vv,3}(s)F(s)}\tag{7.30}$$

$$Z_{o,3}^{eq}(s)=\frac{N_{o,3}(s)}{D_{o,3}(s)}+\frac{N_{ii,3}(s)N_{vv,3}(s)H_2(s)}{D_{ii,3}(s)D_{vv,3}(s)F(s)}\tag{7.31}$$

式中，传递函数 $H_1(s)$、$H_2(s)$ 和 $F(s)$ 的表达式分别由式 (7.32)~式 (7.34) 给出。

$$\begin{aligned}H_1(s)=\;&D_{o,1}(s)D_{o,2}(s)N_{in,2}(s)D_{in,3}(s)D_{ii,2}(s)D_{vv,2}(s)+\\&D_{o,1}(s)D_{o,2}(s)D_{in,2}(s)N_{in,3}(s)N_{ii,2}(s)N_{vv,2}(s)+\\&D_{o,1}(s)N_{o,2}(s)N_{in,2}(s)N_{in,3}(s)D_{ii,2}(s)D_{vv,2}(s)\end{aligned}\tag{7.32}$$

$$\begin{aligned}H_2(s)=\;&D_{o,1}(s)N_{o,2}(s)D_{in,2}(s)D_{in,3}(s)D_{ii,2}(s)D_{vv,2}(s)+\\&N_{o,1}(s)D_{o,2}(s)D_{in,2}(s)D_{in,3}(s)N_{ii,2}(s)N_{vv,2}(s)+\\&N_{o,1}(s)N_{o,2}(s)N_{in,2}(s)D_{in,3}(s)D_{ii,2}(s)D_{vv,2}(s)\end{aligned}\tag{7.33}$$

$$
\begin{aligned}
F(s)=&D_{ii,2}(s)D_{vv,2}(s)[D_{o,1}(s)D_{in,2}(s)+N_{o,1}(s)N_{in,2}(s)]\cdot\\
&[D_{o,2}(s)D_{in,3}(s)+N_{o,2}(s)N_{in,3}(s)]+\\
&N_{o,1}(s)D_{o,2}(s)D_{in,2}(s)N_{in,3}(s)N_{ii,2}(s)N_{vv,2}(s)
\end{aligned}
\tag{7.34}
$$

根据麦克斯韦稳定判据，当且仅当式（7.28）~式（7.31）均没有右半平面极点时，该直流系统是稳定的。进一步地，由于 $D_{in,x}(s)$、$D_{ii,x}(s)$、$D_{vv,x}(s)$ 和 $D_{o,x}(s)$ 均没有右半平面零点，因此整个系统的稳定性取决于 $F(s)$ 是否含有右半平面的零点：若有，系统不稳定，反之则稳定。

根据两级级联直流系统的阻抗和判据可知：当且仅当图 7.3 中子系统 2 的阻抗和 $Z_{o,2}+1/Y_{in,3}$ 的分子多项式 $D_{o,2}(s)D_{in,3}(s)+N_{o,2}(s)N_{in,3}(s)$ 没有右半平面零点时，子系统 2 可以独立稳定运行。类似地，当且仅当子系统 3 满足阻抗和 $Z_{o,1}+1/Y_{in,2}$ 的分子多项式 $D_{o,1}(s)D_{in,2}(s)+N_{o,1}(s)N_{in,2}(s)$ 没有右半平面零点时，子系统 3 也可以独立稳定运行。

令

$$
\begin{aligned}
F_1(s)=&D_{ii,2}(s)D_{vv,2}(s)[D_{o,1}(s)D_{in,2}(s)+N_{o,1}(s)N_{in,2}(s)]\cdot\\
&[D_{o,2}(s)D_{in,3}(s)+N_{o,2}(s)N_{in,3}(s)]
\end{aligned}
\tag{7.35}
$$

$$
F_2(s)=N_{o,1}(s)D_{o,2}(s)D_{in,2}(s)N_{in,3}(s)N_{ii,2}(s)N_{vv,2}(s)
\tag{7.36}
$$

则有

$$
F(s)=F_1(s)+F_2(s)
\tag{7.37}
$$

显然，$D_{o,1}(s)\ D_{in,2}(s)+N_{o,1}(s)N_{in,2}(s)$ 和 $D_{o,2}(s)\ D_{in,3}(s)+N_{o,2}(s)N_{in,3}(s)$ 的右半平面零点（若存在的话）也是 $F_1(s)$ 的右半平面零点。因此，$F_1(s)$ 和 $F(s)$ 的右半平面零点情况分别对应着两个子系统的独立稳定性和整个系统的全局稳定性。然而，当 $F_2(s)$ 与 $F_1(s)$ 相加后，$F_1(s)$ 原本的所有零点都会在 s 平面上移动，移动方向可能是朝着实轴的正方向，也可能是负方向。一旦 $F_1(s)$ 所有的右半平面零点都移动到了 s 左半平面，这意味着子系统中所有不稳定的零点将不会被引入 $F(s)$。相反，如果 $F_1(s)$ 的一些左半平面零点移动到了 s 右半平面或者 $F_2(s)$ 中重新引入了一些右半平面零点，这意味着 $F_2(s)$ 对整个系统稳定性是不友好的。于是，有下面两种特殊情况。

情况 1：$F_1(s)$ 本身没有右半平面零点，但其与 $F_2(s)$ 相加后得到的 $F(s)$ 中却存在右半平面零点。此时，子系统可以独立稳定运行，但整个三级级联等级直流系统不稳定。这种简单系统稳定而复杂系统不稳定的结论很容易理解和接受。

情况 2：$F_1(s)$ 有一些右半平面零点，但其与 $F_2(s)$ 相加后得到的 $F(s)$ 中却不存在任何右半平面零点。此时可以得到一个有趣的结论：即使某些子系统是不稳定的，三级级联直流系统仍然可以稳定。需要指出的是，这种情况下，结合式（7.19）和式（7.23）可知：两个子系统阻抗比中至少有一个一定包含右半平面极点，且这些不稳定的极点刚好为 $F_1(s)$ 的右半平面零点。

基于上述分析，在设计简单三级级联直流系统时，无需保证所有的子系统也可以独立稳定运行。对于更复杂多级级联直流系统，如果将所有子系统的稳定条件都考虑到，那么将会使得整个系统的电路或控制参数设计较为保守，实现难度较大。

7.2　两电压等级直流配用电系统

7.2.1　系统建模

含两条不同电压等级直流配用电母线的系统如图 7.5a 所示，两条直流母线通过直流变压器互联。当直流变压器采用输出电压控制方式时，具有电压变换的功能，用于控制输出侧直流母线电压，以供连接光伏、交直流负载与储能装置；而当直流变压器采用输出电流或输出功率控制方式时，则用于实现两条直流母线间的功率传输与调度，此时其输出侧直流母线电压由其他源或设备提供。根据 ZTC 和 YTC 的分类方法，采用输出电压控制的直流变压器可定义为 YTC-ZTC，而采用输出电流或功率控制的直流变压器则定义为 YTC-YTC，于是可得两电压等级直流配用电系统的统一形式如图 7.5b 所示。其中，直流母线 $k(k=1,2)$ 上并联的第 $j_k(j_k=1,2,\cdots,M_k)$ 个 ZTC 和第 $l_k(l_k=1,2,\cdots,N_k)$ 个 YTC 分别记为 ZTC_{k,j_k} 和 YTC_{k,l_k}。需要指出的是，系统内各变换器运行模式和投入数量的变化仅改变 M_k 和 N_k 的取值，并不改变整个系统的统一形式。

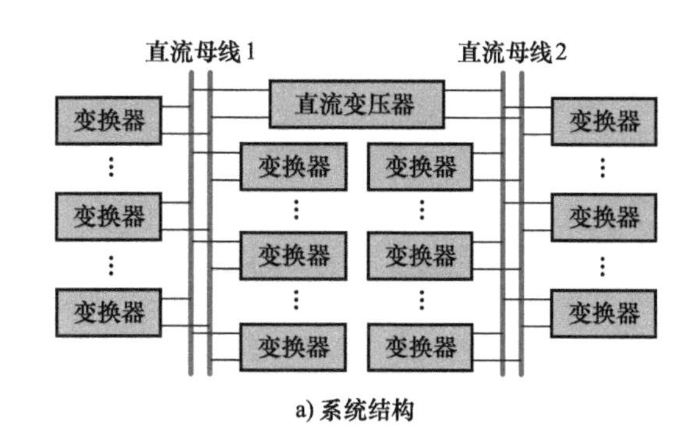

a) 系统结构

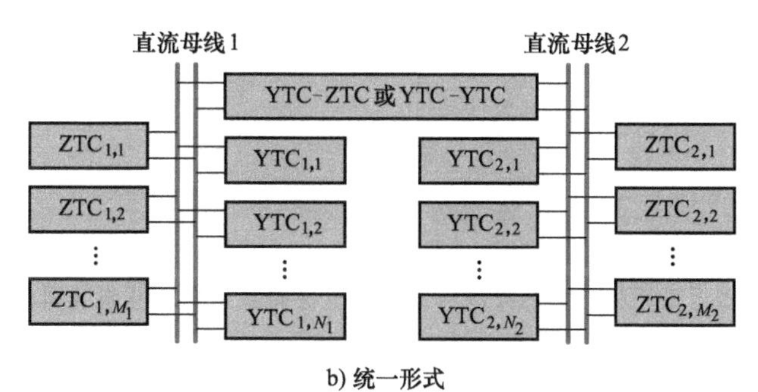

b) 统一形式

图 7.5　两电压等级直流配用电系统

根据第 2 章可知：直流变换器采用不同控制方式时的二端口小信号模型完全不同，因此下面将根据直流变压器的不同类型，分别建立两电压等级直流配用电系统的小信号模型。

1. 直流变压器为 YTC-ZTC

当直流变压器采用输出电压控制方式时，系统的小信号等效模型如图 7.6 所示。

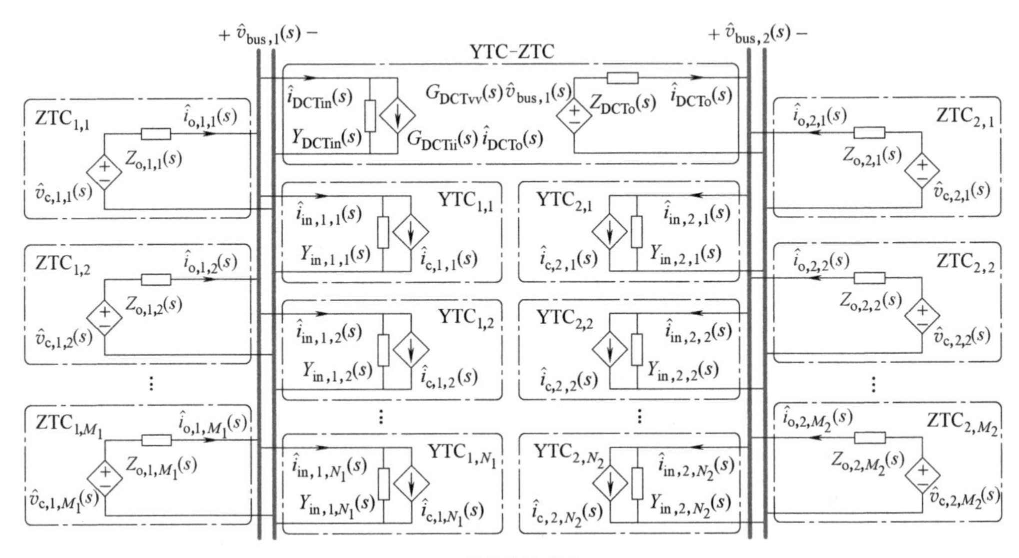

a) 等效电路形式

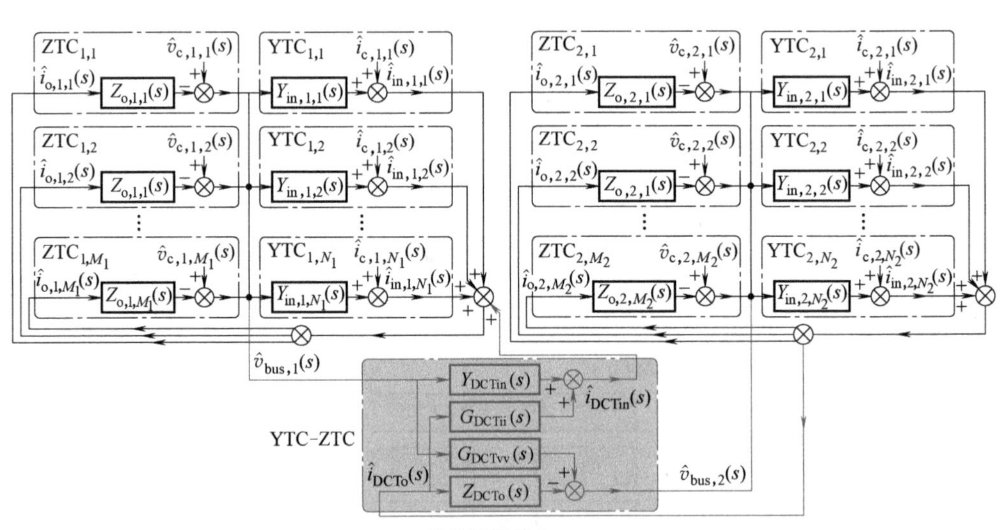

b) 结构图形式

图 7.6　直流变压器采用输出电压控制时，两电压等级直流配用电系统的小信号等效模型

图 7.6 中，$v_{bus,1}(s)$ 和 $v_{bus,2}(s)$ 分别直流母线 1 和直流母线 2 的电压，ZTC 均采用戴维南等效模型，$v_{c,k,j_k}(s)$、$Z_{o,k,j_k}(s)$ 和 $i_{o,k,j_k}(s)$ 分别表示 ZTC_{k,j_k} 等效模

型中的受控电压源、输出阻抗和输出电流；YTC 均采用诺顿等效模型，$i_{c,k,l_k}(s)$、$Y_{in,k,l_k}(s)$ 和 $i_{in,k,l_k}(s)$ 分别表示 YTC_{k,l_k} 等效模型中的受控电流源、输入导纳和输出电流；在直流变压器的二端口小信号模型中，$i_{DCTin}(s)$ 和 $i_{DCTo}(s)$ 分别为其输入和输出电流，$Y_{DCTin}(s)$ 为其输入导纳，$G_{DCTii}(s)$ 为从 $\hat{i}_{DCTo}(s)$ 到 $\hat{i}_{DCTin}(s)$ 的闭环传递函数，$G_{DCTvv}(s)$ 为从 $\hat{v}_{bus,1}(s)$ 到 $\hat{v}_{bus,2}(s)$ 的闭环传递函数，$Z_{DCTo}(s)$ 为其输出阻抗。当 ZTC_{k,j_k} 可以独立稳定运行时，$Z_{o,k,j_k}(s)$ 没有右半平面极点且 $v_{c,k,j_k}(s)$ 是有界的；当 YTC_{k,l_k} 可以独立稳定运行时，$Y_{in,k,l_k}(s)$ 没有右半平面极点且$i_{c,k,l_k}(s)$ 是有界的；当直流变压器可以独立稳定运行时，$Y_{DCTin}(s)$、$G_{DCTii}(s)$、$G_{DCTvv}(s)$ 和 $Z_{DCTo}(s)$ 均没有右半平面极点。

如图 7.6 所示，对于直流母线 1 上所有的 ZTC，有

$$\hat{v}_{bus,1}(s)\boldsymbol{x}_{M_1}=\hat{\boldsymbol{v}}_{c,1}(s)-\boldsymbol{Z}_{o,1}(s)\hat{\boldsymbol{i}}_{o,1}(s) \tag{7.38}$$

式中，各向量和矩阵的表达式由式（7.39）给出，其中 diag［ ］表示对角矩阵。

$$\begin{cases}\boldsymbol{x}_{M_1}=[1,\quad 1,\cdots,\quad 1]^{T}_{1\times M_1}\\ \hat{\boldsymbol{v}}_{c,1}(s)=[\hat{v}_{c,1,1}(s),\quad \hat{v}_{c,1,2}(s),\cdots,\quad \hat{v}_{c,1,M_1}(s)]^{T}\\ \boldsymbol{Z}_{o,1}(s)=\mathrm{diag}[Z_{o,1,1}(s),\quad Z_{o,1,2}(s),\cdots,\quad Z_{o,1,M_1}(s)]\\ \hat{\boldsymbol{i}}_{o,1}(s)=[\hat{i}_{o,1,1}(s),\quad \hat{i}_{o,1,2}(s),\cdots,\quad \hat{i}_{o,1,M_1}(s)]^{T}\end{cases} \tag{7.39}$$

对于直流母线 1 上所有的 YTC，有

$$\hat{\boldsymbol{i}}_{in,1}(s)=\hat{\boldsymbol{i}}_{c,1}(s)+\boldsymbol{Y}_{in,1}(s)\boldsymbol{x}_{N_1}\hat{v}_{bus,1}(s) \tag{7.40}$$

式中，各向量和矩阵的表达式由式（7.41）给出。

$$\begin{cases}\hat{\boldsymbol{i}}_{in,1}(s)=[\hat{i}_{in,1,1}(s),\quad \hat{i}_{in,1,2}(s),\cdots,\quad \hat{i}_{in,1,N_1}(s)]^{T}\\ \hat{\boldsymbol{i}}_{c,1}(s)=[\hat{i}_{c,1,1}(s),\quad \hat{i}_{c,1,2}(s),\cdots,\quad \hat{i}_{c,1,N_1}(s)]^{T}\\ \boldsymbol{Y}_{in,1}(s)=\mathrm{diag}[Y_{in,1,1}(s),\quad Y_{in,1,2}(s),\cdots,\quad Y_{in,1,N_1}(s)]\\ \boldsymbol{x}_{N_1}=[1,\quad 1,\cdots,\quad 1]^{T}_{1\times N_1}\end{cases} \tag{7.41}$$

对于直流母线 2 上所有的 ZTC，有

$$\hat{v}_{bus,2}(s)\boldsymbol{x}_{M_2}=\hat{\boldsymbol{v}}_{c,2}(s)-\boldsymbol{Z}_{o,2}(s)\hat{\boldsymbol{i}}_{o,2}(s) \tag{7.42}$$

式中，各向量和矩阵的表达式由式（7.43）给出。

$$\begin{cases}\boldsymbol{x}_{M_2}=[1,\quad 1,\cdots,\quad 1]^{T}_{1\times M_2}\\ \hat{\boldsymbol{v}}_{c,2}(s)=[\hat{v}_{c,2,1}(s),\quad \hat{v}_{c,2,2}(s),\cdots,\quad \hat{v}_{c,2,M_2}(s)]^{T}\\ \boldsymbol{Z}_{o,2}(s)=\mathrm{diag}[Z_{o,2,1}(s),\quad Z_{o,2,2}(s),\cdots,\quad Z_{o,2,M_2}(s)]\\ \hat{\boldsymbol{i}}_{o,2}(s)=[\hat{i}_{o,2,1}(s),\quad \hat{i}_{o,2,2}(s),\cdots,\quad \hat{i}_{o,2,M_2}(s)]^{T}\end{cases} \tag{7.43}$$

对于直流母线 2 上所有的 YTC，有

$$\hat{\boldsymbol{i}}_{\mathrm{in},2}(s)=\hat{\boldsymbol{i}}_{\mathrm{c},2}(s)+\boldsymbol{Y}_{\mathrm{in},2}(s)\boldsymbol{x}_{N_2}\hat{v}_{\mathrm{bus},2}(s) \tag{7.44}$$

式中，各向量和矩阵的表达式由式（7.45）给出。

$$\begin{cases}\hat{\boldsymbol{i}}_{\mathrm{in},2}(s)=[\hat{i}_{\mathrm{in},2,1}(s),\quad \hat{i}_{\mathrm{in},2,2}(s),\cdots,\quad \hat{i}_{\mathrm{in},2,N_2}(s)]^{\mathrm{T}}\\ \hat{\boldsymbol{i}}_{\mathrm{c},2}(s)=[\hat{i}_{\mathrm{c},2,1}(s),\quad \hat{i}_{\mathrm{c},2,2}(s),\cdots,\quad \hat{i}_{\mathrm{c},2,N_2}(s)]^{\mathrm{T}}\\ \boldsymbol{Y}_{\mathrm{in},2}(s)=\mathrm{diag}[Y_{\mathrm{in},2,1}(s),\quad Y_{\mathrm{in},2,2}(s),\cdots,\quad Y_{\mathrm{in},2,N_2}(s)]\\ \boldsymbol{x}_{N_2}=[1,\quad 1,\cdots,\quad 1]^{\mathrm{T}}_{1\times N_2}\end{cases} \tag{7.45}$$

由于所有变换器注入直流母线的电流和为 0，因此有

$$\boldsymbol{x}_{M_1}^{\mathrm{T}}\hat{\boldsymbol{i}}_{\mathrm{o},1}(s)=\boldsymbol{x}_{N_1}^{\mathrm{T}}\hat{\boldsymbol{i}}_{\mathrm{in},1}(s)+\hat{i}_{\mathrm{DCTin}}(s) \tag{7.46}$$

$$\boldsymbol{x}_{M_2}^{\mathrm{T}}\hat{\boldsymbol{i}}_{\mathrm{o},2}(s)+\hat{i}_{\mathrm{DCTo}}(s)=\boldsymbol{x}_{N_2}^{\mathrm{T}}\hat{\boldsymbol{i}}_{\mathrm{in},2}(s) \tag{7.47}$$

联立式（7.38）~式（7.47），并整理可得

$$\begin{aligned}\hat{v}_{\mathrm{bus},1}(s)&=\frac{\boldsymbol{x}_{M_1}^{\mathrm{T}}\boldsymbol{Z}_{\mathrm{o},1}^{-1}(s)\hat{\boldsymbol{v}}_{\mathrm{c},1}(s)-\boldsymbol{x}_{N_1}^{\mathrm{T}}\hat{\boldsymbol{i}}_{\mathrm{c},1}(s)-\hat{i}_{\mathrm{DCTin}}(s)}{\boldsymbol{x}_{M_1}^{\mathrm{T}}\boldsymbol{Z}_{\mathrm{o},1}^{-1}(s)\boldsymbol{x}_{M_1}+\boldsymbol{x}_{N_1}^{\mathrm{T}}\boldsymbol{Y}_{\mathrm{in},1}(s)\boldsymbol{x}_{N_1}}\\&=\frac{\sum\limits_{j_1=1}^{M_1}Z_{\mathrm{o},1,j_1}^{-1}(s)\hat{v}_{\mathrm{c},1,j_1}(s)-\sum\limits_{l_1=1}^{N_1}\hat{i}_{\mathrm{c},1,l_1}(s)-\hat{i}_{\mathrm{DCTin}}(s)}{\sum\limits_{j_1=1}^{M_1}Z_{\mathrm{o},1,j_1}^{-1}(s)+\sum\limits_{l_1=1}^{N_1}Y_{\mathrm{in},1,l_1}(s)}\end{aligned} \tag{7.48}$$

$$\begin{aligned}\hat{v}_{\mathrm{bus},2}(s)&=\frac{\boldsymbol{x}_{M_2}^{\mathrm{T}}\boldsymbol{Z}_{\mathrm{o},2}^{-1}(s)\hat{\boldsymbol{v}}_{\mathrm{c},2}(s)-\boldsymbol{x}_{N_2}^{\mathrm{T}}\hat{\boldsymbol{i}}_{\mathrm{c},2}(s)+\hat{i}_{\mathrm{DCTo}}(s)}{\boldsymbol{x}_{M_2}^{\mathrm{T}}\boldsymbol{Z}_{\mathrm{o},2}^{-1}(s)\boldsymbol{x}_{M_2}+\boldsymbol{x}_{N_2}^{\mathrm{T}}\boldsymbol{Y}_{\mathrm{in},2}(s)\boldsymbol{x}_{N_2}}\\&=\frac{\sum\limits_{j_2=1}^{M_2}Z_{\mathrm{o},2,j_2}^{-1}(s)\hat{v}_{\mathrm{c},2,j_2}(s)-\sum\limits_{l_2=1}^{N_2}\hat{i}_{\mathrm{c},2,l_2}(s)+\hat{i}_{\mathrm{DCTo}}(s)}{\sum\limits_{j_2=1}^{M_2}Z_{\mathrm{o},2,j_2}^{-1}(s)+\sum\limits_{l_2=1}^{N_2}Y_{\mathrm{in},2,l_2}(s)}\end{aligned} \tag{7.49}$$

如图 7.6 所示，对于直流变压器，有

$$\hat{i}_{\mathrm{DCTin}}(s)=Y_{\mathrm{DCTin}}(s)\hat{v}_{\mathrm{bus},1}(s)+G_{\mathrm{DCTii}}(s)\hat{i}_{\mathrm{DCTo}}(s) \tag{7.50}$$

$$\hat{v}_{\mathrm{bus},2}(s)=G_{\mathrm{DCTvv}}(s)\hat{v}_{\mathrm{bus},1}(s)-Z_{\mathrm{DCTo}}(s)\hat{i}_{\mathrm{DCTo}}(s) \tag{7.51}$$

联立式（7.48）~式（7.51），并整理可得两条直流母线电压的小信号方程分别为

$$\hat{v}_{\mathrm{bus},1}(s)=\frac{Z_{\mathrm{DCTo}}^{2}(s)Y_{\mathrm{sum},2}(s)\left[\sum_{j_1=1}^{M_1}Z_{\mathrm{o},1,j_1}^{-1}(s)\hat{v}_{\mathrm{c},1,j_1}(s)-\sum_{l_1=1}^{N_1}\hat{i}_{\mathrm{c},1,l_1}(s)\right]}{Z_{\mathrm{DCTo}}(s)\left[Z_{\mathrm{DCTo}}(s)Y_{\mathrm{sum},1}(s)+G_{\mathrm{DCTii}}(s)G_{\mathrm{DCTvv}}(s)\right]\cdot Y_{\mathrm{sum},2}(s)-G_{\mathrm{DCTii}}(s)G_{\mathrm{DCTvv}}(s)}+\frac{G_{\mathrm{DCTii}}(s)Z_{\mathrm{DCTo}}(s)\left[\sum_{j_2=1}^{M_2}Z_{\mathrm{o},2,j_2}^{-1}(s)\hat{v}_{\mathrm{c},2,j_2}(s)-\sum_{l_2=1}^{N_2}\hat{i}_{\mathrm{c},2,l_2}(s)\right]}{Z_{\mathrm{DCTo}}(s)\left[Z_{\mathrm{DCTo}}(s)Y_{\mathrm{sum},1}(s)+G_{\mathrm{DCTii}}(s)G_{\mathrm{DCTvv}}(s)\right]\cdot Y_{\mathrm{sum},2}(s)-G_{\mathrm{DCTii}}(s)G_{\mathrm{DCTvv}}(s)} \tag{7.52}$$

$$\hat{v}_{\mathrm{bus},2}(s)=\frac{G_{\mathrm{DCTvv}}(s)Z_{\mathrm{DCTo}}(s)\left[\sum_{j_1=1}^{M_1}Z_{\mathrm{o},1,j_1}^{-1}(s)\hat{v}_{\mathrm{c},1,j_1}(s)-\sum_{l_1=1}^{N_1}\hat{i}_{\mathrm{c},1,l_1}(s)\right]}{Z_{\mathrm{DCTo}}(s)\left[Z_{\mathrm{DCTo}}(s)Y_{\mathrm{sum},1}(s)+G_{\mathrm{DCTii}}(s)G_{\mathrm{DCTvv}}(s)\right]\cdot Y_{\mathrm{sum},2}(s)-G_{\mathrm{DCTii}}(s)G_{\mathrm{DCTvv}}(s)}+\frac{Z_{\mathrm{DCTo}}(s)\left[Z_{\mathrm{DCTo}}(s)Y_{\mathrm{sum},1}(s)+G_{\mathrm{DCTii}}(s)G_{\mathrm{DCTvv}}(s)\right]\cdot\left[\sum_{j_2=1}^{M_2}Z_{\mathrm{o},2,j_2}^{-1}(s)\hat{v}_{\mathrm{c},2,j_2}(s)-\sum_{l_2=1}^{N_2}\hat{i}_{\mathrm{c},2,l_2}(s)\right]}{Z_{\mathrm{DCTo}}(s)\left[Z_{\mathrm{DCTo}}(s)Y_{\mathrm{sum},1}(s)+G_{\mathrm{DCTii}}(s)G_{\mathrm{DCTvv}}(s)\right]\cdot Y_{\mathrm{sum},2}(s)-G_{\mathrm{DCTii}}(s)G_{\mathrm{DCTvv}}(s)} \tag{7.53}$$

式中，$Y_{\mathrm{sum},1}(s)$ 和 $Y_{\mathrm{sum},2}(s)$ 分别为与直流母线1和直流母线2连接的所有变换器在各自直流母线侧的导纳之和，且它们的表达式分别由式（7.54）和式（7.55）给出。

$$Y_{\mathrm{sum},1}(s)=\sum_{j_1=1}^{M_1}Z_{\mathrm{o},1,j_1}^{-1}(s)+\sum_{l_1=1}^{N_1}Y_{\mathrm{in},1,l_1}(s)+Y_{\mathrm{DCTin}}(s) \tag{7.54}$$

$$Y_{\mathrm{sum},2}(s)=\sum_{j_2=1}^{M_2}Z_{\mathrm{o},2,j_2}^{-1}(s)+\sum_{l_2=1}^{N_2}Y_{\mathrm{in},2,l_2}(s)+Z_{\mathrm{DCTo}}^{-1}(s) \tag{7.55}$$

2. 直流变压器为YTC-YTC

当直流变压器采用输出电流或功率控制方式时，系统的小信号等效模型如图7.7所示。其中，在直流变压器的二端口小信号模型中，$Y_{\mathrm{DCTtr1}}(s)$ 为从 $\hat{v}_{\mathrm{bus},2}(s)$ 到 $\hat{i}_{\mathrm{DCTin}}(s)$ 的转移导纳，$Y_{\mathrm{DCTtr2}}(s)$ 为从 $\hat{v}_{\mathrm{bus},1}(s)$ 到 $\hat{i}_{\mathrm{DCTo}}(s)$ 的转移导纳，$Y_{\mathrm{DCTo}}(s)=1/Z_{\mathrm{DCTo}}(s)$ 为其输出导纳。当直流变压器可以独立稳定运行时，$Y_{\mathrm{DCTin}}(s)$、$Y_{\mathrm{DCTtr1}}(s)$、$Y_{\mathrm{DCTtr2}}(s)$ 和 $Y_{\mathrm{DCTo}}(s)$ 均没有右半平面极点。

如图7.7所示，对于直流变压器，有

$$\hat{i}_{\mathrm{DCTin}}(s)=Y_{\mathrm{DCTin}}(s)\hat{v}_{\mathrm{bus},1}(s)+Y_{\mathrm{DCTtr1}}(s)\hat{v}_{\mathrm{bus},2}(s) \tag{7.56}$$

$$\hat{i}_{\mathrm{DCTo}}(s)=Y_{\mathrm{DCTtr2}}(s)\hat{v}_{\mathrm{bus},1}(s)-Y_{\mathrm{DCTo}}(s)\hat{v}_{\mathrm{bus},2}(s) \tag{7.57}$$

联立式（7.48）、式（7.49）、式（7.56）和式（7.57），并整理可得此时两条直流母线电压的小信号方程分别为

$$\hat{v}_{\mathrm{bus},1}(s)=\frac{Y_{\mathrm{sum},2}(s)\left[\sum_{j_1=1}^{M_1}Z_{\mathrm{o},1,j_1}^{-1}(s)\hat{v}_{\mathrm{c},1,j_1}(s)-\sum_{l_1=1}^{N_1}\hat{i}_{\mathrm{c},1,l_1}(s)\right]}{Y_{\mathrm{sum},1}(s)Y_{\mathrm{sum},2}(s)+Y_{\mathrm{DCTtr1}}(s)Y_{\mathrm{DCTtr2}}(s)}-\frac{Y_{\mathrm{DCTtr1}}(s)\left[\sum_{j_2=1}^{M_2}Z_{\mathrm{o},2,j_2}^{-1}(s)\hat{v}_{\mathrm{c},2,j_2}(s)-\sum_{l_2=1}^{N_2}\hat{i}_{\mathrm{c},2,l_2}(s)\right]}{Y_{\mathrm{sum},1}(s)Y_{\mathrm{sum},2}(s)+Y_{\mathrm{DCTtr1}}(s)Y_{\mathrm{DCTtr2}}(s)} \tag{7.58}$$

$$\hat{v}_{\mathrm{bus},2}(s)=\frac{Y_{\mathrm{DCTtr2}}(s)\left[\sum_{j_1=1}^{M_1}Z_{\mathrm{o},1,j_1}^{-1}(s)\hat{v}_{\mathrm{c},1,j_1}(s)-\sum_{l_1=1}^{N_1}\hat{i}_{\mathrm{c},1,l_1}(s)\right]}{Y_{\mathrm{sum},1}(s)Y_{\mathrm{sum},2}(s)+Y_{\mathrm{DCTtr1}}(s)Y_{\mathrm{DCTtr2}}(s)}+\frac{Y_{\mathrm{sum},1}(s)\left[\sum_{j_2=1}^{M_2}Z_{\mathrm{o},2,j_2}^{-1}(s)\hat{v}_{\mathrm{c},2,j_2}(s)-\sum_{l_2=1}^{N_2}\hat{i}_{\mathrm{c},2,l_2}(s)\right]}{Y_{\mathrm{sum},1}(s)Y_{\mathrm{sum},2}(s)+Y_{\mathrm{DCTtr1}}(s)Y_{\mathrm{DCTtr2}}(s)} \tag{7.59}$$

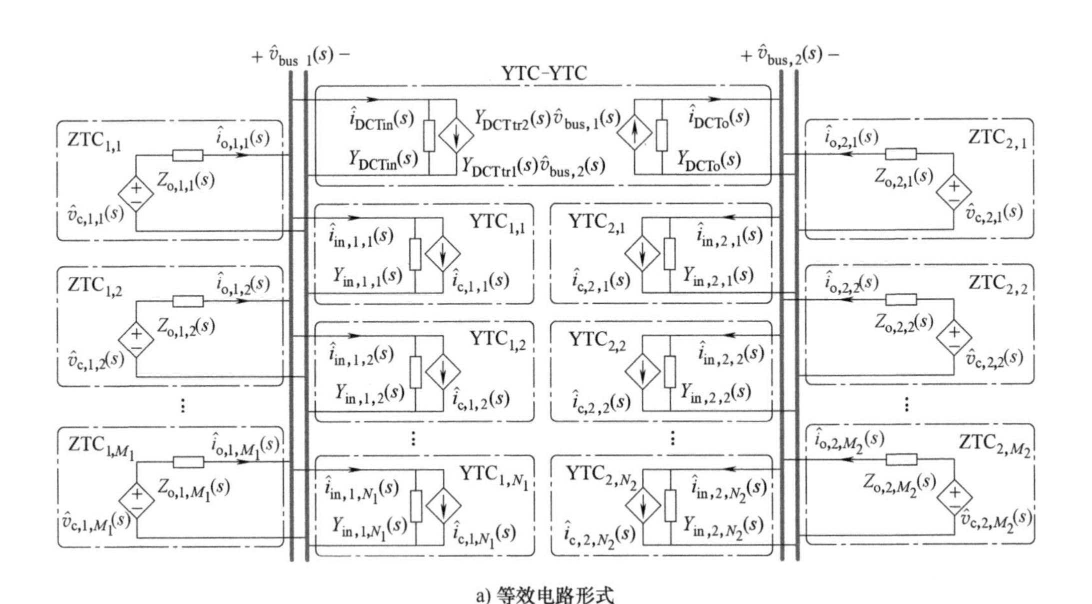

a) 等效电路形式

图 7.7 直流变压器采用输出电流或功率控制时，两电压等级直流配用电系统的小信号等效模型

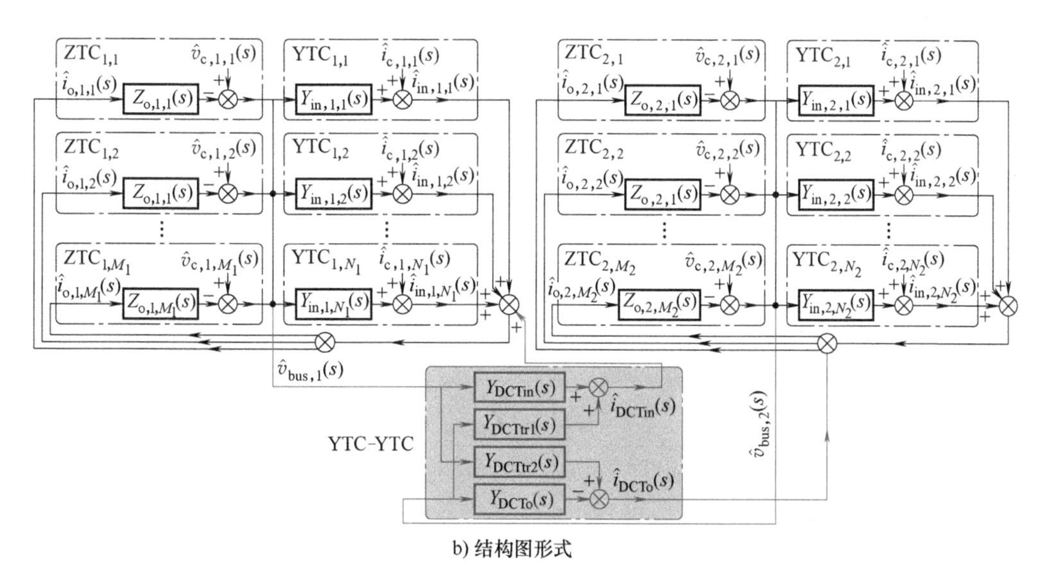

b) 结构图形式

图 7.7 直流变压器采用输出电流或功率控制时，两电压等级直流配用电系统的小信号等效模型（续）

7.2.2 稳定性分析

为分析两电压等级直流配用电系统的小信号稳定性，需要首先确定系统的所有闭环输入-输出传递函数。其中，$\hat{v}_{c,1,j_1}(s)$、$\hat{i}_{c,1,l_1}(s)$、$\hat{v}_{c,2,j_2}(s)$ 和 $\hat{i}_{c,2,l_2}(s)$ 为整个系统的输入变量扰动，$\hat{v}_{bus,1}(s)$ 和 $\hat{v}_{bus,2}(s)$ 为整个系统的输出变量扰动。

1. 直流变压器为 YTC-ZTC

根据式（7.52）和式（7.53）可得系统的八类输入-输出传递函数分别为式（7.60）~式（7.67）。

$$\left.\frac{\hat{v}_{bus,1}(s)}{\hat{v}_{c,1,j_1}(s)}\right|_{\substack{\hat{v}_{c,1,j'_1}(s)=0,\ \hat{i}_{c,1,l_1}(s)=0\\ \hat{v}_{c,2,j_2}(s)=0,\ \hat{i}_{c,2,l_2}(s)=0}} = \frac{Z^2_{DCTo}(s)Y_{sum,2}(s)Z^{-1}_{o,1,j_1}(s)}{Z_{DCTo}(s)[Z_{DCTo}(s)Y_{sum,1}(s)+G_{DCTii}(s)G_{DCTvv}(s)]Y_{sum,2}(s)-G_{DCTii}(s)G_{DCTvv}(s)} \tag{7.60}$$

$$\left.\frac{\hat{v}_{bus,1}(s)}{\hat{i}_{c,1,l_1}(s)}\right|_{\substack{\hat{v}_{c,1,j_1}(s)=0,\ \hat{i}_{c,1,l'_1}(s)=0\\ \hat{v}_{c,2,j_2}(s)=0,\ \hat{i}_{c,2,l_2}(s)=0}} = -\frac{Z^2_{DCTo}(s)Y_{sum,2}(s)}{Z_{DCTo}(s)[Z_{DCTo}(s)Y_{sum,1}(s)+G_{DCTii}(s)G_{DCTvv}(s)]Y_{sum,2}(s)-G_{DCTii}(s)G_{DCTvv}(s)} \tag{7.61}$$

$$\left.\frac{\hat{v}_{\mathrm{bus},1}(s)}{\hat{v}_{\mathrm{c},2,j_2}(s)}\right|_{\substack{\hat{v}_{\mathrm{c},1,j_1}(s)=0,\ \hat{i}_{\mathrm{c},1,l_1}(s)=0\\ \hat{v}_{\mathrm{c},2,j_2'}(s)=0,\ \hat{i}_{\mathrm{c},2,l_2}(s)=0}}=\frac{G_{\mathrm{DCTii}}(s)Z_{\mathrm{DCTo}}(s)Z_{\mathrm{o},2,j_2}^{-1}(s)}{Z_{\mathrm{DCTo}}(s)\left[Z_{\mathrm{DCTo}}(s)Y_{\mathrm{sum},1}(s)+G_{\mathrm{DCTii}}(s)G_{\mathrm{DCTvv}}(s)\right]Y_{\mathrm{sum},2}(s)-G_{\mathrm{DCTii}}(s)G_{\mathrm{DCTvv}}(s)} \tag{7.62}$$

$$\left.\frac{\hat{v}_{\mathrm{bus},1}(s)}{\hat{i}_{\mathrm{c},2,l_2}(s)}\right|_{\substack{\hat{v}_{\mathrm{c},1,j_1}(s)=0,\ \hat{i}_{\mathrm{c},1,l_1}(s)=0\\ \hat{v}_{\mathrm{c},2,j_2}(s)=0,\ \hat{i}_{\mathrm{c},2,l_2'}(s)=0}}=-\frac{G_{\mathrm{DCTii}}(s)Z_{\mathrm{DCTo}}(s)}{Z_{\mathrm{DCTo}}(s)\left[Z_{\mathrm{DCTo}}(s)Y_{\mathrm{sum},1}(s)+G_{\mathrm{DCTii}}(s)G_{\mathrm{DCTvv}}(s)\right]Y_{\mathrm{sum},2}(s)-G_{\mathrm{DCTii}}(s)G_{\mathrm{DCTvv}}(s)} \tag{7.63}$$

$$\left.\frac{\hat{v}_{\mathrm{bus},2}(s)}{\hat{v}_{\mathrm{c},1,j_1}(s)}\right|_{\substack{\hat{v}_{\mathrm{c},1,j_1'}(s)=0,\ \hat{i}_{\mathrm{c},1,l_1}(s)=0\\ \hat{v}_{\mathrm{c},2,j_2}(s)=0,\ \hat{i}_{\mathrm{c},2,l_2}(s)=0}}=\frac{G_{\mathrm{DCTvv}}(s)Z_{\mathrm{DCTo}}(s)Z_{\mathrm{o},1,j_1}^{-1}(s)}{Z_{\mathrm{DCTo}}(s)\left[Z_{\mathrm{DCTo}}(s)Y_{\mathrm{sum},1}(s)+G_{\mathrm{DCTii}}(s)G_{\mathrm{DCTvv}}(s)\right]Y_{\mathrm{sum},2}(s)-G_{\mathrm{DCTii}}(s)G_{\mathrm{DCTvv}}(s)} \tag{7.64}$$

$$\left.\frac{\hat{v}_{\mathrm{bus},2}(s)}{\hat{i}_{\mathrm{c},1,l_1}(s)}\right|_{\substack{\hat{v}_{\mathrm{c},1,j_1}(s)=0,\ \hat{i}_{\mathrm{c},1,l_1'}(s)=0\\ \hat{v}_{\mathrm{c},2,j_2}(s)=0,\ \hat{i}_{\mathrm{c},2,l_2}(s)=0}}=-\frac{G_{\mathrm{DCTvv}}(s)Z_{\mathrm{DCTo}}(s)}{Z_{\mathrm{DCTo}}(s)\left[Z_{\mathrm{DCTo}}(s)Y_{\mathrm{sum},1}(s)+G_{\mathrm{DCTii}}(s)G_{\mathrm{DCTvv}}(s)\right]Y_{\mathrm{sum},2}(s)-G_{\mathrm{DCTii}}(s)G_{\mathrm{DCTvv}}(s)} \tag{7.65}$$

$$\left.\frac{\hat{v}_{\mathrm{bus},2}(s)}{\hat{v}_{\mathrm{c},2,j_2}(s)}\right|_{\substack{\hat{v}_{\mathrm{c},1,j_1}(s)=0,\ \hat{i}_{\mathrm{c},1,l_1}(s)=0\\ \hat{v}_{\mathrm{c},2,j_2'}(s)=0,\ \hat{i}_{\mathrm{c},2,l_2}(s)=0}}=\frac{Z_{\mathrm{DCTo}}(s)\left[Z_{\mathrm{DCTo}}(s)Y_{\mathrm{sum},1}(s)+G_{\mathrm{DCTii}}(s)G_{\mathrm{DCTvv}}(s)\right]Z_{\mathrm{o},2,j_2}^{-1}(s)}{Z_{\mathrm{DCTo}}(s)\left[Z_{\mathrm{DCTo}}(s)Y_{\mathrm{sum},1}(s)+G_{\mathrm{DCTii}}(s)G_{\mathrm{DCTvv}}(s)\right]Y_{\mathrm{sum},2}(s)-G_{\mathrm{DCTii}}(s)G_{\mathrm{DCTvv}}(s)} \tag{7.66}$$

$$\left.\frac{\hat{v}_{\mathrm{bus},2}(s)}{\hat{i}_{\mathrm{c},2,l_2}(s)}\right|_{\substack{\hat{v}_{\mathrm{c},1,j_1}(s)=0,\ \hat{i}_{\mathrm{c},1,l_1}(s)=0\\ \hat{v}_{\mathrm{c},2,j_2}(s)=0,\ \hat{i}_{\mathrm{c},2,l_2'}(s)=0}}=-\frac{Z_{\mathrm{DCTo}}(s)\left[Z_{\mathrm{DCTo}}(s)Y_{\mathrm{sum},1}(s)+G_{\mathrm{DCTii}}(s)G_{\mathrm{DCTvv}}(s)\right]}{Z_{\mathrm{DCTo}}(s)\left[Z_{\mathrm{DCTo}}(s)Y_{\mathrm{sum},1}(s)+G_{\mathrm{DCTii}}(s)G_{\mathrm{DCTvv}}(s)\right]Y_{\mathrm{sum},2}(s)-G_{\mathrm{DCTii}}(s)G_{\mathrm{DCTvv}}(s)} \tag{7.67}$$

式中，$j'_k=1$，2，…，M_k 且 $j'_k \neq j_k$，$l'_k=1$，2，…，N_k 且 $l'_k \neq l_k$。

根据麦克斯韦稳定判据，当且仅当上述八类输入-输出传递函数均没有右半平面极点时，图 7.6 所示两电压等级直流配用电系统是稳定的。由于系统内所有变换器均可以独立稳定运行时，$Z_{o,1,j_1}(s)$、$Y_{in,1,l_1}(s)$、$Z_{o,2,j_2}(s)$、$Y_{in,2,l_2}(s)$、$Y_{DCTin}(s)$、$G_{DCTii}(s)$、$G_{DCTvv}(s)$ 和 $Z_{DCTo}(s)$ 都没有右半平面极点，结合式（7.54）、式（7.55）、式（7.60）~式（7.67）可得：当且仅当式（7.68）所示传递函数 $G_1(s)$ 没有右半平面零点时，两电压等级直流配用电系统稳定，反之则不稳定。

$$G_1(s)=Z_{DCTo}(s)\left[Z_{DCTo}(s)Y_{sum,1}(s)+G_{DCTii}(s)G_{DCTvv}(s)\right]Y_{sum,2}(s)-G_{DCTii}(s)G_{DCTvv}(s) \tag{7.68}$$

需要指出的是，当 $Y_{sum,1}(s)$ 或 $Y_{sum,2}(s)$ 存在右半平面极点时，$G_1(s)$ 也将存在右半平面极点。结合式（7.54）和式（7.55）可将 $G_1(s)$ 出现右半平面极点的情况进一步确定为：系统内部任意一个 ZTC 或 YTC-ZTC 为非最小相位变换器，即输出阻抗 $Z_{o,1,j_1}(s)$、$Z_{o,2,j_2}(s)$ 或 $Z_{DCTo}(s)$ 中的任意一个含有右半平面零点。

2. 直流变压器为 YTC-YTC

根据式（7.58）和式（7.59）可得系统的八类输入-输出传递函数分别为

$$\left.\frac{\hat{v}_{bus,1}(s)}{\hat{v}_{c,1,j_1}(s)}\right|_{\substack{\hat{v}_{c,1,j'_1}(s)=0,\ \hat{i}_{c,1,l_1}(s)=0\\ \hat{v}_{c,2,j_2}(s)=0,\ \hat{i}_{c,2,l_2}(s)=0}}=\frac{Y_{sum,2}(s)Z^{-1}_{o,1,j}(s)}{Y_{sum,1}(s)Y_{sum,2}(s)+Y_{DCTtr1}(s)Y_{DCTtr2}(s)} \tag{7.69}$$

$$\left.\frac{\hat{v}_{bus,1}(s)}{\hat{i}_{c,1,l_1}(s)}\right|_{\substack{\hat{v}_{c,1,j_1}(s)=0,\ \hat{i}_{c,1,l'_1}(s)=0\\ \hat{v}_{c,2,j_2}(s)=0,\ \hat{i}_{c,2,l_2}(s)=0}}=-\frac{Y_{sum,2}(s)}{Y_{sum,1}(s)Y_{sum,2}(s)+Y_{DCTtr1}(s)Y_{DCTtr2}(s)} \tag{7.70}$$

$$\left.\frac{\hat{v}_{bus,1}(s)}{\hat{v}_{c,2,j_2}(s)}\right|_{\substack{\hat{v}_{c,1,j_1}(s)=0,\ \hat{i}_{c,1,l_1}(s)=0\\ \hat{v}_{c,2,j'_2}(s)=0,\ \hat{i}_{c,2,l_2}(s)=0}}=-\frac{Y_{DCTtr1}(s)Z^{-1}_{o,2,j_2}(s)}{Y_{sum,1}(s)Y_{sum,2}(s)+Y_{DCTtr1}(s)Y_{DCTtr2}(s)} \tag{7.71}$$

$$\left.\frac{\hat{v}_{bus,1}(s)}{\hat{i}_{c,2,l_2}(s)}\right|_{\substack{\hat{v}_{c,1,j_1}(s)=0,\ \hat{i}_{c,1,l_1}(s)=0\\ \hat{v}_{c,2,j_2}(s)=0,\ \hat{i}_{c,2,l'_2}(s)=0}}=\frac{Y_{DCTtr1}(s)}{Y_{sum,1}(s)Y_{sum,2}(s)+Y_{DCTtr1}(s)Y_{DCTtr2}(s)} \tag{7.72}$$

$$\left.\frac{\hat{v}_{bus,2}(s)}{\hat{v}_{c,1,j_1}(s)}\right|_{\substack{\hat{v}_{c,1,j'_1}(s)=0,\ \hat{i}_{c,1,l_1}(s)=0\\ \hat{v}_{c,2,j_2}(s)=0,\ \hat{i}_{c,2,l_2}(s)=0}}=\frac{Y_{DCTtr2}(s)Z^{-1}_{o,1,j_1}(s)}{Y_{sum,1}(s)Y_{sum,2}(s)+Y_{DCTtr1}(s)Y_{DCTtr2}(s)} \tag{7.73}$$

$$\left.\frac{\hat{v}_{bus,2}(s)}{\hat{i}_{c,1,l_1}(s)}\right|_{\substack{\hat{v}_{c,1,j_1}(s)=0,\ \hat{i}_{c,1,l'_1}(s)=0\\ \hat{v}_{c,2,j_2}(s)=0,\ \hat{i}_{c,2,l_2}(s)=0}}=-\frac{Y_{DCTtr2}(s)}{Y_{sum,1}(s)Y_{sum,2}(s)+Y_{DCTtr1}(s)Y_{DCTtr2}(s)} \tag{7.74}$$

$$\left.\frac{\hat{v}_{bus,2}(s)}{\hat{v}_{c,2,j_2}(s)}\right|_{\substack{\hat{v}_{c,1,j_1}(s)=0,\ \hat{i}_{c,1,l_1}(s)=0\\ \hat{v}_{c,2,j'_2}(s)=0,\ \hat{i}_{c,2,l_2}(s)=0}}=\frac{Y_{sum,1}(s)Z^{-1}_{o,2,j_2}(s)}{Y_{sum,1}(s)Y_{sum,2}(s)+Y_{DCTtr1}(s)Y_{DCTtr2}(s)} \tag{7.75}$$

$$\left.\frac{\hat{v}_{\text{bus},2}(s)}{\hat{i}_{\text{c},2,l_2}(s)}\right|_{\substack{\hat{v}_{\text{c},1,j_1}(s)=0,\ \hat{i}_{\text{c},1,l_1}(s)=0\\ \hat{v}_{\text{c},2,j_2}(s)=0,\ \hat{i}_{\text{c},2,l_2'}(s)=0}}=-\frac{Y_{\text{sum},1}(s)}{Y_{\text{sum},1}(s)Y_{\text{sum},2}(s)+Y_{\text{DCTtr1}}(s)Y_{\text{DCTtr2}}(s)} \tag{7.76}$$

类似地，当且仅当上述八类输入-输出传递函数没有右半平面极点时，图 7.7 所示两电压等级直流配用电系统是稳定的。因此，当系统内所有变换器均可以独立稳定运行，且式（7.77）所示传递函数 $G_2(s)$ 没有右半平面零点时，两电压等级直流配用电系统稳定，反之则不稳定。

$$G_2(s)=Y_{\text{sum},1}(s)Y_{\text{sum},2}(s)+Y_{\text{DCTtr1}}(s)Y_{\text{DCTtr2}}(s) \tag{7.77}$$

需要指出的是，当系统内部任意一个 ZTC 为非最小相位变换器，即输出阻抗$Z_{\text{o},1,j_1}(s)$或 $Z_{\text{o},2,j_2}(s)$ 中的任意一个含有右半平面零点时，$G_2(s)$ 将存在右半平面极点。

7.2.3 基于等效环路增益的稳定判据

根据 $G_1(s)$ 和 $G_2(s)$，可以进一步推导基于系统等效环路增益的稳定判据。

1. 直流变压器为 YTC-ZTC

当直流变压器为 YTC-ZTC 时，根据式（7.68）可得

$$G_1(s)=Z_{\text{DCTo}}(s)\left[Z_{\text{DCTo}}(s)Y_{\text{sum},1}(s)+G_{\text{DCTii}}(s)G_{\text{DCTvv}}(s)\right]Y_{\text{sum},2}(s)\left[1+T_{\text{m1}}(s)\right] \tag{7.78}$$

式中，$T_{\text{m1}}(s)$ 为此时系统的等效环路增益，其表达式由式（7.79）给出。

$$T_{\text{m1}}(s)=-\left[Y_{\text{sum},1}(s)+\frac{G_{\text{DCTii}}(s)G_{\text{DCTvv}}(s)}{Z_{\text{DCTo}}(s)}\right]^{-1}Y_{\text{sum},2}^{-1}(s)\frac{G_{\text{DCTii}}(s)G_{\text{DCTvv}}(s)}{Z_{\text{DCTo}}^{2}(s)} \tag{7.79}$$

从式（7.78）可以看出：当系统内各变换器可以独立稳定运行时，$G_1(s)$ 没有右半平面零点（两电压等级直流配用电系统稳定）的充分必要条件是 $T_{\text{m1}}(s)$ 满足奈奎斯特稳定判据，此即为当直流变压器为 YTC-ZTC 时，基于等效环路增益的稳定判据。此外，基于等效环路增益 $T_{\text{m1}}(s)$，系统所有输入-输出传递函数均可以表示为负反馈控制框图的形式，且其开环增益刚好为等效环路增益 $T_{\text{m1}}(s)$，例如式（7.60）和式（7.67）对应的负反馈控制框图分别如图 7.8a 和图 7.8b 所示。

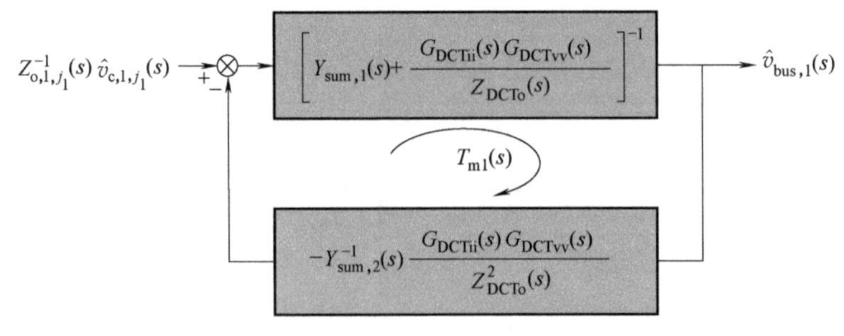

a) 式(7.60)对应的负反馈控制框图

图 7.8　直流变压器为 YTC-ZTC 时，两个输入-输出传递函数对应的负反馈控制框图

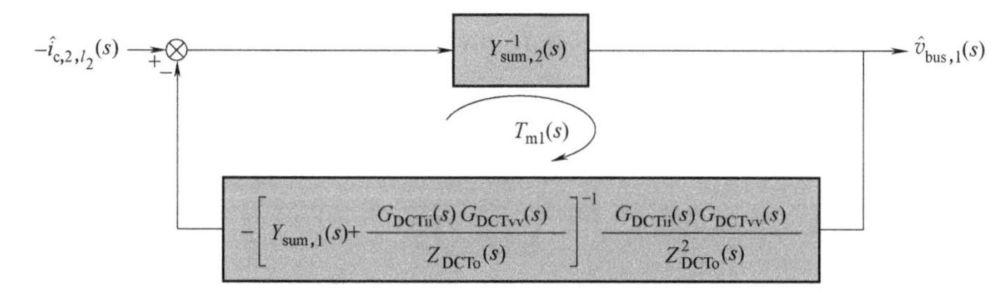

b) 式(7.67)对应的负反馈控制框图

图 7.8 直流变压器为 YTC-ZTC 时，两个输入-输出传递函数对应的负反馈控制框图（续）

此外，由于两电压等级直流配用电系统也是一种三级级联直流系统，因此结合前述对三级级联直流系统稳定性分析的结论和式（7.10），可类似得到：

$$\begin{aligned}T_3(s)=&\left\{1+\left[\sum_{j_1=1}^{M_1}Z^{-1}_{o,1,j_1}(s)+\sum_{l_1=1}^{N_1}Y_{in,1,l_1}(s)\right]^{-1}Y_{DCTin}(s)\right\}\cdot\\&\left\{1+Z_{DCTo}(s)\left[\sum_{j_2=1}^{M_2}Z^{-1}_{o,2,j_2}(s)+\sum_{l_2=1}^{N_2}Y_{in,2,l_2}(s)\right]\right\}+\\&\left[\sum_{j_1=1}^{M_1}Z^{-1}_{o,1,j_1}(s)+\sum_{l_1=1}^{N_1}Y_{in,1,l_1}(s)\right]^{-1}\cdot\\&\left[\sum_{j_2=1}^{M_2}Z^{-1}_{o,2,j_2}(s)+\sum_{l_2=1}^{N_2}Y_{in,2,l_2}(s)\right]G_{DCTii}(s)G_{DCTvv}(s)-1\end{aligned}\tag{7.80}$$

根据式（7.68）和式（7.80），可得

$$\frac{1}{1+T_3(s)}=\frac{Z_{DCTo}(s)\left[Y_{sum,1}(s)-Y_{DCTin}(s)\right]}{G_1(s)}\tag{7.81}$$

显然，$G_1(s)$ 是否包含右半平面零点与 $T_3(s)$ 是否满足奈奎斯特稳定判据完全等价，因此基于 $T_3(s)$ 也可以评估两电压等级直流配用电系统的稳定性。不过，需要指出的是，$T_3(s)$ 无法定义为系统的等效环路增益，这是由于系统任意一个输入-输出传递函数均无法通过 $T_3(s)$ 转化为负反馈控制框图的形式，因此不符合控制理论中环路增益的定义。

2. 直流变压器为 YTC-YTC

当直流变压器为 YTC-YTC 时，根据式（7.77）可得

$$G_2(s)=Y_{sum,1}(s)Y_{sum,2}(s)\left[1+T_{m2}(s)\right]\tag{7.82}$$

式中，$T_{m2}(s)$ 为此时系统的等效环路增益，其表达式由式（7.83）给出。

$$T_{m2}(s)=Y^{-1}_{sum,1}(s)Y^{-1}_{sum,2}(s)Y_{DCTtr1}(s)Y_{DCTtr2}(s)\tag{7.83}$$

从式（7.82）可以看出：当系统内各变换器可以独立稳定运行时，$G_2(s)$ 没有右半平面零点（两电压等级直流配用电系统稳定）的充分必要条件是 $T_{m2}(s)$ 满

足奈奎斯特稳定判据，此即为当直流变压器为 YTC-YTC 时，基于等效环路增益的稳定判据。类似地，基于等效环路增益 $T_{m2}(s)$，系统所有输入-输出传递函数也可以转化为负反馈控制框图的形式，且其开环增益为等效环路增益 $T_{m2}(s)$，例如式（7.69）和式（7.74）对应的负反馈控制框图分别如图 7.9a 和图 7.9b 所示。

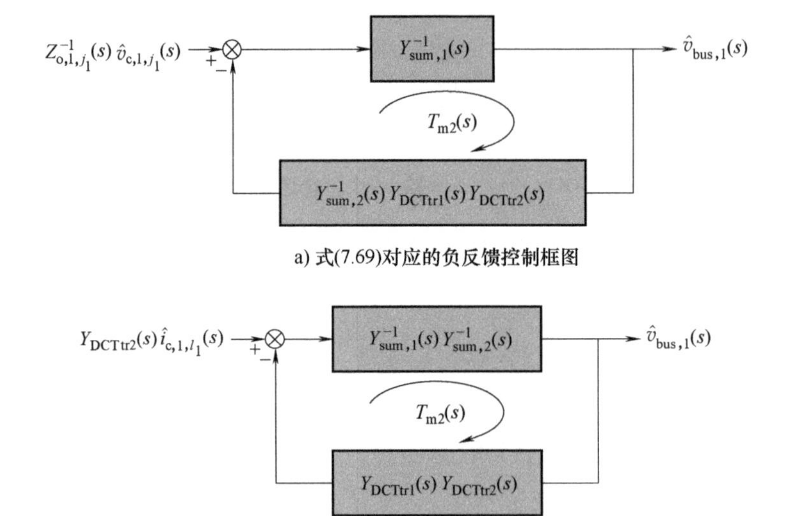

a) 式(7.69)对应的负反馈控制框图

b) 式(7.74)对应的负反馈控制框图

图 7.9　直流变压器为 YTC-YTC 时，两个输入-输出传递函数对应的负反馈控制框图

7.2.4　基于子系统阻抗比的稳定判据

若将整个系统在不同直流母线处划分为两个子系统，则有两种划分方法：第一种是从直流母线 1 处将整个系统划分为子系统 1 和子系统 2，如图 7.10a 所示；第二种是从直流母线 2 处将整个系统划分为子系统 3 和子系统 4，如图 7.10b 所示。$Z_{sub,1}(s)$ 和 $Z_{sub,2}(s)$ 分别为子系统 1 和子系统 2 在直流母线 1 处的等效阻抗，$Z_{sub,3}(s)$ 和 $Z_{sub,4}(s)$ 分别为子系统 3 和子系统 4 在直流母线 2 处的等效阻抗。那

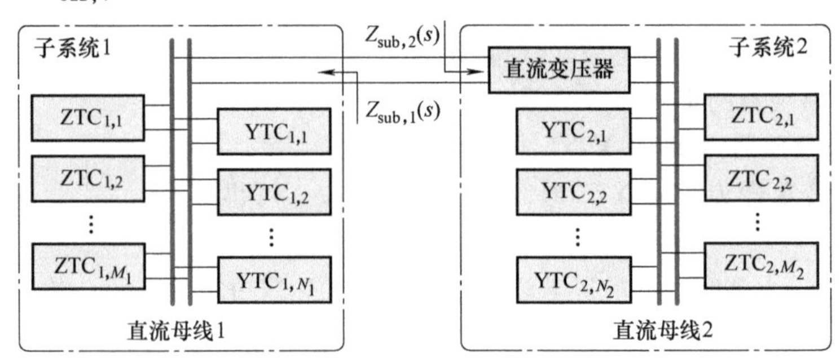

a) 第一种子系统划分方法

图 7.10　两电压等级直流配用电系统的子系统划分方法

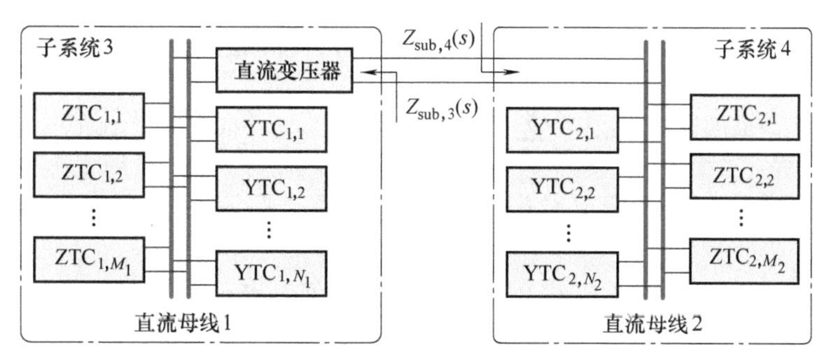

b) 第二种子系统划分方法

图 7.10 两电压等级直流配用电系统的子系统划分方法（续）

么，就可以根据任意一种划分方式中两个子系统的等效阻抗之比是否满足奈奎斯特稳定判据来评估整个系统的稳定性，下面将对这一结论进行详细分析证明。

1. 直流变压器为 YTC-ZTC

显然，子系统 1 在直流母线 1 处的等效阻抗为

$$Z_{sub,1}(s)=\left[\sum_{j_1=1}^{M_1}Z_{o,1,j_1}^{-1}(s)+\sum_{l_1=1}^{N_1}Y_{in,1,l_1}(s)\right]^{-1} \tag{7.84}$$

将式（7.49）和式（7.51）代入式（7.50），并结合式（7.55）整理可得

$$\hat{i}_{DCTin}(s)=Y_{DCTin}(s)\hat{v}_{bus,1}(s)+\frac{Z_{DCTo}^{-1}(s)\left[Y_{sum,2}(s)-Z_{DCTo}^{-1}(s)\right]G_{DCTii}(s)G_{DCTvv}(s)}{Y_{sum,2}(s)}\cdot \hat{v}_{bus,1}(s)-Y_{sum,2}^{-1}(s)Z_{DCTo}^{-1}(s)G_{DCTii}(s)\sum_{j_2=1}^{M_2}Z_{o,2,j_2}^{-1}(s)\hat{v}_{c,2,j_2}(s)+Z_{DCTo}^{-1}(s)G_{DCTii}(s)\sum_{l_2=1}^{N_2}\hat{i}_{c,2,l_2}(s) \tag{7.85}$$

由式（7.85）可知子系统 2 在直流母线 1 处的等效阻抗满足：

$$\frac{1}{Z_{sub,2}(s)}=\left[\left.\frac{\hat{v}_{bus,1}(s)}{\hat{i}_{DCTin}(s)}\right|_{\hat{v}_{c,2,j_2}(s)=0,\ \hat{i}_{c,2,l_2}(s)=0}\right]^{-1}=Y_{DCTin}(s)+\frac{Z_{DCTo}^{-1}(s)\left[Y_{sum,2}(s)-Z_{DCTo}^{-1}(s)\right]G_{DCTii}(s)G_{DCTvv}(s)}{Y_{sum,2}(s)} \tag{7.86}$$

于是定义第一个子系统阻抗比为

$$R_1(s)=\frac{Z_{sub,1}(s)}{Z_{sub,2}(s)} \tag{7.87}$$

接下来，考虑第二个子系统阻抗比。

将式（7.48）和式（7.50）代入式（7.51），并结合式（7.54）整理可得

$$\hat{v}_{\mathrm{bus},2}(s)=G_{\mathrm{DCTvv}}(s)Y_{\mathrm{sum},1}^{-1}(s)\sum_{j_1=1}^{M_1}Z_{\mathrm{o},1,j_1}^{-1}(s)\hat{v}_{\mathrm{c},1,j_1}(s)-G_{\mathrm{DCTvv}}(s)Y_{\mathrm{sum},1}^{-1}(s)\sum_{l_1=1}^{N_1}\hat{i}_{\mathrm{c},1,l_1}(s)-G_{\mathrm{DCTvv}}(s)Y_{\mathrm{sum},1}^{-1}(s)G_{\mathrm{DCTii}}(s)\hat{i}_{\mathrm{DCTo}}(s)-Z_{\mathrm{DCTo}}(s)\hat{i}_{\mathrm{DCTo}}(s) \tag{7.88}$$

于是，子系统 3 在直流母线 2 处的等效阻抗可以表示为

$$Z_{\mathrm{sub},3}(s)=-\frac{\hat{v}_{\mathrm{bus},2}(s)}{\hat{i}_{\mathrm{DCTo}}(s)}\bigg|_{\hat{v}_{\mathrm{c},1,j_1}(s)=0,\ \hat{i}_{\mathrm{c},1,l_1}(s)=0}=Z_{\mathrm{DCTo}}(s)+Y_{\mathrm{sum},1}^{-1}(s)G_{\mathrm{DCTii}}(s)G_{\mathrm{DCTvv}}(s) \tag{7.89}$$

子系统 4 在直流母线 2 处的等效阻抗为

$$Z_{\mathrm{sub},4}(s)=\left[\sum_{j_2=1}^{M_2}Z_{\mathrm{o},2,j_2}^{-1}(s)+\sum_{l_2=1}^{N_2}Y_{\mathrm{in},2,l_2}(s)\right]^{-1} \tag{7.90}$$

于是第二个子系统阻抗比可定义为

$$R_2(s)=\frac{Z_{\mathrm{sub},3}(s)}{Z_{\mathrm{sub},4}(s)} \tag{7.91}$$

根据式（7.54）、式（7.68）、式（7.84）、式（7.86）和式（7.87），可得

$$\frac{1}{1+R_1(s)}=\frac{Z_{\mathrm{DCTo}}^2(s)Y_{\mathrm{sum},2}(s)\left[Y_{\mathrm{sum},1}(s)-Y_{\mathrm{DCTin}}(s)\right]}{G_1(s)} \tag{7.92}$$

根据式（7.55）、式（7.68）、式（7.89）~式（7.91），可得

$$\frac{1}{1+R_2(s)}=\frac{Z_{\mathrm{DCTo}}(s)Y_{\mathrm{sum},1}(s)}{G_1(s)} \tag{7.93}$$

根据式（7.92）和式（7.93），$1/[1+R_1(s)]$ 或 $1/[1+R_2(s)]$ 是否有右半平面极点完全等价于 $G_1(s)$ 是否有右半平面零点。这意味当任意一个子系统阻抗比 $R_1(s)$ 或 $R_2(s)$ 满足奈奎斯特稳定判据时，两电压等级直流配用电系统都是稳定的。

需要说明的是，$R_1(s)$ 和 $R_2(s)$ 均可能存在右半平面极点：根据式（7.84）、式（7.86）和式（7.87），当 $Z_{\mathrm{sub},1}(s)$ 存在右半平面极点（即子系统 1 无法独立稳定运行）或 $Z_{\mathrm{sub},2}(s)$ 存在右半平面零点（即子系统 2 无法独立稳定运行，$Y_{\mathrm{sum},2}(s)$ 存在右半平面零点）时，$R_1(s)$ 将存在右半平面极点；根据式（7.89）~式（7.91），当 $Z_{\mathrm{sub},3}(s)$ 存在右半平面极点（即子系统 3 无法独立稳定运行，$Y_{\mathrm{sum},1}(s)$ 存在右半平面零点）或 $Z_{\mathrm{sub},4}(s)$ 存在右半平面零点（即子系统 4 无法独立稳定运行）时，$R_2(s)$ 也将存在右半平面极点。

2. 直流变压器为 YTC-YTC

此时，子系统 1 在直流母线 1 处的等效阻抗 $Z_{\mathrm{sub},1}(s)$ 仍然可以由式（7.84）表示。

将式（7.49）和式（7.57）代入式（7.56），并结合式（7.55）整理可得

$$\hat{i}_{\mathrm{DCTin}}(s)=[Y_{\mathrm{DCTin}}(s)+Y_{\mathrm{sum},2}^{-1}(s)Y_{\mathrm{DCTtr1}}(s)Y_{\mathrm{DCTtr2}}(s)]\hat{v}_{\mathrm{bus},1}(s)+$$
$$Y_{\mathrm{DCTtr1}}(s)Y_{\mathrm{sum},2}^{-1}(s)\sum_{j_2=1}^{M_2}Z_{\mathrm{o},2,j_2}^{-1}(s)\hat{v}_{\mathrm{c},2,j_2}(s)-Y_{\mathrm{DCTtr1}}(s)Y_{\mathrm{sum},2}^{-1}(s)\sum_{l_2=1}^{N_2}\hat{i}_{\mathrm{c},2,l_2}(s) \tag{7.94}$$

由式（7.94）可得子系统2在直流母线1处的等效阻抗满足：

$$\frac{1}{Z_{\mathrm{sub},2}(s)}=\left.\frac{\hat{i}_{\mathrm{DCTin}}(s)}{\hat{v}_{\mathrm{bus},1}(s)}\right|_{\hat{v}_{\mathrm{c},2,j_2}(s)=0,\ \hat{i}_{\mathrm{c},2,l_2}(s)=0}=Y_{\mathrm{DCTin}}(s)+Y_{\mathrm{sum},2}^{-1}(s)Y_{\mathrm{DCTtr1}}(s)Y_{\mathrm{DCTtr2}}(s) \tag{7.95}$$

子系统4在直流母线2处的等效阻抗 $Z_{\mathrm{sub},4}(s)$ 仍然可以由式（7.90）表示。

将式（7.48）和式（7.56）代入式（7.57），并结合式（7.54）整理可得

$$\hat{i}_{\mathrm{DCTo}}(s)=-[Y_{\mathrm{DCTo}}(s)+Y_{\mathrm{sum},1}^{-1}(s)Y_{\mathrm{DCTtr1}}(s)Y_{\mathrm{DCTtr2}}(s)]\hat{v}_{\mathrm{bus},2}(s)+$$
$$Y_{\mathrm{DCTtr2}}(s)Y_{\mathrm{sum},1}^{-1}(s)\sum_{j_1=1}^{M_1}Z_{\mathrm{o},1,j_1}^{-1}(s)\hat{v}_{\mathrm{c},1,j_1}(s)-Y_{\mathrm{DCTtr2}}(s)Y_{\mathrm{sum},1}^{-1}(s)\sum_{l_1=1}^{N_1}\hat{i}_{\mathrm{c},1,l_1}(s) \tag{7.96}$$

因此，子系统3在直流母线2处的等效阻抗可以表示为

$$Z_{\mathrm{sub},3}(s)=-\left.\frac{\hat{v}_{\mathrm{bus},2}(s)}{\hat{i}_{\mathrm{DCTo}}(s)}\right|_{\hat{v}_{\mathrm{c},1,j_1}(s)=0,\ \hat{i}_{\mathrm{c},1,l_1}(s)=0}=\frac{1}{Y_{\mathrm{DCTo}}(s)+Y_{\mathrm{sum},1}^{-1}(s)Y_{\mathrm{DCTtr1}}(s)Y_{\mathrm{DCTtr2}}(s)} \tag{7.97}$$

考虑到直流变压器的控制方式，此时第二个子系统阻抗比定义为

$$R_2(s)=\frac{Z_{\mathrm{sub},4}(s)}{Z_{\mathrm{sub},3}(s)} \tag{7.98}$$

根据式（7.77）、式（7.84）、式（7.87）和式（7.95），可得此时的子系统阻抗比 $R_1(s)$ 满足

$$\frac{1}{1+R_1(s)}=\frac{[Y_{\mathrm{sum},1}(s)-Y_{\mathrm{DCTin}}(s)]Y_{\mathrm{sum},2}(s)}{G_2(s)} \tag{7.99}$$

根据式（7.77）、式（7.90）、式（7.97）和式（7.98），可得此时的子系统阻抗比 $R_2(s)$ 满足

$$\frac{1}{1+R_2(s)}=\frac{Y_{\mathrm{sum},1}(s)[Y_{\mathrm{sum},2}(s)-Y_{\mathrm{DCTo}}(s)]}{G_2(s)} \tag{7.100}$$

与直流变压器为YTC-ZTC时的情况类似，根据式（7.99）和式（7.100），$1/[1+R_1(s)]$ 或 $1/[1+R_2(s)]$ 是否有右半平面极点完全等价于 $G_2(s)$ 是否有右半平

面零点。这意味当任意一个子系统阻抗比 $R_1(s)$ 或 $R_2(s)$ 满足奈奎斯特稳定判据时，两电压等级直流配用电系统都是稳定的。

同样地，当直流变压器为 YTC-YTC 时，$R_1(s)$ 和 $R_2(s)$ 也可能存在右半平面极点：根据式（7.84）、式（7.87）和式（7.95），当 $Z_{sub,1}(s)$ 存在右半平面极点（即子系统 1 无法独立稳定运行）或 $Z_{sub,2}(s)$ 存在右半平面零点（即子系统 2 无法独立稳定运行，$Y_{sum,2}(s)$ 存在右半平面零点）时，$R_1(s)$ 将存在右半平面极点；根据式（7.90）、式（7.97）和式（7.98），当 $Z_{sub,3}(s)$ 存在右半平面零点（即子系统 3 无法独立稳定运行，$Y_{sum,1}(s)$ 存在右半平面零点）或 $Z_{sub,4}(s)$ 存在右半平面极点（即子系统 4 无法独立稳定运行）时，$R_2(s)$ 也将存在右半平面极点。

综上所述，对两电压等级直流配用电系统在任意一条直流母线处进行子系统划分，无论直流变压器工作于哪种运行模式，均可以基于划分后两个子系统的等效阻抗之比评估整个系统的稳定性。

7.2.5 基于母线阻抗的稳定判据

如图 7.11 所示，两电压等级直流配用电系统可以分别从不同直流母线处等效为一端口模型，其中，$i_{inj,1}(s)$ 和 $i_{inj,2}(s)$ 可认为是外部设备分别注入两条直流母线的电流，$Z_{bus,1}(s)$ 和 $Z_{bus,2}(s)$ 分别为整个系统在直流母线 1 和直流母线 2 处的等效阻抗。

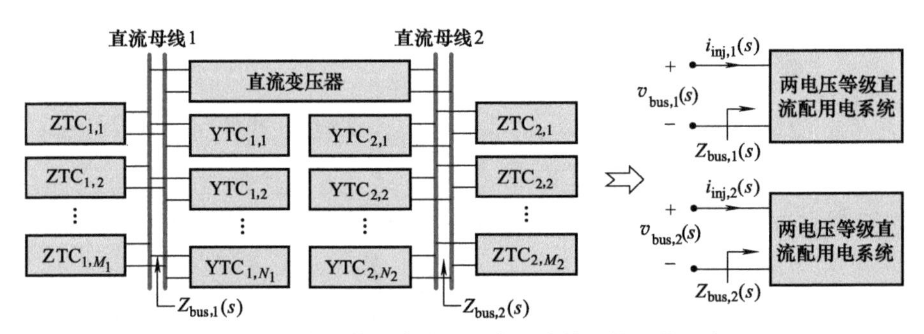

图 7.11 两电压等级直流配用电系统的母线阻抗示意图

1. 直流变压器为 YTC-ZTC

此时，结合式（7.84）、式（7.86）、式（7.89）和式（7.90）可得 $Z_{bus,1}(s)$ 和 $Z_{bus,2}(s)$ 的表达式分别为

$$Z_{bus,1}(s)=Z_{sub,1}(s)//Z_{sub,2}(s)=\frac{Z_{DCTo}^2(s)Y_{sum,2}(s)}{G_1(s)} \tag{7.101}$$

$$Z_{bus,2}(s)=Z_{sub,3}(s)//Z_{sub,4}(s)=\frac{Z_{DCTo}[Z_{DCTo}(s)Y_{sum,1}(s)+G_{DCTii}(s)G_{DCTvv}(s)]}{G_1(s)} \tag{7.102}$$

由上述两个表达式可以发现：$Z_{bus,1}(s)$ 或 $Z_{bus,2}(s)$ 是否存在右半平面极点与 $G_1(s)$ 是否存在右半平面零点完全等价。因此，当任意一个母线阻抗 $Z_{bus,1}(s)$ 或 $Z_{bus,2}(s)$ 没有右半平面极点时，两电压等级直流配用电系统可以稳定运行，反之则不稳定，此即为基于母线阻抗的稳定判据。

2. 直流变压器为 YTC-YTC

此时，结合式（7.84）、式（7.90）、式（7.95）和式（7.97）可得 $Z_{bus,1}(s)$ 和 $Z_{bus,2}(s)$ 的表达式分别为

$$Z_{bus,1}(s)=Z_{sub,1}(s)//Z_{sub,2}(s)=\frac{Y_{sum,2}(s)}{G_2(s)} \tag{7.103}$$

$$Z_{bus,2}(s)=Z_{sub,3}(s)//Z_{sub,4}(s)=\frac{Y_{sum,1}(s)}{G_1(s)} \tag{7.104}$$

由上述两个表达式可以发现：$Z_{bus,1}(s)$ 或 $Z_{bus,2}(s)$ 是否存在右半平面极点与 $G_2(s)$ 是否存在右半平面零点完全等价。因此，当任意一个母线阻抗 $Z_{bus,1}(s)$ 或 $Z_{bus,2}(s)$ 没有右半平面极点时，两电压等级直流配用电系统可以稳定运行，反之则不稳定，这与直流变压器为 YTC-ZTC 时的结论一致。

综上所述，无论直流变压器工作于哪种运行模式，均可以根据任意一条直流母线对应的等效阻抗是否存在右半平面极点来评估两电压等级直流配用电系统的稳定性。

7.3 案例分析与实验验证

7.3.1 案例 1：三级级联直流系统

1. 系统介绍

一种由三个 Buck 变换器组成的三级级联直流系统如图 7.12 所示，系统主要参数如表 7.1 所示，其中，v_{dc} 为输入直流电压；$H_{v,x}$、$G_{v,x}(s)=k_{vp,x}+k_{vi,x}/s$ 和 $G_{m,x}$ 分别为#x 变换器的电压采样系数、电压控制器的传递函数和 PWM 增益；f 为各变换器的开关频率。为评估案例系统在不同运行工况下的稳定性，根据#3 变换器负载电阻 R_3 的不同取值，设置了三种系统工况，即工况 1：$R_3=10\Omega$，工况 2：$R_3=3\Omega$，工况 3：$R_3=1.5\Omega$。

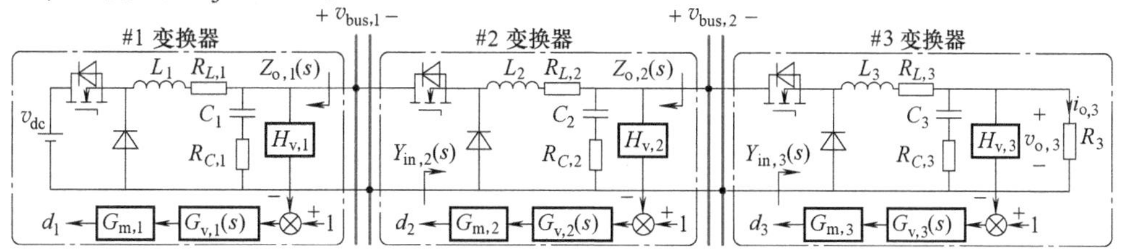

图 7.12 一种基于 Buck 变换器的三级级联直流系统

表 7.1 系统主要参数

参数	取值	参数	取值	参数	取值
v_{dc}/V	80	$v_{bus,1}$/V	48	L_3/μH	200
L_1/mH	1	L_2/μH	560	$R_{L,3}$/Ω	0.1
$R_{L,1}$/Ω	0.25	$R_{L,2}$/Ω	0.1	C_3/μF	39
C_1/μF	185	C_2/μF	185	$R_{C,3}$/Ω	0.1
$R_{C,1}$/Ω	0.1	$R_{C,2}$/Ω	0.1	$H_{v,3}$	1/12
$H_{v,1}$	1/48	$H_{v,2}$	1/24	$k_{vp,3}$	1.6
$k_{vp,1}$	0.2	$k_{vp,2}$	0.1	$k_{vi,3}$	100
$k_{vi,1}$	100	$k_{vi,2}$	100	$G_{m,3}$	1
$G_{m,1}$	1	$G_{m,2}$	1	$v_{o,3}$/V	12
f/kHz	50	$v_{bus,2}$/V	24		

2. 基于等效环路增益的稳定性分析

图 7.13 给出了式（7.10）所示等效环路增益 $T_3(s)$ 在三种系统工况下的奈奎斯特曲线，可以看出：当图 7.12 所示三级级联直流系统运行于工况 1 和工况 2 时，$T_3(s)$ 的奈奎斯特曲线均不包围（−1，j0）点，而当系统运行于工况 3 时，$T_3(s)$ 的奈奎斯特曲线顺时针包围（−1，j0）点两圈。根据基于等效环路增益的稳定判据可以推断：系统运行于工况 1 和工况 2 时是稳定的，而运行于工况 3 时则不稳定。

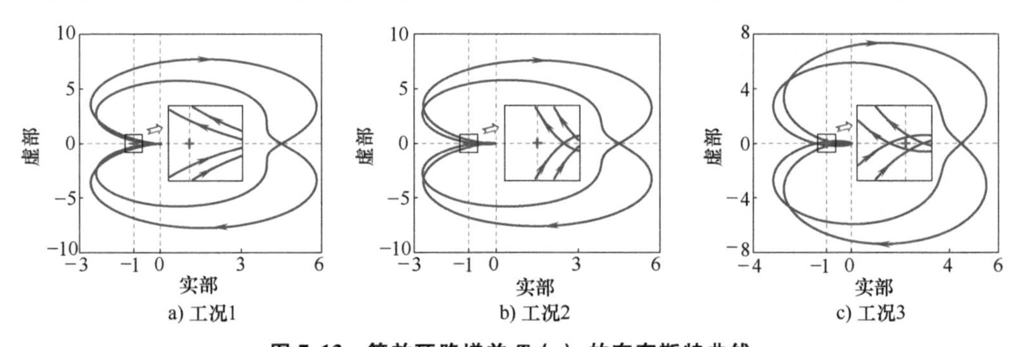

图 7.13 等效环路增益 $T_3(s)$ 的奈奎斯特曲线

3. 基于子系统阻抗比判据的稳定性分析

对于图 7.3a 所示的第一种子系统划分方式，首先需要确定子系统阻抗比 $R_1(s)$ 的右半平面极点数。由于子系统阻抗比 $R_1(s)$ 的右半平面极点数等于 $Z_{o,2}(s)Y_{in,3}(s)$ 的奈奎斯特曲线顺时针包围（−1，j0）点的圈数，因此应绘制 $Z_{o,2}(s)Y_{in,3}(s)$ 在三种系统工况下的奈奎斯特曲线，如图 7.14 所示。可以看出：$Z_{o,2}(s)Y_{in,3}(s)$ 的奈奎斯特曲线在工况 1 时不包围（−1，j0）点，而在工况 2 和工况 3 时均顺时针包围（−1，j0）点两圈，因此子系统阻抗比 $R_1(s)$ 在工况 1 时没有右半平面极点，而在工况 2 和工况 3 时均有一对右半平面极点。

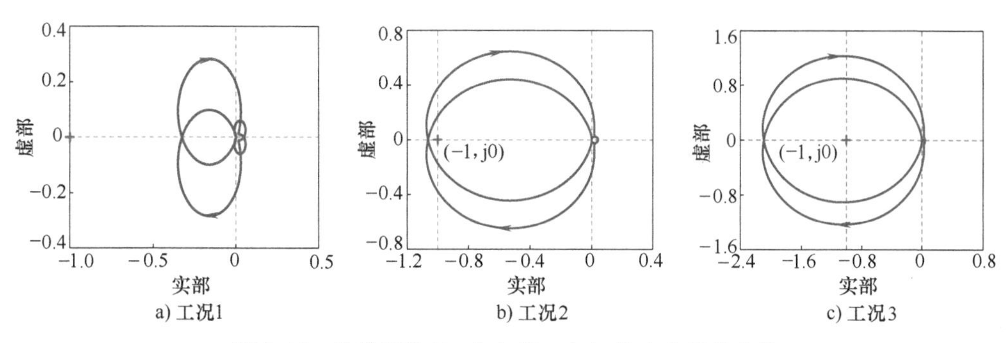

图 7.14 传递函数 $Z_{o,2}(s)$ $Y_{in,3}(s)$ 的奈奎斯特曲线

接下来，根据式（7.17）和式（7.18）绘制子系统 1 和子系统 2 的等效阻抗 $Z_{sub,1}(s)$ 和 $Z_{sub,2}(s)$ 在三种系统工况下的幅频特性曲线，如图 7.15 所示。需要说明的是，根据第 2 章中采用单电压环控制的 Buck 变换器的小信号模型可知：子系统 1 的输出阻抗 $Z_{sub,1}(s)$ 与其输出功率及后级变换器无关，因此 $Z_{sub,1}(s)$ 在三种系统工况下的阻抗曲线完全相同。

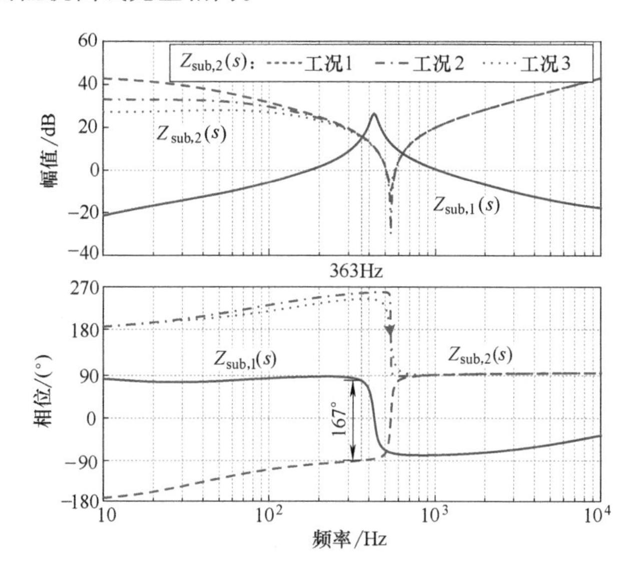

图 7.15 第一种子系统划分方式下，子系统等效阻抗的伯德图

由图 7.15 可以看出：当系统运行于工况 1 时，$Z_{sub,1}(s)$ 和 $Z_{sub,2}(s)$ 的幅频特性曲线在 363Hz 附近发生交截，而该频率处对应的相位差为 167°，满足系统稳定要求的小于 180°相位差。由于子系统阻抗比 $R_1(s)$ 不存在右半平面极点，因此根据子系统阻抗比判据可以推测系统在工况 1 时是稳定的。

当系统运行于工况 2 和工况 3 时，若忽略子系统阻抗比 $R_1(s)$ 的右半平面极点，而直接根据 $Z_{sub,1}(s)$ 和 $Z_{sub,2}(s)$ 在交截频率处的相位差来评估系统稳定性，则可能会导致误判。此时，可以考虑通过图 7.16 所示子系统阻抗比 $R_1(s)$ 的奈奎斯特曲线来分析系统稳定性。由图 7.16a 可以看出：子系统阻抗比 $R_1(s)$ 的奈奎斯特曲线在工况 2 时逆时针包围（-1，j0）点的圈数为 2，等于其右半平面极点数，因此根据子系统阻抗比判据可知系统在工况 2 时稳定。由图 7.16b 可以看出：子系统阻抗比 $R_1(s)$ 的奈奎斯特曲线在工况 3 时逆时针包围（-1，j0）点的等效圈数为 0（顺时针两圈，逆时针两圈），这与其右半平面极点数并不相等，因此根据子系统阻抗比判据可知系统在工况 3 时不稳定。

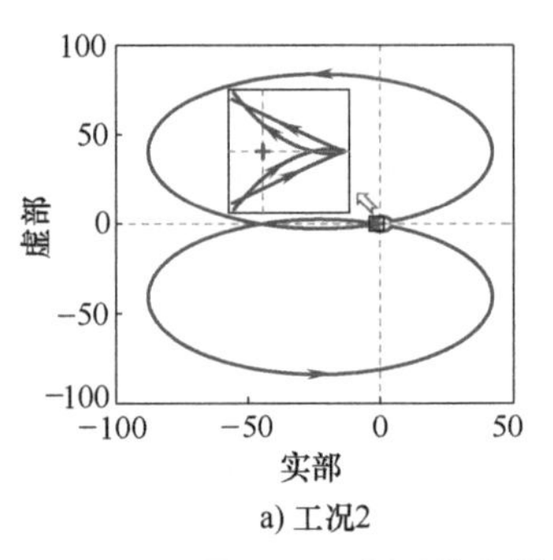

a) 工况2

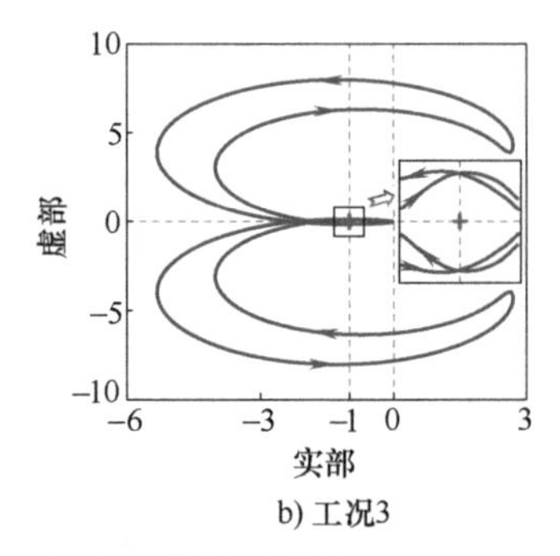

b) 工况3

图 7.16　子系统阻抗比 $R_1(s)$ 的奈奎斯特曲线

对于图 7.3b 所示的第二种子系统划分方式，也首先需要确定子系统阻抗比 $R_2(s)$ 的右半平面极点数。由于子系统阻抗比 $R_2(s)$ 的右半平面极点数等于 $Z_{o,1}(s)\ Y_{in,2}(s)$ 的奈奎斯特曲线顺时针包围（-1，j0）点的圈数，因此应绘制 $Z_{o,1}(s)\ Y_{in,2}(s)$ 在三种系统工况下的奈奎斯特曲线，如图 7.17 所示。可以看出：$Z_{o,1}(s)\ Y_{in,2}(s)$ 的奈奎斯特曲线在三种系统工况下均不包围（-1，j0）点，因此子系统阻抗比 $R_2(s)$ 在任意一种系统工况下也没有右半平面极点。

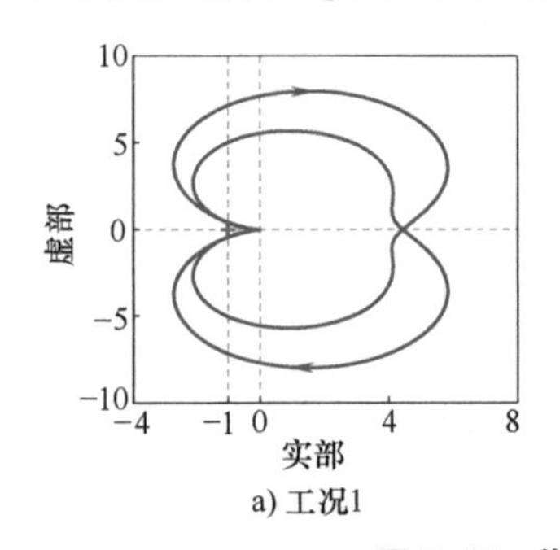

a) 工况1

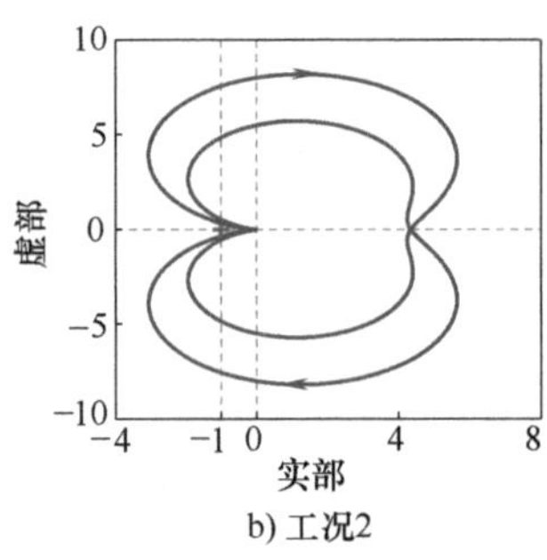

b) 工况2

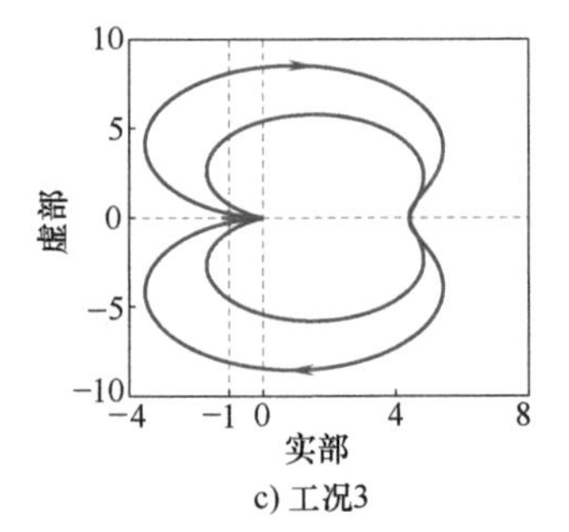

c) 工况3

图 7.17　传递函数 $Z_{o,1}(s)\ Y_{in,2}(s)$ 的奈奎斯特曲线

接下来，根据式（7.21）和式（7.22）绘制子系统 3 和子系统 4 的等效阻抗 $Z_{sub,3}(s)$ 和 $Z_{sub,4}(s)$ 在三种系统工况下的幅频特性曲线，如图 7.18 所示。需要说明的是，子系统 3 的等效阻抗 $Z_{sub,3}(s)$ 在三种运行工况下的阻抗曲线并无差异，因此图中没有对 $Z_{sub,3}(s)$ 区分三种运行工况。根据图 7.18 可以看出：两个子系统等效阻抗 $Z_{sub,3}(s)$ 和 $Z_{sub,4}(s)$ 的幅频特性曲线在工况 1 和工况 2 时均没有交截，

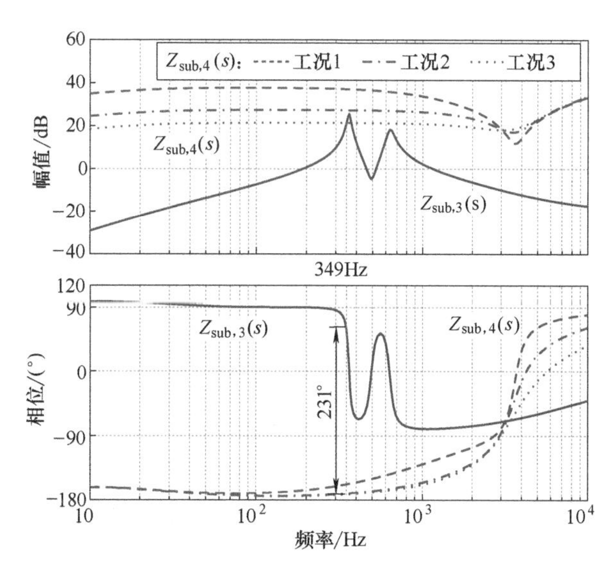

图 7.18　第二种子系统划分方式下，子系统等效阻抗的伯德图

因此可以推测整个系统在这两种工况下均可以稳定运行；而当系统运行于工况 3 时，$Z_{sub,3}(s)$ 和 $Z_{sub,4}(s)$ 的幅频特性曲线在 349Hz 附近发生交截，且交截频率处对应的相位差为 231°，明显大于系统稳定所要求的 180°相位差，因此根据子系统阻抗比判据可以推测当系统运行于工况 3 时，两条直流母线的电压将出现 349Hz 左右的低频交流振荡。

综上，基于两种子系统阻抗比判据评估三级级联直流系统的稳定性结论完全相同，且与基于等效环路增益的稳定判据的评估结果也完全一致。因此，无论从哪一条母线处对系统进行划分，所得到的两个子系统等效阻抗之比均可以用于评估整个系统的稳定性。不过，当任意一个子系统无法独立稳定运行时，需要首先确定子系统阻抗比的右半平面极点数，相较于基于等效环路增益的稳定判据而言，评估步骤更加繁琐。因此，在利用子系统阻抗比判据时，需要合理划分子系统，以保证两个子系统均可以独立稳定运行。

4. 基于母线阻抗判据的稳定性分析

根据式（7.25）和式（7.26）可以绘制两个母线阻抗 $Z_{bus,1}(s)$ 和 $Z_{bus,2}(s)$ 在三种系统工况下的零极点图，分别如图 7.19 和图 7.20 所示。请注意由于尺寸限制，本节所有零极点图中均没有给出具有较小负实部的左半平面零极点，这并不影响分析结果。

由图 7.19 和图 7.20 可以看出：母线阻抗 $Z_{bus,1}(s)$ 和 $Z_{bus,2}(s)$ 在工况 1 和工况 2 时均没有右半平面极点，而在工况 3 时都有一对右半平面极点，因此根据母线阻抗判据可以推测：整个系统在工况 1 和工况 2 时稳定，而在工况 3 时不稳定。这一结论与前面两种稳定判据的分析结果完全一致。

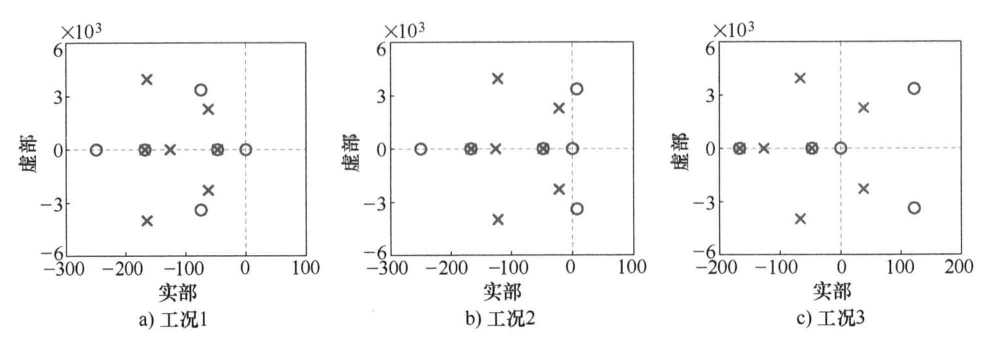

图 7.19　母线阻抗 $Z_{bus,1}(s)$ 的零极点图

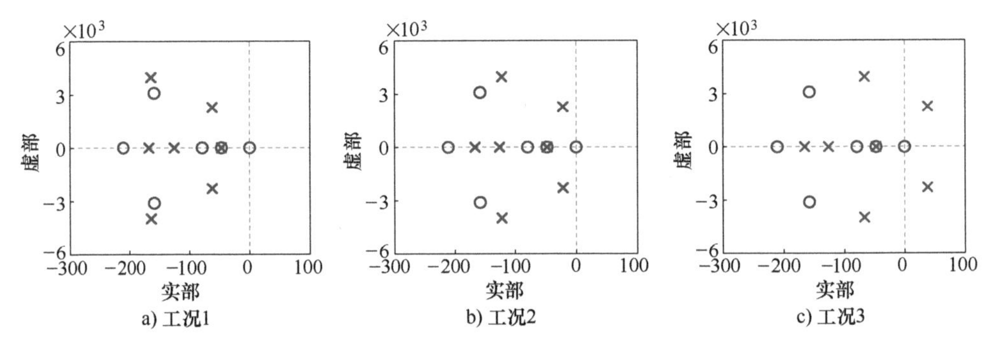

图 7.20　母线阻抗 $Z_{bus,2}(s)$ 的零极点图

除了基于母线阻抗的零极点图分析系统稳定性外，还可以通过绘制母线阻抗的伯德图进行评估。以母线阻抗 $Z_{bus,1}(s)$ 为例，根据柯西辐角原理，$Z_{bus,1}(s)$ 的奈奎斯特曲线顺时针包围原点的圈数等于其右半平面零点数与极点数之差。根据奈奎斯特曲线与其伯德图之间的关系，一个传递函数的奈奎斯特曲线顺时针包围原点的等效圈数可以由 2（N_+-N_-）计算得到，其中，N_+和 N_-分别表示相位曲线从上向下和从下向上穿越（$2\alpha+1$）×180°线的次数，$\alpha=\pm1$，±2，…。需要说明的是，当相位曲线从上向下止于或起于（$2\alpha+1$）×180°线时，$N_+=0.5$；当相位曲线从下向上止于或起于（$2\alpha+1$）×180°线时，$N_-=0.5$。由于 $Z_{bus,1}(s)=Z_{sub,1}(s)//Z_{sub,2}(s)=1/[Y_{sub,1}(s)+Y_{sub,2}(s)]$，其中，$Y_{sub,1}(s)=1/Z_{sub,1}(s)$ 和 $Y_{sub,2}(s)=1/Z_{sub,2}(s)$ 分别为子系统 1 和子系统 2 的等效导纳，因此 $Z_{bus,1}(s)$ 的右半平面零点数即为 $Y_{sub,1}(s)$ 和 $Y_{sub,2}(s)$ 的右半平面极点数之和，也是 $Z_{sub,1}(s)$ 和 $Z_{sub,2}(s)$ 的右半平面零点数之和。通过综合分析 $Z_{bus,1}(s)$ 的相位曲线穿越（$2\alpha+1$）×180°线的情况，以及 $Z_{sub,1}(s)$ 和 $Z_{sub,2}(s)$ 的右半平面零点情况，就可以确定 $Z_{bus,1}(s)$ 是否有右半平面极点。

图 7.21 给出了母线阻抗 $Z_{bus,1}(s)$ 的伯德图，可以看出：当系统运行于工况 1 时，$N_+=N_-=0$，这意味着 $Z_{bus,1}(s)$ 的奈奎斯特曲线顺时针包围原点的等效圈数为 0；当系统运行于工况 2 时，$N_+=1$，$N_-=0$，这意味着 $Z_{bus,1}(s)$ 的奈奎斯特曲线顺

时针包围原点的等效圈数为 2；当系统运行于工况 3 时，$N_+ = N_- = 1$，这意味着 $Z_{bus,1}(s)$ 的奈奎斯特曲线顺时针包围原点的等效圈数为 0。

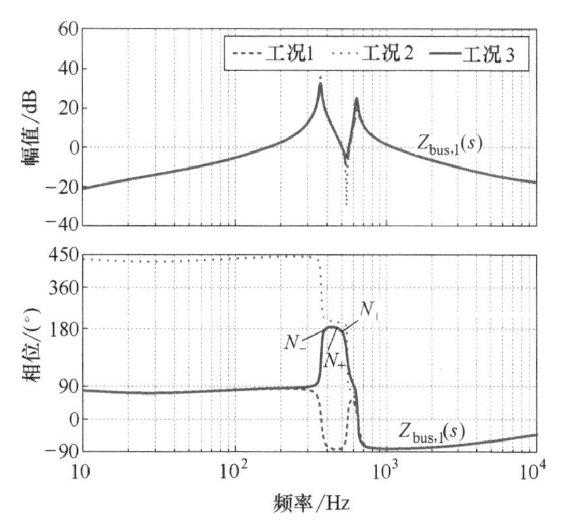

图 7.21 母线阻抗 $Z_{bus,1}(s)$ 的伯德图

图 7.22 给出了子系统 1 的等效阻抗 $Z_{sub,1}(s)$ 的伯德图，由于 $Z_{sub,1}(s) = Z_{o,1}(s)$ 没有右半平面极点且其相位曲线并不穿越 $(2\alpha+1)\times 180°$线，因此 $Z_{sub,1}(s)$ 在三种系统工况下均没有右半平面零点。又根据式 (7.18) 可知：子系统 2 的等效阻抗 $Z_{sub,2}(s)$ 的右半平面零点数等于 $Z_{o,2}(s)Y_{in,3}(s)$ 的奈奎斯特曲线顺时针包围 (−1，j0) 点的圈数，于是结合图 7.14 可知：$Z_{sub,2}(s)$ 在工况 1 时没有右半平面零点，而在工况 2 和工况 3 时均有一对右半平面零点，这意味着 $Z_{bus,1}(s)$ 也在工况 1 时没有右半平面零点，而在工况 2 和工况 3 时都有一对右半平面零点。

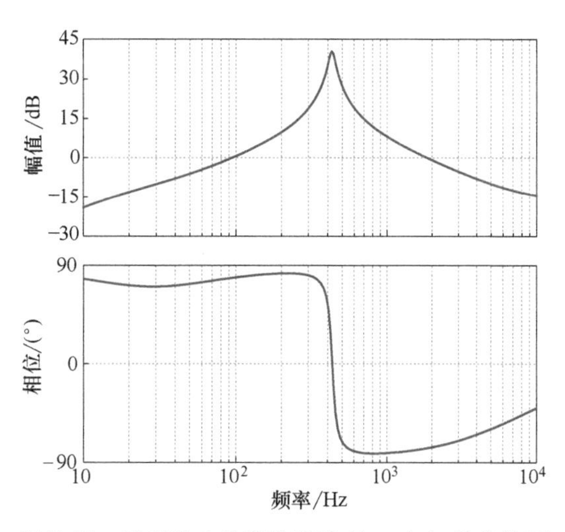

图 7.22 子系统 1 的等效阻抗 $Z_{sub,1}(s)$ 的伯德图

综上分析，根据柯西幅角原理可知：$Z_{bus,1}(s)$ 在工况 1 和工况 2 时均没有右半平面极点，而在工况 3 时有一对右半平面极点。于是，整个系统在工况 1 和工况 2 时稳定，而在工况 3 时不稳定，这一结论与上述基于母线阻抗零极点图的分析完全相同。

5. 子系统稳定性与系统全局稳定性的关系

为验证 7.1.3 节中分析的子系统稳定性与全局稳定性的关系，设置了独立运行的子系统 2 和子系统 3 作为对照分析组，相应的系统结构如图 7.23 所示。其中，$v_{dc,2}$ 为子系统 2 的输入直流电压，为与图 7.12 所示系统参数保持一致，其值设置为 48V；R_2 为子系统 3 的负载电阻，为保证子系统 3 的功率与图 7.12 所示系统一致，且考虑到$v_{bus,2} = 2v_{o,3}$，故 R_2 在三种系统工况下的值分别设置为工况 1：$R_2 = 40\Omega$，工况 2：$R_2 = 12\Omega$，工况 3：$R_2 = 6\Omega$。

对于图 7.23a 所示独立运行的子系统 2 来说，其稳定性取决于阻抗比 $Z_{o,2}(s)$ $Y_{in,3}(s)$ 是否满足奈奎斯特稳定判据，根据图 7.14 可知：子系统 2 仅在工况 1 时可以独立稳定运行，而在工况 2 和工况 3 时均无法独立稳定运行。类似地，对于独立运行的子系统 3，图 7.17 给出了阻抗比 $Z_{o,1}(s)$ $Y_{in,2}(s)$ 在三种系统工况下的奈奎斯特曲线，可以看出：在任意一种系统工况下，子系统 3 均可以独立稳定运行。

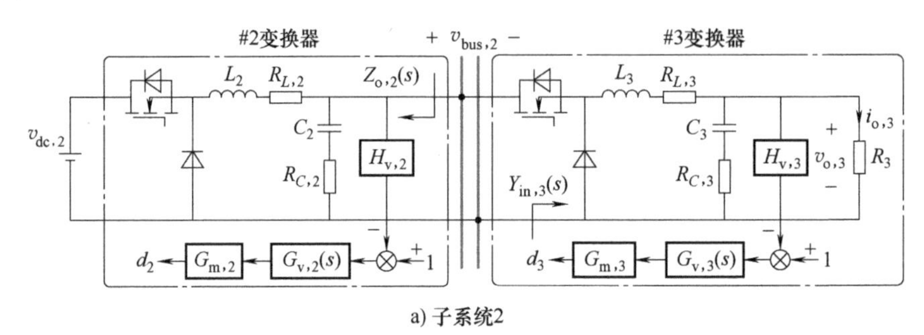

a) 子系统2

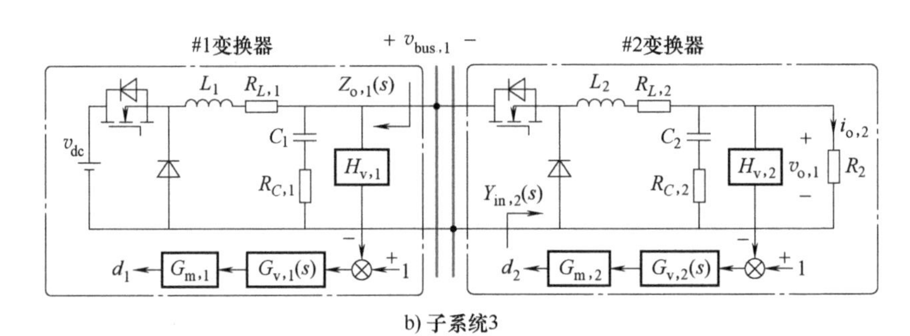

b) 子系统3

图 7.23　独立运行的子系统 2 和子系统 3 的拓扑结构

通过对比三级级联直流系统与上述两个独立运行的子系统在三种系统工况下的稳定性评估结果，可以发现：三级级联直流系统与两个独立运行的子系统在工况 1 时均稳定；在工况 2 时，三级级联直流系统与独立运行的子系统 3 稳定，而独立运行的子系统 2 不稳定；在工况 3 时，仅独立运行的子系统 3 稳定，而三级级联直流系统与独立运行的子系统 2 均不稳定。因此，上述案例符合 7.1.3 节分析中所指出的两种情况：子系统 3 独立稳定运行，但整个三级级联直流系统不稳定；即使子系统 2 无法独立稳定运行，但三级级联直流系统仍可以稳定运行。

6. 实验验证

为验证上述稳定性分析结论的正确性，搭建了图 7.12 所示系统、图 7.23 所示子系统 2 和子系统 3 对应的实验平台，系统的电路与控制参数与表 7.1 一致，控制部分由 DSP TMS320 F28335 实现。如图 7.24~图 7.27 所示，给出了直流母线电压 $v_{bus,1}$ 和 $v_{bus,2}$、#3 变换器的输出电压 $v_{o,3}$ 和输出电流 $i_{o,3}$，子系统 3 中#2 变换器的输出电压 $v_{o,2}$ 和输出电流 $i_{o,2}$ 的实验波形。其中，图 7.25 给出了系统在不同工况间切换时的动态实验波形。

当系统运行于工况 1 和工况 2 时，分别如图 7.24a 和 b 所示，各电量波形稳定，表明整个系统是稳定的。而当系统运行于工况 3 时，如图 7.24c 所示，各直流母线电压中出现幅值较大且远低于开关频率的交流分量，这意味着系统处于不稳定运行状态。进一步，通过对直流母线电压 $v_{bus,1}$ 进行 FFT 分析，可以发现直流母线电压的振荡频率约为 325Hz，与上述理论分析结果基本一致。由于子系统 2 在工况 1 和工况 2 的系统结构、电路和控制参数与第 3 章的分析案例完全一致，其相应的实验波形已由图 3.15 和图 3.16 给出，因此这里不再重复。子系统 2 在工况 3 时的

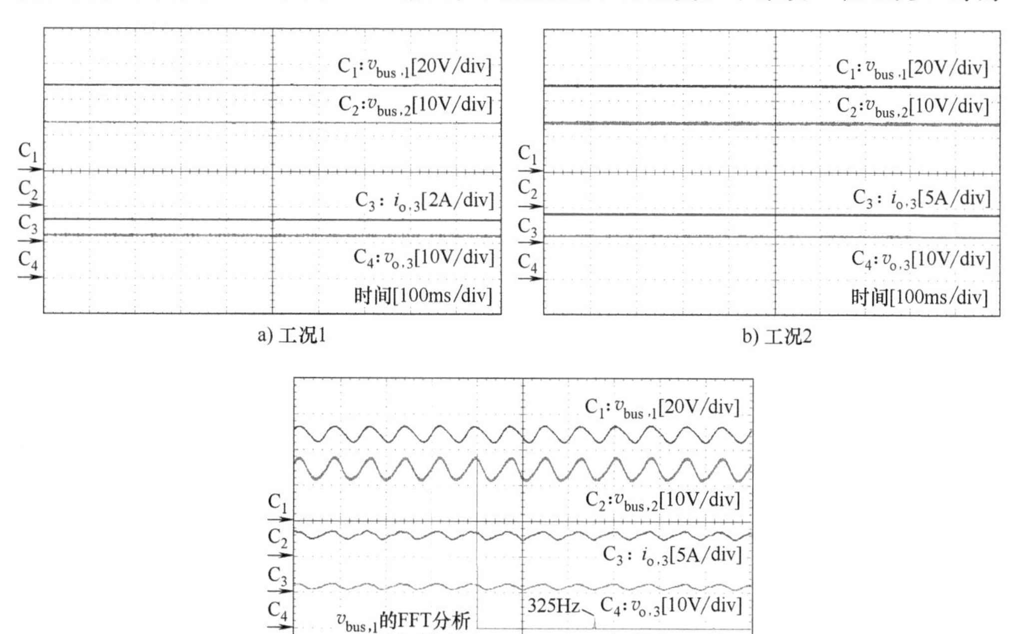

a) 工况1　　b) 工况2

c) 工况3

图 7.24　系统在三种工况下的稳态实验波形

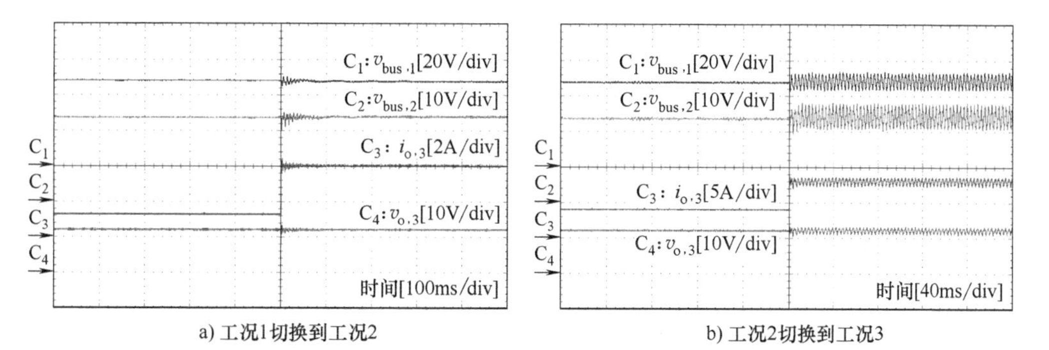

a) 工况1切换到工况2　　b) 工况2切换到工况3

图 7.25　系统在不同工况间切换的动态实验波形

稳态波形如图 7.26 所示，可以看出直流母线电压 $v_{bus,2}$ 中存在约 505Hz 的低频振荡，表示子系统 2 此时不稳定。如图 7.27 所示，当子系统 3 运行于任意一种工况时，各电量波形均稳定，表明子系统 3 在任意一种工况下都是稳定的。

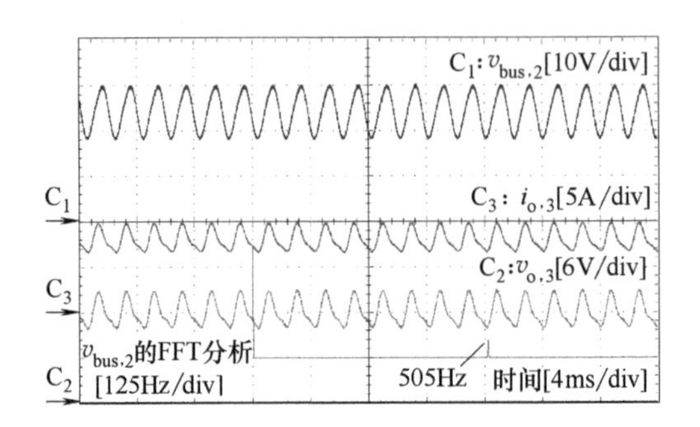

图 7.26　子系统 2 在工况 3 下的稳态实验波形

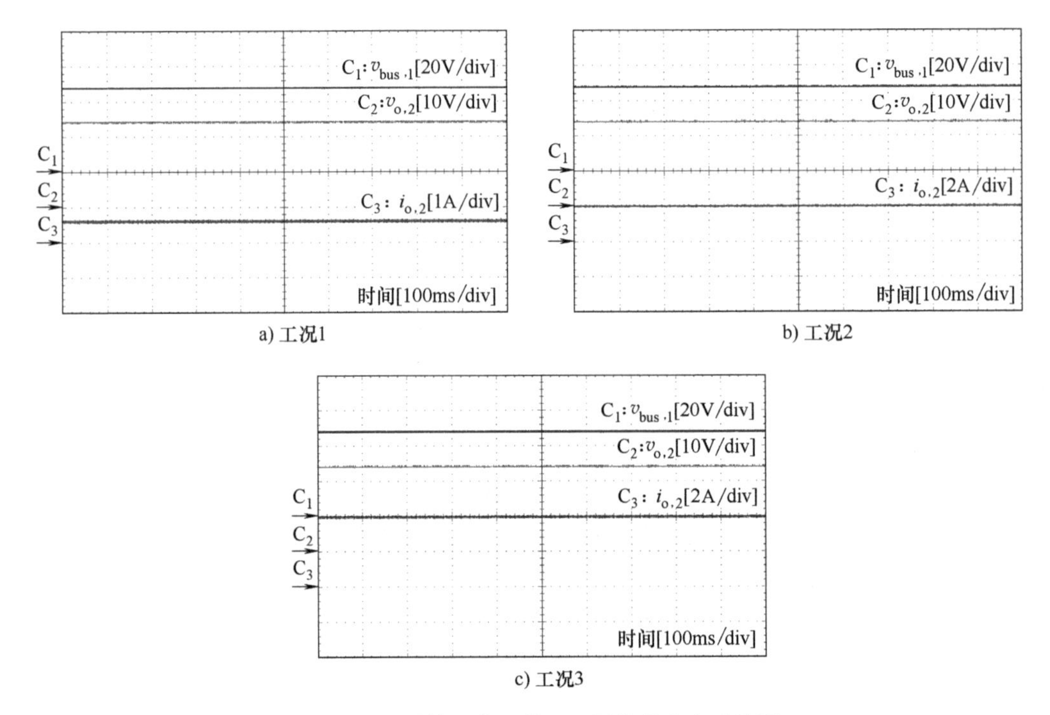

a) 工况1　　b) 工况2

c) 工况3

图 7.27　子系统 3 在三种工况下的稳态实验波形

综上所述，系统在三种工况下的稳定性与失稳特性，与基于等效环路增益、子系统阻抗比和母线阻抗的稳定判据所分析的结果一致，表明上述三种稳定判据的可行性与有效性。此外，整个系统在工况 2 时稳定而其子系统 2 在工况 3 时不能独立稳定运行的实验结果，进一步验证了三级级联直流系统中子系统稳定性与全局稳定性没有因果关系这一结论。

7.3.2　案例 2：直流变压器采用输出电流控制的两电压等级直流配用电系统

1. 系统介绍

一种由四个 Buck 变换器组成的两电压等级直流配用电系统如图 7.28 所示，其中，#1 变换器采用输出电压控制方式，提供直流母线电压 $v_{\mathrm{bus},1}$；#2 变换器为直流变压器，采用输出电流控制方式；#3 变换器采用输出电压控制方式，提供直流母线电压 $v_{\mathrm{bus},2}$；#4 变换器则向负载电阻 R_4 提供稳定的输出电压 $v_{\mathrm{o},4}$。系统主要参数如表 7.2 所示，其中，$v_{\mathrm{dc},1}$ 和 $v_{\mathrm{dc},2}$ 分别为#1 和#3 变换器的输入电压；f 为开关频率；$G_{\mathrm{v},1}(s)=k_{\mathrm{vp},1}+k_{\mathrm{vi},1}/s$、$G_{\mathrm{v},3}(s)=k_{\mathrm{vp},3}+k_{\mathrm{vi},3}/s$ 和 $G_{\mathrm{v},4}(s)=k_{\mathrm{vp},4}+k_{\mathrm{vi},4}/s$ 分别为#1、#3 和#4 变换器输出电压控制器的传递函数；$G_{\mathrm{i},2}(s)=k_{\mathrm{ip},1}+k_{\mathrm{ii},1}/s$ 为#2 变换器输出电流控制器的传递函数；$G_{\mathrm{m},y}(y=1,\ 2,\ 3,\ 4)$ 为 PWM 增益；L_{f} 和 $R_{L\mathrm{f}}$ 为#4 变换器的输入滤波电感及其串联等效电阻，C_{f} 和 $R_{C\mathrm{f}}$ 为#4 变换器的输入滤波电容及其串联等效电阻。为评估案例系统在不同运行工况下的稳定性，根据#4 变换器负载电阻 R_4 的不同取值，设置了两种系统工况，即工况 1：$R_4=3\Omega$，工况 2：$R_4=1.5\Omega$。

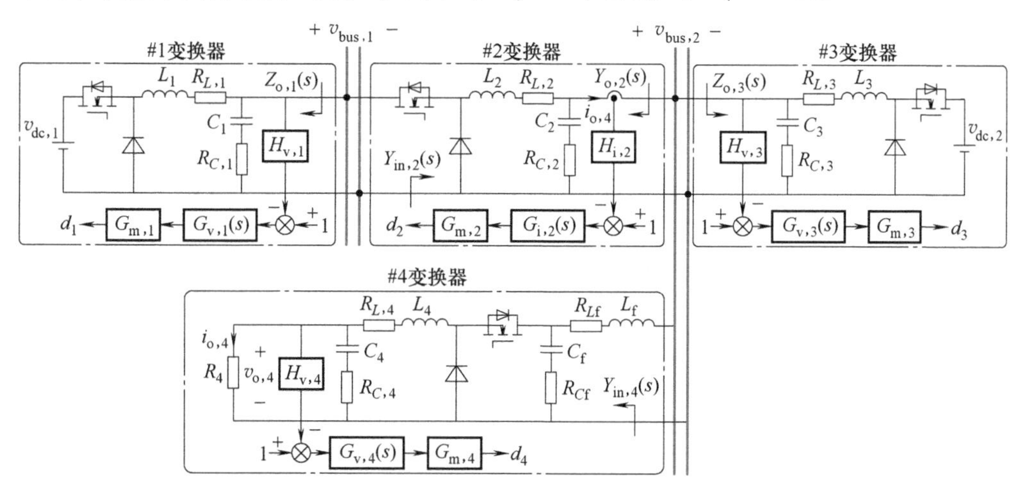

图 7.28　一种直流变压器采用输出电流控制的两电压等级直流配用电系统

2. 基于等效环路增益的稳定性分析

根据式（7.54）、式（7.55）和式（7.83），图 7.28 所示系统的等效环路增益为

$$
\begin{aligned}
T_{\mathrm{m}2}(s)&=\frac{1}{\dfrac{1}{Z_{\mathrm{o},1}(s)}+Y_{\mathrm{in},2}(s)}\cdot\frac{1}{\dfrac{1}{Z_{\mathrm{o},3}(s)}+Y_{\mathrm{o},2}(s)+Y_{\mathrm{in},4}(s)}Y_{\mathrm{DCTtr1}}(s)Y_{\mathrm{DCTtr2}}(s)\\
&=\frac{Z_{\mathrm{o},1}(s)Z_{\mathrm{o},3}(s)Y_{\mathrm{DCTtr1}}(s)Y_{\mathrm{DCTtr2}}(s)}{[1+Z_{\mathrm{o},1}(s)Y_{\mathrm{in},2}(s)]\{1+Z_{\mathrm{o},3}(s)[Y_{\mathrm{o},2}(s)+Y_{\mathrm{in},4}(s)]\}}
\end{aligned}
\tag{7.105}
$$

表 7.2 系统主要参数

参数	取值	参数	取值	参数	取值	参数	取值
$v_{dc,1}$/V	50	L_2/μH	560	$R_{L,3}$/Ω	0.04	R_{Cf}/Ω	0.1
L_1/mH	1	$R_{L,2}$/Ω	0.05	C_3/μF	39	L_4/μH	200
$R_{L,1}$/Ω	0.12	C_2/μF	90	$R_{C,3}$/Ω	0.1	$R_{L,4}$/Ω	0.02
C_1/μF	90	$R_{C,2}$/Ω	0.1	$H_{v,3}$	1/24	C_4/μF	39
$R_{C,1}$/Ω	0.1	$H_{i,2}$	1	$k_{vp,3}$	0.15	$R_{C,4}$/Ω	0.1
$H_{v,1}$	1/36	$k_{ip,2}$	0.02	$k_{vi,3}$	100	$H_{v,4}$	1/15
$k_{vp,1}$	0.2	$k_{ii,2}$	80	$G_{m,3}$	1	$k_{vp,4}$	0.95
$k_{vi,1}$	80	$G_{m,2}$	1	L_f/μH	200	$k_{vi,4}$	80
$G_{m,1}$	1	$v_{dc,2}$/V	50	R_{Lf}/Ω	0.02	$G_{m,4}$	1
$v_{bus,1}$/V	36	L_3/μH	400	C_f/μF	180	$v_{o,4}$/V	15
f/kHz	40						

图 7.29 给出了等效环路增益 $T_{m2}(s)$ 在两种系统工况下的奈奎斯特曲线，可以看出：当图 7.28 所示两电压等级直流配用电系统运行于工况 1 时，$T_{m2}(s)$ 的奈奎斯特曲线不包围（−1，j0）点，而当系统运行于工况 2 时，$T_{m2}(s)$ 的奈奎斯特曲线顺时针包围（−1，j0）点两圈。

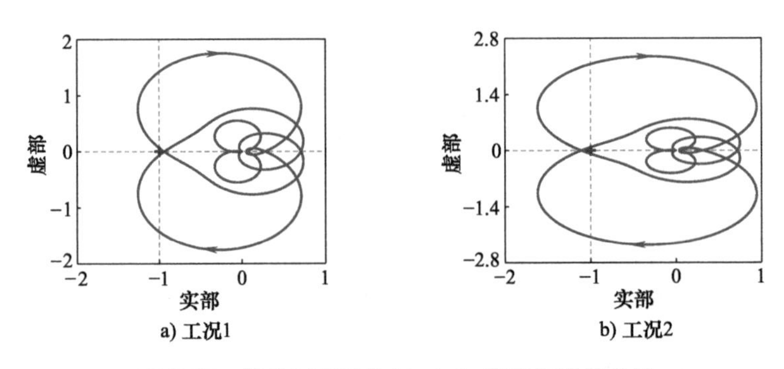

图 7.29 等效环路增益 $T_{m2}(s)$ 的奈奎斯特曲线

接下来需要分析 $T_{m2}(s)$ 在两种系统工况下的右半平面极点情况。由式（7.105）可以看出 $T_{m2}(s)$ 的右半平面极点数等于 $1+Z_{o,1}(s)Y_{in,2}(s)$ 和 $1+Z_{o,3}(s)[Y_{o,2}(s)+Y_{in,4}(s)]$ 的右半平面零点数之和。而根据奈奎斯特稳定判据，$1+Z_{o,1}(s)Y_{in,2}(s)$ 和 $1+Z_{o,3}(s)[Y_{o,2}(s)+Y_{in,4}(s)]$ 的右半平面零点数分别等于 $Z_{o,1}(s)Y_{in,2}(s)$ 和 $Z_{o,3}(s)[Y_{o,2}(s)+Y_{in,4}(s)]$ 的奈奎斯特曲线顺时针包围（−1，j0）点的圈数，为此图 7.30 给出了 $Z_{o,1}(s)Y_{in,2}(s)$ 和 $Z_{o,3}(s)[Y_{o,2}(s)+Y_{in,4}(s)]$ 在两种系统工况下的奈奎斯

特曲线，需要说明的是由于工况 1 和工况 2 并不改变 $Z_{o,1}(s)$ 和 $Y_{in,2}(s)$，因此在图 7.30a 中并未区分两种系统工况。可以看出：$Z_{o,1}(s)Y_{in,2}(s)$ 和 $Z_{o,3}(s)[Y_{o,2}(s)+Y_{in,4}(s)]$ 的奈奎斯特曲线在两种系统工况下均不包围（-1，j0）点，因此 $T_{m2}(s)$ 在两种系统工况下都没有右半平面极点。

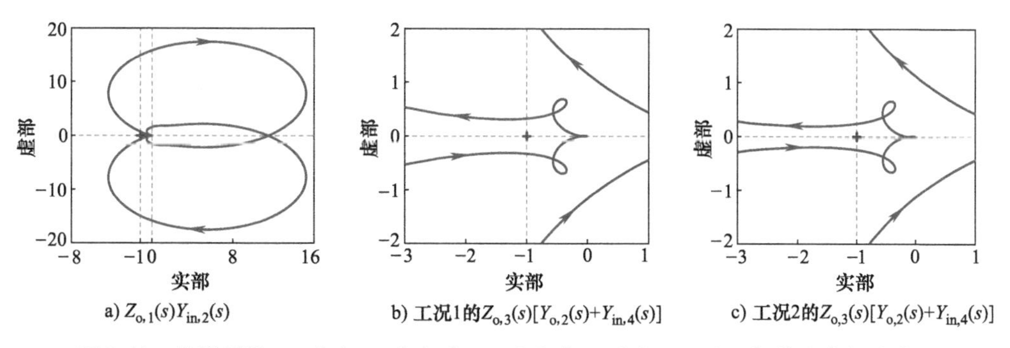

a) $Z_{o,1}(s)Y_{in,2}(s)$　b) 工况1的$Z_{o,3}(s)[Y_{o,2}(s)+Y_{in,4}(s)]$　c) 工况2的$Z_{o,3}(s)[Y_{o,2}(s)+Y_{in,4}(s)]$

图 7.30　传递函数 $Z_{o,1}(s)Y_{in,2}(s)$ 和 $Z_{o,3}(s)$ $[Y_{o,2}(s)+Y_{in,4}(s)]$ 的奈奎斯特曲线

综上所述，根据基于等效环路增益的稳定判据可以推断：系统在工况 1 时稳定，而在工况 2 时不稳定。

3. 基于子系统阻抗比判据的稳定性分析

对于图 7.10a 所示的第一种子系统划分方式，根据式（7.84）和式（7.85），图 7.28 所示系统的子系统阻抗比 $R_1(s)$ 为

$$R_1(s)=\frac{Z_{sub,1}(s)}{Z_{sub,2}(s)}=Z_{o,1}(s)\left[Y_{in,2}(s)+\frac{Z_{o,3}(s)Y_{DCTtr1}(s)Y_{DCTtr2}(s)}{1+Z_{o,3}(s)[Y_{in,4}(s)+Y_{o,2}(s)]}\right] \tag{7.106}$$

首先需要确定子系统阻抗比 $R_1(s)$ 的右半平面极点数。根据式（7.106），$R_1(s)$ 的右半平面极点数等于 $Z_{o,3}(s)[Y_{o,2}(s)+Y_{in,4}(s)]$ 的奈奎斯特曲线顺时针包围（-1，j0）点的圈数。由图 7.30 可知：$R_1(s)$ 在两种系统工况下都没有右半平面极点。

接下来，根据式（7.84）和式（7.95）绘制子系统 1 和子系统 2 的等效阻抗 $Z_{sub,1}(s)$ 和 $Z_{sub,2}(s)$ 在两种系统工况下的幅频特性曲线，如图 7.31 所示。需要说明的是，由于运行工况的改变并不会影响子系统 1 的等效阻抗，因此图中并未对 $Z_{sub,1}(s)$ 区分两种系统工况。从图 7.31 可以看出：$Z_{sub,1}(s)$ 和 $Z_{sub,2}(s)$ 在两种系统工况下都产生三次交截，但对于工况 1 来说，三次交截的相位差均小于 180°，因此根据子系统阻抗比判据可以推测系统在该工况下是稳定的；对于工况 2 而言，$Z_{sub,1}(s)$ 和 $Z_{sub,2}(s)$ 在第一个交截频率 302Hz 处的相位差为 435°，由于超出了（0°，360°）的有效范围，因此在评估稳定性时应以 435°-360°=75°的相位差推测系统在该频率处不会发生失稳振荡，不过 $Z_{sub,1}(s)$ 和 $Z_{sub,2}(s)$ 在第二个交截频率 478Hz 处的相位差为 194°，因此可以推测系统将产生约 478Hz 的低频振荡，另外，

$Z_{sub,1}(s)$ 和 $Z_{sub,2}(s)$ 在第三个交截频率处的相位差小于 180°，因此推测系统在该频率处也不会发生失稳振荡。

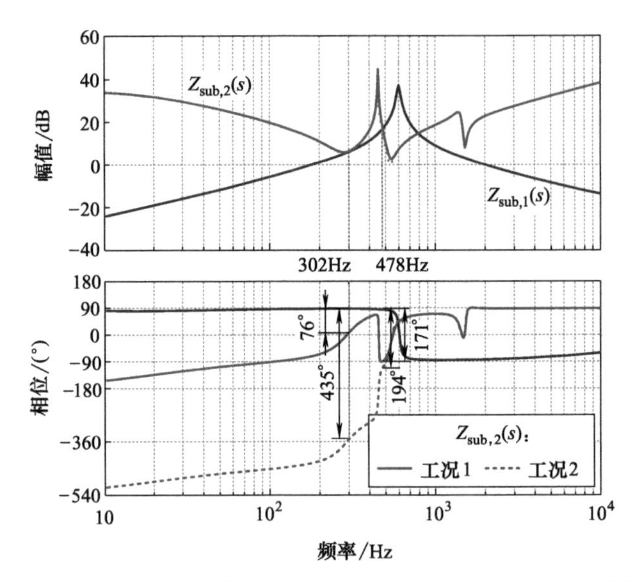

图 7.31　第一种子系统划分方式下，子系统等效阻抗的伯德图

对于图 7.10b 所示的第二种子系统划分方式，根据式（7.90）和式（7.97），图 7.28 所示系统的子系统阻抗比 $R_2(s)$ 为

$$R_2(s)=\frac{Z_{sub,4}(s)}{Z_{sub,3}(s)}=\frac{Z_{o,3}(s)}{1+Z_{o,3}(s)Y_{in,4}(s)}\left[Y_{o,2}(s)+\frac{Z_{o,1}(s)Y_{DCTtr1}(s)Y_{DCTtr2}(s)}{1+Z_{o,1}(s)Y_{in,2}(s)}\right] \tag{7.107}$$

首先仍需要确定子系统阻抗比 $R_2(s)$ 的右半平面极点数。根据式（7.107），$R_2(s)$ 的右半平面极点数等于 $Z_{o,1}(s)Y_{in,2}(s)$ 和 $Z_{o,3}(s)Y_{in,4}(s)$ 的奈奎斯特曲线顺时针包围（−1，j0）点的圈数之和。由图 7.30a 和图 7.32 可知：$R_2(s)$ 在工况 1

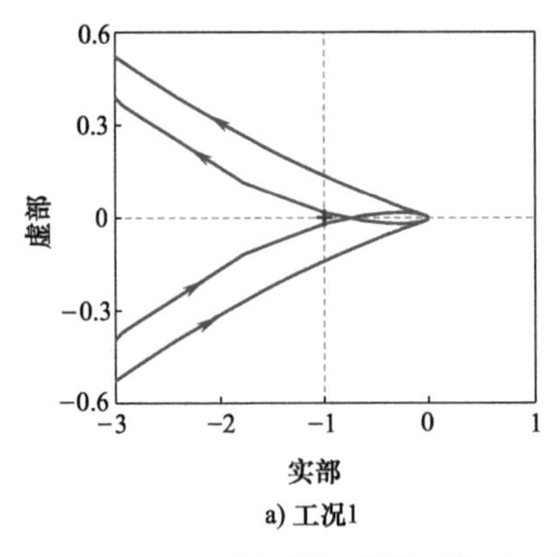

a) 工况1

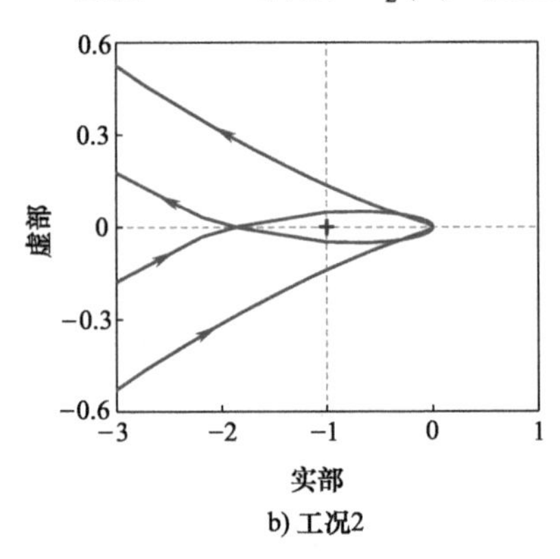

b) 工况2

图 7.32　传递函数 $Z_{o,3}(s)$ $Y_{in,4}(s)$ 的局部奈奎斯特曲线

时无右半平面极点，而在工况 2 时有一对右半平面极点。

图 7.33 给出了子系统阻抗比 $R_2(s)$ 在两种运行工况下的奈奎斯特曲线，可以看出：$R_2(s)$ 的奈奎斯特曲线在两种系统工况下均不包围（-1，j0）点。结合前述分析的 $R_2(s)$ 的右半平面极点情况，根据子系统阻抗比判据可以推测：系统在工况 1 时稳定，而在工况 2 时不稳定。

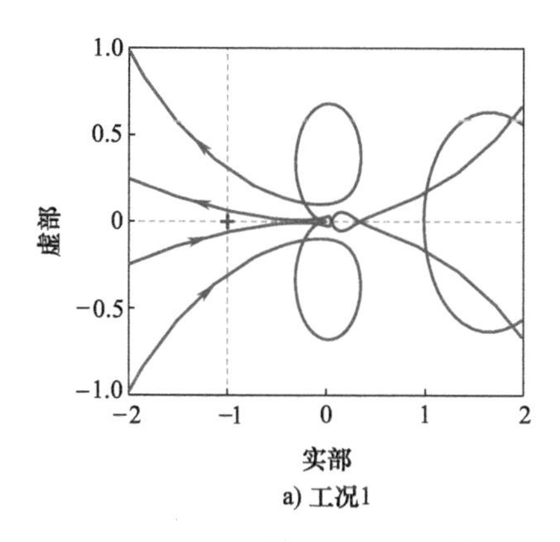

a) 工况1

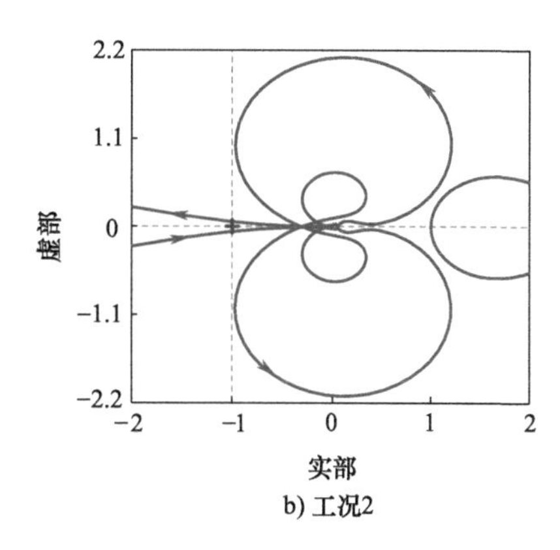

b) 工况2

图 7.33　子系统阻抗比 $R_2(s)$ 的局部奈奎斯特曲线

综上，基于两种子系统阻抗比判据评估两电压等级直流配用电系统的稳定性结论完全相同，且与基于等效环路增益的稳定判据的评估结果也完全一致。因此，无论从哪一条母线处对系统进行划分，所得到的两个子系统等效阻抗之比均可以用于评估整个系统的稳定性。

4. 基于母线阻抗判据的稳定性分析

根据式（7.103）和式（7.104），图 7.28 所示系统的两个母线阻抗 $Z_{\mathrm{bus},1}(s)$ 和 $Z_{\mathrm{bus},2}(s)$ 分别为

$$Z_{\mathrm{bus},1}(s)=Z_{\mathrm{sub},1}(s)//Z_{\mathrm{sub},2}(s)$$
$$=\frac{Z_{\mathrm{o},1}(s)\{1+Z_{\mathrm{o},3}(s)[Y_{\mathrm{in},4}(s)+Y_{\mathrm{o},2}(s)]\}}{[1+Z_{\mathrm{o},1}(s)Y_{\mathrm{in},2}(s)]\{1+Z_{\mathrm{o},3}(s)[Y_{\mathrm{in},4}(s)+Y_{\mathrm{o},2}(s)]\}+Z_{\mathrm{o},1}(s)Z_{\mathrm{o},3}(s)Y_{\mathrm{DCTtr1}}(s)Y_{\mathrm{DCTtr2}}(s)} \tag{7.108}$$

$$Z_{\mathrm{bus},2}(s)=Z_{\mathrm{sub},3}(s)//Z_{\mathrm{sub},4}(s)$$
$$=\frac{Z_{\mathrm{o},3}(s)[1+Z_{\mathrm{o},1}(s)Y_{\mathrm{in},2}(s)]}{[1+Z_{\mathrm{o},1}(s)Y_{\mathrm{in},2}(s)]\{1+Z_{\mathrm{o},3}(s)[Y_{\mathrm{in},4}(s)+Y_{\mathrm{o},2}(s)]\}+Z_{\mathrm{o},1}(s)Z_{\mathrm{o},3}(s)Y_{\mathrm{DCTtr1}}(s)Y_{\mathrm{DCTtr2}}(s)} \tag{7.109}$$

两个母线阻抗 $Z_{\mathrm{bus},1}(s)$ 和 $Z_{\mathrm{bus},2}(s)$ 在三种系统工况下的零极点图如图 7.34 和图 7.35 所示，可以看出：$Z_{\mathrm{bus},1}(s)$ 和 $Z_{\mathrm{bus},2}(s)$ 在工况 1 时均没有右半平面极点，而在工况 2 时都有一对右半平面极点，因此根据母线阻抗判据可以推测：整个

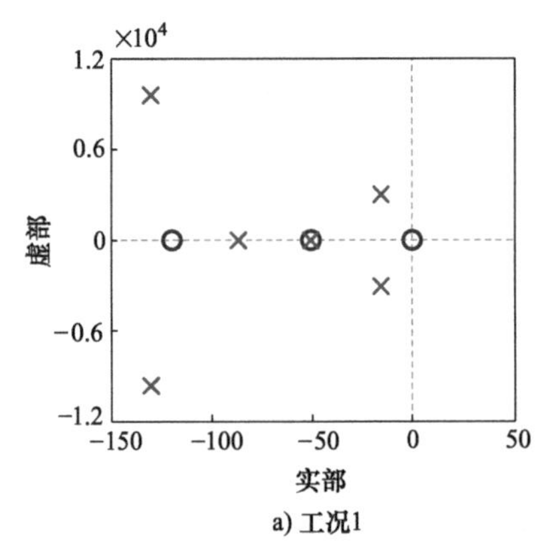

a) 工况1

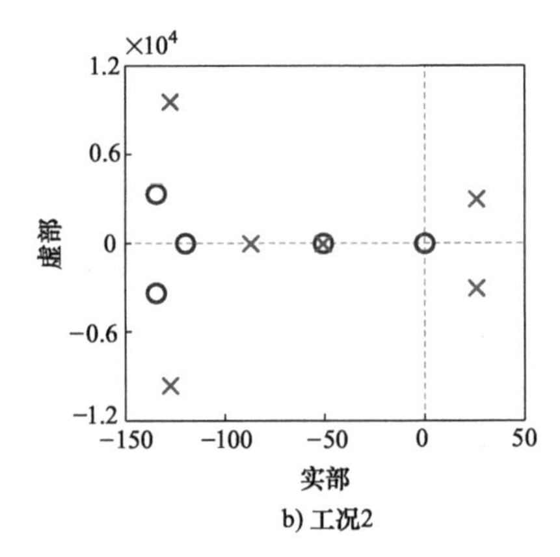

b) 工况2

图 7.34　母线阻抗 $Z_{bus,1}(s)$ 的零极点图

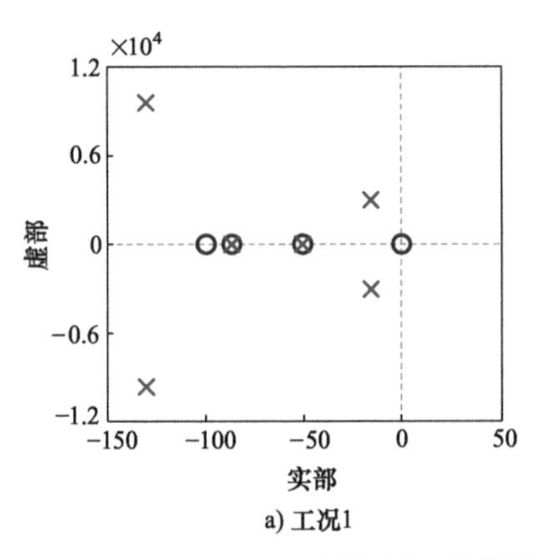

a) 工况1

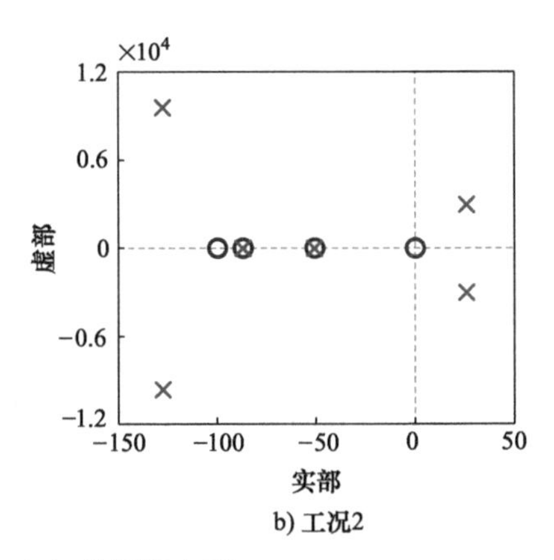

b) 工况2

图 7.35　母线阻抗 $Z_{bus,2}(s)$ 的零极点图

系统在工况 1 时稳定，而在工况 2 时不稳定。这一结论与前面两种稳定判据的分析结果完全一致。

除了基于母线阻抗的零极点图分析系统稳定性外，还可以通过绘制母线阻抗的伯德图进行评估。以母线阻抗 $Z_{bus,1}(s)$ 为例，首先根据图 7.36 所示 $Z_{bus,1}(s)$ 的伯德图确定其奈奎斯特曲线顺时针包围原点的等效圈数，可以看出：当系统运行于工况 1 时，$N_+=N_-=0$，这意味着 $Z_{bus,1}(s)$ 的奈奎斯特曲线顺时针包围原点的等效圈数为 0；当系统运行于工况 2 时，$N_+=1$，$N_-=0$，这意味着 $Z_{bus,1}(s)$ 的奈奎斯特曲线顺时针包围原点的等效圈数为 2。

然后确定 $Z_{bus,1}(s)$ 的右半平面零点数。由式（7.108）可以看出：$Z_{bus,1}(s)$ 的右半平面零点数等于 $Z_{o,1}(s)$ 的右半平面零点数与 $Z_{o,3}(s)[Y_{o,2}(s)+Y_{in,4}(s)]$ 的奈奎斯特曲线顺时针包围（−1，j0）点的圈数之和。图 7.37 给出了 $Z_{o,1}(s)$ 的伯德图，由于 $Z_{o,1}(s)$ 没有右半平面极点且其相位曲线并不穿越（$2\alpha+1$）×180°线，因此 $Z_{o,1}(s)$ 在两种系统工况下均没有右半平面零点。又根据图 7.30 可知：在两

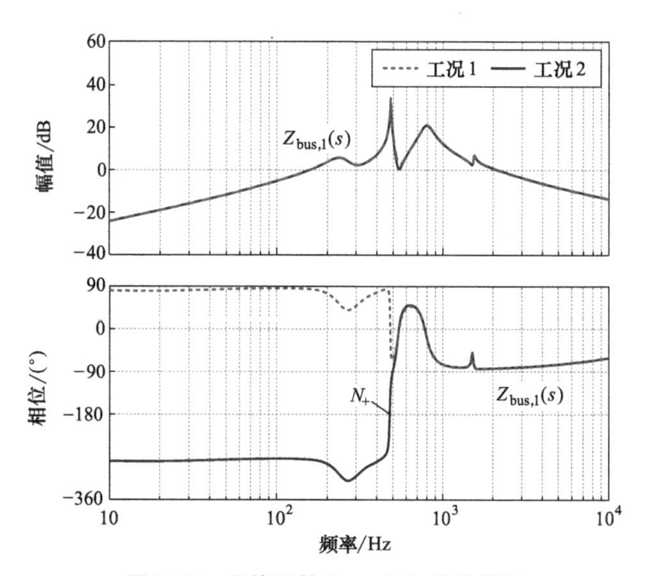

图 7.36　母线阻抗 $Z_{bus,1}(s)$ 的伯德图

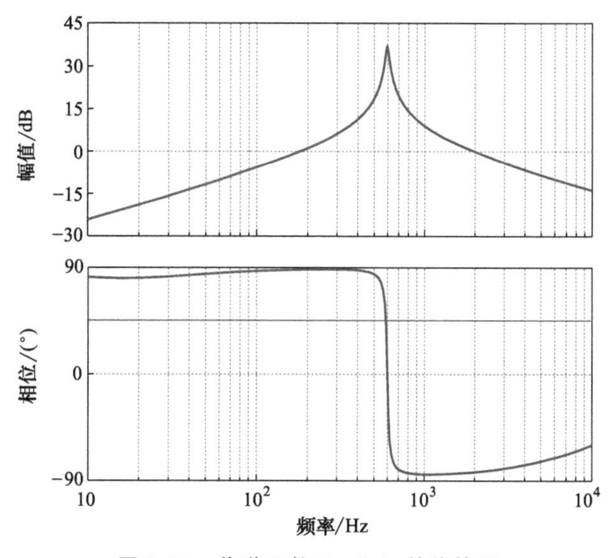

图 7.37　传递函数 $Z_{o,1}(s)$ 的伯德图

种系统工况下，$Z_{o,3}(s)[Y_{o,2}(s)+Y_{in,4}(s)]$ 的奈奎斯特曲线均不包围（-1，j0）点。因此，$Z_{bus,1}(s)$ 在两种系统工况下均没有右半平面零点。

综上分析，根据柯西幅角原理可知：$Z_{bus,1}(s)$ 在工况 1 时没有右半平面极点，而在工况 2 时有一对右半平面极点。于是，整个系统在工况 1 时稳定，而在工况 2 时不稳定，这一结论与上述基于零极点图的分析完全相同。

5. 实验验证

为验证上述稳定性分析结论的正确性，搭建了图 7.28 所示系统对应的实验平台，系统的电路与控制参数与表 7.2 一致，控制部分由 DSP TMS320 F28335 实现。如图 7.38~图 7.40 所示，给出了直流母线电压 $v_{bus,1}$ 和 $v_{bus,2}$、#2 变换器的输出电流 $i_{o,2}$，以及#4 变换器的输出电压 $v_{o,4}$ 和输出电流 $i_{o,4}$ 的实验波形。

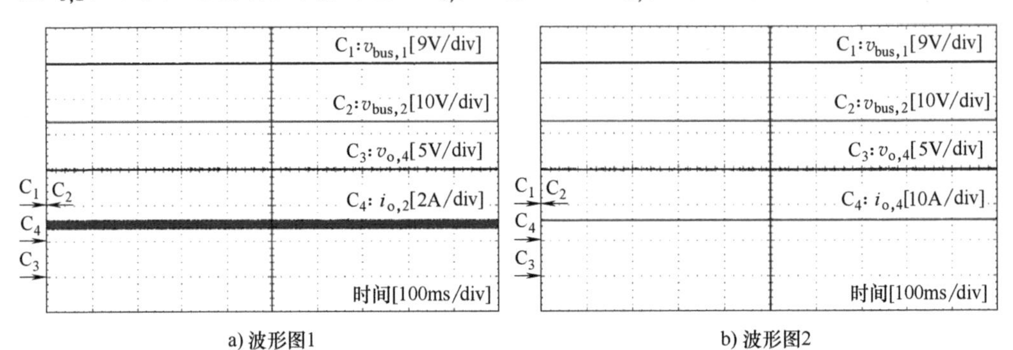

a) 波形图1　　b) 波形图2

图 7.38　系统在工况 1 时的稳态实验波形

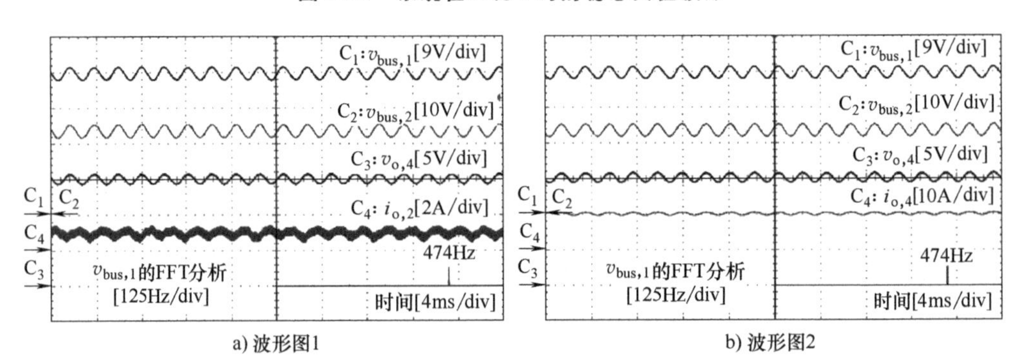

a) 波形图1　　b) 波形图2

图 7.39　系统在工况 2 时的稳态实验波形

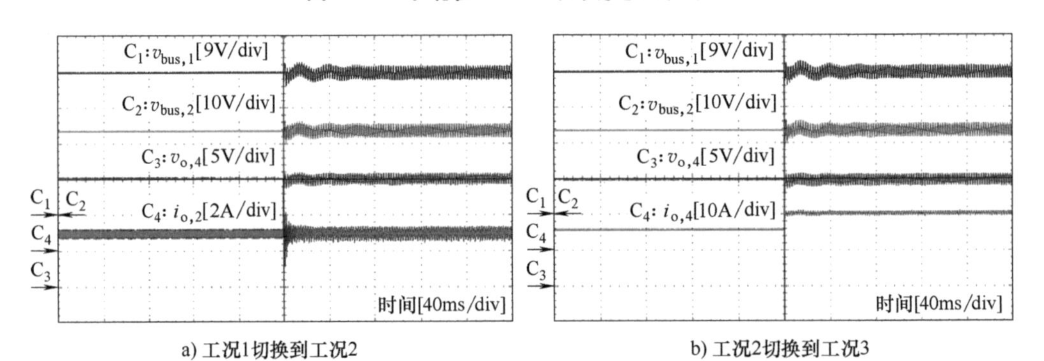

a) 工况1切换到工况2　　b) 工况2切换到工况3

图 7.40　系统在不同工况间切换的动态实验波形

当系统运行于工况 1 时，如图 7.38 所示，各电量波形稳定，表明整个系统是稳定的。而当系统运行于工况 2 时，如图 7.39 所示，各直流母线电压中出现幅值较大且远低于开关频率的交流分量，这意味着系统处于不稳定运行状态。进一步，通过对直流母线电压 $v_{bus,1}$ 进行 FFT 分析，可以发现直流母线电压的振荡频率约为

474Hz，与上述理论分析结果基本完全一致。因此，实验结果验证了三种稳定判据的正确性和可行性。

7.4　本章小结

本章建立了两电压等级直流配用电系统的小信号模型，进行了系统级稳定分析，介绍了基于等效环路增益、子系统阻抗比与母线阻抗的三种稳定判据，分析了子系统稳定性与系统全局稳定性的关系。最后，通过对两种案例系统的稳定分析与实验测试，验证了理论分析的正确性。

本章主要结论如下：

1）对于最简单的两电压等级直流配用电系统——三级级联直流系统而言，其等效环路增益本身没有右半平面极点，因此在三种稳定判据中所需的评估步骤最少。此外，子系统的独立稳定性并非是系统全局稳定的充分条件之一，换句话说，即使系统内部某些子系统无法独立稳定运行，整个系统仍可能是稳定的。

2）基于控制理论证明了三种稳定判据在评估两电压等级直流配用电系统小信号稳定性方面的有效性与等价性，但实际应用时三种稳定判据仍存在稳定性评估步骤和复杂度等方面的差异。

3）两电压等级直流配用电系统等效环路增益的形式会根据直流变压器控制方式的不同而改变，但对另外两种稳定判据而言，整个系统的稳定性可以从任意一条直流母线处通过划分子系统或计算等效阻抗进行评估，与直流变压器采用何种控制方式无关。

4）当划分的子系统不能独立稳定运行时，基于两个子系统等效阻抗的幅频交互特性可能无法准确评估系统稳定性并正确描述其失稳特性，但可以根据子系统阻抗比的奈奎斯特曲线进行系统稳定性评估。

第 8 章

多电压等级直流配用电系统稳定分析与判据

第 7 章介绍了具有两个电压等级母线的直流配用电系统稳定性分析方法与几种基于阻抗的稳定判据。事实上，随着直流配电与直流变压技术的不断发展，为应对不同电压等级分布式能源和直流负载的实际需求，未来直流配用电系统的一个重要特征将是具备多端直流汇入的能力并包含多个电压等级直流母线。为此，本章将两电压等级直流系统的建模与稳定评估方法进一步拓展到多电压等级直流配用电系统的稳定分析中。

8.1　级联型多电压等级直流配用电系统

8.1.1　系统建模

级联型多电压等级直流配用电系统的典型结构如图 8.1a 所示，系统包含 n 条不同电压等级的直流母线，相邻母线间通过直流变压器（DC transformer，DCT）进行互联。参考第 7 章两电压等级直流配用电系统中的变换器分类方法，可得级联型多电压等级直流配用电系统的统一形式如图 8.1b 所示。其中，直流母线 k（$k=1, 2, \cdots, n$）上并联的第 j_k（$j_k=1, 2, \cdots, M_k$）个 ZTC 和第 l_k（$l_k=1, 2, \cdots, N_k$）个 YTC 分别记为 ZTC_{k,j_k} 和 YTC_{k,l_k}。直流母线 k 和直流母线 $k+1$ 之间由第 k 个直流变压器 DCT_k 连接，采用输出电压控制的 DCT_k 为 YTC-ZTC，采用输出电流控制的 DCT_k 为 YTC-YTC。

图 8.2 给出了当 $1<k<n$ 时，直流母线 k 对应的小信号模型，需要说明的是 $k=1$ 和 $k=n$ 为其特例，分别对应着 DCT_{k-1} 或 DCT_k 不存在。其中，$v_{\mathrm{bus},k}(s)$ 为直流母线 k 的电压；$i_{\mathrm{DCTo},k-1}(s)$ 和 $i_{\mathrm{DCTin},k}(s)$ 分别为 DCT_{k-1} 的输出电流和 DCT_k 的输入电流；ZTC 均采用戴维南等效模型，$v_{\mathrm{c},k,j_k}(s)$、$Z_{\mathrm{o},k,j_k}(s)$ 和 $i_{\mathrm{o},k,j_k}(s)$ 分别表示 ZTC_{k,j_k} 等效模型中的受控电压源、输出阻抗和输出电流；YTC 均采用诺顿等效模

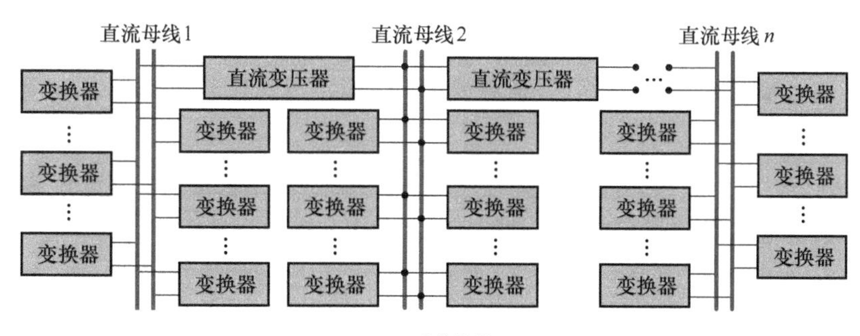

a) 系统结构

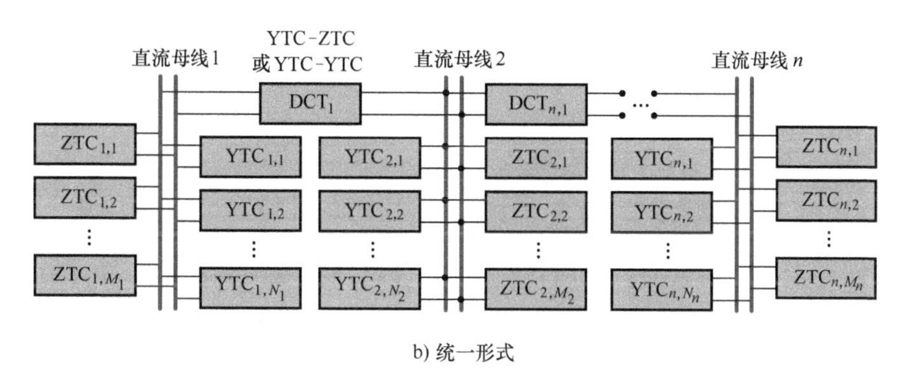

b) 统一形式

图 8.1 级联型多电压等级直流配用电系统

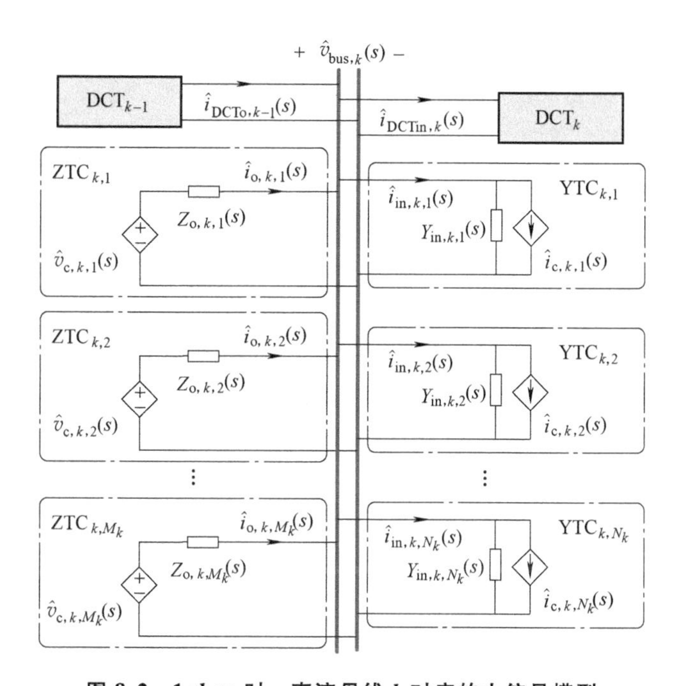

图 8.2 $1<k<n$ 时，直流母线 k 对应的小信号模型

型，$i_{c,k,l_k}(s)$、$Y_{in,k,l_k}(s)$ 和 $i_{in,k,l_k}(s)$ 分别表示 YTC_{k,l_k} 等效模型中的受控电流源、输入导纳和输出电流。当 ZTC_{k,j_k} 独立运行稳定时，$Z_{o,k,j_k}(s)$ 没有右半平面极点，且 $\hat{v}_{c,k,j_k}(s)$ 是有界的；而当 YTC_{k,l_k} 独立稳定运行时，$Y_{in,k,l_k}(s)$ 没有右半平面极点且 $\hat{i}_{c,k,l_k}(s)$ 是有界的。

图 8.2 中，DCT_{k-1} 和 DCT_k 均采用二端口小信号模型。以 DCT_k 为例，如图 8.3 所示。当 DCT_k 为 YTC-ZTC 时，其二端口小信号数学模型为

$$\begin{bmatrix}\hat{i}_{DCTin,k}(s)\\ \hat{v}_{bus,k+1}(s)\end{bmatrix}=\begin{bmatrix}Y_{DCTin,k}(s) & G_{DCTii,k}(s)\\ G_{DCTvv,k}(s) & -Z_{DCTo,k}(s)\end{bmatrix}\begin{bmatrix}\hat{v}_{bus,k}(s)\\ \hat{i}_{DCTo,k}(s)\end{bmatrix} \tag{8.1}$$

式中，$Y_{DCTin,k}(s)$ 为输入导纳；$G_{DCTii,k}(s)$ 为从 $\hat{i}_{DCTo,k}(s)$ 到 $\hat{i}_{DCTin,k}(s)$ 的闭环传递函数；$G_{DCTvv,k}(s)$ 为从 $\hat{v}_{bus,k}(s)$ 到 $\hat{v}_{bus,k+1}(s)$ 的闭环传递函数；$Z_{DCTo,k}(s)$ 为输出阻抗。

当 DCT_k 为 YTC-YTC 时，其二端口小信号数学模型为

$$\begin{bmatrix}\hat{i}_{DCTin,k}(s)\\ \hat{i}_{DCTo,k}(s)\end{bmatrix}=\begin{bmatrix}Y_{DCTin,k}(s) & Y_{DCTtr1,k}(s)\\ Y_{DCTtr2,k}(s) & -Y_{DCTo,k}(s)\end{bmatrix}\begin{bmatrix}\hat{v}_{bus,k}(s)\\ \hat{v}_{bus,k+1}(s)\end{bmatrix} \tag{8.2}$$

式中，$Y_{DCTtr1,k}(s)$ 为从 $\hat{v}_{bus,k+1}(s)$ 到 $\hat{i}_{DCTin,k}(s)$ 的转移导纳；$Y_{DCTtr2,k}(s)$ 为从 $\hat{v}_{bus,k}(s)$ 到 $\hat{i}_{DCTo,k}(s)$ 的转移导纳；$Y_{DCTo,k}(s)$ 为输出导纳。

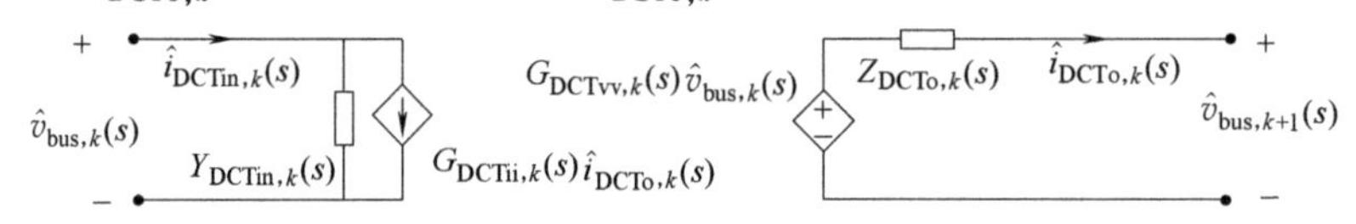

a) DCT_k为YTC-ZTC

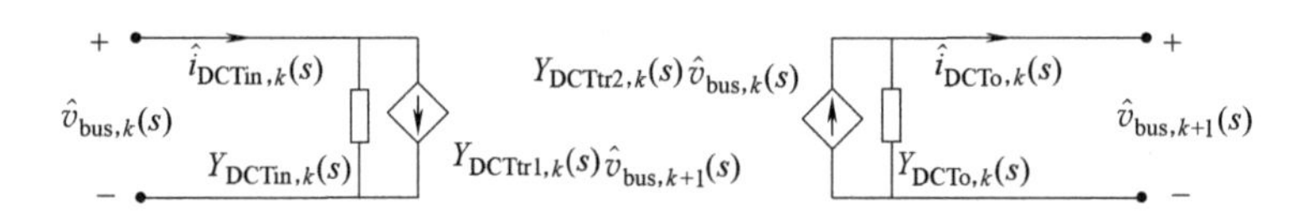

b) DCT_k为YTC-YTC

图 8.3　DCT_k 的二端口小信号模型

接下来，即可对图 8.2 的直流母线 k 进行小信号数学建模。对于所有的 ZTC，有

$$\hat{v}_{bus,k}(s)\boldsymbol{x}_{M_k}=\hat{\boldsymbol{v}}_{c,k}(s)-\boldsymbol{Z}_{o,k}(s)\hat{\boldsymbol{i}}_{o,k}(s) \tag{8.3}$$

式中，

$$\begin{cases}\boldsymbol{x}_{M_k}=[1,1,\cdots,1]^{T}_{1\times M_k}\\ \hat{\boldsymbol{v}}_{c,k}(s)=[\hat{v}_{c,k,1}(s),\hat{v}_{c,k,2}(s),\cdots,\hat{v}_{c,k,M_k}(s)]^{T}\\ \boldsymbol{Z}_{o,k}(s)=\mathrm{diag}[Z_{o,k,1}(s),Z_{o,k,2}(s),\cdots,Z_{o,k,M_k}(s)]\\ \hat{\boldsymbol{i}}_{o,k}(s)=[\hat{i}_{o,k,1}(s),\hat{i}_{o,k,2}(s),\cdots,\hat{i}_{o,k,M_k}(s)]^{T}\end{cases} \tag{8.4}$$

对于所有的 YTC，有

$$\hat{\boldsymbol{i}}_{\mathrm{in},k}(s)=\hat{\boldsymbol{i}}_{\mathrm{c},k}(s)+\boldsymbol{Y}_{\mathrm{in},k}(s)\boldsymbol{x}_{N_k}\hat{v}_{\mathrm{bus},k}(s) \tag{8.5}$$

式中，

$$\begin{cases}\hat{\boldsymbol{i}}_{\mathrm{in},k}(s)=[\hat{i}_{\mathrm{in},k,1}(s),\hat{i}_{\mathrm{in},k,2}(s),\cdots,\hat{i}_{\mathrm{in},k,N_k}(s)]^{\mathrm{T}}\\ \hat{\boldsymbol{i}}_{\mathrm{c},k}(s)=[\hat{i}_{\mathrm{c},k,1}(s),\hat{i}_{\mathrm{c},k,2}(s),\cdots,\hat{i}_{\mathrm{c},k,N_k}(s)]^{\mathrm{T}}\\ \boldsymbol{Y}_{\mathrm{in},k}(s)=\mathrm{diag}[Y_{\mathrm{in},k,1}(s),Y_{\mathrm{in},k,2}(s),\cdots,Y_{\mathrm{in},k,N_k}(s)]\\ \boldsymbol{x}_{N_k}=[1,1,\cdots,1]^{\mathrm{T}}_{1\times N_k}\end{cases} \tag{8.6}$$

由基尔霍夫电流定律，直流母线 k 上的总电流和为 0，故有

$$\boldsymbol{x}_{M_k}^{\mathrm{T}}\hat{\boldsymbol{i}}_{\mathrm{o},k}(s)+\hat{i}_{\mathrm{DCTo},k-1}(s)=\boldsymbol{x}_{N_k}^{\mathrm{T}}\hat{\boldsymbol{i}}_{\mathrm{in},k}(s)+\hat{i}_{\mathrm{DCTin},k}(s) \tag{8.7}$$

联立式（8.3）、式（8.5）和式（8.7），并整理可得母线电压 $v_{\mathrm{bus},k}(s)$ 的小信号数学模型为

$$\hat{v}_{\mathrm{bus},k}(s)=\frac{\boldsymbol{x}_{M_k}^{\mathrm{T}}\boldsymbol{Z}_{\mathrm{o},k}^{-1}(s)\hat{\boldsymbol{v}}_{\mathrm{c},k}(s)-\boldsymbol{x}_{N_k}^{\mathrm{T}}\hat{\boldsymbol{i}}_{\mathrm{c},k}(s)+\hat{i}_{\mathrm{DCTo},k-1}(s)-\hat{i}_{\mathrm{DCTin},k}(s)}{\boldsymbol{x}_{M_k}^{\mathrm{T}}\boldsymbol{Z}_{\mathrm{o},k}^{-1}(s)\boldsymbol{x}_{M_k}+\boldsymbol{x}_{N_k}^{\mathrm{T}}\boldsymbol{Y}_{\mathrm{in},k}(s)\boldsymbol{x}_{N_k}} \tag{8.8}$$

由于 DCT_{k-1} 和 DCT_k 均有 YTC-ZTC 和 YTC-YTC 两种类型，结合式（8.1）和式（8.2）可知不同工作模式的端口电流表达式不同，因此为进一步推导母线电压 $v_{\mathrm{bus},k}(s)$ 的小信号数学模型，需要考虑如下四种可能情况。

1. 情况 1：$\mathbf{DCT}_{k-1}$ 和 $\mathbf{DCT}_k$ 均为 YTC-ZTC

由式（8.1）可得此时 $i_{\mathrm{DCTo},k-1}(s)$ 和 $i_{\mathrm{DCTin},k}(s)$ 的小信号数学模型分别为

$$\hat{i}_{\mathrm{DCTo},k-1}(s)=\frac{G_{\mathrm{DCTvv},k-1}(s)}{Z_{\mathrm{DCTo},k-1}(s)}\hat{v}_{\mathrm{bus},k-1}(s)-\frac{1}{Z_{\mathrm{DCTo},k-1}(s)}\hat{v}_{\mathrm{bus},k}(s) \tag{8.9}$$

$$\begin{aligned}\hat{i}_{\mathrm{DCTin},k}(s)&=Y_{\mathrm{DCTin},k}(s)\hat{v}_{\mathrm{bus},k}(s)+G_{\mathrm{DCTii},k}(s)\hat{i}_{\mathrm{DCTo},k}(s)\\&=Y_{\mathrm{DCTin},k}(s)\hat{v}_{\mathrm{bus},k}(s)+G_{\mathrm{DCTii},k}(s)\left(\frac{G_{\mathrm{DCTvv},k}(s)}{Z_{\mathrm{DCTo},k}(s)}\hat{v}_{\mathrm{bus},k}(s)-\frac{1}{Z_{\mathrm{DCTo},k}(s)}\hat{v}_{\mathrm{bus},k+1}(s)\right)\\&=\left(Y_{\mathrm{DCTin},k}(s)+\frac{G_{\mathrm{DCTii},k}(s)G_{\mathrm{DCTvv},k}(s)}{Z_{\mathrm{DCTo},k}(s)}\right)\hat{v}_{\mathrm{bus},k}(s)-\frac{G_{\mathrm{DCTii},k}(s)}{Z_{\mathrm{DCTo},k}(s)}\hat{v}_{\mathrm{bus},k+1}(s)\end{aligned} \tag{8.10}$$

将式（8.9）和式（8.10）代入式（8.8），并整理可得此时母线电压 $v_{\mathrm{bus},k}(s)$ 的小信号数学模型为

$$\hat{v}_{\mathrm{bus},k}(s)=\frac{\sum_{j_k=1}^{M_k}Z_{\mathrm{o},k,j_k}^{-1}(s)\hat{v}_{\mathrm{c},k,j_k}(s)-\sum_{l_k=1}^{N_k}\hat{i}_{\mathrm{c},k,l_k}(s)+\frac{G_{\mathrm{DCTvv},k-1}(s)}{Z_{\mathrm{DCTo},k-1}(s)}\hat{v}_{\mathrm{bus},k-1}(s)+\frac{G_{\mathrm{DCTii},k}(s)}{Z_{\mathrm{DCTo},k}(s)}\hat{v}_{\mathrm{bus},k+1}(s)}{\sum_{j_k=1}^{M_k}Z_{\mathrm{o},k,j_k}^{-1}(s)+\sum_{l_k=1}^{N_k}Y_{\mathrm{in},k,l_k}(s)+\frac{1}{Z_{\mathrm{DCTo},k-1}(s)}+Y_{\mathrm{DCTin},k}(s)+\frac{G_{\mathrm{DCTii},k}(s)G_{\mathrm{DCTvv},k}(s)}{Z_{\mathrm{DCTo},k}(s)}} \tag{8.11}$$

特别地，由式（8.11）可得当 DCT_1 和 DCT_n 均为 YTC-ZTC 时，直流母线 1 的电压 $v_{bus,1}(s)$ 和直流母线 n 的电压 $v_{bus,n}(s)$ 的小信号数学模型分别为

$$\hat{v}_{bus,1}(s)=\frac{\sum_{j_1=1}^{M_1}Z_{o,1,j_1}^{-1}(s)\hat{v}_{c,1,j_1}(s)-\sum_{l_1=1}^{N_1}\hat{i}_{c,1,l_1}(s)+\frac{G_{DCTii,1}(s)}{Z_{DCTo,1}(s)}\hat{v}_{bus,2}(s)}{\sum_{j_1=1}^{M_1}Z_{o,1,j_1}^{-1}(s)+\sum_{l_1=1}^{N_1}Y_{in,1,l_1}(s)+Y_{DCTin,1}(s)+\frac{G_{DCTii,1}(s)G_{DCTvv,1}(s)}{Z_{DCTo,1}(s)}} \tag{8.12}$$

$$\hat{v}_{bus,n}(s)=\frac{\sum_{j_n=1}^{M_n}Z_{o,n,j_n}^{-1}(s)\hat{v}_{c,n,j_n}(s)-\sum_{l_n=1}^{N_n}\hat{i}_{c,n,l_n}(s)+\frac{G_{DCTvv,n-1}(s)}{Z_{DCTo,n-1}(s)}\hat{v}_{bus,n-1}(s)}{\sum_{j_n=1}^{M_n}Z_{o,n,j_n}^{-1}(s)+\sum_{l_n=1}^{N_n}Y_{in,n,l_n}(s)+\frac{1}{Z_{DCTo,n-1}(s)}} \tag{8.13}$$

2. 情况 2：DCT_{k-1} 和 DCT_k 均为 YTC-YTC

由式（8.2）可得此时 $i_{DCTo,k-1}(s)$ 和 $i_{DCTin,k}(s)$ 的小信号数学模型分别为

$$\hat{i}_{DCTo,k-1}(s)=Y_{DCTtr2,k-1}(s)\hat{v}_{bus,k-1}(s)-Y_{DCTo,k-1}(s)\hat{v}_{bus,k}(s) \tag{8.14}$$

$$\hat{i}_{DCTin,k}(s)=Y_{DCTin,k}(s)\hat{v}_{bus,k}(s)+Y_{DCTtr1,k}(s)\hat{v}_{bus,k+1}(s) \tag{8.15}$$

将式（8.14）和式（8.15）代入式（8.8），并整理可得此时母线电压 $v_{bus,k}(s)$ 的小信号数学模型为

$$\hat{v}_{bus,k}(s)=\frac{\sum_{j_k=1}^{M_k}Z_{o,k,j_k}^{-1}(s)\hat{v}_{c,k,j_k}(s)-\sum_{l_k=1}^{N_k}\hat{i}_{c,k,l_k}(s)+Y_{DCTtr2,k-1}(s)\hat{v}_{bus,k-1}(s)-Y_{DCTtr1,k}(s)\hat{v}_{bus,k+1}(s)}{\sum_{j_k=1}^{M_k}Z_{o,k,j_k}^{-1}(s)+\sum_{l_k=1}^{N_k}Y_{in,k,l_k}(s)+Y_{DCTo,k-1}(s)+Y_{DCTin,k}(s)} \tag{8.16}$$

特别地，由式（8.16）可得当 DCT_1 和 DCT_n 均为 YTC-YTC 时，直流母线 1 的电压 $v_{bus,1}(s)$ 和直流母线 n 的电压 $v_{bus,n}(s)$ 的小信号数学模型分别为

$$\hat{v}_{bus,1}(s)=\frac{\sum_{j_1=1}^{M_1}Z_{o,1,j_1}^{-1}(s)\hat{v}_{c,1,j_1}(s)-\sum_{l_1=1}^{N_1}\hat{i}_{c,1,l_1}(s)-Y_{DCTtr1,1}(s)\hat{v}_{bus,2}(s)}{\sum_{j_1=1}^{M_1}Z_{o,1,j_1}^{-1}(s)+\sum_{l_1=1}^{N_1}Y_{in,1,l_1}(s)+Y_{DCTin,1}(s)} \tag{8.17}$$

$$\hat{v}_{bus,n}(s)=\frac{\sum_{j_n=1}^{M_n}Z_{o,n,j_n}^{-1}(s)\hat{v}_{c,n,j_n}(s)-\sum_{l_n=1}^{N_n}\hat{i}_{c,n,l_n}(s)+Y_{DCTtr2,n-1}(s)\hat{v}_{bus,n-1}(s)}{\sum_{j_n=1}^{M_n}Z_{o,n,j_n}^{-1}(s)+\sum_{l_n=1}^{N_n}Y_{in,n,l_n}(s)+Y_{DCTo,n-1}(s)} \tag{8.18}$$

3. 情况 3：DCT_{k-1} 为 YTC-YTC，而 DCT_k 为 YTC-ZTC

将式（8.10）和式（8.14）代入式（8.8），并整理可得母线电压 $v_{bus,k}(s)$ 的小信号数学模型为

$$\hat{v}_{bus,k}(s)=\frac{\sum_{j_k=1}^{M_k}Z_{o,k,j_k}^{-1}(s)\hat{v}_{c,k,j_k}(s)-\sum_{l_k=1}^{N_k}\hat{i}_{c,k,l_k}(s)+Y_{DCTtr2,k-1}(s)\hat{v}_{bus,k-1}(s)+\dfrac{G_{DCTii,k}(s)}{Z_{DCTo,k}(s)}\hat{v}_{bus,k+1}(s)}{\sum_{j_k=1}^{M_k}Z_{o,k,j_k}^{-1}(s)+\sum_{l_k=1}^{N_k}Y_{in,k,l_k}(s)+Y_{DCTo,k-1}(s)+Y_{DCTin,k}(s)+\dfrac{G_{DCTii,k}(s)G_{DCTvv,k}(s)}{Z_{DCTo,k}(s)}}\tag{8.19}$$

4. 情况 4：DCT_{k-1} 为 YTC-ZTC，而 DCT_k 为 YTC-YTC

将式（8.9）和式（8.15）代入式（8.8），并整理可得母线电压 $v_{bus,k}(s)$ 的小信号数学模型为

$$\hat{v}_{bus,k}(s)=\frac{\sum_{j_k=1}^{M_k}Z_{o,k,j_k}^{-1}(s)\hat{v}_{c,k,j_k}(s)-\sum_{l_k=1}^{N_k}\hat{i}_{c,k,l_k}(s)+\dfrac{G_{DCTvv,k-1}(s)}{Z_{DCTo,k-1}(s)}\hat{v}_{bus,k-1}(s)-Y_{DCTtr1,k}(s)\hat{v}_{bus,k+1}(s)}{\sum_{j_k=1}^{M_k}Z_{o,k,j_k}^{-1}(s)+\sum_{l_k=1}^{N_k}Y_{in,k,l_k}(s)+\dfrac{1}{Z_{DCTo,k-1}(s)}+Y_{DCTin,k}(s)}\tag{8.20}$$

8.1.2 系统小信号稳定性分析方法

为了分析图 8.2 所示级联型多电压等级直流配用电系统的小信号稳定性，应分析各直流母线电压 $v_{bus,1}(s)$、$v_{bus,2}(s)$、…、$v_{bus,n}(s)$ 的小信号稳定性。由于受控电压源 $v_{c,k,j_k}(s)$ 和受控电流源 $i_{c,k,l_k}(s)$ 均为系统的输入变量，而母线电压 $v_{bus,k}(s)$ 则为系统的输出变量，根据麦克斯韦稳定判据，当系统所有输入变量到输出变量的传递函数没有右半平面极点时，系统即稳定。为此需要首先推导得到各母线电压 $v_{bus,1}(s)$、$v_{bus,2}(s)$、…、$v_{bus,n}(s)$ 与各输入变量 $v_{c,k,j_k}(s)$ 和 $i_{c,k,l_k}(s)$ 间的小信号传递函数表达式，再进行系统小信号稳定性分析。

然而，需要说明的是 8.1.1 节推导的直流母线电压 $v_{bus,k}(s)$ 的小信号数学模型，即式（8.11）~式（8.13）和式（8.16）~式（8.20），并不能直接用于稳定性分析，这是由于每个方程中都包含了两个或三个直流母线电压变量，并非给出的是所有输入变量到单个直流母线电压间的传递函数。从变量的函数关系角度，可以将式（8.11）~式（8.13）和式（8.16）~式（8.20）中的方程统一描述为

$$
\begin{cases}
\hat{v}_{\text{bus},1}(s)=f_1(\hat{\boldsymbol{v}}_{\text{c},1}(s),\hat{\boldsymbol{i}}_{\text{c},1}(s),\hat{v}_{\text{bus},2}(s)) \\
\hat{v}_{\text{bus},2}(s)=f_2(\hat{\boldsymbol{v}}_{\text{c},2}(s),\hat{\boldsymbol{i}}_{\text{c},2}(s),\hat{v}_{\text{bus},1}(s),\hat{v}_{\text{bus},3}(s)) \\
\cdots\cdots \\
\hat{v}_{\text{bus},n-1}(s)=f_{n-1}(\hat{\boldsymbol{v}}_{\text{c},n-1}(s),\hat{\boldsymbol{i}}_{\text{c},n-1}(s),\hat{v}_{\text{bus},n-2}(s),\hat{v}_{\text{bus},n}(s)) \\
\hat{v}_{\text{bus},n}(s)=f_n(\hat{\boldsymbol{v}}_{\text{c},n}(s),\hat{\boldsymbol{i}}_{\text{c},n}(s),\hat{v}_{\text{bus},n-1}(s))
\end{cases}
\tag{8.21}
$$

式中，函数 f_k 用以描述变量间的函数关系。

实际上，通过求解式（8.21）所示的线性方程组可以得到所有输入变量到各个直流母线电压间的小信号数学表达式，并表示为

$$
\begin{cases}
\hat{v}_{\text{bus},1}(s)=F_1(\hat{\boldsymbol{v}}_{\text{c},1}(s),\hat{\boldsymbol{v}}_{\text{c},2}(s),\cdots,\hat{\boldsymbol{v}}_{\text{c},n}(s),\hat{\boldsymbol{i}}_{\text{c},1}(s),\hat{\boldsymbol{i}}_{\text{c},2}(s),\cdots,\hat{\boldsymbol{i}}_{\text{c},n}(s)) \\
\hat{v}_{\text{bus},2}(s)=F_2(\hat{\boldsymbol{v}}_{\text{c},1}(s),\hat{\boldsymbol{v}}_{\text{c},2}(s),\cdots,\hat{\boldsymbol{v}}_{\text{c},n}(s),\hat{\boldsymbol{i}}_{\text{c},1}(s),\hat{\boldsymbol{i}}_{\text{c},2}(s),\cdots,\hat{\boldsymbol{i}}_{\text{c},n}(s)) \\
\cdots\cdots \\
\hat{v}_{\text{bus},n-1}(s)=F_{n-1}(\hat{\boldsymbol{v}}_{\text{c},1}(s),\hat{\boldsymbol{v}}_{\text{c},2}(s),\cdots,\hat{\boldsymbol{v}}_{\text{c},n}(s),\hat{\boldsymbol{i}}_{\text{c},1}(s),\hat{\boldsymbol{i}}_{\text{c},2}(s),\cdots,\hat{\boldsymbol{i}}_{\text{c},n}(s)) \\
\hat{v}_{\text{bus},n}(s)=F_n(\hat{\boldsymbol{v}}_{\text{c},1}(s),\hat{\boldsymbol{v}}_{\text{c},2}(s),\cdots,\hat{\boldsymbol{v}}_{\text{c},n}(s),\hat{\boldsymbol{i}}_{\text{c},1}(s),\hat{\boldsymbol{i}}_{\text{c},2}(s),\cdots,\hat{\boldsymbol{i}}_{\text{c},n}(s))
\end{cases}
\tag{8.22}
$$

式中，函数 F_k 用以描述变量间的函数关系。

结合麦克斯韦稳定判据，只要保证式（8.22）中的每个传递函数表达式没有右半平面极点，图 8.2 所示级联型多电压等级直流配用电系统即可稳定。

下面以含两条不同电压等级直流母线（即 $n=2$）的配用电系统为例，给出基于上述模型分析小信号稳定性的方法，并将其结果与第 7 章的稳定性分析结论对比，进一步验证上述建模和稳定性分析方法的有效性。由于此系统仅含一个直流变压器，即 DTC_1，因此根据其不同运行模式，可分为以下两种情况。

1. 情况 1：DCT_1 为 YTC-ZTC

联立式（8.12）和式（8.13）可得当 DCT_1 为 YTC-ZTC 时，直流母线 1 的电压 $v_{\text{bus},1}(s)$ 和直流母线 2 的电压 $v_{\text{bus},2}(s)$ 的小信号数学模型分别为

$$
\begin{aligned}
\hat{v}_{\text{bus},1}(s)=&\frac{Z_{\text{DCTo},1}^2(s)Y_{\text{sum},2}(s)\left[\sum_{j_1=1}^{M_1}Z_{\text{o},1,j_1}^{-1}(s)\hat{v}_{\text{c},1,j_1}(s)-\sum_{l_1=1}^{N_1}\hat{i}_{\text{c},1,l_1}(s)\right]}{Z_{\text{DCTo},1}(s)[Z_{\text{DCTo},1}(s)Y_{\text{sum},1}(s)+G_{\text{DCTii},1}(s)G_{\text{DCTvv},1}(s)]\cdot Y_{\text{sum},2}(s)-G_{\text{DCTii},1}(s)G_{\text{DCTvv},1}(s)}+\\
&\frac{G_{\text{DCTii},1}(s)Z_{\text{DCTo},1}(s)\left[\sum_{j_2=1}^{M_2}Z_{\text{o},2,j_2}^{-1}(s)\hat{v}_{\text{c},2,j_2}(s)-\sum_{l_2=1}^{N_2}\hat{i}_{\text{c},2,l_2}(s)\right]}{Z_{\text{DCTo},1}(s)[Z_{\text{DCTo},1}(s)Y_{\text{sum},1}(s)+G_{\text{DCTii},1}(s)G_{\text{DCTvv},1}(s)]\cdot Y_{\text{sum},2}(s)-G_{\text{DCTii},1}(s)G_{\text{DCTvv},1}(s)}
\end{aligned}
\tag{8.23}
$$

$$\hat{v}_{\mathrm{bus},2}(s)=\frac{G_{\mathrm{DCTvv},1}(s)Z_{\mathrm{DCTo},1}(s)\left[\sum_{j_1=1}^{M_1}Z_{\mathrm{o},1,j_1}^{-1}(s)\hat{v}_{\mathrm{c},1,j_1}(s)-\sum_{l_1=1}^{N_1}\hat{i}_{\mathrm{c},1,l_1}(s)\right]}{Z_{\mathrm{DCTo},1}(s)\left[Z_{\mathrm{DCTo},1}(s)Y_{\mathrm{sum},1}(s)+G_{\mathrm{DCTii},1}(s)G_{\mathrm{DCTvv},1}(s)\right]\cdot Y_{\mathrm{sum},2}(s)-G_{\mathrm{DCTii},1}(s)G_{\mathrm{DCTvv},1}(s)}+$$

$$\frac{Z_{\mathrm{DCTo},1}(s)\left[Z_{\mathrm{DCTo},1}(s)Y_{\mathrm{sum},1}(s)+G_{\mathrm{DCTii},1}(s)G_{\mathrm{DCTvv},1}(s)\right]\cdot\left[\sum_{j_2=1}^{M_2}Z_{\mathrm{o},2,j_2}^{-1}(s)\hat{v}_{\mathrm{c},2,j_2}(s)-\sum_{l_2=1}^{N_2}\hat{i}_{\mathrm{c},2,l_2}(s)\right]}{Z_{\mathrm{DCTo},1}(s)\left[Z_{\mathrm{DCTo},1}(s)Y_{\mathrm{sum},1}(s)+G_{\mathrm{DCTii},1}(s)G_{\mathrm{DCTvv},1}(s)\right]\cdot Y_{\mathrm{sum},2}(s)-G_{\mathrm{DCTii},1}(s)G_{\mathrm{DCTvv},1}(s)} \tag{8.24}$$

式中，

$$Y_{\mathrm{sum},1}(s)=\sum_{j_1=1}^{M_1}Z_{\mathrm{o},1,j_1}^{-1}(s)+\sum_{l_1=1}^{N_1}Y_{\mathrm{in},1,l_1}(s)+Y_{\mathrm{DCTin},1}(s) \tag{8.25}$$

$$Y_{\mathrm{sum},2}(s)=\sum_{j_2=1}^{M_2}Z_{\mathrm{o},2,j_2}^{-1}(s)+\sum_{l_2=1}^{N_2}Y_{\mathrm{in},2,l_2}(s)+\frac{1}{Z_{\mathrm{DCTo},1}(s)} \tag{8.26}$$

2. 情况 2：DCT_1 为 YTC-YTC

联立式（8.17）和式（8.18）可得当 DCT_1 为 YTC-YTC 时，直流母线 1 的电压 $v_{\mathrm{bus},1}(s)$ 和直流母线 2 的电压 $v_{\mathrm{bus},2}(s)$ 的小信号数学模型分别为

$$\hat{v}_{\mathrm{bus},1}(s)=\frac{Y_{\mathrm{sum},2}(s)\left[\sum_{j_1=1}^{M_1}Z_{\mathrm{o},1,j_1}^{-1}(s)\hat{v}_{\mathrm{c},1,j_1}(s)-\sum_{l_1=1}^{N_1}\hat{i}_{\mathrm{c},1,l_1}(s)\right]}{Y_{\mathrm{sum},1}(s)Y_{\mathrm{sum},2}(s)+Y_{\mathrm{DCTtr1},1}(s)Y_{\mathrm{DCTtr2},1}(s)}-$$

$$\frac{Y_{\mathrm{DCTtr1},1}(s)\left[\sum_{j_2=1}^{M_2}Z_{\mathrm{o},2,j_2}^{-1}(s)\hat{v}_{\mathrm{c},2,j_2}(s)-\sum_{l_2=1}^{N_2}\hat{i}_{\mathrm{c},2,l_2}(s)\right]}{Y_{\mathrm{sum},1}(s)Y_{\mathrm{sum},2}(s)+Y_{\mathrm{DCTtr1},1}(s)Y_{\mathrm{DCTtr2},1}(s)} \tag{8.27}$$

$$\hat{v}_{\mathrm{bus},2}(s)=\frac{Y_{\mathrm{DCTtr2},1}(s)\left[\sum_{j_1=1}^{M_1}Z_{\mathrm{o},1,j_1}^{-1}(s)\hat{v}_{\mathrm{c},1,j_1}(s)-\sum_{l_1=1}^{N_1}\hat{i}_{\mathrm{c},1,l_1}(s)\right]}{Y_{\mathrm{sum},1}(s)Y_{\mathrm{sum},2}(s)+Y_{\mathrm{DCTtr1},1}(s)Y_{\mathrm{DCTtr2},1}(s)}+$$

$$\frac{Y_{\mathrm{sum},1}(s)\left[\sum_{j_2=1}^{M_2}Z_{\mathrm{o},2,j_2}^{-1}(s)\hat{v}_{\mathrm{c},2,j_2}(s)-\sum_{l_2=1}^{N_2}\hat{i}_{\mathrm{c},2,l_2}(s)\right]}{Y_{\mathrm{sum},1}(s)Y_{\mathrm{sum},2}(s)+Y_{\mathrm{DCTtr1},1}(s)Y_{\mathrm{DCTtr2},1}(s)} \tag{8.28}$$

通过对比式（8.23）~式（8.28）与第7章7.2.1节可以发现：上述模型与两电压等级直流配用电系统的小信号数学建模结果完全一致，证明了本节提出的系统建模和稳定性分析方法可以应用于级联型多电压等级直流配用电系统的小信号稳定性评估中。

8.2 并联型多电压等级直流配用电系统

8.2.1 系统建模

在级联型多电压等级直流配用电系统中，当功率从第1条母线向第n条母线流动时，需要经过$n-1$个直流变压器。由于电力电子变换器的损耗无法避免，意味着功率流动跨越的母线数目越多，效率越低，因此实际应用中，此类型系统往往不会拥有超过三个直流电压等级。

并联型多电压等级直流配用电系统的结构如图8.4a所示，系统内部$n-1$个直流变压器的输入侧并联在第1条母线上，输出侧则各自连接到剩余的$n-1$条母线上。相较于级联型多电压等级直流配用电系统，该系统内部的功率流动最多跨越两个直流变压器，在四个及以上直流电压等级场合有明显优势。并联型多电压等级直流配用电系统的统一形式如图8.4b所示，相关符号的定义方式与图8.1b相同，不再赘述。图8.5给出了直流母线k对应的小信号模型，相关符号的定义方式与图8.2相同，也不再赘述。根据图8.5，下面将推导各直流母线的小信号数学模型。

由基尔霍夫电流定律，直流母线1上的总电流为0，故有

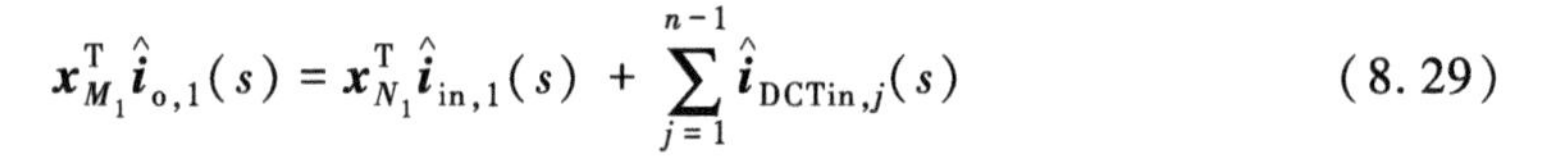

$$\boldsymbol{x}_{M_1}^{\mathrm{T}}\hat{\boldsymbol{i}}_{\mathrm{o},1}(s)=\boldsymbol{x}_{N_1}^{\mathrm{T}}\hat{\boldsymbol{i}}_{\mathrm{in},1}(s)+\sum_{j=1}^{n-1}\hat{\boldsymbol{i}}_{\mathrm{DCTin},j}(s) \tag{8.29}$$

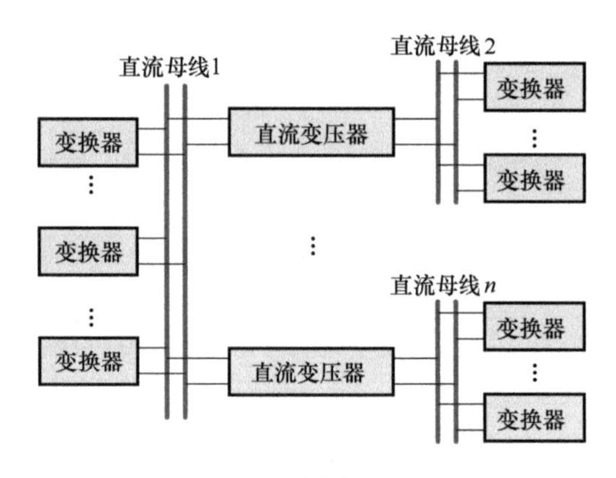

a) 系统结构

图8.4 并联型多电压等级直流配用电系统

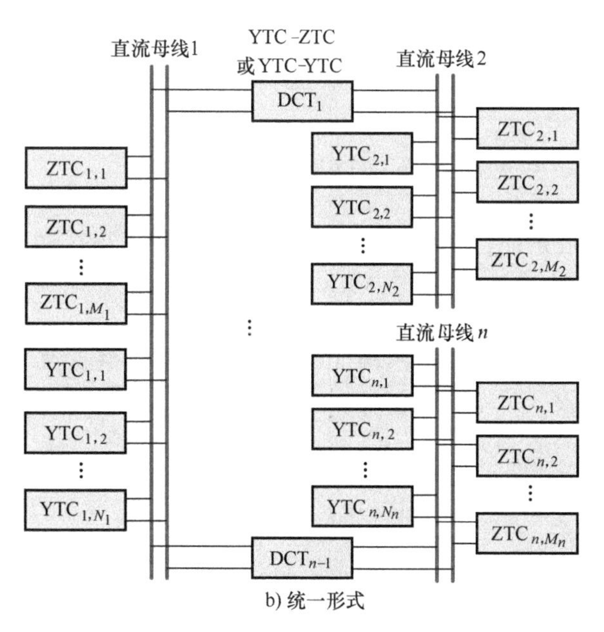

b) 统一形式

图 8.4 并联型多电压等级直流配用电系统（续）

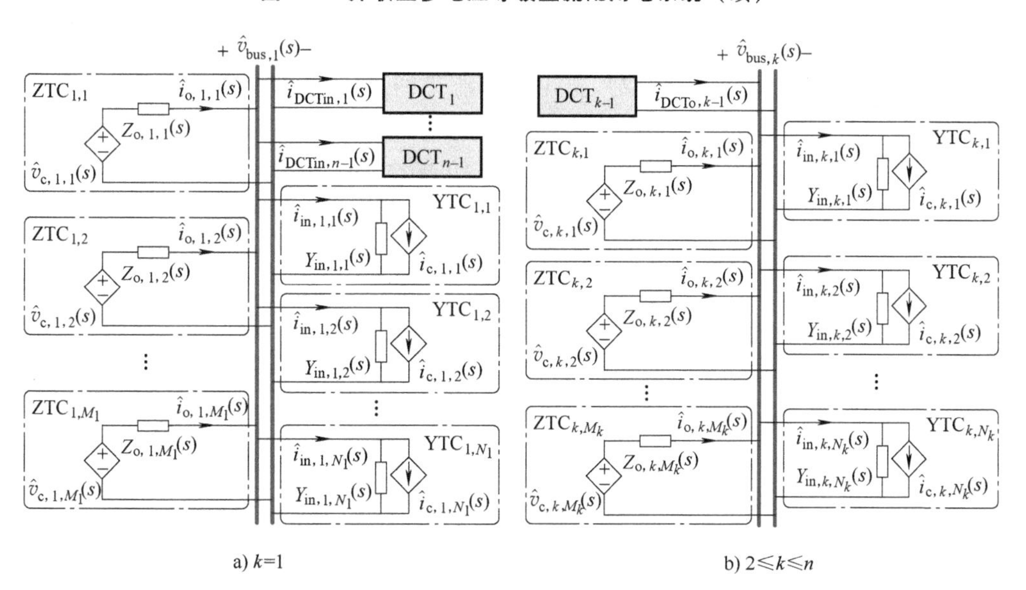

a) k=1　　　b) 2≤k≤n

图 8.5 直流母线 k 对应的小信号模型

将 $k=1$ 代入式（8.3）~式（8.6），再与式（8.29）联立并整理可得直流母线电压 $v_{bus,1}(s)$ 的小信号数学模型为

$$\hat{v}_{bus,1}(s)=\frac{\boldsymbol{x}_{M_1}^{T}\boldsymbol{Z}_{o,1}^{-1}(s)\hat{\boldsymbol{v}}_{c,1}(s)-\boldsymbol{x}_{N_1}^{T}\hat{\boldsymbol{i}}_{c,1}(s)-\sum_{j=1}^{n-1}\hat{i}_{DCTin,j}(s)}{\boldsymbol{x}_{M_1}^{T}\boldsymbol{Z}_{o,1}^{-1}(s)\boldsymbol{x}_{M_1}+\boldsymbol{x}_{N_1}^{T}\boldsymbol{Y}_{in,1}(s)\boldsymbol{x}_{N_1}}$$

$$
= \frac{\sum_{j_1=1}^{M_1} Z_{o,1,j_1}^{-1}(s)\hat{v}_{c,1,j_1}(s) - \sum_{l_1=1}^{N_1} \hat{i}_{c,1,l_1}(s) - \sum_{j=1}^{n-1} \hat{i}_{DCTin,j}(s)}{\sum_{j_1=1}^{M_1} Z_{o,1,j_1}^{-1}(s) + \sum_{l_1=1}^{N_1} Y_{in,1,l_1}(s)} \tag{8.30}
$$

由基尔霍夫电流定律，直流母线 $k(2\leqslant k\leqslant n)$ 上的总电流和为 0，故有

$$
\boldsymbol{x}_{M_k}^{T}\hat{\boldsymbol{i}}_{o,k}(s)+\hat{i}_{DCTo,k-1}(s)=\boldsymbol{x}_{N_k}^{T}\hat{\boldsymbol{i}}_{in,k}(s) \tag{8.31}
$$

将式（8.3）~式（8.6）代入式（8.31）并整理可得直流母线电压 $v_{bus,k}(s)$ 的小信号数学模型为

$$
\begin{aligned}
\hat{v}_{bus,k}(s) &= \frac{\boldsymbol{x}_{M_k}^{T}\boldsymbol{Z}_{o,k}^{-1}(s)\hat{\boldsymbol{v}}_{c,k}(s) - \boldsymbol{x}_{N_k}^{T}\hat{\boldsymbol{i}}_{c,k}(s) + \hat{i}_{DCTo,k-1}(s)}{\boldsymbol{x}_{M_k}^{T}\boldsymbol{Z}_{o,k}^{-1}(s)\boldsymbol{x}_{M_k} + \boldsymbol{x}_{N_k}^{T}\boldsymbol{Y}_{in,k}(s)\boldsymbol{x}_{N_k}} \\
&= \frac{\sum_{j_k=1}^{M_k} Z_{o,k,j_k}^{-1}(s)\hat{v}_{c,k,j_k}(s) - \sum_{l_k=1}^{N_k} \hat{i}_{c,k,l_k}(s) + \hat{i}_{DCTo,k-1}(s)}{\sum_{j_k=1}^{M_k} Z_{o,k,j_k}^{-1}(s) + \sum_{l_k=1}^{N_k} Y_{in,k,l_k}(s)}
\end{aligned} \tag{8.32}
$$

由于式（8.30）和式（8.32）给出的直流母线电压小信号数学模型中均包含了直流变压器的输入和输出端口电流，因此需要进一步结合直流变压器的二端口小信号模型消去端口电流这一中间变量。不妨假设 $DCT_1 \sim DCT_\alpha$ 均为 YTC-ZTC，$DCT_{\alpha+1} \sim DCT_{n-1}$ 均为 YTC-YTC。令 $\beta=1, 2, \cdots, \alpha$；$\gamma=\alpha+1, \alpha+2, \cdots, n-1$。则根据图 8.3 类似可得直流变压器 DCT_β 和 DCT_γ 的二端口小信号模型，如图 8.6 所示。

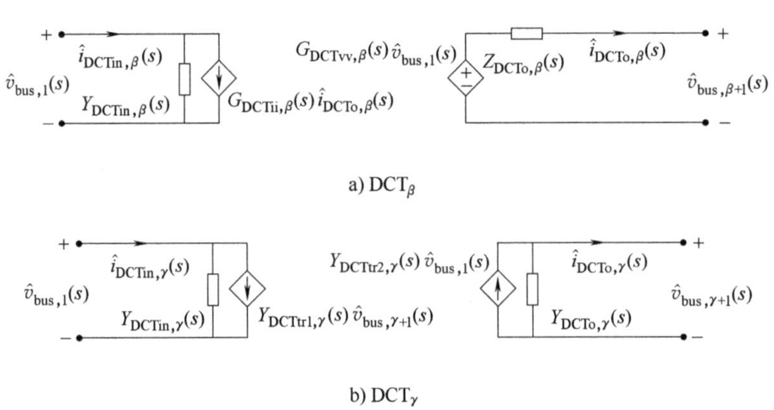

图 8.6　直流变压器的二端口小信号模型

参考式（8.10）和式（8.15）和图 8.6 可得直流变压器 DCT_β 和 DCT_γ 的输入端口电流分别为

$$\hat{i}_{\mathrm{DCTin},\beta}(s)=\left(Y_{\mathrm{DCTin},\beta}(s)+\frac{G_{\mathrm{DCTii},\beta}(s)G_{\mathrm{DCTvv},\beta}(s)}{Z_{\mathrm{DCTo},\beta}(s)}\right)\hat{v}_{\mathrm{bus},1}(s)-\frac{G_{\mathrm{DCTii},\beta}(s)}{Z_{\mathrm{DCTo},\beta}(s)}\hat{v}_{\mathrm{bus},\beta+1}(s) \tag{8.33}$$

$$\hat{i}_{\mathrm{DCTin},\gamma}(s)=Y_{\mathrm{DCTin},\gamma}(s)\hat{v}_{\mathrm{bus},1}(s)+Y_{\mathrm{DCTtr1},\gamma}(s)\hat{v}_{\mathrm{bus},\gamma+1}(s) \tag{8.34}$$

参考式（8.9）和式（8.14）和图8.6可得直流变压器DCT_β和DCT_γ的输出端口电流分别为

$$\hat{i}_{\mathrm{DCTo},\beta}(s)=\frac{G_{\mathrm{DCTvv},\beta}(s)}{Z_{\mathrm{DCTo},\beta}(s)}\hat{v}_{\mathrm{bus},1}(s)-\frac{1}{Z_{\mathrm{DCTo},\beta}(s)}\hat{v}_{\mathrm{bus},\beta+1}(s) \tag{8.35}$$

$$\hat{i}_{\mathrm{DCTo},\gamma}(s)=Y_{\mathrm{DCTtr2},\gamma}(s)\hat{v}_{\mathrm{bus},1}(s)-Y_{\mathrm{DCTo},\gamma}(s)\hat{v}_{\mathrm{bus},\gamma+1}(s) \tag{8.36}$$

将式（8.33）和式（8.34）代入式（8.30）并整理可得直流母线电压$v_{\mathrm{bus},1}(s)$的小信号数学模型为

$$\hat{v}_{\mathrm{bus},1}(s)=\frac{\begin{array}{c}\sum\limits_{j_1=1}^{M_1}Z_{\mathrm{o},1,j_1}^{-1}(s)\hat{v}_{\mathrm{c},1,j_1}(s)-\sum\limits_{l_1=1}^{N_1}\hat{i}_{\mathrm{c},1,l_1}(s)+\\ \sum\limits_{\beta=1}^{\alpha}\frac{G_{\mathrm{DCTii},\beta}(s)}{Z_{\mathrm{DCTo},\beta}(s)}\hat{v}_{\mathrm{bus},\beta+1}(s)-\sum\limits_{\gamma=\alpha+1}^{n-1}Y_{\mathrm{DCTtr1},\gamma}(s)\hat{v}_{\mathrm{bus},\gamma+1}(s)\end{array}}{\begin{array}{c}\sum\limits_{j_1=1}^{M_1}Z_{\mathrm{o},1,j_1}^{-1}(s)+\sum\limits_{l_1=1}^{N_1}Y_{\mathrm{in},1,l_1}(s)+\\ \sum\limits_{\beta=1}^{\alpha}\left(Y_{\mathrm{DCTin},\beta}(s)+\frac{G_{\mathrm{DCTii},\beta}(s)G_{\mathrm{DCTvv},\beta}(s)}{Z_{\mathrm{DCTo},\beta}(s)}\right)+\sum\limits_{\gamma=\alpha+1}^{n-1}Y_{\mathrm{DCTin},\gamma}(s)\end{array}}$$

$$=\frac{\begin{array}{c}\sum\limits_{j_1=1}^{M_1}Z_{\mathrm{o},1,j_1}^{-1}(s)\hat{v}_{\mathrm{c},1,j_1}(s)-\sum\limits_{l_1=1}^{N_1}\hat{i}_{\mathrm{c},1,l_1}(s)+\\ \sum\limits_{\beta=1}^{\alpha}\frac{G_{\mathrm{DCTii},\beta}(s)}{Z_{\mathrm{DCTo},\beta}(s)}\hat{v}_{\mathrm{bus},\beta+1}(s)-\sum\limits_{\gamma=\alpha+1}^{n-1}Y_{\mathrm{DCTtr1},\gamma}(s)\hat{v}_{\mathrm{bus},\gamma+1}(s)\end{array}}{Y'_{\mathrm{sum},1}(s)+\sum\limits_{\beta=1}^{\alpha}\frac{G_{\mathrm{DCTii},\beta}(s)G_{\mathrm{DCTvv},\beta}(s)}{Z_{\mathrm{DCTo},\beta}(s)}} \tag{8.37}$$

式中，

$$Y'_{\mathrm{sum},1}(s)=\sum_{j_1=1}^{M_1}Z_{\mathrm{o},1,j_1}^{-1}(s)+\sum_{l_1=1}^{N_1}Y_{\mathrm{in},1,l_1}(s)+\sum_{j=1}^{n-1}Y_{\mathrm{DCTin},j}(s) \tag{8.38}$$

将式（8.35）代入式（8.32），并整理可得直流母线电压$v_{\mathrm{bus},\beta+1}(s)$的小信号数学模型为

$$\hat{v}_{\mathrm{bus},\beta+1}(s)=\frac{\sum_{j_{\beta+1}=1}^{M_{\beta+1}}Z_{\mathrm{o},\beta+1,j_{\beta+1}}^{-1}(s)\hat{v}_{\mathrm{c},\beta+1,j_{\beta+1}}(s)-\sum_{l_{\beta+1}=1}^{N_{\beta+1}}\hat{i}_{\mathrm{c},\beta+1,l_{\beta+1}}(s)+\frac{G_{\mathrm{DCTvv},\beta}(s)}{Z_{\mathrm{DCTo},\beta}(s)}\hat{v}_{\mathrm{bus},1}(s)}{\sum_{j_{\beta+1}=1}^{M_{\beta+1}}Z_{\mathrm{o},\beta+1,j_{\beta+1}}^{-1}(s)+\sum_{l_{\beta+1}=1}^{N_{\beta+1}}Y_{\mathrm{in},\beta+1,l_{\beta+1}}(s)+\frac{1}{Z_{\mathrm{DCTo},\beta}(s)}}$$
$$=\frac{1}{Y'_{\mathrm{sum},\beta+1}(s)}\left[\sum_{j_{\beta+1}=1}^{M_{\beta+1}}Z_{\mathrm{o},\beta+1,j_{\beta+1}}^{-1}(s)\hat{v}_{\mathrm{c},\beta+1,j_{\beta+1}}(s)-\sum_{l_{\beta+1}=1}^{N_{\beta+1}}\hat{i}_{\mathrm{c},\beta+1,l_{\beta+1}}(s)+\frac{G_{\mathrm{DCTvv},\beta}(s)}{Z_{\mathrm{DCTo},\beta}(s)}\hat{v}_{\mathrm{bus},1}(s)\right] \tag{8.39}$$

式中，

$$Y'_{\mathrm{sum},\beta+1}(s)=\sum_{j_{\beta+1}=1}^{M_{\beta+1}}Z_{\mathrm{o},\beta+1,j_{\beta+1}}^{-1}(s)+\sum_{l_{\beta+1}=1}^{N_{\beta+1}}Y_{\mathrm{in},\beta+1,l_{\beta+1}}(s)+\frac{1}{Z_{\mathrm{DCTo},\beta}(s)} \tag{8.40}$$

将式（8.36）代入式（8.32），并整理可得直流母线电压 $v_{\mathrm{bus},\gamma+1}(s)$ 的小信号数学模型为

$$\hat{v}_{\mathrm{bus},\gamma+1}(s)=\frac{\sum_{j_{\gamma+1}=1}^{M_{\gamma+1}}Z_{\mathrm{o},\gamma+1,j_{\gamma+1}}^{-1}(s)\hat{v}_{\mathrm{c},\gamma+1,j_{\gamma+1}}(s)-\sum_{l_{\gamma+1}=1}^{N_{\gamma+1}}\hat{i}_{\mathrm{c},\gamma+1,l_{\gamma+1}}(s)+Y_{\mathrm{DCTtr2},\gamma}(s)\hat{v}_{\mathrm{bus},1}(s)}{\sum_{j_{\gamma+1}=1}^{M_{\gamma+1}}Z_{\mathrm{o},\gamma+1,j_{\gamma+1}}^{-1}(s)+\sum_{l_{\gamma+1}=1}^{N_{\gamma+1}}Y_{\mathrm{in},\gamma+1,l_{\gamma+1}}(s)+Y_{\mathrm{DCTo},\gamma}(s)}$$
$$=\frac{1}{Y'_{\mathrm{sum},\gamma+1}(s)}\left[\sum_{j_{\gamma+1}=1}^{M_{\gamma+1}}Z_{\mathrm{o},\gamma+1,j_{\gamma+1}}^{-1}(s)\hat{v}_{\mathrm{c},\gamma+1,j_{\gamma+1}}(s)-\sum_{l_{\gamma+1}=1}^{N_{\gamma+1}}\hat{i}_{\mathrm{c},\gamma+1,l_{\gamma+1}}(s)+Y_{\mathrm{DCTtr2},\gamma}(s)\hat{v}_{\mathrm{bus},1}(s)\right] \tag{8.41}$$

式中，

$$Y'_{\mathrm{sum},\gamma+1}(s)=\sum_{j_{\gamma+1}=1}^{M_{\gamma+1}}Z_{\mathrm{o},\gamma+1,j_{\gamma+1}}^{-1}(s)+\sum_{l_{\gamma+1}=1}^{N_{\gamma+1}}Y_{\mathrm{in},\gamma+1,l_{\gamma+1}}(s)+Y_{\mathrm{DCTo},\gamma}(s) \tag{8.42}$$

8.2.2 系统小信号稳定性分析方法

尽管式（8.37）、式（8.39）和式（8.41）给出了并联型多电压等级直流配用电系统各直流母线电压的小信号数学模型，但这些表达式中的直流母线电压互相耦合，需要进一步解耦，以得到输入变量 $v_{\mathrm{c},k,j_k}(s)$ 和 $i_{\mathrm{c},k,l_k}(s)$ 到各个母线电压 $v_{\mathrm{bus},1}(s)$、

$v_{\mathrm{bus},2}(s)$、…、$v_{\mathrm{bus},n}(s)$ 间的小信号传递函数表达式，然后再进行系统级的小信号稳定性分析。

将式（8.39）和式（8.41）代入式（8.37），并整理可得直流母线电压 $v_{\mathrm{bus},1}(s)$ 的小信号数学模型为式（8.43）。再将式（8.43）分别代入式（8.39）和式（8.41）即可得到直流母线电压 $v_{\mathrm{bus},\beta+1}(s)$ 和 $v_{\mathrm{bus},\gamma+1}(s)$ 的小信号数学模型，由于表达式较为繁琐冗长，这里不再给出具体结果。根据麦克斯韦稳定判据，当且仅当各直流母线电压的小信号数学表达式均没有右半平面极点时，图 8.4 所示并联型多电压等级直流配用电系统是稳定的。通过进一步分析发现，系统稳定性取决于式（8.44）所示传递函数 $G_n(s)$ 是否包含右半平面零点：当 $G_n(s)$ 没有右半平面零点时，系统稳定，反之则不稳定。

$$
\hat{v}_{\mathrm{bus},1}(s)=\frac{\begin{aligned}&\sum_{j_1=1}^{M_1}Z_{\mathrm{o},1,j_1}^{-1}(s)\hat{v}_{\mathrm{c},1,j_1}(s)-\sum_{l_1=1}^{N_1}\hat{i}_{\mathrm{c},1,l_1}(s)-\sum_{\gamma=\alpha+1}^{n-1}\frac{Y_{\mathrm{DCTtr1},\gamma}(s)}{Y'_{\mathrm{sum},\gamma+1}(s)}\cdot\\&\left[\sum_{j_{\gamma+1}=1}^{M_{\gamma+1}}Z_{\mathrm{o},\gamma+1,j_{\gamma+1}}^{-1}(s)\hat{v}_{\mathrm{c},\gamma+1,j_{\gamma+1}}(s)-\sum_{l_{\gamma+1}=1}^{N_{\gamma+1}}\hat{i}_{\mathrm{c},\gamma+1,l_{\gamma+1}}(s)\right]+\\&\sum_{\beta=1}^{\alpha}\frac{G_{\mathrm{DCTii},\beta}(s)}{Z_{\mathrm{DCTo},\beta}(s)}\frac{1}{Y'_{\mathrm{sum},\beta+1}(s)}\left[\sum_{j_{\beta+1}=1}^{M_{\beta+1}}Z_{\mathrm{o},\beta+1,j_{\beta+1}}^{-1}(s)\hat{v}_{\mathrm{c},\beta+1,j_{\beta+1}}(s)-\right.\\&\left.\sum_{l_{\beta+1}=1}^{N_{\beta+1}}\hat{i}_{\mathrm{c},\beta+1,l_{\beta+1}}(s)\right]\end{aligned}}{\begin{aligned}&Y'_{\mathrm{sum},1}(s)+\sum_{\beta=1}^{\alpha}\frac{G_{\mathrm{DCTii},\beta}(s)G_{\mathrm{DCTvv},\beta}(s)}{Z_{\mathrm{DCTo},\beta}(s)}-\sum_{\beta=1}^{\alpha}\frac{G_{\mathrm{DCTii},\beta}(s)G_{\mathrm{DCTvv},\beta}(s)}{Z_{\mathrm{DCTo},\beta}^{2}(s)Y'_{\mathrm{sum},\beta+1}(s)}+\\&\sum_{\gamma=\alpha+1}^{n-1}\frac{Y_{\mathrm{DCTtr1},\gamma}(s)Y_{\mathrm{DCTtr2},\gamma}(s)}{Y'_{\mathrm{sum},\gamma+1}(s)}\end{aligned}}
\tag{8.43}
$$

$$
\begin{aligned}
G_n(s)=&Y'_{\mathrm{sum},1}(s)+\sum_{\beta=1}^{\alpha}\frac{G_{\mathrm{DCTii},\beta}(s)G_{\mathrm{DCTvv},\beta}(s)}{Z_{\mathrm{DCTo},\beta}(s)}-\sum_{\beta=1}^{\alpha}\frac{G_{\mathrm{DCTii},\beta}(s)G_{\mathrm{DCTvv},\beta}(s)}{Z_{\mathrm{DCTo},\beta}^{2}(s)Y'_{\mathrm{sum},\beta+1}(s)}+\\
&\sum_{\gamma=\alpha+1}^{n-1}\frac{Y_{\mathrm{DCTtr1},\gamma}(s)Y_{\mathrm{DCTtr2},\gamma}(s)}{Y'_{\mathrm{sum},\gamma+1}(s)}\\
=&Y'_{\mathrm{sum},1}(s)+\sum_{\beta=1}^{\alpha}\frac{G_{\mathrm{DCTii},\beta}(s)G_{\mathrm{DCTvv},\beta}(s)}{Z_{\mathrm{DCTo},\beta}(s)}\frac{Z_{\mathrm{DCTo},\beta}(s)Y'_{\mathrm{sum},\beta+1}(s)-1}{Z_{\mathrm{DCTo},\beta}(s)Y'_{\mathrm{sum},\beta+1}(s)}+\\
&\sum_{\gamma=\alpha+1}^{n-1}\frac{Y_{\mathrm{DCTtr1},\gamma}(s)Y_{\mathrm{DCTtr2},\gamma}(s)}{Y'_{\mathrm{sum},\gamma+1}(s)}\\
=&\sum_{j_1=1}^{M_1}Z_{\mathrm{o},1,j_1}^{-1}(s)+\sum_{l_1=1}^{N_1}Y_{\mathrm{in},1,l_1}(s)+\sum_{j=1}^{n-1}Y_{\mathrm{DCTin},j}(s)+
\end{aligned}
$$

$$\sum_{\gamma=\alpha+1}^{n-1}\frac{Y_{\mathrm{DCTtr1},\gamma}(s)Y_{\mathrm{DCTtr2},\gamma}(s)}{\sum\limits_{j_{\gamma+1}=1}^{M_{\gamma+1}}Z_{\mathrm{o},\gamma+1,j_{\gamma+1}}^{-1}(s)+\sum\limits_{l_{\gamma+1}=1}^{N_{\gamma+1}}Y_{\mathrm{in},\gamma+1,l_{\gamma+1}}(s)+Y_{\mathrm{DCTo},\gamma}(s)}+$$

$$\sum_{\beta=1}^{\alpha}\frac{G_{\mathrm{DCTii},\beta}(s)G_{\mathrm{DCTvv},\beta}(s)\left[\sum\limits_{j_{\beta+1}=1}^{M_{\beta+1}}Z_{\mathrm{o},\beta+1,j_{\beta+1}}^{-1}(s)+\sum\limits_{l_{\beta+1}=1}^{N_{\beta+1}}Y_{\mathrm{in},\beta+1,l_{\beta+1}}(s)\right]}{Z_{\mathrm{DCTo},\beta}(s)\left[\sum\limits_{j_{\beta+1}=1}^{M_{\beta+1}}Z_{\mathrm{o},\beta+1,j_{\beta+1}}^{-1}(s)+\sum\limits_{l_{\beta+1}=1}^{N_{\beta+1}}Y_{\mathrm{in},\beta+1,l_{\beta+1}}(s)\right]+Z_{\mathrm{DCTo},\beta}(s)} \tag{8.44}$$

8.3 案例分析与实验验证

8.3.1 系统介绍

一种由五个变换器组成的并联型多电压等级直流配用电系统如图 8.7 所示，其中，$ZTC_{1,1}$ 为一个三相两电平 VSC，采用电压电流双闭环控制方式，用于提供第 1 条直流母线的电压 $v_{\mathrm{bus},1}$；DCT_1 和 DCT_2 均为采用输出电压控制的 Buck 变换器，分别用于提供第 2 条和第 3 条直流母线的电压 $v_{\mathrm{bus},2}$ 和 $v_{\mathrm{bus},3}$，并分别向负载电阻 R_2 和 R_3 供电；$YTC_{2,1}$ 和 $YTC_{3,1}$ 也均为采用输出电压控制的 Buck 变换器，分别向负载电阻 R_4 和 R_5 提供稳定的输出电压 $v_{\mathrm{o},4}$ 和 $v_{\mathrm{o},5}$；$YTC_{2,2}$ 和 $YTC_{3,2}$ 分别指 R_2 和 R_3。

系统主要参数如表 8.1 所示，其中，f_1 为 VSC 的开关频率，$H_{\mathrm{v},1}$ 为 VSC 直流侧输出电压采样系数，$G_{\mathrm{v},1}(s)=k_{\mathrm{vp},1}+k_{\mathrm{vi},1}/s$ 为电压外环 PI 控制器的传递函数，$\boldsymbol{G}_{\mathrm{i}}(s)=[k_{\mathrm{ip},1}+k_{\mathrm{ii},1}/s,0;0,k_{\mathrm{ip}},1+k_{\mathrm{ii},1}/s]$ 为电流内环 PI 控制器的传递函数矩阵；对于 DCT_1，$H_{\mathrm{v},2}$ 为电压采样系数，$G_{\mathrm{v},2}(s)=k_{\mathrm{vp},2}+k_{\mathrm{vi},2}/s$ 为 PI 控制器的传递函数，$G_{\mathrm{m},2}$ 为 PWM 增益，f_2 为开关频率；对于 DCT_2，$H_{\mathrm{v},3}$ 为电压采样系数，$G_{\mathrm{v},3}(s)=k_{\mathrm{vp},3}+k_{\mathrm{vi},3}/s$ 为 PI 控制器的传递函数，$G_{\mathrm{m},3}$ 为 PWM 增益，f_3 为开关频率；对于 $YTC_{2,1}$，$H_{\mathrm{v},4}$ 为电压采样系数，$G_{\mathrm{v},4}(s)=k_{\mathrm{vp},4}+k_{\mathrm{vi},4}/s$ 为 PI 控制器的传递函数，$G_{\mathrm{m},4}$ 为 PWM 增益，f_4 为开关频率；对于 $YTC_{3,1}$，$H_{\mathrm{v},5}$ 为电压采样系数，$G_{\mathrm{v},5}(s)=k_{\mathrm{vp},5}+k_{\mathrm{vi},5}/s$ 为 PI 控制器的传递函数，$G_{\mathrm{m},5}$ 为 PWM 增益，f_5 为开关频率。为评估案例系统在不同运行工况下的稳定性，根据 VSC 直流侧电压 $v_{\mathrm{bus},1}$ 的不同取值，设置了两种系统运行工况，即工况 1：$v_{\mathrm{bus},1}=200\mathrm{V}$，工况 2：$v_{\mathrm{bus},1}=250\mathrm{V}$。

8.3.2 系统稳定性分析

根据式（8.44），图 8.7 所示并联型多电压等级直流配用电系统的稳定性取决于式（8.45）中传递函 $G_3(s)$ 是否包含右半平面零点。进一步地，当 VSC 可以独立稳定运行时，其直流侧输出阻抗 $Z_{\mathrm{o},1,1}(s)$ 没有右半平面极点，因此 $G_3(s)$ 是否包含右

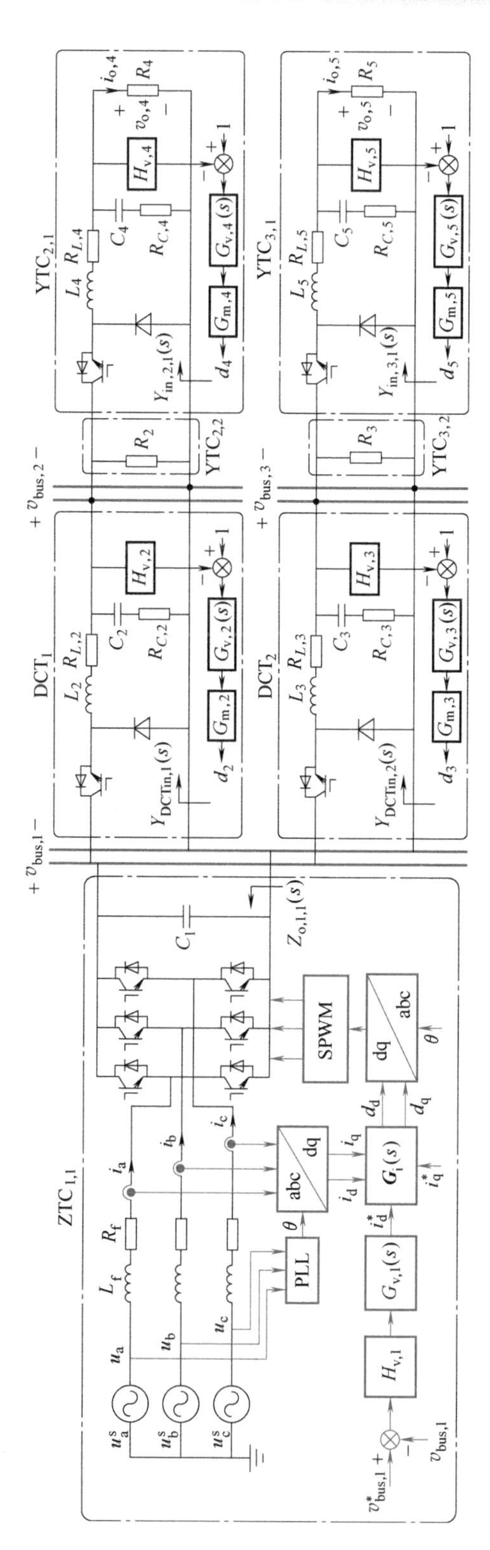

图 8.7　并联型多电压等级直流配用电系统

表 8.1 系统主要参数

参数	取值	参数	取值	参数	取值	参数	取值	参数	取值	参数	取值
u_d^s, u_q^s/V	$60\sqrt{2}$, 0	C_1/μF	70	$v_{bus,2}$/V	100	$k_{vi,3}$	300	$H_{v,4}$	1/70	C_5/μF	100
L_f/mH	6	L_2/μH	500	R_2/Ω	37	$G_{m,3}$	1	$k_{vp,4}$	0.1	$R_{C,5}$/Ω	0.1
R_f/Ω	0.5	$R_{L,2}$/Ω	0.1	f_2/kHz	20	$v_{bus,3}$/V	90	$k_{vi,4}$	350	$H_{v,5}$	1/60
f_1/kHz	10	C_2/μF	100	L_3/μH	500	R_3/Ω	37	$G_{m,4}$	1	$k_{vp,5}$	0.1
$H_{v,1}$	1/200	$R_{C,2}$/Ω	0.1	$R_{L,3}$/Ω	0.1	f_3/kHz	20	$v_{o,4}$/V	70	$k_{vi,5}$	300
$k_{vp,1}$	40	$H_{v,2}$	1/100	C_3/μF	100	L_4/μH	500	R_4/Ω	23	$G_{m,5}$	1
$k_{vi,1}$	1000	$k_{vp,2}$	0.4	$R_{C,3}$/Ω	0.1	$R_{L,4}$/Ω	0.1	f_4/kHz	20	$v_{o,5}$/V	60
$k_{ip,1}$	2	$k_{vi,2}$	300	$H_{v,3}$	1/90	C_4/μF	100	L_5/μH	500	f_5/kHz	20
$k_{ii,1}$	5	$G_{m,2}$	1	$k_{vp,3}$	0.3	$R_{C,4}$/Ω	0.1	$R_{L,5}$/Ω	0.1	R_5/Ω	23

半平面零点等价于 $T_{m,3}(s)$ 是否满足奈奎斯特稳定判据，即 $T_{m,3}(s)$ 的右半平面极点数与其逆时针包围（-1，j0）点的圈数是否相同。根据式（8.46），$T_{m,3}(s)$ 的右半平面极点数可以根据式（8.47）所示 $T_{sub,x}(s)$（$x=1$，2）顺时针包围（-1，j0）点的圈数确定。

$$G_3(s) = \frac{1 + T_{m,3}(s)}{Z_{o,1,1}} \tag{8.45}$$

式中，

$$T_{m,3}(s) = Z_{o,1,1}\left\{\sum_{x=1}^{2} Y_{DCTin,x}(s) + \sum_{x=1}^{2} \frac{G_{DCTii,x}(s)G_{DCTvv,x}(s)\left[Y_{in,x+1,1}(s) + \frac{1}{R_{x+1}}\right]}{1 + Z_{DCTo,x}(s)\left[Y_{in,x+1,1}(s) + \frac{1}{R_{x+1}}\right]}\right\} \tag{8.46}$$

$$T_{sub,x}(s) = Z_{DCTo,x}(s)\left[Y_{in,x+1,1}(s) + \frac{1}{R_{x+1}}\right] \tag{8.47}$$

为了首先确定 $T_{m,3}(s)$ 的右半平面极点数，根据表 8.1 给出的系统参数，绘制了 VSC 直流侧输出阻抗 $Z_{o,1,1}(s)$ 在两种工况下的零极点图，如图 8.8 所示，请注意由于尺寸限制，图中没有给出具有较小负实部的左半平面零极点，这并不影响稳定性分析结果。同时，绘制了 $T_{sub,1}(s)$ 和 $T_{sub,2}(s)$ 的奈奎斯特曲线，如图 8.9 所示。需要指出的是，由于不同系统工况仅针对 VSC 直流侧电压 $v_{bus,1}$ 的取值进行设置，这并不改变 $T_{sub,1}(s)$ 和 $T_{sub,2}(s)$ 的表达式。由图 8.8 可以看出：两种系统工况下 $Z_{o,1,1}(s)$ 都没有右半平面极点，这意味着 VSC 是可以独立运行稳定的。由图 8.9 可以看出：

两种系统工况下 $T_{\text{sub},1}(s)$ 和 $T_{\text{sub},2}(s)$ 的奈奎斯特曲线都不包围（-1，j0）点，这意味着 $1+T_{\text{sub},1}(s)$ 和 $1+T_{\text{sub},2}(s)$ 都没有右半平面零点。综上可得：$T_{\text{m},3}(s)$ 在两种系统工况下都不含右半平面极点，这意味着图 8.7 所示并联型多电压等级直流配用电系统的稳定性取决于 $T_{\text{m},3}(s)$ 的奈奎斯特曲线是否包围（-1，j0）点：若不包围则系统稳定，反之则不稳定。图 8.10 给出了两种系统工况下 $T_{\text{m},3}(s)$ 的奈奎斯特曲线，可以看出：$T_{\text{m},3}(s)$ 在工况 1 时顺时针包围（-1，j0）点两圈，而在工况 2 时不包围（-1，j0）点，因此可以推测：图 8.7 所示并联型多电压等级直流配用电系统在工况 1 时不稳定，而在工况 2 时稳定。

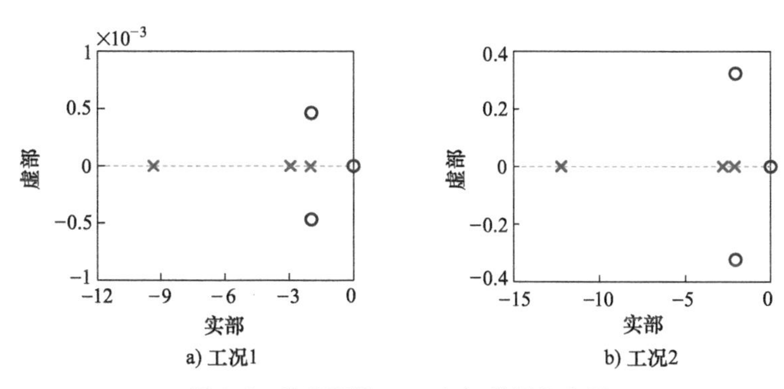

图 8.8 输出阻抗 $Z_{o,1,1}(s)$ 的零极点图

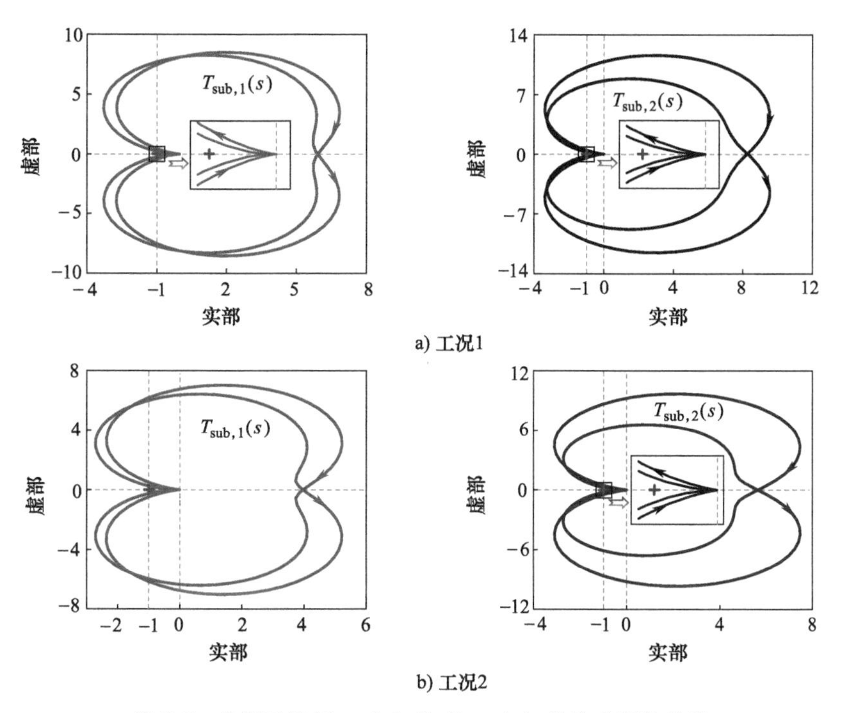

图 8.9 传递函数 $T_{\text{sub},1}(s)$ 和 $T_{\text{sub},2}(s)$ 的奈奎斯特曲线

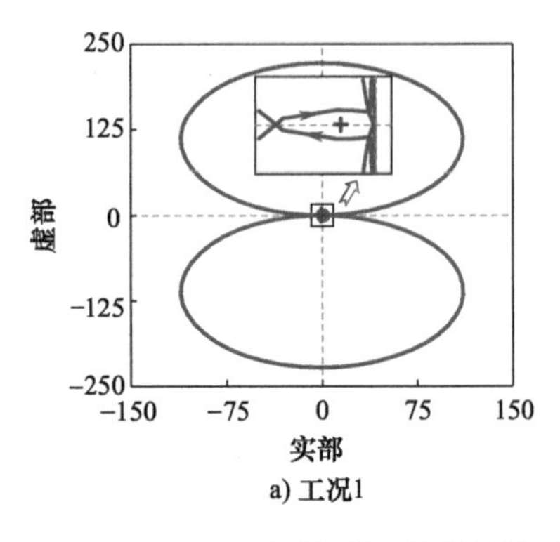

a) 工况1

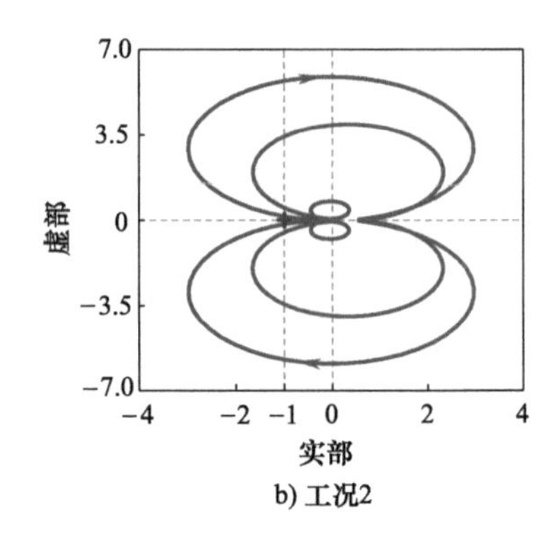

b) 工况2

图 8.10　传递函数 $T_{m,3}(s)$ 的奈奎斯特曲线

若按照图 8.11 对图 8.7 所示系统进行子系统划分，则 $T_{m,3}(s)$ 可以表示为阻抗比的形式，即 $T_{m,3}(s)=Z_{o,1,1}(s)/Z_{in,eq}(s)$，其中 $Z_{in,eq}(s)$ 为图示子系统的等效输入阻抗。由于 $T_{m,3}(s)$ 本身不包含右半平面极点，因此可得 $Z_{in,eq}(s)$ 在两种系统工况下也没有右半平面极点，这意味着可以根据 $Z_{o,1,1}(s)$ 和 $Z_{in,eq}(s)$ 的阻抗特性曲线交互情况评估系统稳定性并估计系统的失稳频率。

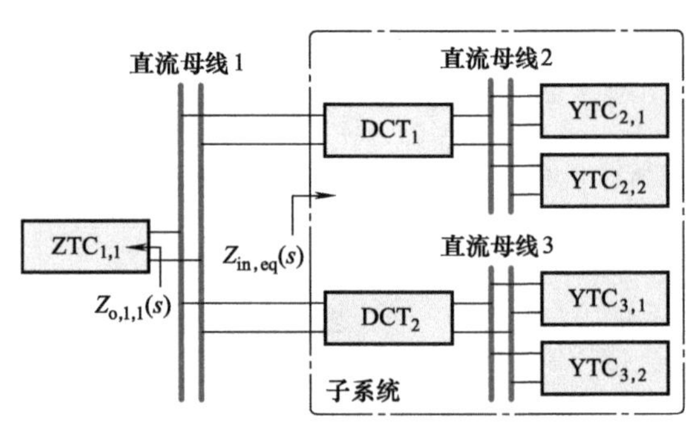

图 8.11　对图 8.7 所示系统进行子系统划分

如图 8.12a 所示，在工况 1 时，$Z_{o,1,1}(s)$ 和 $Z_{in,eq}(s)$ 的幅频特性曲线在约 140Hz 处发生交截，且该交截频率处的相位差为 183°，大于系统稳定要求的 180°，因此可以推测系统此时不稳定，且直流母线电压中将出现约 140Hz 的交流振荡分量，经 dq 变换后，交流侧电网电流除了 50Hz 基频分量外还有约 90Hz 与 190Hz 的振荡分量。如图 8.12b 所示，在工况 2 时，$Z_{o,1,1}(s)$ 和 $Z_{in,eq}(s)$ 的幅频特性曲线在约 139Hz 处发生交截，但该交截频率处的相位差小于 180°，因此可以推测系统在该工况下是稳定的。

8.3.3　实验验证

为验证上述稳定性分析结论的正确性，搭建了图 8.7 所示系统对应的实验平台，系统的电路与控制参数与表 8.1 一致，其中 VSC 的控制部分由实时数字控制器 RTU-BOX 204 实现，所有 Buck 变换器的控制部分由 TMS320 F28335 实现。

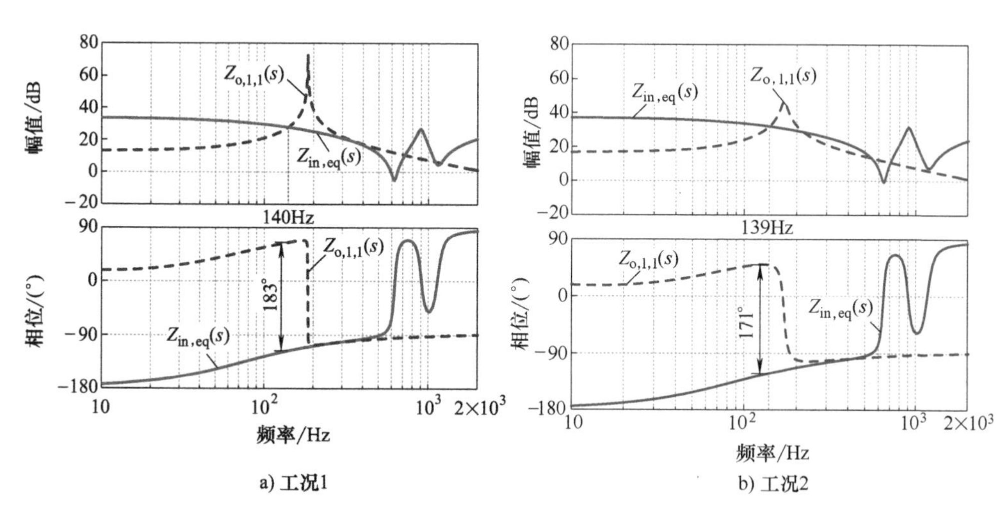

a) 工况1　　b) 工况2

图 8.12 阻抗 $Z_{o,1,1}(s)$ 和 $Z_{in,eq}(s)$ 的伯德图

图 8.13 和图 8.14 给出了三条直流母线的电压 $v_{bus,1}$、$v_{bus,2}$ 和 $v_{bus,3}$，A 相电压 u_a，A 相电流 i_a，B 相电流 i_b，以及 $YTC_{2,1}$ 和 $YTC_{3,1}$ 的输出电压 $v_{o,4}$ 和 $v_{o,5}$ 在两种系统工况下的稳态实验波形。图 8.15 给出了系统在上述两种工况下切换时的动态实验波形。由图 8.13 可以看出：系统在工况 1 时不稳定，通过对 $v_{bus,1}$、$v_{bus,2}$ 和 $v_{o,5}$ 的实验波形进行 FFT 分析可以发现：各直流电压波形中存在约 133Hz 的振

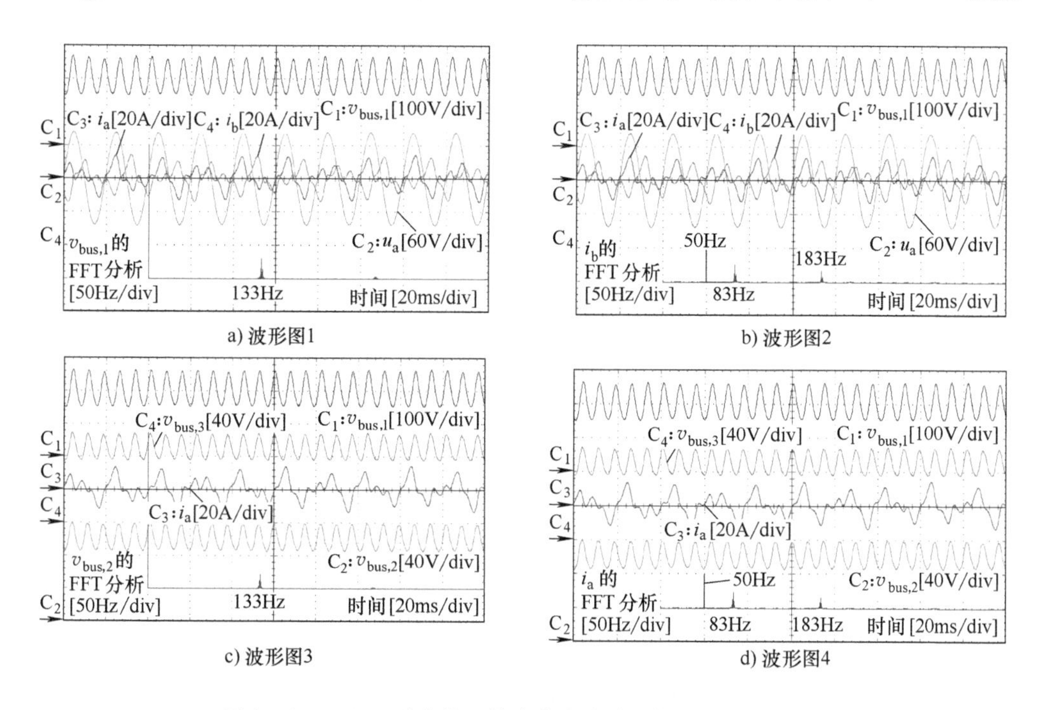

a) 波形图1　　b) 波形图2

c) 波形图3　　d) 波形图4

图 8.13 工况 1 对应的系统稳态实验波形与 FFT 分析结果

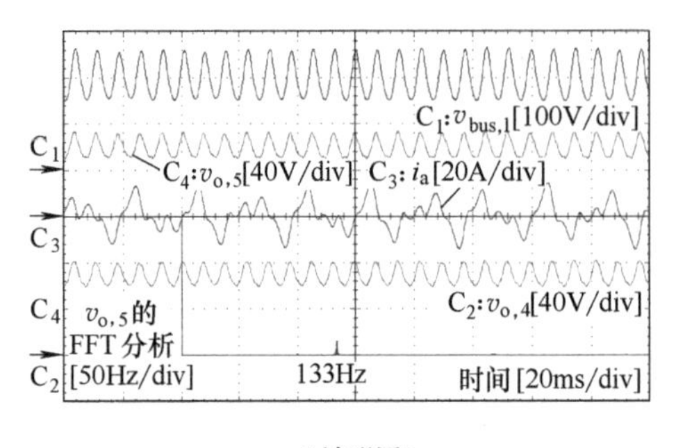

e) 波形图5

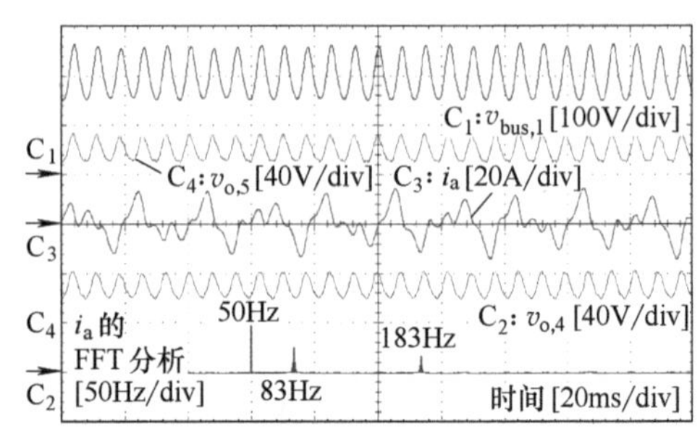

f) 波形图6

图 8.13 工况 1 对应的系统稳态实验波形与 FFT 分析结果（续）

荡分量；通过对 i_a 和 i_b 的实验波形进行 FFT 分解可以发现：交流电网电流中除了 50Hz 的基频分量外，还同时存在着 83Hz 与 183Hz 的振荡分量。由图 8.14 可以看出：系统在工况 2 时的各电量波形稳定，表明整个系统是稳定的。

综上所述，实验结果验证了并联型多电压等级直流配用电系统小信号稳定性分析方法和系统失稳特征预测的正确性。

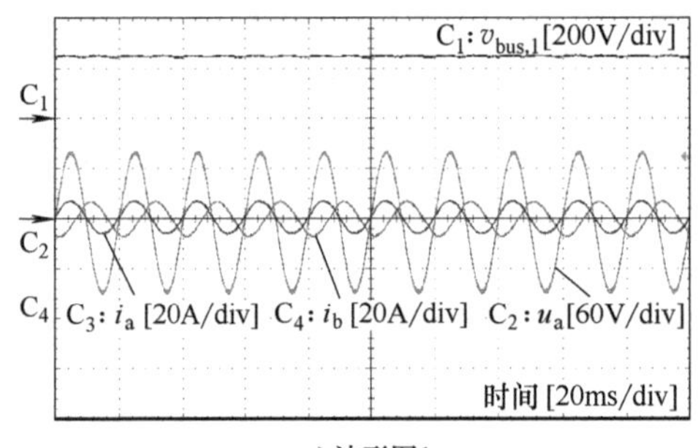

a) 波形图1

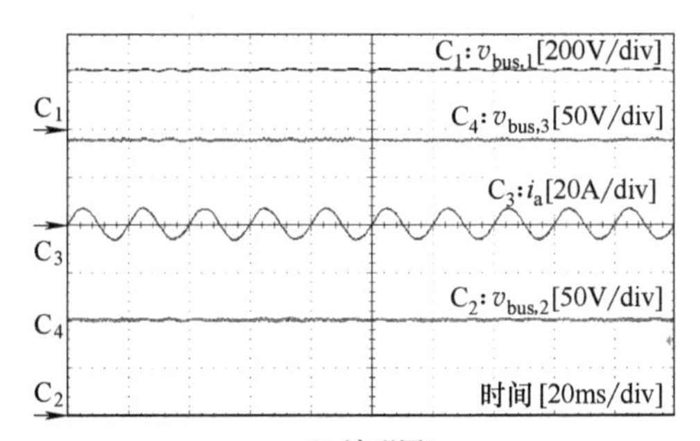

b) 波形图2

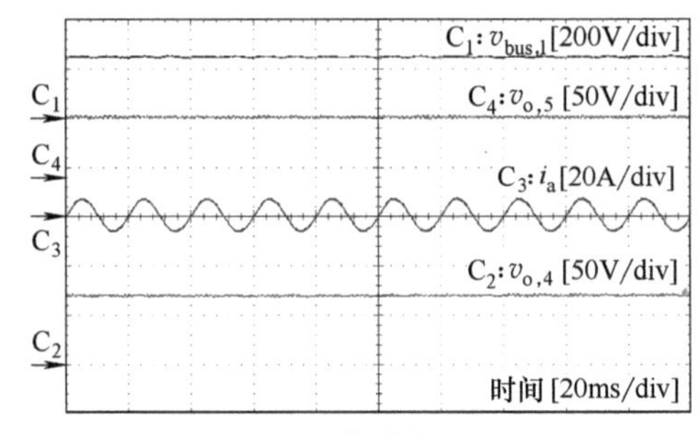

c) 波形图3

图 8.14 工况 2 对应的系统稳态实验波形

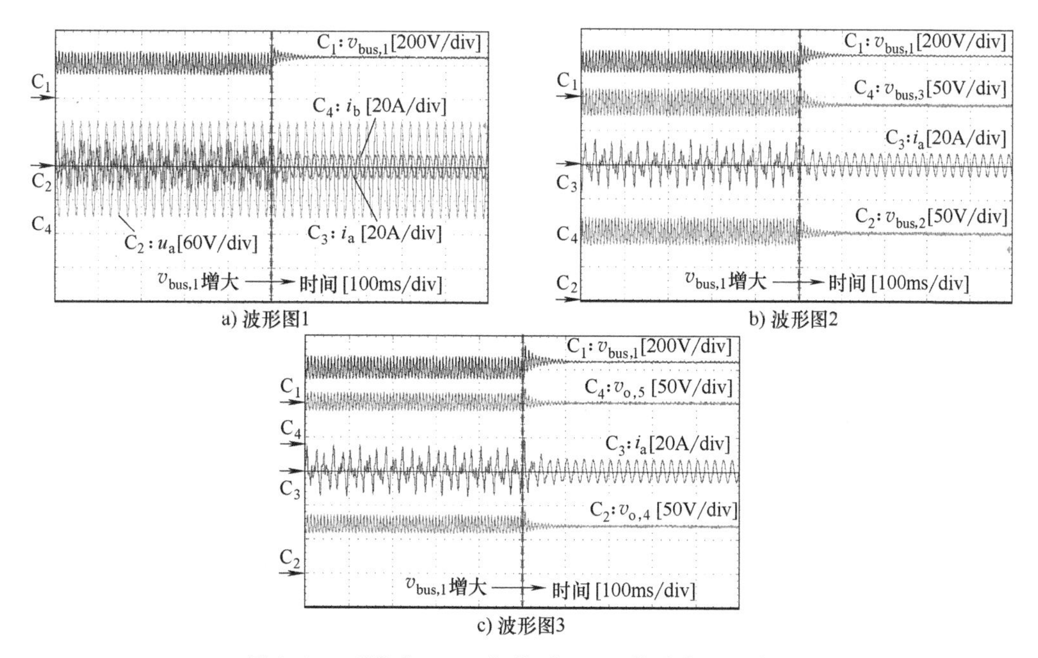

a) 波形图1

b) 波形图2

c) 波形图3

图 8.15 系统由工况 1 切换到工况 2 的动态实验波形

8.4 本章小结

本章基于模块化建模方法构建了级联型和并联型多电压等级直流配用电系统的小信号模型，并分别介绍了两类系统的稳定性分析方法。最后，通过对案例系统的稳定分析与实验测试，验证了理论分析的正确性。

本章主要结论如下：

1）级联型多电压等级直流配用电系统小信号建模时，需要根据各直流变压器的控制方式分类讨论，以推导各直流母线电压的小信号数学模型，在此基础上联立所有方程，即可求解得到所有输入变量到各直流母线电压的传递函数，当且仅当这些传递函数均没有右半平面极点时，系统稳定，反之则不稳定。

2）对于并联型多电压等级直流配用电系统，各直流变压器的控制方式不会改变其小信号模型的形式，但是将影响其中某些常数的取值。与级联型多电压等级直流配用电系统类似，基于各直流母线小信号等效模型推导的直流母线电压方程也需要联立解耦，以求解得到所有输入变量到各直流母线电压的传递函数，从而进行系统级小信号稳定性分析。

第9章 用于提高级联直流系统稳定性的虚拟阻抗控制策略

根据第3章的分析可知，级联直流系统失稳的主要原因是源变换器与负载变换器的阻抗不匹配。本章将基于级联直流系统的阻抗比判据，分析和讨论用于提高系统稳定性的源变换器和负载变换器阻抗重塑思路、实现方法以及对变换器自身动态特性的影响，并面向Buck类恒功率负载介绍一种具有功率自适应特点的并联虚拟阻抗控制策略。

9.1 级联直流系统不稳定问题与阻抗重塑思路

9.1.1 级联直流系统阻抗特性与失稳机理

级联直流系统及其阻抗特性曲线如图9.1所示，其中，$v_{in,1}$ 和 $i_{in,1}$ 分别为源变换器的输入电压和输入电流，v_{bus} 和 i_{bus} 分别为直流母线的电压和电流，$v_{o,2}$ 和 $i_{o,2}$ 分别为负载变换器的输出电压和输出电流，$Z_{o,1}(s)$ 为源变换器的输出阻抗，$Z_{in,2}(s)$ 为负载变换器的输入阻抗。在过去的几十年里，对源变换器和负载变换器的典型阻抗特性和级联直流系统失稳机理的研究已经比较成熟，下面将一些主要结论总结如下。

（1）源变换器输出阻抗 $Z_{o,1}(s)$ 的特性

图9.1b给出了源变换器输出阻抗 $Z_{o,1}(s)$ 的频率特性曲线，可以看出：$Z_{o,1}(s)$ 的阻抗特性与LC滤波器较为相似。其中，$f_{S,r}$ 为源变换器的谐振频率。当频率小于 $f_{S,r}$ 时，$Z_{o,1}(s)$ 表现出阻感特性，以感性为主。当频率大于 $f_{S,r}$ 时，$Z_{o,1}(s)$ 和源变换器输出滤波电容的特性相似。在频率 $f_{S,r}$ 处，$Z_{o,1}(s)$ 幅频特性曲线存在峰值 $|Z_{o,1}(s)|_{max}$，且该峰值与源变换器输出滤波电容的大小成反比。

（2）负载变换器输入阻抗 $Z_{in,2}(s)$ 的特性

负载变换器输入阻抗 $Z_{in,2}(s)$ 的幅频特性曲线如图9.1b所示，其中，$f_{L,r}$ 为

负载变换器的谐振频率。一般来说，为抑制负载变换器动态响应过程中的振铃，$f_{L,r}$ 应明显大于 $f_{S,r}$。由于基于变换器的负载受到闭环控制，其消耗功率不受直流母线电压变化的影响，因而在其控制带宽内的低频段可近似视为恒功率负载。于是，在图中频率小于 $f_{L,r}$ 的低频段，$Z_{in,2}(s)$ 表现出负电阻特性，其值近似为 $-V_{bus}^2/P_{in,2}$，其中，V_{bus} 为母线电压稳态值，$P_{in,2}$ 为负载变换器的输出功率。随着负载功率 $P_{in,2}$ 的增加，$Z_{in,2}(s)$ 的幅值低频段将下移。在频率 $f_{L,r}$ 的附近，$Z_{in,2}(s)$ 的幅值随频率的增加而减小，过了 $f_{L,r}$ 后则随着频率的增加而增大。在全频段，$Z_{in,2}(s)$ 的相位整体呈现随频率增加而增大的特性，当频率大于 $f_{L,r}$ 时，$Z_{in,2}(s)$ 呈现阻感性。

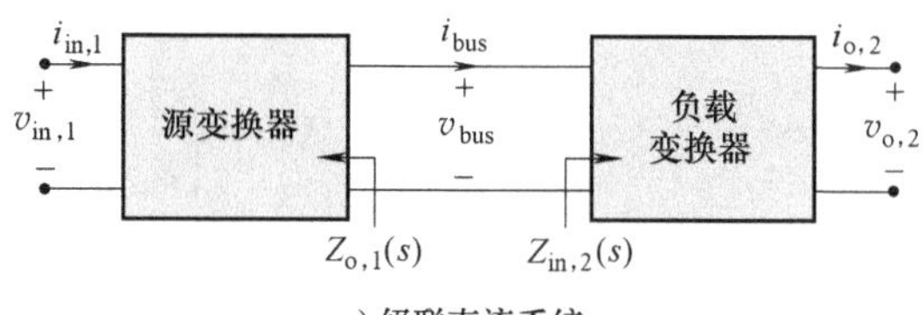

a) 级联直流系统

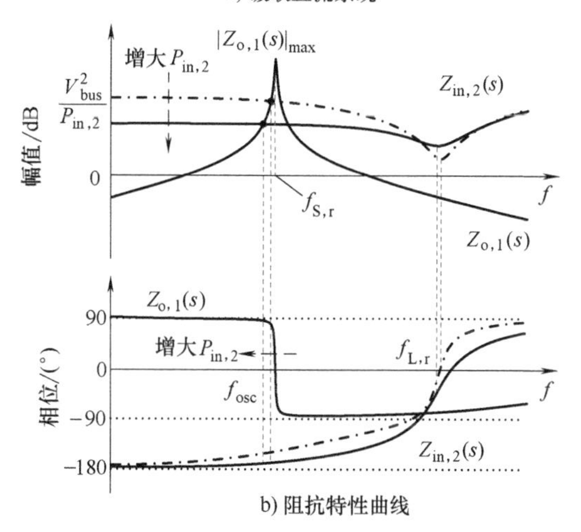

b) 阻抗特性曲线

图 9.1　级联直流系统及其阻抗特性曲线

（3）级联直流系统阻抗交互作用及失稳机理

根据级联直流系统的阻抗比判据，如果 $|Z_{o,1}(s)|$ 和 $|Z_{in,2}(s)|$ 在频率 f_{osc} 处发生交截，且交截处的相位差 $\angle Z_{o,1}(j2\pi f_{osc})-\angle Z_{in,2}(j2\pi f_{osc})$ 大于 180°，则图 9.1a 所示级联直流系统不稳定。相应地，系统的振荡频率约为 f_{osc}，其大小满足：$f_{osc}<f_{S,r}\ll f_{L,r}$。此外，随着负载功率 $P_{in,2}$ 的增大，$|Z_{o,1}(s)|$ 和 $|Z_{in,2}(s)|$ 的交截点向左下方移动，系统振荡频率 f_{osc} 随之减小。

9.1.2　阻抗重塑基本思路

为提高级联直流系统的稳定性，有两种方案：一是重塑阻抗幅值，避免 $|Z_{o,1}(s)|$ 和 $|Z_{in,2}(s)|$ 发生交截；二是重塑阻抗相位，补偿 $Z_{o,1}(s)$ 和 $Z_{in,2}(s)$ 在交截频率处的相位差并使其小于 180°。根据阻抗重塑对象的不同，又可分为对源变换器输出阻抗 $Z_{o,1}(s)$ 和负载变换器输入阻抗 $Z_{in,2}(s)$ 的重塑方案。需要指出的是，为了减小阻抗重塑对变换器动态性能的负面影响，应尽力只改变在交截频率附近范围的阻抗特性，而其余频段保持不变。

图 9.2 给出了两种针对源变换器输出阻抗 $Z_{o,1}(s)$ 的重塑方法。方法一是为了避免 $|Z_{o,1}(s)|$ 和 $|Z_{in,2}(s)|$ 的交截，将 $Z_{o,1}(s)$ 设计为图 9.2a 中的 $Z_{o,1,pref}(s)$，其表达式由式（9.1）给出，可以看出：$Z_{o,1,pref}(s)$ 与 $Z_{o,1}(s)$ 只在频率范围 $[f_1, f_2]$

内不同。

$$Z_{o,1,pref}(s)=\begin{cases}\xi_1 Z_{o,1}(s), f\in[f_1,f_2]\\ Z_{o,1}(s), \quad f\notin[f_1,f_2]\end{cases} \tag{9.1}$$

式中，系数 ξ_1 应满足式（9.2）。

$$\xi_1<\frac{|Z_{in,2}(s)|}{|Z_{o,1}(s)|_{max}}\approx\frac{V_{bus}^2/P_{in,2}}{|Z_{o,1}(s)|_{max}} \tag{9.2}$$

方法二是为了补偿 $Z_{o,1}(s)$ 和 $Z_{in,2}(s)$ 在交截频率处的相位差并使其小于 180°，将 $Z_{o,1}(s)$ 设计为图 9.2b 中的 $Z_{o,1,pref}(s)$，其表达式由式（9.3）给出。需要说明的是，由于 $Z_{o,1}(s)$ 过了谐振频率 $f_{S,r}$ 后相位会迅速下降并逐渐接近于 -90°，不再可能出现导致系统失稳的阻抗不匹配情况，因此只需在频率范围［f_1，$f_{S,r}$］内对 $Z_{o,1}(s)$ 进行重塑即可。

$$Z_{o,1,pref}(s)=\begin{cases}Z_{o,1}(s)e^{-j\theta_1}, f\in[f_1,f_{S,r}]\\ Z_{o,1}(s), \quad f\notin[f_1,f_{S,r}]\end{cases} \tag{9.3}$$

式中，θ_1 为 $Z_{o,1}(s)$ 重塑后相位减少的角度，其理论取值范围由式（9.4）给出。不过，为了尽可能避免阻抗重塑给变换器带来负阻尼特性，θ_1 一般取 90°。

$$\theta_1\in[0°,90°] \tag{9.4}$$

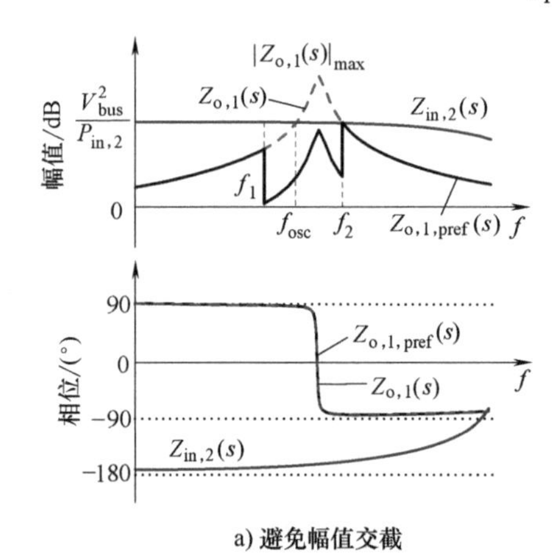

a) 避免幅值交截

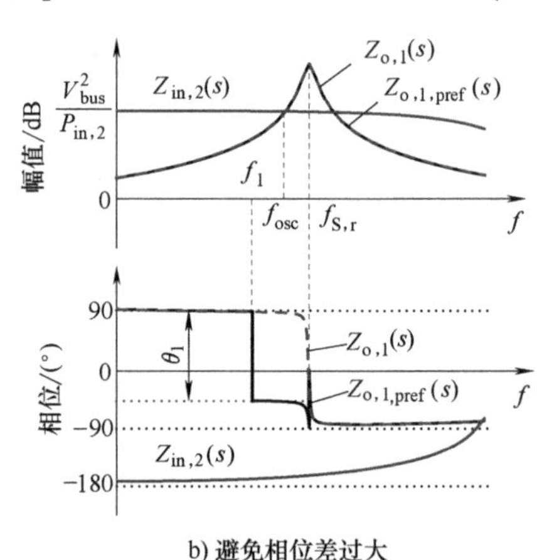

b) 避免相位差过大

图 9.2 保证级联直流系统稳定的源变换器输出阻抗重塑思路

此外，也可以根据图 9.3 对负载变换器的输入阻抗 $Z_{in,2}(s)$ 进行重塑以提高级联直流系统的稳定性。第一种方法如图 9.3a 所示，图中给出了为避免 $|Z_{o,1}(s)|$ 和 $|Z_{in,2}(s)|$ 交截而重塑的 $Z_{in,2,pref}(s)$，其表达式为式（9.5）。显然，$Z_{in,2,pref}(s)$ 与 $Z_{in,2}(s)$ 也只在频率范围［f_1，f_2］内不同。

$$Z_{in,2,pref}(s)=\begin{cases}\xi_2 e^{-j180°}=-\xi_2, \quad f\in[f_1,f_2]\\ Z_{in,2}(s), \quad f\notin[f_1,f_2]\end{cases} \tag{9.5}$$

式中，系数 ξ_2 应满足式（9.6），以保证 $|Z_{o,1}(s)|$ 和 $|Z_{in,2}(s)|$ 的完全分离。

$$\xi_2 > |Z_{o,1}(s)|_{max} \tag{9.6}$$

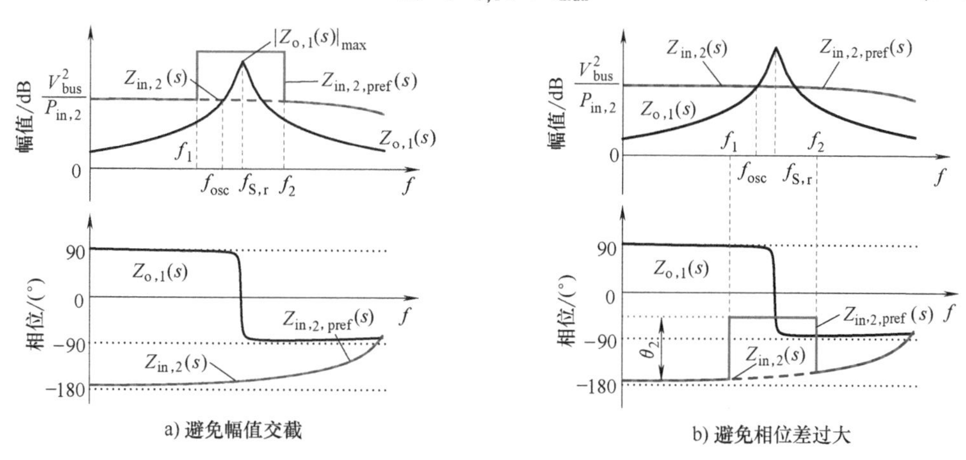

图 9.3 保证级联直流系统稳定的负载变换器输入阻抗重塑思路

第二种方法是为了补偿 $Z_{o,1}(s)$ 和 $Z_{in,2}(s)$ 在交截频率附近的相位差，将 $Z_{in,2}(s)$ 设计为图 9.3b 中的 $Z_{in,2,pref}(s)$，即

$$Z_{in,2,pref}(s)=\begin{cases}Z_{in,2}(s)e^{j\theta_2}, & f\in[f_1,f_2]\\ Z_{in,2}(s), & f\notin[f_1,f_2]\end{cases} \tag{9.7}$$

式中，θ_2 为 $Z_{in,2}(s)$ 重塑后相位增加的角度，其理论取值范围由式（9.8）给出。为便于实现，θ_2 一般取 180°。

$$\theta_2 \in (90°, 270°) \tag{9.8}$$

9.2 四种提高级联直流系统稳定性的虚拟阻抗控制策略

根据前述分析，可以通过重塑源变换器的输出阻抗或负载变换器的输入阻抗来提高系统稳定性。这种阻抗重塑的实现方法为：将变换器的端口电压或电流经由一个补偿控制器引入已有的控制回路，并通过合理设计补偿控制器的传递函数，从而实现在变换器端口等效地插入一个期望的虚拟阻抗的效果，以达到阻抗重塑的目的。根据虚拟阻抗的接入位置和串并联形式，有四种虚拟阻抗控制策略，下面将详细介绍其基本原理、控制实现方法和实现效果。

9.2.1 源侧串联虚拟阻抗控制策略

源侧串联虚拟阻抗控制原理及其实现方法如图 9.4 所示。图 9.4a 给出的是一个在源变换器输出侧串联虚拟阻抗的级联直流系统，其中，$Z_{os,1}(s)$ 为源变换器串联虚拟阻抗 $Z_{vir,ss}(s)$ 后的等效阻抗，其表达式为

$$Z_{os,1}(s)=Z_{o,1}(s)+Z_{vir,ss}(s) \tag{9.9}$$

图 9.4b 中的实线部分为源变换器原有的小信号控制框图，其中，$H_{v,1}(s)$ 为电压采样传递函数，$G_{v,1}(s)$ 为电压控制器传递函数，$G_{m,1}(s)$ 为 PWM 调制器的传递函数，$d_1(s)$ 为占空比；$Y_{in,1,op}(s)$ 为开环输入导纳，$G_{ii,1,op}(s)$ 为从 $\hat{i}_{bus}(s)$ 到 $\hat{i}_{in,1}(s)$ 的开环传递函数，$G_{di,1,op}(s)$ 为从 $\hat{d}_1(s)$ 到 $\hat{i}_{in,1}(s)$ 的开环传递函数，$G_{vv,1,op}(s)$ 从 $\hat{v}_{in,1}(s)$ 到 $\hat{v}_{bus}(s)$ 的开环传递函数，$G_{dv,1,op}(s)$ 为从 $\hat{d}_1(s)$ 到 $\hat{v}_{bus}(s)$ 的开环传递函数，$Z_{o,1,op}(s)$ 为开环输出阻抗。基于控制框图等效变换，当 $\hat{i}_{bus}(s)$ 通过如式（9.10）所示的传递函数 $G_{vir,ss}(s)$ 叠加到电压参考信号中时，即可实现串联虚拟阻抗 $Z_{vir,ss}(s)$。

$$G_{vir,ss}(s)=\frac{Z_{vir,ss}(s)[1+T_{s,1}(s)]}{G_{v,1}(s)G_{m,1}(s)G_{dv,1,op}(s)} \tag{9.10}$$

式中，$T_{s,1}(s)$ 为源变换器的开环增益，其表达式由式（9.11）给出。

$$T_{s,1}(s)=H_{v,1}(s)G_{v,1}(s)G_{m,1}(s)G_{dv,1,op}(s) \tag{9.11}$$

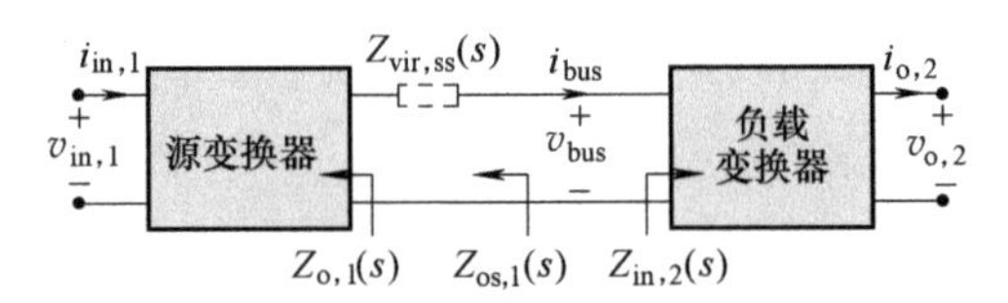

a) 源侧串联虚拟阻抗后的级联直流系统

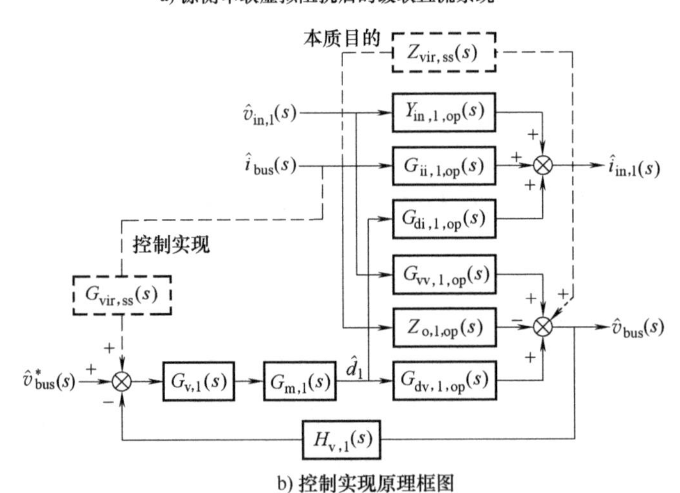

b) 控制实现原理框图

c) 源侧串联虚拟阻抗后的二端口小信号模型

图 9.4　源侧串联虚拟阻抗控制的原理及其实现方法

然而，当控制环路引入 $G_{vir,ss}(s)\ \hat{i}_{bus}(s)$ 后，$\hat{d}_1(s)$ 的改变也将进一步导致源变换器的另一个输出变量 $\hat{i}_{in,1}(s)$ 的变化，从而影响从 $\hat{i}_{bus}(s)$ 到 $\hat{i}_{in,1}(s)$ 的闭环传递函数。假设 $G_{iis,1}(s)$ 为源侧加入上述串联虚拟阻抗控制后，从 $\hat{i}_{bus}(s)$ 到 $\hat{i}_{in,1}(s)$ 的闭环传递函数的增量，结合图 9.4b、式（9.10）和式（9.11），可得 $G_{iis,1}(s)$ 的表达式为

$$G_{iis,1}(s)=G_{vir,ss}(s)\frac{G_{v,1}(s)G_{m,1}(s)G_{di,1,op}(s)}{1+T_{s,1}(s)}=\frac{Z_{vir,ss}(s)G_{di,1,op}(s)}{G_{dv,1,op}(s)} \tag{9.12}$$

需要指出的是，$G_{ii,1}(s)$ 的增加有可能影响源变换器的动态特性。由于从 $\hat{i}_{bus}(s)$ 到 $\hat{i}_{in,1}(s)$ 的闭环传递函数 $G_{ii,1}(s)$ 表示当 $i_{bus}(s)$ 上有一个扰动 $\hat{i}_{bus}(s)$ 时，该扰动会通过 $G_{ii,1}(s)$ 传递到输出变量 $i_{in,1}(s)$ 上。这意味着 $|G_{ii,1}(s)|$ 越大，$i_{in,1}(s)$ 越容易受到 $i_{bus}(s)$ 的影响。换句话说，$i_{in,1}(s)$ 对 $i_{bus}(s)$ 扰动的抑制作用与 $|G_{ii,1}(s)|$ 成反比。因此，当 $G_{iis,1}(s)$ 的加入导致 $|G_{ii,1}(s)+G_{iis,1}(s)|>|G_{ii,1}(s)|$ 时，源变换器的动态性能将会有所降低。

综上所述，源变换器加入串联虚拟阻抗控制后的二端口小信号模型如图 9.4c 所示，其数学表达式为

$$\begin{bmatrix}\hat{i}_{in,1}(s)\\ \hat{v}_{bus}(s)\end{bmatrix}=\begin{bmatrix}Y_{in,1}(s) & G_{ii,1}(s)+G_{iis,1}(s)\\ G_{vv,1}(s) & -Z_{o,1}(s)-Z_{vir,ss}(s)\end{bmatrix}\begin{bmatrix}\hat{v}_{in,1}(s)\\ \hat{i}_{bus}(s)\end{bmatrix} \tag{9.13}$$

式中，$Y_{in,1}(s)$ 为闭环输入导纳；$G_{ii,1}(s)$ 为串联虚拟阻抗控制加入前，从 $\hat{i}_{bus}(s)$ 到 $\hat{i}_{in,1}(s)$ 的闭环传递函数；$G_{vv,1}(s)$ 从 $\hat{v}_{in,1}(s)$ 到 $\hat{v}_{bus}(s)$ 的闭环传递函数；$Z_{o,1}(s)$ 为串联虚拟阻抗控制加入前的闭环输出阻抗，它们的表达式分别由式（9.14）~式（9.17）给出。

$$Y_{in,1}(s)=\left.\frac{\hat{i}_{in,1}(s)}{\hat{v}_{in,1}(s)}\right|_{\hat{i}_{bus}(s)=0}=Y_{in,1,op}(s)-\frac{G_{vv,1,op}(s)G_{di,1,op}(s)H_{v,1}(s)G_{v,1}(s)G_{m,1}(s)}{1+T_{s,1}(s)} \tag{9.14}$$

$$G_{ii,1}(s)=\left.\frac{\hat{i}_{in,1}(s)}{\hat{i}_{bus}(s)}\right|_{\hat{v}_{in,1}(s)=0}=G_{ii,1,op}(s)-\frac{Z_{o,1,op}(s)G_{di,1,op}(s)H_{v,1}(s)G_{v,1}(s)G_{m,1}(s)}{1+T_{s,1}(s)} \tag{9.15}$$

$$G_{vv,1}(s)=\left.\frac{\hat{v}_{bus}(s)}{\hat{v}_{in,1}(s)}\right|_{\hat{i}_{bus}(s)=0}=\frac{G_{vv,1,op}(s)}{1+T_{s,1}(s)} \tag{9.16}$$

$$Z_{o,1}(s)=-\left.\frac{\hat{v}_{bus}(s)}{\hat{i}_{bus}(s)}\right|_{\hat{v}_{in,1}(s)=0}=\frac{Z_{o,1,op}(s)}{1+T_{s,1}(s)} \tag{9.17}$$

9.2.2 源侧并联虚拟阻抗控制策略

源侧并联虚拟阻抗控制原理及其实现方法如图 9.5 所示。图 9.5a 给出的是一

个在源变换器输出侧并联虚拟阻抗的级联直流系统，其中，$Z_{op,1}(s)$ 为源变换器并联虚拟阻抗 $Z_{vir,sp}(s)$ 后的等效阻抗，其表达式为

$$Z_{op,1}(s)=Z_{o,1}(s)//Z_{vir,sp}(s)=\frac{Z_{o,1}(s)Z_{vir,sp}(s)}{Z_{o,1}(s)+Z_{vir,sp}(s)} \tag{9.18}$$

为了在控制部分实现 $Z_{vir,sp}(s)$，将图 9.5b 中 $\hat{v}_{bus}(s)$ 与 $\hat{i}_{bus}(s)$ 间的传递函数 $1/Z_{vir,sp}(s)$ 等效变换为从 $\hat{v}_{bus}(s)$ 叠加到电压给定信号中的传递函数 $G_{vir,sp}(s)$，其中，$G_{vir,sp}(s)$ 的表达式为

$$G_{vir,sp}(s)=\frac{Z_{o,1,op}(s)}{Z_{vir,sp}(s)G_{v,1}(s)G_{m,1}(s)G_{dv,1,op}(s)} \tag{9.19}$$

由于控制环路引入了一个新的反馈支路 $G_{vir,sp}(s)\hat{v}_{bus}(s)$，因此源变换器的开环增益将由 $T_{s,1}(s)$ 变为 $T_{s,1}(s)+T_{sp,1}(s)$，其中，$T_{sp,1}(s)$ 由式（9.20）给出。显然，这种控制方式完全改变了源变换器的四个闭环传递函数，相较于源侧串联虚拟阻抗控制，对变换器自身动态特性的影响更大。

$$T_{sp,1}(s)=G_{vir,sp}(s)G_{v,1}(s)G_{m,1}(s)G_{dv,1,op}(s)=\frac{Z_{o,1,op}(s)}{Z_{vir,sp}(s)} \tag{9.20}$$

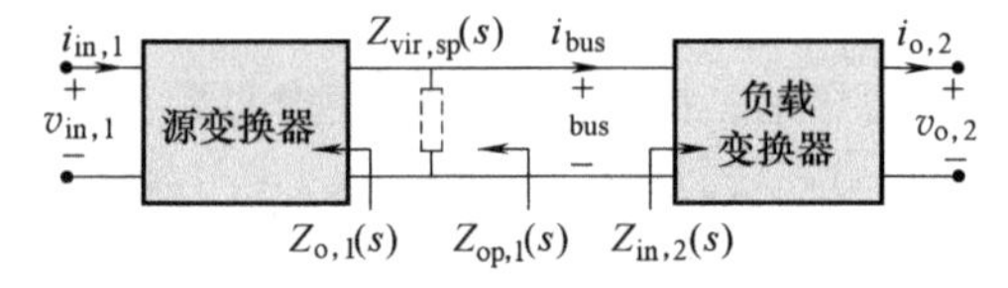

a) 源侧并联虚拟阻抗后的级联直流系统

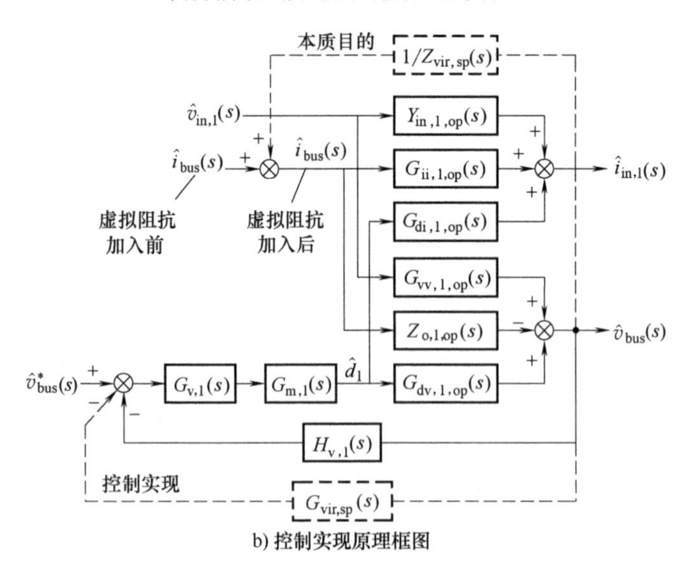

b) 控制实现原理框图

图 9.5　源侧并联虚拟阻抗控制的原理及其实现方法

9.2.3 负载侧串联虚拟阻抗控制策略

负载侧串联虚拟阻抗控制原理及其实现方法如图 9.6 所示。图 9.6a 给出的是一个在负载变换器输入侧串联虚拟阻抗的级联直流系统，其中，$Z_{ins,2}(s)$ 为负载变换器串联虚拟阻抗 $Z_{vir,Ls}(s)$ 后的等效阻抗，其表达式为

$$Z_{ins,2}(s)=Z_{in,2}(s)+Z_{vir,Ls}(s) \tag{9.21}$$

图 9.6b 中的实线部分为负载变换器原有的小信号控制框图，其中，$d_2(s)$ 为占空比，$Y_{in,2,op}(s)$ 为开环输入导纳，$G_{ii,2,op}(s)$ 为从 $\hat{i}_{o,2}(s)$ 到 $\hat{i}_{bus}(s)$ 的开环传递函数，$G_{di,2,op}(s)$ 为从 $\hat{d}_2(s)$ 到 $\hat{i}_{bus}(s)$ 的开环传递函数，$G_{vv,2,op}(s)$ 从 $\hat{v}_{bus}(s)$ 到 $\hat{v}_{o,2}(s)$ 的开环传递函数，$G_{dv,2,op}(s)$ 为从 $\hat{d}_2(s)$ 到 $\hat{v}_{o,2}(s)$ 的开环传递函数，$Z_{o,2,op}(s)$ 为开环输出阻抗。

于是，负载变换器的开环小信号方程可以表示为

$$\begin{bmatrix}\hat{i}_{bus}(s)\\ \hat{v}_{o,2}(s)\end{bmatrix}=\begin{bmatrix}Y_{in,2,op}(s) & G_{ii,2,op}(s) & G_{di,2,op}(s)\\ G_{vv,2,op}(s) & -Z_{o,2,op}(s) & G_{dv,2,op}(s)\end{bmatrix}\begin{bmatrix}\hat{v}_{bus}(s)\\ \hat{i}_{o,2}(s)\\ \hat{d}_2(s)\end{bmatrix} \tag{9.22}$$

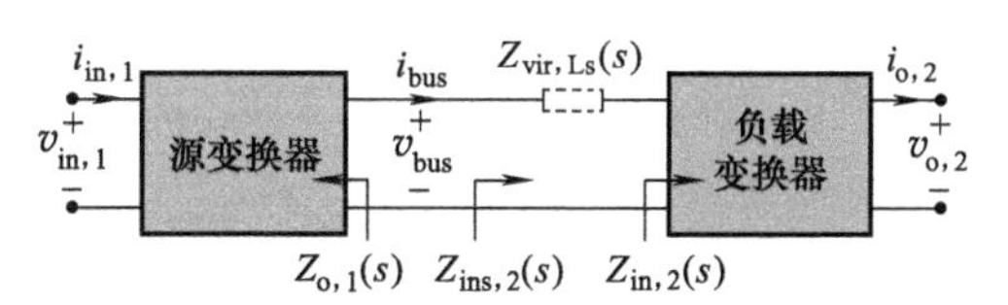

a) 负载侧串联虚拟阻抗后的级联直流系统

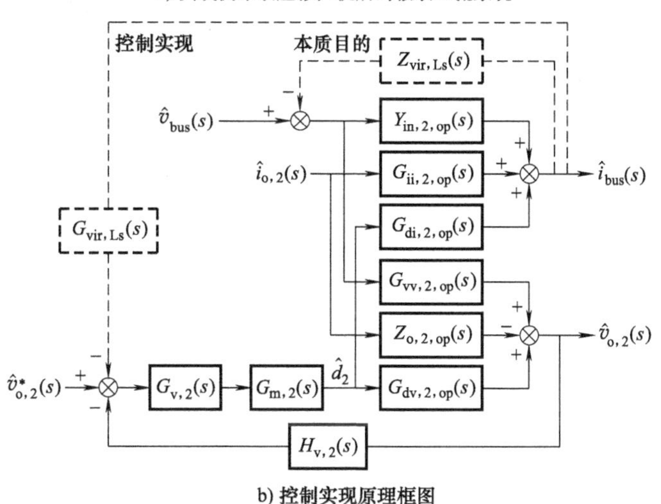

b) 控制实现原理框图

图 9.6 负载侧串联虚拟阻抗控制的原理及其实现方法

在原有的控制环路中，$H_{v,2}(s)$ 为电压采样传递函数，$G_{v,2}(s)$ 为输出电压控制器传递函数，$G_{m,2}(s)$ 为 PWM 调制器的传递函数，此时占空比 $d_2(s)$ 的小信号表达式为

$$\hat{d}_2(s)=-H_{v,2}(s)G_{v,2}(s)G_{m,2}(s)\hat{v}_{o,2}(s) \tag{9.23}$$

将式（9.23）代入式（9.22）可得原负载变换器的二端口闭环小信号方程为

$$\begin{bmatrix}\hat{i}_{bus}(s)\\ \hat{v}_{o,2}(s)\end{bmatrix}=\begin{bmatrix}Y_{in,2}(s) & G_{ii,2}(s)\\ G_{vv,2}(s) & -Z_{o,2}(s)\end{bmatrix}\begin{bmatrix}\hat{v}_{bus}(s)\\ \hat{i}_{o,2}(s)\end{bmatrix} \tag{9.24}$$

式中，$Y_{in,2}(s)$ 为闭环输入导纳；$G_{ii,2}(s)$ 为从 $\hat{i}_{o,2}(s)$ 到 $\hat{i}_{bus}(s)$ 的闭环传递函数；$G_{vv,2}(s)$ 从 $\hat{v}_{bus}(s)$ 到 $\hat{v}_{o,2}(s)$ 的闭环传递函数；$Z_{o,2}(s)$ 为闭环输出阻抗，它们的表达式分别由式（9.25）~式（9.28）给出。

$$Y_{in,2}(s)=\left.\frac{\hat{i}_{bus}(s)}{\hat{v}_{bus}(s)}\right|_{\hat{i}_{o,2}(s)=0}=Y_{in,2,op}(s)-\frac{G_{vv,2,op}(s)G_{di,2,op}(s)H_{v,2}(s)G_{v,2}(s)G_{m,2}(s)}{1+T_{L,2}(s)} \tag{9.25}$$

$$G_{ii,2}(s)=\left.\frac{\hat{i}_{bus}(s)}{\hat{i}_{o,2}(s)}\right|_{\hat{v}_{bus}(s)=0}=G_{ii,2,op}(s)-\frac{Z_{o,2,op}(s)G_{di,2,op}(s)H_{v,2}(s)G_{v,2}(s)G_{m,2}(s)}{1+T_{L,2}(s)} \tag{9.26}$$

$$G_{vv,2}(s)=\left.\frac{\hat{v}_{o,2}(s)}{\hat{v}_{bus}(s)}\right|_{\hat{i}_{o,2}(s)=0}=\frac{G_{vv,2,op}(s)}{1+T_{L,2}(s)} \tag{9.27}$$

$$Z_{o,2}(s)=-\left.\frac{\hat{v}_{o,2}(s)}{\hat{i}_{o,2}(s)}\right|_{\hat{v}_{bus}(s)=0}=\frac{Z_{o,2,op}(s)}{1+T_{L,2}(s)} \tag{9.28}$$

式中，$T_{L,2}(s)$ 为负载变换器此时的开环增益，其表达式由式（9.29）给出。

$$T_{L,2}(s)=H_{v,2}(s)G_{v,2}(s)G_{m,2}(s)G_{dv,2,op}(s) \tag{9.29}$$

如图 9.6b 所示，为了在控制中实现 $Z_{vir,Ls}(s)$，将 $\hat{i}_{bus}(s)$ 与 $\hat{v}_{bus}(s)$ 之间的传递函数 $Z_{vir,Ls}(s)$ 通过控制框图等效变换为从 $\hat{i}_{bus}(s)$ 到控制环路中的传递函数 $G_{vir,Ls}(s)$。下面将推导 $G_{vir,Ls}(s)$ 的表达式

上述负载侧串联虚拟阻抗控制加入后，占空比 $d_2(s)$ 的小信号表达式为

$$\hat{d}_2(s)=-H_{v,2}(s)G_{v,2}(s)G_{m,2}(s)\hat{v}_{o,2}(s)-G_{vir,Ls}(s)G_{v,2}(s)G_{m,2}(s)\hat{i}_{bus}(s) \tag{9.30}$$

将式（9.30）代入式（9.22）可得负载变换器加入串联虚拟阻抗控制后的小信号方程为

$$\hat{v}_{o,2}(s)=\frac{G_{vv,2,op}(s)\hat{v}_{bus}(s)-Z_{o,2,op}(s)\hat{i}_{o,2}(s)-G_{vir,Ls}(s)G_{v,2}(s)G_{m,2}(s)G_{dv,2,op}(s)\hat{i}_{bus}(s)}{1+T_{L,2}(s)} \tag{9.31}$$

$$\hat{i}_{bus}(s)=\frac{Y_{in,2,op}(s)\hat{v}_{bus}(s)+G_{ii,2,op}(s)\hat{i}_{o,2}(s)-H_{v,2}(s)G_{v,2}(s)G_{m,2}(s)G_{di,2,op}(s)\hat{v}_{o,2}(s)}{1+T_{Ls,2}(s)} \tag{9.32}$$

式中，$T_{Ls,2}(s)$ 的表达式由式（9.33）给出。

$$T_{Ls,2}(s)=G_{vir,Ls}(s)G_{v,2}(s)G_{m,2}(s)G_{di,2,op}(s) \tag{9.33}$$

联立式（9.31）~式（9.33），可得串联虚拟阻抗控制加入后，负载变换器的闭环小信号模型为

$$\hat{v}_{o,2}(s)=\frac{[1+T_{Ls,2}(s)]G_{vv,2,op}(s)-G_{vir,Ls}(s)G_{v,2}(s)G_{m,2}(s)G_{dv,2,op}(s)Y_{in,2,op}(s)}{1+T_{L,2}(s)+T_{Ls,2}(s)}\hat{v}_{bus}(s)-\frac{[1+T_{Ls,2}(s)]Z_{o,2,op}(s)+G_{vir,Ls}(s)G_{v,2}(s)G_{m,2}(s)G_{dv,2,op}(s)G_{ii,2,op}(s)}{1+T_{L,2}(s)+T_{Ls,2}(s)}\hat{i}_{o,2}(s) \tag{9.34}$$

$$\hat{i}_{bus}(s)=\frac{[1+T_{L,2}(s)]Y_{in,2,op}(s)-H_{v,2}(s)G_{v,2}(s)G_{m,2}(s)G_{di,2,op}(s)G_{vv,2,op}(s)}{1+T_{L,2}(s)+T_{Ls,2}(s)}\hat{v}_{bus}(s)+\frac{[1+T_{L,2}(s)]G_{ii,2,op}(s)+H_{v,2}(s)G_{v,2}(s)G_{m,2}(s)G_{di,2,op}(s)Z_{o,2,op}(s)}{1+T_{L,2}(s)+T_{Ls,2}(s)}\hat{i}_{o,2}(s) \tag{9.35}$$

显然，负载侧串联虚拟阻抗控制在原有输出电压 $v_{o,2}(s)$ 控制环路的基础上，等效地增加了一个输入电流 $i_{bus}(s)$ 的闭环，这导致负载变换器的开环增益由 $T_{L,2}(s)$ 变成了 $T_{L,2}(s)$ $+T_{Ls,2}(s)$，从而完全改变了负载变换器的四个闭环传递函数，对变换器自身动态特性的影响较大。

对比式（9.25）和式（9.35），传递函数 $G_{vir,Ls}(s)$ 可以由式（9.36）计算得到，其表达式为式（9.37）。

$$\frac{1+T_{L,2}(s)+T_{Ls,2}(s)}{[1+T_{L,2}(s)]Y_{in,2,op}(s)-H_{v,2}(s)G_{v,2}(s)G_{m,2}(s)G_{di,2,op}(s)G_{vv,2,op}(s)}=\frac{1}{Y_{in,2}(s)}+Z_{vir,Ls} \tag{9.36}$$

$$G_{vir,Ls}(s)=Z_{vir,Ls}(s)\frac{Y_{in,2}(s)[1+T_{L,2}(s)]}{G_{v,2}(s)G_{m,2}(s)G_{di,2,op}(s)} \tag{9.37}$$

9.2.4 负载侧并联虚拟阻抗控制策略

负载侧并联虚拟阻抗控制原理及其实现方法如图 9.7 所示。图 9.7a 给出的是一个在负载变换器输入侧并联虚拟阻抗的级联直流系统，其中，$Z_{inp,2}(s)$ 为负载变换器并联虚拟阻抗 $Z_{vir,Lp}(s)$ 后的等效阻抗，其表达式为

$$Z_{inp,2}(s)=Z_{in,2}(s)//Z_{vir,Lp}(s)=\frac{Z_{in,2}(s)Z_{vir,Lp}(s)}{Z_{in,2}(s)+Z_{vir,Lp}(s)} \tag{9.38}$$

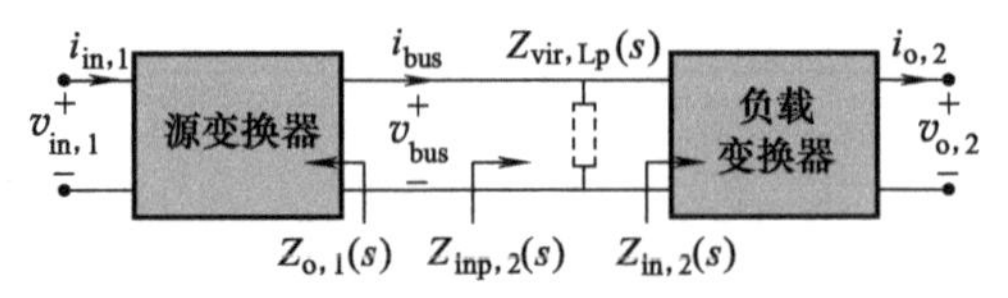

a) 负载侧并联虚拟阻抗后的级联直流系统

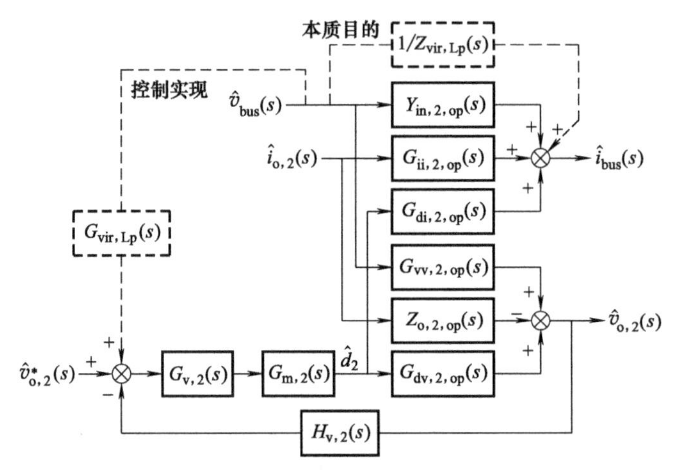

b) 控制实现原理框图

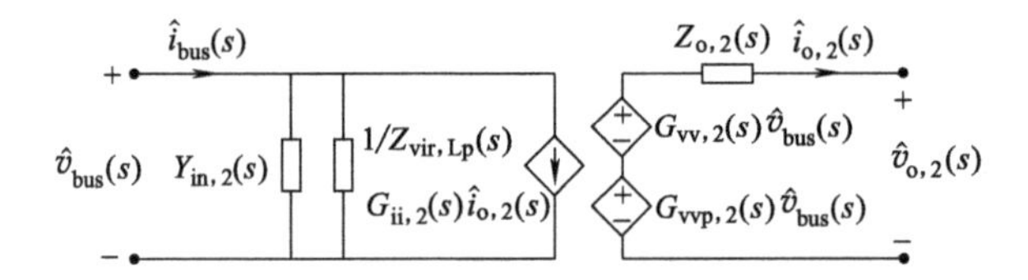

c) 负载侧并联虚拟阻抗后的二端口小信号模型

图 9.7 负载侧并联虚拟阻抗控制的原理及其实现方法

如图 9.7b 所示，为了在控制中实现 $Z_{vir,Lp}(s)$，将 $\hat{v}_{bus}(s)$ 与 $\hat{i}_{bus}(s)$ 之间的传递函数 $1/Z_{vir,sp}(s)$ 等效变换为从 $\hat{v}_{bus}(s)$ 叠加到电压给定信号中的传递函数 $G_{vir,Lp}(s)$，其中，$G_{vir,Lp}(s)$ 的表达式为

$$G_{vir,Lp}(s)=\frac{1+T_{L,2}(s)}{Z_{vir,Lp}(s)G_{v,2}(s)G_{m,2}(s)G_{di,2,op}(s)} \tag{9.39}$$

然而，当控制环路引入 $G_{vir,Lp}(s)\hat{v}_{bus}(s)$ 后，$\hat{d}_2(s)$ 的改变也将进一步导致 $\hat{v}_{o,2}(s)$ 的变化，从而影响从 $\hat{v}_{bus}(s)$ 到 $\hat{v}_{o,2}(s)$ 的闭环传递函数。假设 $G_{vvp,2}(s)$ 为负载变换器加入并联虚拟阻抗控制后，$G_{vv,2}(s)$ 的增量，结合图 9.7b、式 (9.29) 和式 (9.39) 可得 $G_{vvp,2}(s)$ 的表达式为

$$G_{vvp,2}(s)=G_{vir,Lp}(s)\frac{G_{v,2}(s)G_{m,2}(s)G_{dv,2,op}(s)}{1+T_{L,2}(s)}=\frac{G_{dv,2,op}(s)}{Z_{vir,Lp}(s)G_{di,2,op}(s)} \tag{9.40}$$

需要指出的是，$G_{vvp,2}(s)$ 的增加有可能影响负载变换器的动态特性。由于从

$\hat{v}_{bus}(s)$ 到 $\hat{v}_{o,2}(s)$ 的闭环传递函数 $G_{vv,2}(s)$ 表示当输入电压 $v_{bus}(s)$ 上有一个扰动 $\hat{v}_{bus}(s)$ 时，该扰动会通过 $G_{vv,2}(s)$ 传递到输出电压 $v_{o,2}(s)$ 上。这意味着 $|G_{vv,2}(s)|$越大，$v_{o,2}(s)$ 越容易受到 $v_{bus}(s)$ 的影响。换句话说，$v_{o,2}(s)$ 对 $v_{bus}(s)$ 扰动的抑制作用与 $|G_{vv,2}(s)|$成反比。因此，如果 $G_{vvp,2}(s)$ 的加入导致 $|G_{vv,2}(s)+G_{vvp,2}(s)|>|G_{vv,2}(s)|$，负载变换器的动态性能将会有所降低。

基于上述分析，由于并联虚拟阻抗控制只改变负载变换器的输入阻抗 $Z_{in,2}(s)$ 和闭环传递函数 $G_{vv,2}(s)$，因此结合式（9.24）可得此时负载变换器的二端口小信号模型如图 9.7c 所示。

9.3　面向 Buck 类恒功率负载的功率自适应并联虚拟阻抗控制策略

根据 9.2 节的分析，为尽可能减小虚拟阻抗控制对变换器自身动态特性的影响，一般选择对源变换器采用串联虚拟阻抗控制，而对负载变换器采用并联虚拟阻抗控制。当级联直流系统的源是一个没有控制环路的不控整流器或输出带 LC 滤波器的理想直流电源，此时无法对源进行虚拟阻抗控制。由于采用反馈控制的负载变换器表现为恒功率负载，其低频负阻尼特性是导致级联直流系统失稳的主要原因，因此“就地改善”恒功率负载自身的负阻尼特性，可以从根本上解决系统的稳定性问题。为减小线路损耗，直流母线电压往往高于负载额定电压，因此 Buck 类变换器在直流系统中的应用非常广泛。本节将基于 Buck 类恒功率负载的传递函数特性，介绍一种功率自适应并联虚拟阻抗控制策略，目的是简化虚拟阻抗控制的控制器传递函数，提高其可实现性及对负载功率的自适应性。

9.3.1　Buck 类恒功率负载的传递函数与输入阻抗特性

Buck 类恒功率负载的拓扑结构如图 9.8 所示，其中功率变换环节将直流母线电压 v_{bus} 变换为幅值为 $n_T v_{bus}$、占空比为 d_2 的方波电压，再经 LC 滤波环节转化为稳定的输出电压 $v_{o,2}$。其中，1：n_T 为隔离变压器的一、二次侧电压比，特别地，

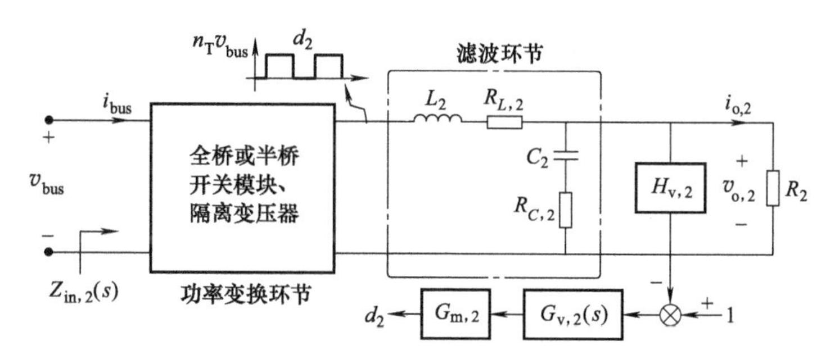

图 9.8　Buck 类恒功率负载的拓扑结构

对于非隔离型降压变换器，n_T 取 1；$H_{v,2}$ 为输出电压采样系数，$G_{v,2}(s)$ 为电压环控制器的传递函数，$G_{m,2}$ 为 PWM 增益；R_2 为负载电阻，其功率为 P_{cpl}。Buck 类恒功率负载的开环小信号模型可由式（9.22）表示，其中各传递函数的具体表达式由式（9.41）~式（9.46）给出，其中，传递函数 $G_{Buck}(s)$ 由式（9.47）给出。

$$Y_{in,2,op}(s)=\frac{n_T^2 D_2^2[C_2 s+P_{cpl}(R_{C,2}C_2 s+1)/V_{o,2}^2]}{G_{Buck}(s)} \tag{9.41}$$

$$G_{ii,2,op}(s)=n_T D_2(R_{C,2}C_2 s+1)/G_{Buck}(s) \tag{9.42}$$

$$G_{di,2,op}(s)=\frac{n_T P_{cpl}}{V_{o,2}}+\frac{n_T V_{o,2}[C_2 s+P_{cpl}(R_{C,2}C_2 s+1)/V_{o,2}^2]}{G_{Buck}(s)} \tag{9.43}$$

$$G_{vv,2,op}(s)=n_T D_2(R_{C,2}C_2 s+1)/G_{Buck}(s) \tag{9.44}$$

$$Z_{o,2,op}(s)=(L_2 s+R_{L,2})(R_{C,2}C_2 s+1)/G_{Buck}(s) \tag{9.45}$$

$$G_{dv,2,op}(s)=n_T V_{bus}(R_{C,2}C_2 s+1)/G_{Buck}(s) \tag{9.46}$$

$$G_{Buck}(s)=\left(\frac{P_{cpl}R_{C,2}}{V_{o,2}^2}+1\right)L_2 C_2 s^2+\left(R_{L,2}C_2+R_{C,2}C_2+\frac{L_2 P_{cpl}}{V_{o,2}^2}+\frac{P_{cpl}R_{L,2}R_{C,2}C_2}{V_{o,2}^2}\right)s+\frac{R_{L,2}P_{cpl}}{V_{o,2}^2}+1 \tag{9.47}$$

将式（9.29）、式（9.41）~式（9.46）代入式（9.25），并整理可得 Buck 类恒功率负载的闭环输入阻抗 $Z_{in,2}(s)$ 为

$$\begin{aligned}Z_{in,2}(s)&=\frac{Y_{in,2,op}(s)}{1+T_{L,2}(s)}-\left[G_{vv,2,op}(s)\frac{G_{di,2,op}(s)}{G_{dv,2,op}(s)}-Y_{in,2,op}(s)\right]\frac{T_{L,2}(s)}{1+T_{L,2}(s)}\\&=\left[\frac{Y_{in,2,op}(s)}{1+T_{L,2}(s)}-\frac{P_{cpl}}{V_{bus}^2}\frac{T_{L,2}(s)}{1+T_{L,2}(s)}\right]^{-1}\end{aligned} \tag{9.48}$$

当远小于负载截止频率 $f_{L,r}$ 时，有 $|T_{L,2}(s)|\gg 1$，于是 $Y_{in,2,op}(s)/[1+T_{L,2}(s)]$ 由于幅值太小而可以忽略。此时，$Z_{in,2}(s)$ 可近似表示为

$$Z_{in,2}(s)\approx-\frac{V_{bus}^2}{P_{cpl}} \tag{9.49}$$

显然，在低频范围内，Buck 类恒功率负载的闭环输入阻抗 $Z_{in,2}(s)$ 是一个与直流母线电压 V_{bus} 的二次方成正比、且与其自身功率 P_{cpl} 成反比的负电阻。

9.3.2 自适应并联虚拟阻抗设计

由于负阻抗特性对恒功率负载的动态特性是有益的，因此所设计的并联虚拟阻抗 $Z_{vir,Lp}(s)$ 应只补偿 Buck 类恒功率负载在系统失稳频率 f_{osc} 及其附近的负阻尼，而在其他频段则基本无效，如图 9.9 所示，具体说明如下。

1）在频率范围（$f_{osc}-\Delta f_{osc}/2$，$f_{osc}+\Delta f_{osc}/2$）内，$Z_{vir,Lp}(s)$ 为正阻性，其中，$\Delta f_{osc}=f_{osc}/Q_z$ 表示可以覆盖系统失稳频率 f_{osc} 及其所有临近频率的带宽；Q_z 为品质因数，其值越大，$Z_{vir,Lp}(s)$ 的有效频率范围越小。根据前述分析，由于 $Z_{in,2}(s)$

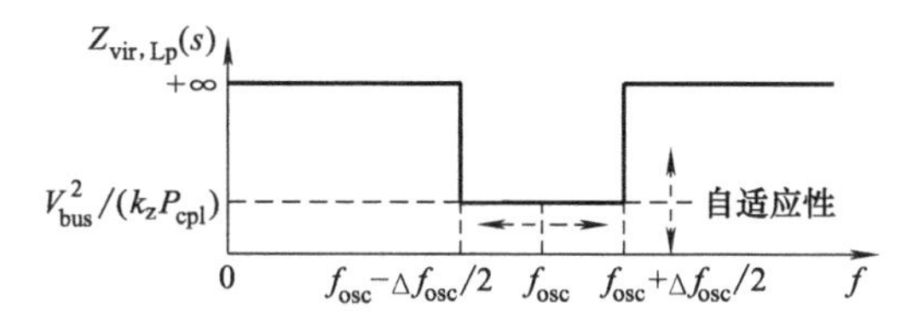

图 9.9 所设计的自适应并联虚拟阻抗

与直流母线电压 V_{bus} 的二次方成正比而与功率 P_{cpl} 成反比，所以 $Z_{vir,Lp}(s)$ 也应具备这一特性，使得 $Z_{in,2}(s)$ 与 $Z_{vir,Lp}(s)$ 的并联等效阻抗在上述频率范围内可以随功率 P_{cpl} 自适应地变化。为此，定义 $Z_{vir,Lp}(s)$ 在频率范围（$f_{osc}-\Delta f_{osc}/2$，$f_{osc}+\Delta f_{osc}/2$）内的取值为 $V_{bus}^2/(k_z P_{cpl})$，其中，k_z 为常数。

2）在频率范围（$f_{osc}-\Delta f_{osc}/2$，$f_{osc}+\Delta f_{osc}/2$）以外，$Z_{vir,Lp}(s)$ 应该尽可能地无穷大，使得 $Z_{in,2}(s)//Z_{vir,Lp}(s)\approx Z_{in,2}(s)$，这样的 $Z_{vir,Lp}(s)$ 才是几乎无效的。

根据上述分析，$1/Z_{vir,Lp}(s)$ 应表现为一个增益为 $k_z P_{cpl}/V_{bus}^2$、中心频率为 f_{osc} 且带宽为 Δf_{osc} 的带通滤波器，即其表达式应为

$$Z_{vir,Lp}(s)=\left[\frac{k_z P_{cpl}}{V_{bus}^2}\cdot\frac{2\pi f_{osc}s/Q_z}{s^2+2\pi f_{osc}s/Q_z+(2\pi f_{osc})^2}\right]^{-1} \tag{9.50}$$

9.3.3 控制器设计与简化

不妨假设图 9.8 中电压环控制器为 PI 控制器，即其传递函数 $G_{v,2}(s)=k_{vp,2}+k_{vi,2}/s$，这里 $k_{vp,x}$ 和 $k_{vi,x}$ 分别为比例系数和积分系数。于是，将式（9.29）、式（9.43）、式（9.46）、式（9.47）和式（9.50）代入式（9.39）并整理可得：在控制环路中实现并联虚拟阻抗 $Z_{vir,Lp}(s)$ 的控制器传递函数 $G_{vir,Lp}(s)$ 为式（9.51）。可以看出：控制器 $G_{vir,Lp}(s)$ 的表达式较为复杂，阶数较高导致其可实现性低。同时，考虑到电路元件的参数公差和漂移，很难准确地实现 $G_{vir,Lp}(s)$。此外，除了需要掌握所有电路和控制参数外，$G_{vir,Lp}(s)$ 还需要实时检测负载功率，这进一步增加了系统成本、控制难度和可靠性。为此，下面将结合 Buck 类恒功率负载的传递函数特性，对 $G_{vir,Lp}(s)$ 进行简化。

$$G_{vir,Lp}(s)=Z_{vir,Lp}(s)\cdot\frac{a_3s^3+a_2s^2+a_1s+a_0}{b_3s^3+b_2s^2+b_1s+b_0} \tag{9.51}$$

式中，

$$\begin{cases}a_3=(P_{cpl}R_{C,2}/V_{o,2}^2+1)L_2C_2\\ a_2=R_{L,2}C_2+R_{C,2}C_2+L_2P_{cpl}/V_{o,2}^2+P_{cpl}R_{L,2}R_{C,2}C_2/V_{o,2}^2+H_{v,2}G_{m,2}n_TV_{bus}k_{vp,2}R_{C,2}C_2\\ a_1=R_{L,2}P_{cpl}/V_{o,2}^2+H_{v,2}G_{m,2}n_TV_{bus}(k_{vp,2}+R_{C,2}C_2)+1\\ a_0=H_{v,2}G_{m,2}n_TV_{bus}k_{vi,2}\end{cases} \tag{9.52}$$

$$
\begin{cases}
b_3=(P_{\mathrm{cpl}}R_{C,2}/V_{\mathrm{o},2}^2+1)L_2C_2n_{\mathrm{T}}P_{\mathrm{cpl}}k_{\mathrm{vp},2}G_{\mathrm{m},2}/V_{\mathrm{o},2} \\
b_2=(R_{L,2}C_2+R_{C,2}C_2+L_2P_{\mathrm{cpl}}/V_{\mathrm{o},2}^2+P_{\mathrm{cpl}}R_{L,2}R_{C,2}C_2/V_{\mathrm{o},2}^2)n_{\mathrm{T}}P_{\mathrm{cpl}}k_{\mathrm{vp},2}G_{\mathrm{m},2}/V_{\mathrm{o},2}+ \\
\quad (P_{\mathrm{cpl}}R_{C,2}/V_{\mathrm{o},2}^2+1)L_2C_2n_{\mathrm{T}}P_{\mathrm{cpl}}k_{\mathrm{vi},2}G_{\mathrm{m},2}/V_{\mathrm{o},2}+(P_{\mathrm{cpl}}R_{C,2}/V_{\mathrm{o},2}^2+1)n_{\mathrm{T}}V_{\mathrm{o},2}C_2k_{\mathrm{vp},2}G_{\mathrm{m},2} \\
b_1=(R_{L,2}C_2+R_{C,2}C_2+L_2P_{\mathrm{cpl}}/V_{\mathrm{o},2}^2+P_{\mathrm{cpl}}R_{L,2}R_{C,2}C_2/V_{\mathrm{o},2}^2)n_{\mathrm{T}}P_{\mathrm{cpl}}k_{\mathrm{vi},2}G_{\mathrm{m},2}/V_{\mathrm{o},2}+ \\
\quad (R_{L,2}P_{\mathrm{cpl}}/V_{\mathrm{o},2}^2+1)k_{\mathrm{vp},2}G_{\mathrm{m},2}n_{\mathrm{T}}P_{\mathrm{cpl}}/V_{\mathrm{o},2}+n_{\mathrm{T}}P_{\mathrm{cpl}}k_{\mathrm{vp},2}G_{\mathrm{m},2}/V_{\mathrm{o},2}+ \\
\quad (P_{\mathrm{cpl}}R_{C,2}/V_{\mathrm{o},2}^2+1)n_{\mathrm{T}}V_{\mathrm{o},2}C_2k_{\mathrm{vi},2}G_{\mathrm{m},2} \\
b_0=(R_{L,2}P_{\mathrm{cpl}}/V_{\mathrm{o},2}^2+2)k_{\mathrm{vi},2}G_{\mathrm{m},2}n_{\mathrm{T}}P_{\mathrm{cpl}}/V_{\mathrm{o},2}
\end{cases}
\tag{9.53}
$$

由于在负载变换器的截止频率$f_{\mathrm{L,r}}$范围内有$|T_{\mathrm{L},2}(s)|\gg 1$，且根据图 9.1 有$f_{\mathrm{osc}}<f_{\mathrm{S,r}}<f_{\mathrm{L,r}}$，因此在频率范围（$f_{\mathrm{osc}}-\Delta f_{\mathrm{osc}}/2$，$f_{\mathrm{osc}}+\Delta f_{\mathrm{osc}}/2$）内，结合式（9.39）近似可得

$$
G_{\mathrm{vir,Lp}}(s)=\frac{H_{\mathrm{v},2}G_{\mathrm{v},2}(s)G_{\mathrm{m},2}(s)G_{\mathrm{dv},2,\mathrm{op}}(s)}{Z_{\mathrm{vir,Lp}}(s)G_{\mathrm{v},2}(s)G_{\mathrm{m},2}(s)G_{\mathrm{di},2,\mathrm{op}}(s)}=\frac{H_{\mathrm{v},2}G_{\mathrm{dv},2,\mathrm{op}}(s)}{Z_{\mathrm{vir,Lp}}(s)G_{\mathrm{di},2,\mathrm{op}}(s)}
\tag{9.54}
$$

然后，根据式（9.43）、式（9.46）和式（9.47）可得

$$
\begin{aligned}
\frac{G_{\mathrm{dv},2,\mathrm{op}}(s)}{G_{\mathrm{di},2,\mathrm{op}}(s)}&=\frac{V_{\mathrm{bus}}V_{\mathrm{o},2}(R_{C,2}C_2s+1)}{P_{\mathrm{cpl}}G_{\mathrm{Buck}}(s)+V_{\mathrm{o},2}^2[C_2s+P_{\mathrm{cpl}}(R_{C,2}C_2s+1)/V_{\mathrm{o},2}^2]} \\
&=\frac{n_{\mathrm{T}}D_2V_{\mathrm{bus}}^2}{P_{\mathrm{cpl}}}(R_{C,2}C_2s+1)\cdot\left[\left(\frac{P_{\mathrm{cpl}}R_{C,2}}{V_{\mathrm{o},2}^2}+1\right)L_2C_2s^2+\frac{R_{L,2}P_{\mathrm{cpl}}}{V_{\mathrm{o},2}^2}+2+\right. \\
&\left.\left(R_{L,2}C_2+2R_{C,2}C_2+\frac{L_2P_{\mathrm{cpl}}}{V_{\mathrm{o},2}^2}+\frac{P_{\mathrm{cpl}}R_{L,2}R_{C,2}C_2}{V_{\mathrm{o},2}^2}+\frac{V_{\mathrm{o},2}^2}{P_{\mathrm{cpl}}}C_2\right)s\right]^{-1}
\end{aligned}
\tag{9.55}
$$

由于电容C_2和电感L_2的等效串联电阻满足：$R_{L,2}\ll V_{\mathrm{o},2}^2/P_{\mathrm{in},2}$，$R_{C,2}\ll V_{\mathrm{o},2}^2/P_{\mathrm{in},2}$，且在小于$f_{\mathrm{osc}}$的低频段有$|R_{C,2}C_2s|\ll 1$，因此，式（9.55）可简化为

$$
\frac{G_{\mathrm{dv},2,\mathrm{op}}(s)}{G_{\mathrm{di},2,\mathrm{op}}(s)}=\frac{n_{\mathrm{T}}D_2V_{\mathrm{bus}}^2}{2P_{\mathrm{cpl}}}\cdot\frac{2}{L_2C_2}\left[s^2+\left(\frac{P_{\mathrm{cpl}}}{V_{\mathrm{o},2}^2C_2}+\frac{V_{\mathrm{o},2}^2}{P_{\mathrm{cpl}}L_2}\right)s+\frac{2}{L_2C_2}\right]^{-1}
\tag{9.56}
$$

显然，$G_{\mathrm{dv},2,\mathrm{op}}(s)/G_{\mathrm{di},2,\mathrm{op}}(s)$为一个二阶低通滤波器，其截止频率$f_{\mathrm{G}}$和低频增益$A_{\mathrm{G}}$分别为

$$
f_{\mathrm{G}}=\frac{1}{2\pi}\sqrt{\frac{2}{L_2C_2}}\approx\sqrt{2}f_{\mathrm{L},2}
\tag{9.57}
$$

$$
A_{\mathrm{G}}=\frac{n_{\mathrm{T}}D_2V_{\mathrm{bus}}^2}{2P_{\mathrm{cpl}}}
\tag{9.58}
$$

由于$f_{\mathrm{osc}}<f_{\mathrm{L,r}}$，故有$f_{\mathrm{G}}>f_{\mathrm{osc}}$，这意味着$1/Z_{\mathrm{vir,Lp}}(s)$的中心频率小于$G_{\mathrm{dv},2,\mathrm{op}}(s)/$

$G_{\mathrm{di},2,\mathrm{op}}(s)$ 的截止频率。因此，$1/Z_{\mathrm{vir},\mathrm{Lp}}(s)$ 与 $G_{\mathrm{dv},2,\mathrm{op}}(s)/G_{\mathrm{di},2,\mathrm{op}}(s)$ 的乘积仍然具有以 f_{osc} 为中心频率的带通滤波特性。将式（9.50）和式（9.56）代入式（9.54）可得，在频率范围（$f_{\mathrm{osc}}-\Delta f_{\mathrm{osc}}/2$，$f_{\mathrm{osc}}+\Delta f_{\mathrm{osc}}/2$）内，近似有

$$G_{\mathrm{vir},\mathrm{Lp}}(s)=\frac{H_{\mathrm{v},2}n_{\mathrm{T}}D_2k_{\mathrm{z}}}{2}\cdot\frac{2\pi f_{\mathrm{osc}}s/Q_{\mathrm{z}}}{s^2+2\pi f_{\mathrm{osc}}s/Q_{\mathrm{z}}+(2\pi f_{\mathrm{osc}})^2} \tag{9.59}$$

由式（9.59）可以看出：控制器 $G_{\mathrm{vir},\mathrm{Lp}}(s)$ 仅与系统振荡频率 f_{osc}、电压采样系数 $H_{\mathrm{v},2}$、隔离变压器的一、二次侧电压比 $1:n_{\mathrm{T}}$、占空比 D_2 和常数 k_{z} 有关。与简化前的表达式（9.51）相比，传递函数的阶数明显减少，与系统参数的相关性变低，可实现性更高。需要重点指出的是，上述 $G_{\mathrm{vir},\mathrm{Lp}}(s)$ 与电压环控制器参数与负载功率无直接关系，具备天然的功率自适应特性，因此不必额外增加功率采样和计算电路。

9.3.4 控制器的数字实现

在数字控制器中实现上述虚拟阻抗控制策略时，需要将连续时间域内的传递函数 $G_{\mathrm{vir},\mathrm{Lp}}(s)$ 其转化到 z 域中。采用式（9.60）给出的双线性变换公式，其中，T_{s} 为采样周期。再将式（9.60）代入式（9.59）可得的离散时间传递函数 $G_{\mathrm{vir},\mathrm{Lp}}(z)$，即式（9.61）。

$$s=\frac{2}{T_{\mathrm{s}}}\frac{1-z^{-1}}{1+z^{-1}} \tag{9.60}$$

$$G_{\mathrm{vir},\mathrm{Lp}}(z)=\frac{2\pi H_{\mathrm{v},2}n_{\mathrm{T}}D_2k_{\mathrm{z}}f_{\mathrm{osc}}T_{\mathrm{s}}(1-z^{-2})}{4Q_{\mathrm{z}}+4\pi f_{\mathrm{osc}}T_{\mathrm{s}}+(2\pi f_{\mathrm{osc}})^2Q_{\mathrm{z}}T_{\mathrm{s}}^2+[2(2\pi f_{\mathrm{osc}})^2T_{\mathrm{s}}^2-8]Q_{\mathrm{z}}z^{-1}+[4Q_{\mathrm{z}}-4\pi f_{\mathrm{osc}}T_{\mathrm{s}}+(2\pi f_{\mathrm{osc}})^2Q_{\mathrm{z}}T_{\mathrm{s}}^2]z^{-2}} \tag{9.61}$$

最后将 $G_{\mathrm{vir},\mathrm{Lp}}(z)$ 变换为差分方程式（9.62）。

$$v_{\mathrm{vir}}(k)=c_1v_{\mathrm{bus}}(k)+c_2v_{\mathrm{bus}}(k-2)+c_3v_{\mathrm{vir}}(k-1)+c_4v_{\mathrm{vir}}(k-2) \tag{9.62}$$

式中，v_{vir} 定义为直流母线电压 v_{bus} 经 $G_{\mathrm{vir},\mathrm{Lp}}(z)$ 后注入控制环路的信号，常数 c_1～c_4 的表达式由式（9.63）给出。

$$\begin{cases}c_1=-c_2=\dfrac{2\pi H_{\mathrm{v},2}n_{\mathrm{T}}D_2k_{\mathrm{z}}f_{\mathrm{osc}}T_{\mathrm{s}}}{4Q_{\mathrm{z}}+4\pi f_{\mathrm{osc}}T_{\mathrm{s}}+(2\pi f_{\mathrm{osc}})^2Q_{\mathrm{z}}T_{\mathrm{s}}^2}\\ c_3=-\dfrac{[2(2\pi f_{\mathrm{osc}})^2T_{\mathrm{s}}^2-8]Q_{\mathrm{z}}}{4Q_{\mathrm{z}}+4\pi f_{\mathrm{osc}}T_{\mathrm{s}}+(2\pi f_{\mathrm{osc}})^2Q_{\mathrm{z}}T_{\mathrm{s}}^2}\\ c_4=-\dfrac{4Q_{\mathrm{z}}-4\pi f_{\mathrm{osc}}T_{\mathrm{s}}+(2\pi f_{\mathrm{osc}})^2Q_{\mathrm{z}}T_{\mathrm{s}}^2}{4Q_{\mathrm{z}}+4\pi f_{\mathrm{osc}}T_{\mathrm{s}}+(2\pi f_{\mathrm{osc}})^2Q_{\mathrm{z}}T_{\mathrm{s}}^2}\end{cases} \tag{9.63}$$

9.4 案例分析与实验验证

9.4.1 系统介绍

将上述功率自适应并联虚拟阻抗控制策略应用于图 3.6 所示的两变换器级联直流系统，如图 9.10 所示，系统主要参数仍按照表 3.2 设置。为评估功率自适应性，根据#2 变换器负载电阻 R_2 的不同取值，设置了两种系统运行工况，即工况 1：$R_2=3\Omega$，工况 2：$R_2=1.5\Omega$，分别对应于第 3 章案例分析的工况 2 和第 7 章案例分析中子系统 2 的工况 3。两种工况对应的负载变换器功率分别为 48W 和 96W。为提高系统稳定性，并保证一定的稳定裕度，传递函数 $G_{vir,Lp}(s)$ 中的常数 k_z 取 2，以充分抑制#2 变换器输入阻抗的负阻尼特性。

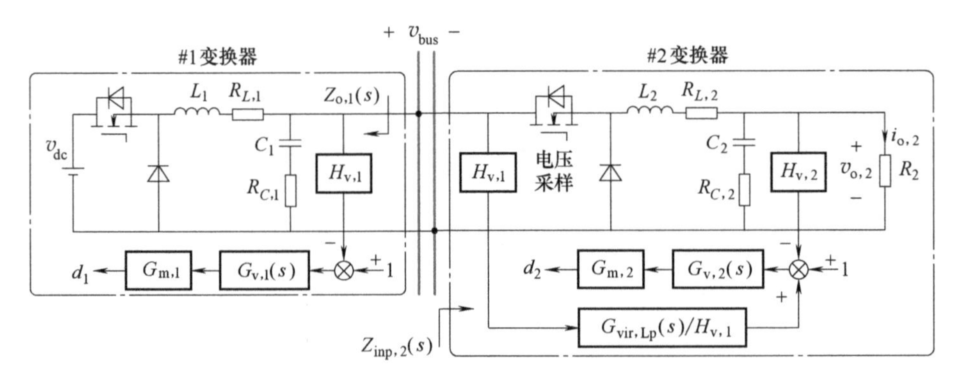

图 9.10　采用功率自适应并联虚拟阻抗控制的两变换器级联直流系统

9.4.2 系统稳定性与动态特性分析

如图 9.11 所示，给出了系统在功率自适应并联虚拟阻抗控制策略加入前后的阻抗伯德图。当系统运行于工况 1 时，如图 9.11a 所示，可以看出：在功率自适应并联虚拟阻抗控制加入前，$Z_{o,1}(s)$ 和 $Z_{in,2}(s)$ 的幅频特性曲线在 535Hz 处发生交截，且该频率对应的相角差大于系统稳定要求的 180°，因此系统此时不稳定；加入功率自适应并联虚拟阻抗控制后，$Z_{o,1}(s)$ 和 $Z_{inp,2}(s)$ 的幅频特性曲线在 507Hz 处发生交截，由于交截频率附近 $Z_{inp,2}(s)$ 已呈现明显的正阻特性，因此 $Z_{o,1}(s)$ 和 $Z_{inp,2}(s)$ 的相位差明显小于 180°，于是可以推测：加入功率自适应并联虚拟阻抗控制后的系统是稳定的。

当系统运行于工况 2 时，如图 9.11b 所示，可以看出：在功率自适应并联虚拟阻抗控制加入前，$Z_{o,1}(s)$ 和 $Z_{in,2}(s)$ 的幅频特性曲线在 510Hz 处发生交截，且交截频率处的相角差大于 180°，因此可以推测系统此时不稳定；加入功率自适应并联虚拟阻抗控制后，尽管 $Z_{o,1}(s)$ 和 $Z_{inp,2}(s)$ 的幅频特性曲线在 469Hz 处发生交截，但由于交截频率处 $Z_{inp,2}(s)$ 的相位已大于-90°，因此 $Z_{o,1}(s)$ 和 $Z_{inp,2}(s)$ 相位差满足系统稳定的条件，于是可以推测：尽管工况 2 的负载功率大于工况 1，但加入功率自适应并联虚拟阻抗控制后的系统仍然是稳定的。

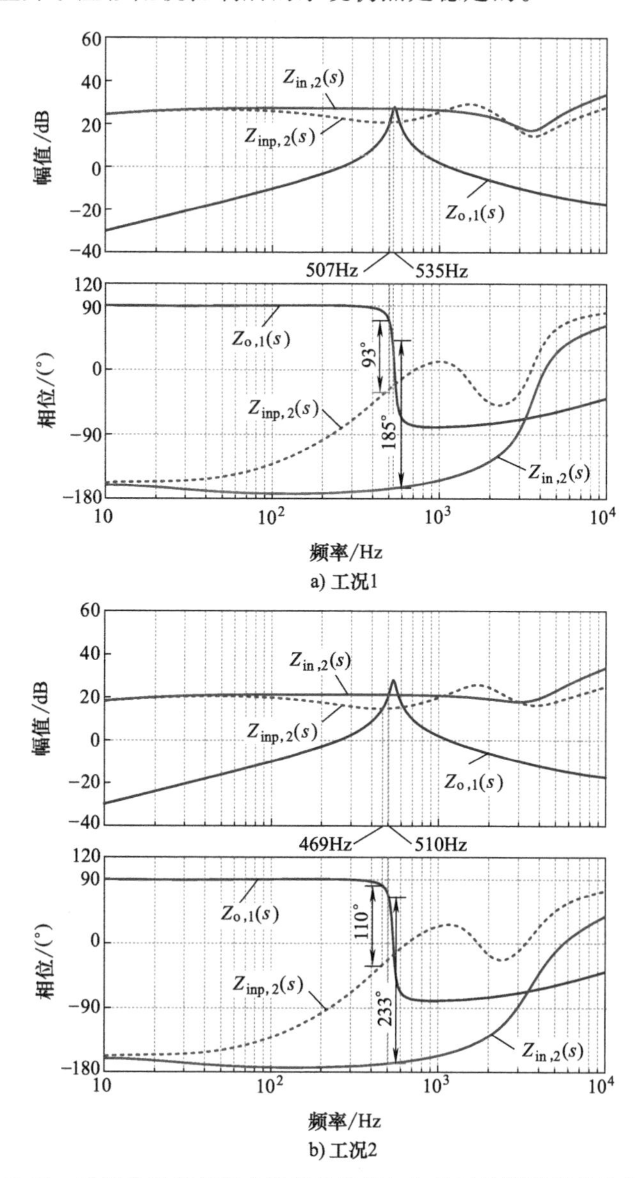

图 9.11　功率自适应并联虚拟阻抗控制加入前后的源载阻抗伯德图

为验证 $G_{vir,Lp}(s)$ 由式（9.39）近似简化为式（9.59）的正确性，图 9.12 给出了简化过程中的三个关键传递函数的伯德图。可以看出：在负载变换器的截止频率内，由式（9.39）近似简化为式（9.54），再近似简化为式（9.59）是可行的。

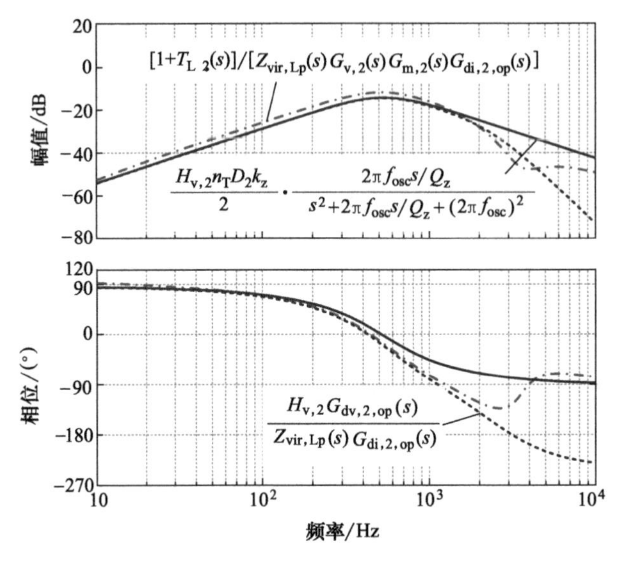

图 9.12　三个传递函数的伯德图

此外，图 9.13 给出了功率自适应并联虚拟阻抗控制加入前后，从 $\hat{v}_{\mathrm{bus}}(s)$ 到 $\hat{v}_{\mathrm{o},2}(s)$ 的闭环传递函数 $G_{\mathrm{vv},2}(s)$ 和 $G_{\mathrm{vv},2}(s)+G_{\mathrm{vvp},2}(s)$ 的伯德图。可以看出：在中频段有 $|G_{\mathrm{vv},2}(s)+G_{\mathrm{vvp},2}(s)|>|G_{\mathrm{vv},2}(s)|$，这意味着当直流母线电压 $v_{\mathrm{bus}}(s)$ 上有一个中频段扰动 $\hat{v}_{\mathrm{bus}}(s)$ 时，该扰动会在功率自适应并联虚拟阻抗控制加入后对 $v_{\mathrm{o},2}(s)$ 的负面影响增大，从而降低了负载变换器在中频段的抗扰能力。不过，当系统稳定运行时，直流母线电压 $v_{\mathrm{bus}}(s)$ 几乎不存在较大的中频段扰动分量，因此由功率自适应并联虚拟阻抗控制所带来的上述负面影响几乎可以忽略。

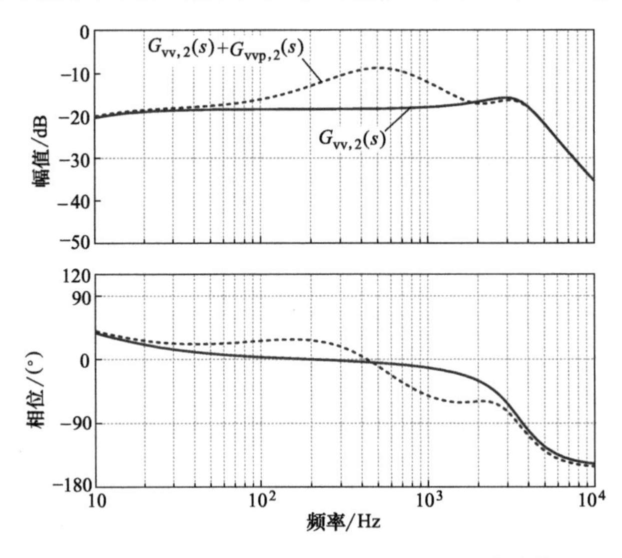

图 9.13　$G_{\mathrm{vv},2}(s)$ 和 $G_{\mathrm{vv},2}(s)+G_{\mathrm{vvp},2}(s)$ 的伯德图

9.4.3 实验验证

为验证功率自适应并联虚拟阻抗控制策略与上述稳定性分析结论的正确性，搭建了图9.10所示系统对应的实验平台，系统的电路与控制参数与表3.2一致，控制部分由DSP TMS320 F28335实现。如图9.14和图9.15所示，给出了两种工况下直流母线电压 v_{bus}、#2变换器输出电压 $v_{o,2}$ 和负载电流 $i_{o,2}$ 的动态实验波形。如图9.14所示，可以看出：在功率自适应并联虚拟阻抗控制加入后，系统在任意一种工况下运行时的振荡均被完全抑制，整个系统回归稳定。如图9.15a所示，可以看出：在未采用功率自适应并联虚拟阻抗控制策略时，系统在工况1和工况2切换时，仍然保持不稳定状态，且通过对比发现随着负载变换器功率的增大，系统的振荡幅度明显增加，同时综合图3.15b和图7.26可以发现系统振荡频率随着负载功率的增加而降低；在加入功率自适应并联虚拟阻抗控制后，即使负载变换器的功率增加，系统依然能保持稳定运行。综上所述，实验结果验证了功率自适应并联虚拟阻抗控制策略的有效性和可行性，也表明了这一控制策略可以完全适应负载的功率变化。

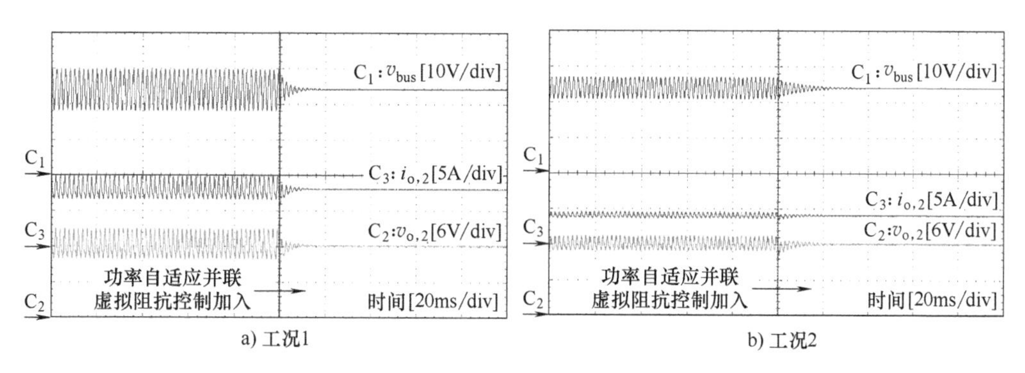

a) 工况1　　b) 工况2

图9.14 功率自适应并联虚拟阻抗控制加入前后，系统动态实验波形

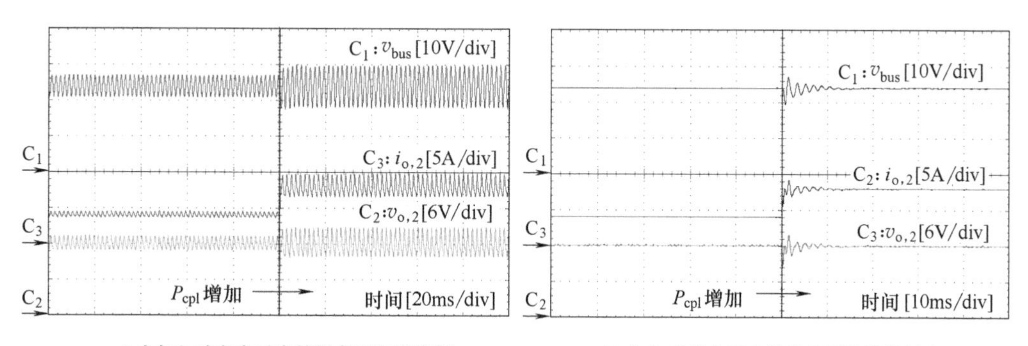

a) 未加入功率自适应并联虚拟阻抗控制　　b) 加入功率自适应并联虚拟阻抗控制后

图9.15 系统在两种工况间切换的动态试验波形

9.5 本章小结

本章分析了两变换器级联直流系统的不稳定问题，介绍了阻抗重塑的思路和四种提高系统稳定性的虚拟阻抗控制策略，并面向 Buck 类恒功率负载，设计了一种功率自适应并联虚拟阻抗控制策略。最后，通过对案例系统的稳定分析与实验测试，验证了理论分析的正确性。

本章主要结论如下：

1）为尽可能减小虚拟阻抗控制对变换器自身动态特性的影响，一方面在选择虚拟阻抗的串并联形式时，应对源变换器采用串联虚拟阻抗控制，而对负载变换器采用并联虚拟阻抗控制，另一方面，所设计的虚拟阻抗应在系统失稳频率及其附近频段有效，而不影响其他频段特性。

2）面向 Buck 类恒功率负载的功率自适应并联虚拟阻抗控制策略具有控制器阶数低、参数设计简单、对动态特性负面影响较小、可实现性高且可以自适应负载功率变化等特点。

第10章 直流配用电系统阻抗稳定规范

第 3~9 章介绍了多种基于阻抗的稳定判据及其在不同类型直流系统稳定性评估与阻抗设计中的应用。然而，除了判断系统稳定性并根据阻抗频率特性设计用于稳定系统的虚拟阻抗之外，如果可以在整个直流配用电系统集成之前，对即将接入系统的各组件或设备的端口阻抗制定相应的稳定边界条件，那么就能保证集成后的系统在额定功率范围内具有一定的稳定裕度，从而有效避免失稳风险。然而，现有的阻抗稳定判据大都是集中式的，即判据的阻抗表达式由系统内部各组件或设备的端口阻抗等传递函数聚合构成且耦合紧密，因此尚不清楚各组件或设备端口阻抗应具备什么样的频域特性才能保证整个系统稳定且具有期望的稳定裕度。为此，本章将基于多类型负载的频率特性，以接入弱电网的直流配用电系统和多电压等级直流配用电系统为例，提出各变换器的端口阻抗稳定边界，形成系统级阻抗稳定规范，从而保障直流配用电系统的稳定运行。

10.1 多类型负载的幅相频率特性

直流配用电系统的三类常见负载有：恒阻性负载、阻感性负载与恒功率负载。当这三类负载的功率均为 P_{Load}，且均接入电压为 v_{bus} 的直流母线时，其输入阻抗的频率特性曲线如图 10.1 所示。

由图 10.1 可得如下结论：

1）恒阻性负载的输入阻抗在全频域的幅值为定值，即 $V_{\text{bus}}^2/P_{\text{load}}$，在全频域的相位为 0。

2）阻感性负载的输入阻抗在低频段的幅值与相位特性与恒阻性负载几乎相同，而随着频率的增加，逐渐呈现出纯电感特性，在高频段的幅值随频率成正比增加，而相位则趋近于 90°。

3）恒功率负载的输入阻抗在低频和高频时的幅频特性与阻感性负载类似，但在中频段将由于谐振出现最小值，对应的频率 $f_{\text{L,r}}$ 为恒功率负载的谐振频率。需要指出的是，根据第 2 章中二端口网络的定义，输入导纳为恒功率负载的一个输入-

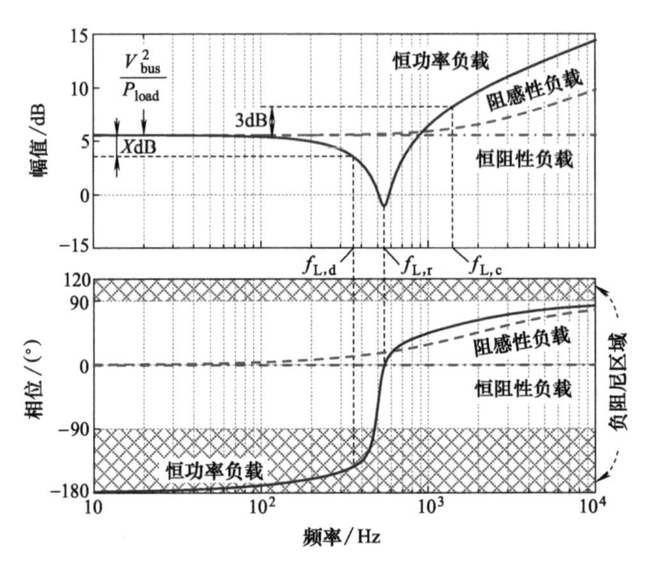

图 10.1　多类型负载的频率特性曲线

输出传递函数，因此恒功率负载的输入导纳在$f_{L,r}$处幅值最大，相应地，输入阻抗在$f_{L,r}$处幅值最小。所以恒功率负载的输入阻抗在中频段的幅频特性曲线将出现先下降后上升的趋势。在相频特性上，恒功率负载的输入阻抗在低频段的相位约为−180°，呈现纯负电阻特性；在高频段将呈现感性，相位趋近于90°；在中频段的相位随着频率的增加而增大，特别地，在谐振频率$f_{L,r}$处的相位趋近于0。

4）在恒功率负载输入阻抗的幅频特性曲线中，从0Hz处的幅值第一次上升3dB时所对应的频率称为闭环截止频率，即$f_{L,c}$，也称为带宽。带宽可以反映出闭环系统的响应速度，影响上升时间。带宽大的系统因为能在较宽频率范围内跟踪原信号并保持较大的稳态幅值，因此其跟踪信号的能力也较强，但是与此同时一些高频干扰或者噪声也会被保留甚至放大。

5）定义恒功率负载的输入阻抗从0Hz处的幅值第一次下降XdB时所对应的频率为下降频率，记为$f_{L,d}$。若谐振频率$f_{L,r}$处的幅值大于0Hz处的幅值减去XdB，则将$f_{L,d}$赋值为$f_{L,r}$。需要指出的是，除非恒功率负载在$f_{L,r}$处的幅值与0Hz处的幅值相差不大，否则在设定下降幅度X的取值时应尽力避免$f_{L,d}$过小。于是，在频率小于$f_{L,d}$的低频段可以近似认为恒功率负载输入阻抗$Z_{CPL}(s)$的幅值满足式(10.1)，相位近似为−180°，即具有一个类似理想恒功率负载的幅频特性。此时，$Z_{CPL}(s)$在其下降频率范围内的近似幅频特性仅与直流母线电压V_{bus}、自身功率P_{load}和下降幅度X有关，而与其内部电路和控制参数无关。

$$20\lg|Z_{CPL}(s)|\geqslant 20\lg\frac{V_{bus}^2}{P_{load}}-X \Leftrightarrow |Z_{CPL}(s)|\geqslant 10^{-\frac{X}{20}}\frac{V_{bus}^2}{P_{load}} \tag{10.1}$$

10.2 接入弱电网的直流配用电系统阻抗稳定规范

10.2.1 系统稳定的充分非必要条件

本节将以图 10.2 所示接入弱电网的直流配用电系统为例，提出系统级阻抗稳定规范。需要说明的是，该系统是图 6.1 所示系统的一种特例，其小信号模型与稳定性分析方法与第 6 章内容完全一致，这里不再赘述。假定图 10.2 中直流母线上并联 M 个恒功率负载。根据第 6 章第 6.3.2 节基于直流侧子系统阻抗比的稳定判据可知：接入弱电网的直流配用电系统稳定的充分必要条件是直流侧子系统阻抗比 $T_{r3,4}(s)$ 满足奈奎斯特稳定判据。然而，由式（6.43）可以发现 $T_{r3,4}(s)$ 是由系统内部各变换器的阻抗、导纳等传递函数以及电网阻抗所构成的复杂聚合表达式，直接基于该充分必要条件去推导各变换器的端口阻抗稳定边界条件几乎不可能做到。此外，当 AC-DC 变换器的交流侧导纳 $\boldsymbol{Y}_{\mathrm{inac}}(s)$ 与电网阻抗 $\boldsymbol{Z}_{\mathrm{gdq}}(s)$ 的乘积，即回路比矩阵 $\boldsymbol{Y}_{\mathrm{inac}}(s)\ \boldsymbol{Z}_{\mathrm{gdq}}(s)$，不满足广义奈奎斯特稳定判据时，由弱电网和 AC-DC 变换器组成的子系统无法独立稳定运行。尽管由上述充分必要条件可知：整个系统的稳定性并不要求子系统均可以独立稳定运行，但实际上子系统的不稳定性仍可能会给整个系统稳定性带来潜在威胁，例如子系统在某些运行点处足够不稳定，这种不稳定可能会蔓延到整个系统。同时，子系统不稳定会导致 $T_{r3,4}(s)$ 必然含有右半平面极点，即此时的 $T_{r3,4}(s)$ 是一个非最小相位传递函数。根据经典控制理论，此时系统稳定性要求 $T_{r3,4}(s)$ 的奈奎斯特曲线包围（-1，j0）点的圈数与其右半平面极点数相同，基于该条件推导各变换器端口阻抗稳定边界的难度更大。为此提出接入弱电网的直流配用电系统稳定的充分非必要条件（即下述条件 C_1 和条件 C_2），用以构建系统级阻抗稳定规范。

条件 C_1：由弱电网和 AC-DC 变换器组成的交流侧子系统可以独立稳定运行，

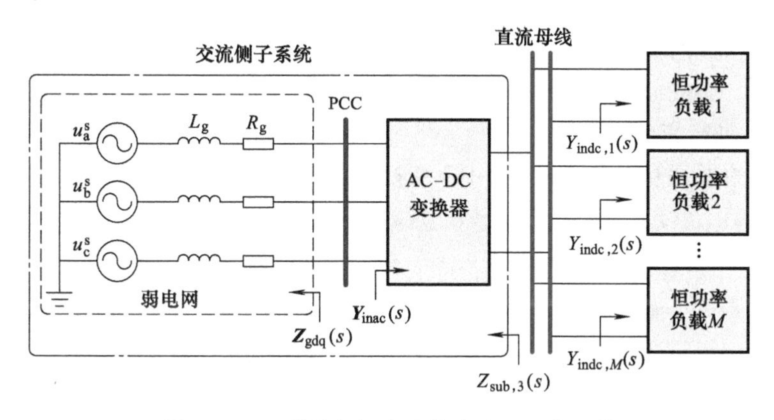

图 10.2 一种接入弱电网的直流配用电系统

即回路比矩阵 $\boldsymbol{Y}_{inac}(s)\boldsymbol{Z}_{gdq}(s)$ 满足广义奈奎斯特稳定判据。

条件 C_2：在条件 C_1 的基础上，子系统阻抗比 $T_{r3,4}(s)$ 满足奈奎斯特稳定判据，即 $T_{r3,4}(s)$ 的奈奎斯特曲线不包围（-1，j0）点。

10.2.2 AC-DC变换器的交流侧导纳稳定边界条件

首先基于条件 C_1 推导AC-DC变换器的交流侧导纳 $\boldsymbol{Y}_{inac}(s)$ 的稳定边界条件。假设 $\boldsymbol{Y}_{inac}(s)$ 和电网阻抗 $\boldsymbol{Z}_{gdq}(s)$ 分别表示为

$$\boldsymbol{Y}_{inac}(s)=\begin{bmatrix} Y_{indd}(s) & Y_{indq}(s) \\ Y_{inqd}(s) & Y_{inqq}(s) \end{bmatrix} \tag{10.2}$$

$$\boldsymbol{Z}_{gdq}(s)=\begin{bmatrix} Z_{dd}(s) & Z_{dq}(s) \\ Z_{qd}(s) & Z_{qq}(s) \end{bmatrix}=\begin{bmatrix} L_g s+R_g & -\omega_g L_g \\ \omega_g L_g & L_g s+R_g \end{bmatrix} \tag{10.3}$$

式中，电网阻抗 $\boldsymbol{Z}_{gdq}(s)$ 表示为三相串联电感 L_g 与电阻 R_g 在dq坐标系下的阻抗矩阵。

定义由弱电网和AC-DC变换器组成的交流侧子系统的等效环路增益 $T_{m,ac}(s)$ 为

$$T_{m,ac}(s)=\det[\boldsymbol{I}+\boldsymbol{Y}_{inac}(s)\boldsymbol{Z}_{gdq}(s)]-1 \tag{10.4}$$

根据广义奈奎斯特稳定判据，交流侧子系统稳定的充要条件是 $T_{m,ac}(s)$ 满足奈奎斯特稳定判据。由于 $\boldsymbol{Y}_{inac}(s)$ 和 $\boldsymbol{Z}_{gdq}(s)$ 均没有右半平面极点，因此 $T_{m,ac}(s)$ 也没有右半平面极点，这意味着交流侧子系统的稳定性可以根据 $T_{m,ac}(s)$ 的奈奎斯特曲线是否包围（-1，j0）点进行评估。进一步地，如果将 $T_{m,ac}(s)$ 的奈奎斯特曲线约束于单位圆内，就可以保证交流侧子系统的稳定性。

将式（10.2）和式（10.3）代入式（10.4），并根据附录部分可得

$$\begin{aligned} T_{m,ac}(s) &= \det[\boldsymbol{Y}_{inac}(s)\boldsymbol{Z}_{gdq}(s)]+\mathrm{Tr}[\boldsymbol{Y}_{inac}(s)\boldsymbol{Z}_{gdq}(s)] \\ &= \det[\boldsymbol{Y}_{inac}(s)]\det[\boldsymbol{Z}_{gdq}(s)]+Z_{dd}(s)Y_{indd}(s)+ \\ &\quad Z_{qd}(s)Y_{indq}(s)+Z_{dq}(s)Y_{inqd}(s)+Z_{qq}(s)Y_{inqq}(s) \end{aligned} \tag{10.5}$$

由式（10.5）可以看出 $T_{m,ac}(s)$ 是一个由矩阵 $\boldsymbol{Y}_{inac}(s)$ 和 $\boldsymbol{Z}_{gdq}(s)$ 中所有传递函数分量构成的耦合表达式，很难确定其中的每个传递函数如何影响交流侧子系统的稳定性。为进一步推导AC-DC变换器交流侧导纳的稳定边界条件，需要首先对 $T_{m,ac}(s)$ 进行简化和解耦。

由于作为柔性互联装置的AC-DC变换器常常运行于单位功率因数工况，因此 $Y_{indq}(s)$ 和 $Y_{inqd}(s)$ 的幅值远小于 $Y_{indd}(s)$ 和 $Y_{inqq}(s)$ 的幅值。于是 $T_{m,ac}(s)$ 可以简化为

$$T_{m,ac}(s)\approx Y_{indd}(s)Y_{inqq}(s)\det[\boldsymbol{Z}_{gdq}(s)]+Z_{dd}(s)Y_{indd}(s)+Z_{qq}(s)Y_{inqq}(s) \tag{10.6}$$

根据式（10.3），有

$$\det[\boldsymbol{Z}_{gdq}(s)]=(L_g s+R_g)^2+\omega_g^2 L_g^2 \tag{10.7}$$

定义一个由电网阻抗参数构成的传递函数

$$Z_{\max}(s)=L_g s+\sqrt{R_g^2+\omega_g^2 L_g^2} \tag{10.8}$$

那么对任意频率，均有

$$|Z_{\max}(j\omega)|=\sqrt{\omega^2 L_g^2+R_g^2+\omega_g^2 L_g^2}\geqslant|Z_{dd}(j\omega)|=|Z_{qq}(j\omega)|=\sqrt{\omega^2 L_g^2+R_g^2} \tag{10.9}$$

$$\begin{aligned}|Z_{\max}(j\omega)|^2=|Z_{\max}^2(j\omega)|&=\left|j2\omega L_g\sqrt{R_g^2+\omega_g^2 L_g^2}-\omega^2 L_g^2+R_g^2+\omega_g^2 L_g^2\right|\\&\geqslant|\det[\boldsymbol{Z}_{gdq}(s)]|=|j2\omega L_g R_g-\omega^2 L_g^2+R_g^2+\omega_g^2 L_g^2|\end{aligned} \tag{10.10}$$

将式（10.9）和式（10.10）代入式（10.6），可得

$$\begin{aligned}|T_{m,ac}(s)|&\leqslant|\det[\boldsymbol{Z}_{gdq}(s)]||Y_{indd}(s)||Y_{inqq}(s)|+|Z_{dd}(s)||Y_{indd}(s)|+\\&\quad|Z_{qq}(s)||Y_{inqq}(s)|\\&\leqslant|Z_{\max}(s)|^2|Y_{indd}(s)||Y_{inqq}(s)|+|Z_{\max}(s)||Y_{indd}(s)|+\\&\quad|Z_{\max}(s)||Y_{inqq}(s)|\end{aligned} \tag{10.11}$$

定义：

$$|Y_{indd}(s)|\leqslant\xi_1|Z_{\max}(s)|^{-1},\ |Y_{inqq}(s)|\leqslant\xi_2|Z_{\max}(s)|^{-1} \tag{10.12}$$

式中，常数 ξ_1 和 ξ_2 分别满足 $0<\xi_1\leqslant1$ 和 $0<\xi_2\leqslant1$。

将式（10.12）代入式（10.11）可得

$$|T_{m,ac}(s)|\leqslant\xi_1+\xi_2+\xi_1\xi_2=\xi \tag{10.13}$$

式中，ξ 是一个与幅值裕度有关的常数，且有 $0<\xi\leqslant1$；常数 ξ_1、ξ_2 和 ξ 的关系如图 10.3 所示。

式（10.12）和式（10.13）即为 AC-DC 变换器在单位功率因数下的交流侧导纳稳定边界条件。当 $Y_{indd}(s)$ 和 $Y_{inqq}(s)$ 满足式（10.12）和式（10.13）给出的边界条件时，$T_{m,ac}(s)$ 的奈奎斯特曲线一定位于 s 平面上半径为 ξ 的圆内，如图 10.4 所示。此时，$T_{m,ac}(s)$ 的奈奎斯特曲线不可能包围（−1，j0）点，交流侧子系统必然可以独立稳定运行。由于条件 C_1，即稳定的交流侧子系统，仅仅是便于阻抗设计并降低系统失稳风险的附加条件，因此其稳定裕度的要求不应过于严

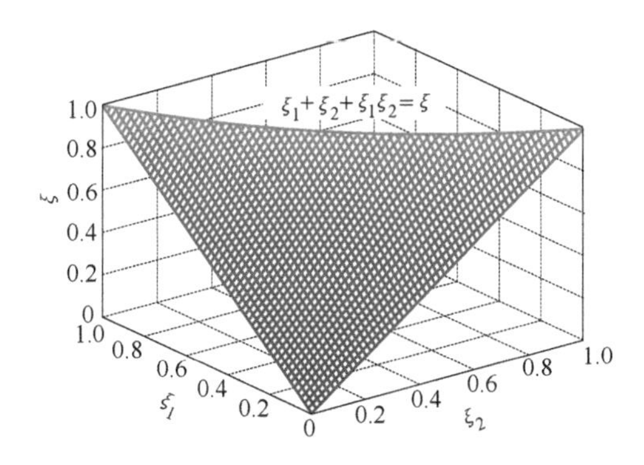

图 10.3　常数 ξ_1、ξ_2 和 ξ 的关系图

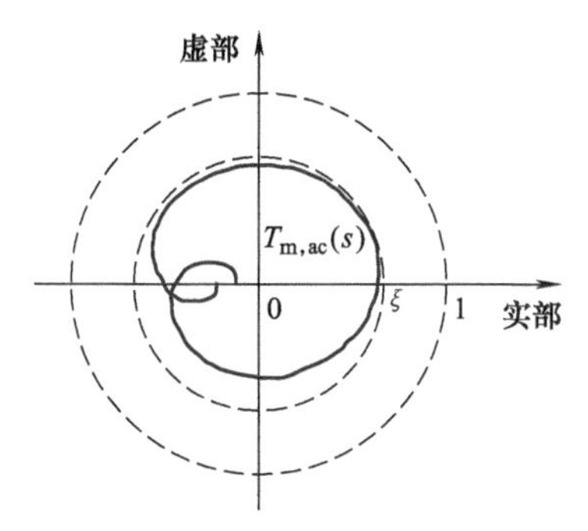

图 10.4　根据式（10.12）和式（10.13）设计后，$T_{m,ac}(s)$ 的奈奎斯特曲线

格。这意味着 ξ 可以在其范围内取较大的值，例如 ξ 可取 1，此时 $T_{m,ac}(s)$ 的奈奎斯特曲线一定位于单位圆内，交流侧子系统的相角裕度可达 180°。需要说明的是，由于上述导纳稳定边界条件具有一定的保守性，因此 AC-DC 变换器的交流侧导纳据此设计后，交流侧子系统的实际稳定性会更好。

10.2.3　直流侧阻抗稳定边界条件

当设计好 $\boldsymbol{Y}_{inac}(s)$ 后，应进一步基于条件 C_2 制定各变换器或子系统在直流侧的阻抗稳定边界条件，以保障系统的全局稳定性，同时具备一定的稳定裕度，避免潜在的失稳风险。根据条件 C_2，当交流侧子系统可以独立稳定运行时，整个系统稳定要求子系统阻抗比 $T_{r3,4}(s)$ 的奈奎斯特曲线必须落在单位圆内，即使这一条件不能在全频域范围内实现，至少也应在 s 负半平面内满足。于是，图 10.2 所示交流侧子系统在直流侧的等效阻抗 $Z_{sub,3}(s)$ 与各恒功率负载的输入导纳 $Y_{indc,l}(s)$ ($l=1, 2, \cdots, M$) 可根据下述频率和幅值稳定边界条件进行约束。

1）频率稳定边界条件：交流侧子系统的谐振频率 $f_{ac,r}$ 应小于任意一个恒功率负载输入阻抗的下降频率 $f_{L,dl}$。设定该条件的目的有两个：一是根据图 10.1 所示恒功率负载的输入阻抗频率特性可以发现：在其下降频率 $f_{L,dl}$ 范围内的幅频特性仅与直流母线电压 v_{bus}、自身功率 $P_{Load,l}$ 和下降幅度 X 有关，相频特性可近似为 -180°，这种简化特性与恒功率负载的控制和电路参数无关，因此便于阻抗判据的解耦和 $Z_{sub,3}(s)$ 的稳定边界设计；二是当频率稳定边界条件满足时，交流侧子系统的谐振频率一定远小于各恒功率负载的闭环截止频率 $f_{L,cl}$，这有助于抑制负载暂态响应中的振铃。此外需要说明的是，并网 AC-DC 变换器的谐振频率一般主要由 LC 滤波器参数决定，由于 LC 滤波器主要用于 50Hz 交流电流滤波，因此交流侧子系统的谐振频率往往较低；而直流侧恒功率负载的闭环截止频率一般设计为开关频率的 1/5~1/10，因此其下降频率 $f_{L,dl}$ 可以很容易通过参数优化设计而远高于交流侧子系统的谐振频率，例如参考文献 [103] 中通过采用电压电流双闭环控制方式替代单电压环控制方式，有效提升了直流变换器负载的下降频率。

2）幅值稳定边界条件：在任意一个恒功率负载输入阻抗的下降频率 $f_{L,dl}$ 范围内，交流侧子系统在其直流侧的等效阻抗 $Z_{sub,3}(s)$ 的幅值应满足式 (10.14)，其中 $GM(\mathrm{dB})>0$ 为期望的幅值裕度，$P_{AC\text{-}DC}$ 为 AC-DC 变换器的功率。

$$|Z_{sub,3}(s)| \leqslant 10^{-\frac{X}{20}} \cdot 10^{-\frac{GM}{20}} \frac{V_{bus}^2}{P_{AC\text{-}DC}} \tag{10.14}$$

证明如下：$Y_{indc,l}(s)$ 在其下降频率 $f_{L,dl}$ 范围内满足式 (10.15)。

$$|Y_{indc,l}(s)| \leqslant 10^{\frac{X}{20}} \frac{P_{Load,l}}{V_{bus}^2} \tag{10.15}$$

于是，所有恒功率负载的等效输入阻抗 $Z_{sub,4}(s)$ 应满足：

$$|Z_{\mathrm{sub},4}(s)|=\left|\sum_{l=1}^{M}Y_{\mathrm{indc},l}(s)\right|^{-1}\geqslant\left(\sum_{l=1}^{M}|Y_{\mathrm{indc},l}(s)|\right)^{-1}\geqslant\left(10^{\frac{X}{20}}\frac{1}{V_{\mathrm{bus}}^{2}}\sum_{l=1}^{M}P_{\mathrm{Load},l}\right)^{-1} \tag{10.16}$$

通常有如下功率关系：

$$P_{\mathrm{AC\text{-}DC}}\geqslant\sum_{l=1}^{M}P_{\mathrm{Load},l} \tag{10.17}$$

将式（10.14）、式（10.16）和式（10.17）代入式（6.43）可得子系统阻抗比 $T_{r3,4}(s)$ 满足：

$$\begin{aligned}-20\lg|T_{r3,4}(s)|&=-20\lg\left|\frac{Z_{\mathrm{sub},3}(s)}{Z_{\mathrm{sub},4}(s)}\right|\\&\geqslant-20\lg\left[\left(10^{-\frac{X}{20}}\cdot10^{-\frac{GM}{20}}\frac{V_{\mathrm{bus}}^{2}}{P_{\mathrm{AC-DC}}}\right)\cdot\left(10^{\frac{X}{20}}\frac{1}{V_{\mathrm{bus}}^{2}}\sum_{l=1}^{M}P_{\mathrm{Load},l}\right)\right]\\&\geqslant GM\end{aligned} \tag{10.18}$$

从式（10.18）可以看出：子系统阻抗比 $T_{r3,4}(s)$ 在恒功率负载下降频率 $f_{\mathrm{L},dl}$ 范围内的低频段具有不低于期望 GM 的幅值裕度，且由于 $|T_{r3,4}(s)|<1$，因此子系统阻抗比 $T_{r3,4}(s)$ 在该频率范围内必然位于单位圆内。此外，由于交流侧子系统的直流等效阻抗 $Z_{\mathrm{sub},3}(s)$ 与 LC 滤波器的阻抗特性类似，即在大于谐振频率后，其相位恒小于 0 且随着频率增加逐渐趋近于−90°。因此，当频率大于 $f_{\mathrm{L},dl}$ 后，即使 $Z_{\mathrm{sub},3}(s)$ 与 $Z_{\mathrm{sub},4}(s)$ 的幅频曲线发生交截，也不可能存在相位差大于 180°的情况。

综上所述，当图 10.2 所示系统内部各变换器或子系统的直流侧阻抗满足上述频率和幅值稳定边界条件时，子系统阻抗比 $T_{r3,4}(s)$ 的奈奎斯特曲线至少在 s 负半平面位于单位圆内，且整个系统具有比期望稳定裕度 GM 更好的稳定特性。

10.3 多电压等级直流配用电系统阻抗稳定规范

10.3.1 系统稳定的充分非必要条件

本节将以图 10.5 所示多电压等级直流配用电系统为例，提出系统级阻抗稳定规范。需要说明的是，该系统是图 8.4 所示系统的一种特例。图 10.5 中定义了 n 个子系统，$n-1$ 个直流变压器均采用输出电压控制方式，分别提供第 2～n 条直流母线的电压，同时假定直流母线 k（$k=1$，2，…，n）上并联了 M_k 个负载。根据 8.2 节可以构建图 10.5 所示系统的小信号等效模型，如图 10.6 所示，其中，$v_c(s)$、$Z_o(s)$ 和 $i_o(s)$ 分别表示电压源戴维南等效模型中的受控电压源、输出阻抗和输出电流，其余变量的定义详见第 8 章，这里不再赘述。

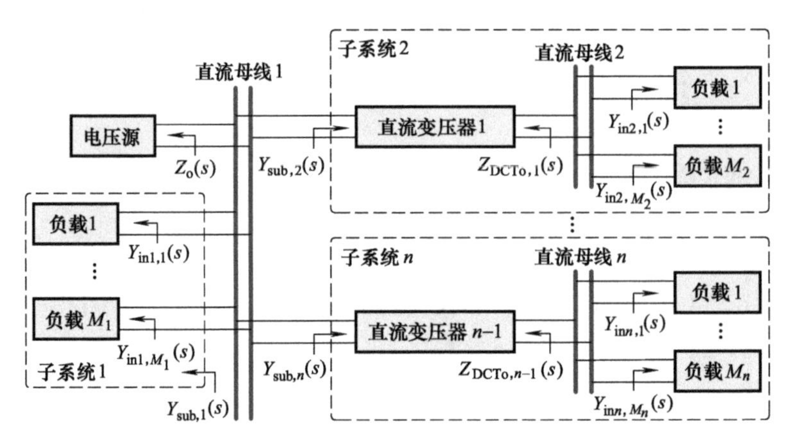

图 10.5　一种多电压等级直流配用电系统

根据式（8.37）~式（8.40），并结合图10.6，整理可得母线电压的小信号数学模型由式（10.19）和式（10.20）给出，其中，$\beta=1,2,\cdots,n-1$；$l_k=1,2,\cdots,M_k$。

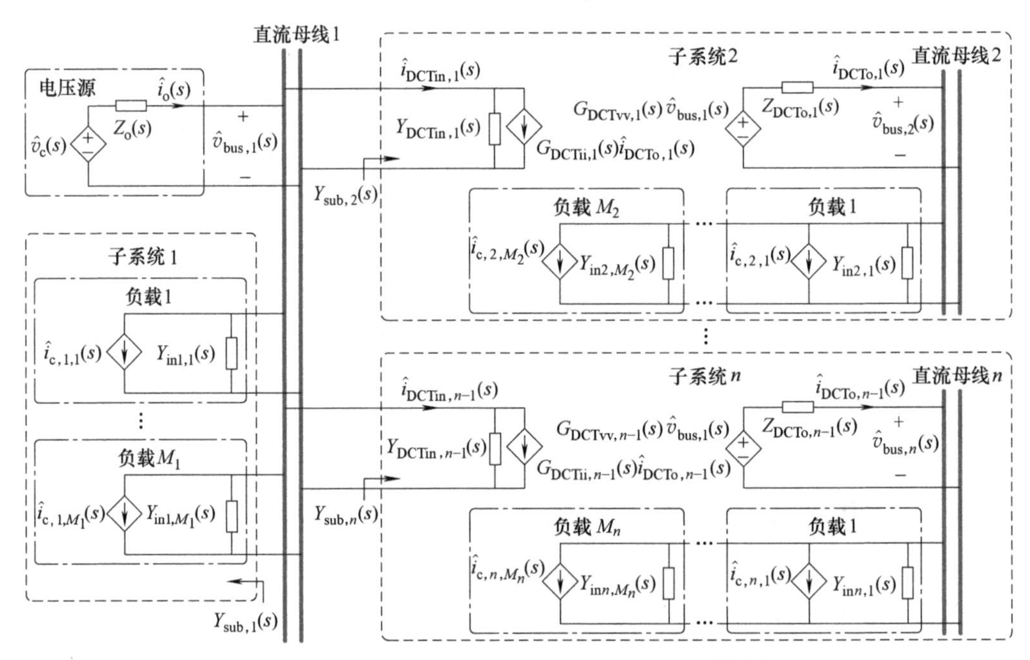

图 10.6　多电压等级直流配用电系统的小信号等效模型

$$
\hat{v}_{\mathrm{bus},1}(s)=\frac{\hat{v}_{\mathrm{c}}(s)-Z_{\mathrm{o}}(s)\sum_{l_1=1}^{M_1}\hat{i}_{\mathrm{c},1,l_1}(s)+Z_{\mathrm{o}}(s)\sum_{\beta=1}^{n-1}\frac{G_{\mathrm{DCTii},\beta}(s)}{Z_{\mathrm{DCTo},\beta}(s)}\hat{v}_{\mathrm{bus},\beta+1}(s)}{1+Z_{\mathrm{o}}(s)\left[\sum_{l_1=1}^{M_1}Y_{\mathrm{in},1,l_1}(s)+\sum_{\beta=1}^{n-1}\left(Y_{\mathrm{DCTin},\beta}(s)+\frac{G_{\mathrm{DCTvv},\beta}(s)G_{\mathrm{DCTii},\beta}(s)}{Z_{\mathrm{DCTo},\beta}(s)}\right)\right]}
\tag{10.19}
$$

$$\hat{v}_{\text{bus},\beta+1}(s)=\frac{1}{1+T_{\text{sub},\beta+1}(s)}\left[-Z_{\text{DCTo},\beta}(s)\sum_{l_{\beta+1}=1}^{M_{\beta+1}}\hat{i}_{\text{c},\beta+1,l_{\beta+1}}(s)+G_{\text{DCTvv},\beta}(s)\hat{v}_{\text{bus},1}(s)\right] \tag{10.20}$$

式中，$T_{\text{sub},\beta+1}(s)$ 为子系统 $\beta+1$ 的等效环路增益（或阻抗比），其表达式由式（10.21）给出。

$$T_{\text{sub},\beta+1}(s)=Z_{\text{DCTo},\beta}(s)\sum_{l_{\beta+1}=1}^{M_{\beta+1}}Y_{\text{in},\beta+1,l_{\beta+1}}(s) \tag{10.21}$$

联立式（10.19）~式（10.21），并进一步化简可得母线电压的小信号数学模型为式（10.22）和式（10.23），其中，$Y_{\text{sub},\beta+1}(s)$ 为子系统 $\beta+1$ 的等效输入导纳，其表达式为式（10.24）；$T_{\text{m}}(s)$ 为系统等效环路增益，其表达式为式（10.25）。

$$\hat{v}_{\text{bus},1}(s)=\frac{\hat{v}_{\text{c}}(s)-Z_{\text{o}}(s)\sum_{l_1=1}^{M_1}\hat{i}_{\text{c},1,l_1}(s)-Z_{\text{o}}(s)\sum_{\beta=1}^{n-1}\left[\frac{G_{\text{DCTii},\beta}(s)}{1+T_{\text{sub},\beta+1}(s)}\sum_{l_{\beta+1}=1}^{M_{\beta+1}}\hat{i}_{\text{c},\beta+1,l_{\beta+1}}(s)\right]}{1+Z_{\text{o}}(s)\left[\sum_{l_1=1}^{M_1}Y_{\text{in},1,l_1}(s)+\sum_{\beta=1}^{n-1}Y_{\text{sub},\beta+1}(s)\right]} \tag{10.22}$$

$$\begin{aligned}\hat{v}_{\text{bus},\beta+1}(s)=&\frac{1}{1+T_{\text{m}}(s)}\frac{1}{1+T_{\text{sub},\beta+1}(s)}\cdot\\&\left\{\begin{aligned}&-G_{\text{DCTvv},\beta}(s)Z_{\text{o}}(s)\left[\sum_{l_1=1}^{M_1}\hat{i}_{\text{c},1,l_1}(s)-\sum_{\beta'=1,\beta'\neq\beta}^{n-1}\left(\frac{G_{\text{DCTii},\beta'}(s)}{1+T_{\text{sub},\beta'+1}(s)}\sum_{l_{\beta'+1}=1}^{M_{\beta'+1}}\hat{i}_{\text{c},\beta'+1,l_{\beta'+1}}(s)\right)\right]+\\&G_{\text{DCTvv},\beta}(s)\hat{v}_{\text{c}}(s)-Z_{\text{o}}(s)G_{\text{DCTvv},\beta}(s)G_{\text{DCTii},\beta}(s)\sum_{l_{\beta+1}=1}^{M_{\beta+1}}\hat{i}_{\text{c},\beta+1,l_{\beta+1}}(s)-\\&Z_{\text{DCTo},\beta}(s)\left[1+Z_{\text{o}}(s)\left(\sum_{l_1=1}^{M_1}Y_{\text{in},1,l_1}(s)+\sum_{\beta'=1}^{n-1}Y_{\text{sub},\beta'+1}(s)+Y_{\text{DCTin},\beta}(s)\right)\right]\cdot\\&\sum_{l_{\beta+1}=1}^{M_{\beta+1}}\hat{i}_{\text{c},\beta+1,l_{\beta+1}}(s)\end{aligned}\right\}\end{aligned} \tag{10.23}$$

$$Y_{\text{sub},\beta+1}(s)=Y_{\text{DCTin},\beta}(s)+\frac{G_{\text{DCTvv},\beta}(s)G_{\text{DCTii},\beta}(s)}{1+T_{\text{sub},\beta+1}(s)}\sum_{l_{\beta+1}=1}^{M_{\beta+1}}Y_{\text{in},\beta+1,l_{\beta+1}}(s) \tag{10.24}$$

$$\begin{aligned}T_{\text{m}}(s)&=Z_{\text{o}}(s)\left[\sum_{l_1=1}^{M_1}Y_{\text{in},1,l_1}(s)+\sum_{\beta=1}^{n-1}Y_{\text{sub},\beta+1}(s)\right]\\&=Z_{\text{o}}(s)\left[\sum_{l_1=1}^{M_1}Y_{\text{in},1,l_1}(s)+\sum_{\beta=1}^{n-1}Y_{\text{DCTin},\beta}(s)+\right.\end{aligned}$$

$$\sum_{\beta=1}^{n-1}\left(\frac{G_{\mathrm{DCTvv},\beta}(s)\,G_{\mathrm{DCTii},\beta}(s)}{1+T_{\mathrm{sub},\beta+1}(s)}\sum_{l_{\beta+1}=1}^{M_{\beta+1}}Y_{\mathrm{in},\beta+1,l_{\beta+1}}(s)\right)\Bigg] \tag{10.25}$$

根据麦克斯韦稳定判据，并进一步分析式（10.22）和式（10.23）可得：图10.5所示多电压等级直流配用电系统稳定的充分必要条件是系统等效环路增益$T_{\mathrm{m}}(s)$满足奈奎斯特稳定判据。由于系统内部各个变换器均可以独立稳定运行，因此它们的输入-输出传递函数都没有右半平面极点，即$Z_{\mathrm{o}}(s)$、$Y_{\mathrm{in},k,l_k}(s)$、$Y_{\mathrm{DCTin},\beta}(s)$、$G_{\mathrm{DCTii},\beta}(s)$、$G_{\mathrm{DCTvv},\beta}(s)$和$Z_{\mathrm{DCTo},\beta}(s)$均没有右半平面极点。于是$T_{\mathrm{m}}(s)$的右半平面极点数取决于对所有的$\beta$，子系统$\beta+1$的等效环路增益$T_{\mathrm{sub},\beta+1}(s)$是否满足奈奎斯特稳定判据，即只要子系统$2\sim n$中的任意一个不能独立稳定运行，$T_{\mathrm{m}}(s)$就会有右半平面极点。综上，当系统满足式（10.26）时，即可稳定。

$$\mathbb{N}\{T_{\mathrm{m}}(s)\}=\mathbb{P}\{T_{\mathrm{m}}(s)\}=\mathbb{P}\left\{\sum_{\beta=1}^{n-1}\frac{1}{1+T_{\mathrm{sub},\beta+1}(s)}\right\}=\mathbb{Z}\left\{\prod_{\beta=1}^{n-1}\left(1+T_{\mathrm{sub},\beta+1}(s)\right)\right\} \tag{10.26}$$

式中，$\mathbb{N}\{\}$表示奈奎斯特曲线逆时针包围（-1，j0）点的圈数。

与10.2.1节的分析类似，为避免子系统不稳定对整个系统稳定性带来潜在威胁，同时保证$T_{\mathrm{m}}(s)$没有右半平面极点，提出图10.5所示多电压等级直流配用电系统稳定的充分非必要条件，用以构建系统级阻抗稳定规范，该充分必要条件由下述条件C_3和条件C_4构成。

条件C_3：对所有的β，子系统$\beta+1$的等效环路增益$T_{\mathrm{sub},\beta+1}(s)$满足奈奎斯特稳定判据，即$T_{\mathrm{sub},\beta+1}(s)$的奈奎斯特曲线不包围（-1，j0）点。

条件C_4：在条件C_3的基础上，系统等效环路增益$T_{\mathrm{m}}(s)$满足奈奎斯特稳定判据，即$T_{\mathrm{m}}(s)$的奈奎斯特曲线不包围（-1，j0）点。

10.3.2 直流变压器输出阻抗的稳定边界条件

根据阻抗比判据与条件C_3，恒功率负载的负阻尼特性是导致系统失稳，即子系统$\beta+1$的等效环路增益$T_{\mathrm{sub},\beta+1}(s)$不满足奈奎斯特稳定判据的主要原因，而具有正阻尼特性的恒阻性负载和阻感性负载则与恒功率负载恰恰相反，可以提供一定的系统阻尼。下面将以直流母线$\beta+1$为例，基于条件C_3和不同负载的频率特性，提出直流变压器β输出阻抗$Z_{\mathrm{DCTo},\beta}(s)$的稳定边界条件。

假设直流母线$\beta+1$上连接的恒功率负载的总功率为$P_{\mathrm{CPL},\beta+1}$，而恒阻性负载与阻感性负载的总功率为$P_{\mathrm{CRL+RIL},\beta+1}$。当$P_{\mathrm{CPL},\beta+1}>P_{\mathrm{CRL+RIL},\beta+1}$时，恒阻性负载与阻感性负载至少可以抵消功率为$P_{\mathrm{CRL+RIL},\beta+1}$的恒功率负载，这意味直流母线$\beta+1$上等效地连接了功率不超过$P_{\mathrm{CPL},\beta+1}-P_{\mathrm{CRL+RIL},\beta+1}$的恒功率负载，此时子系统$\beta+1$仍然可能存在独立稳定性问题；而当$P_{\mathrm{CPL},\beta+1}\leqslant P_{\mathrm{CRL+RIL},\beta+1}$时，恒阻性负载与阻感性负载可以完全抵消同一直流母线上连接的恒功率负载，此时子系统$\beta+1$不可能存在独立稳定性问题。相应地，直流变压器β的输出阻抗也不必进行稳定边界条件约束。

根据条件 C_3，当 $T_{sub,\beta+1}(s)$ 的奈奎斯特曲线至少在 s 负半平面位于单位圆内时，子系统 $\beta+1$ 必然可以独立稳定运行，于是可以参考 10.2.3 节，提出直流变压器 β 输出阻抗 $Z_{DCTo,\beta}(s)$ 的稳定边界条件如下。

1）频率稳定边界条件：直流变压器 β 输出阻抗 $Z_{DCTo,\beta}(s)$ 的谐振频率 $f_{DCT,\beta}$ 应小于直流母线 $\beta+1$ 上连接的任意一个恒功率负载的下降频率。

2）幅值稳定边界条件：在任意一个恒功率负载的下降频率范围内，$Z_{DCTo,\beta}(s)$ 的幅值应满足式（10.27），其中 $GM_1(\mathrm{dB})>0$ 为期望的子系统幅值裕度。

$$|Z_{DCTo,\beta}(s)| \leqslant 10^{-\frac{X}{20}} \cdot 10^{-\frac{GM_1}{20}} \frac{V_{bus,\beta+1}^2}{P_{CPL,\beta+1}-P_{CRL+RIL,\beta+1}} \tag{10.27}$$

证明如下：在恒功率负载的下降频率范围内，直流母线 $\beta+1$ 上连接的所有负载的等效输入导纳 $Y_{Leq,\beta+1}(s)$ 满足式（10.28）。

$$|Y_{Leq,\beta+1}(s)| = \left| \sum_{l_{\beta+1}=1}^{M_{\beta+1}} Y_{in,\beta+1,l_{\beta+1}}(s) \right| \leqslant 10^{\frac{X}{20}} \frac{P_{CPL,\beta+1} - P_{CRL+RIL,\beta+1}}{V_{bus,\beta+1}^2} \tag{10.28}$$

将式（10.27）和式（10.28）代入式（10.21）可得子系统 $\beta+1$ 的等效环路增益 $T_{sub,\beta+1}(s)$ 满足：

$$-20\lg|T_{sub,\beta+1}(s)| = -20\lg[\,|Z_{DCTo,\beta}(s)|\,|Y_{Leq,\beta+1}(s)|\,] \geqslant GM_1 \tag{10.29}$$

从式（10.29）可以看出：子系统 $\beta+1$ 的等效环路增益 $T_{sub,\beta+1}(s)$ 在恒功率负载下降频率范围内的低频段一定具有不低于期望 GM_1 的幅值裕度，且由于 $|T_{sub,\beta+1}(s)|<1$，因此 $T_{sub,\beta+1}(s)$ 的奈奎斯特曲线在该频率范围内必然位于单位圆内。此外，由于直流变压器 β 输出阻抗 $Z_{DCTo,\beta}(s)$ 与 LC 滤波器的阻抗特性类似，在大于恒功率负载谐振频率后的相位恒小于 0 且随着频率增加逐渐趋近于 $-90°$，此时即使 $Z_{DCTo,\beta}(s)$ 与 $1/Y_{Leq,\beta+1}(s)$ 的幅频曲线交截，相位差也不可能大于 180°。

由于条件 C_3 仅仅是便于阻抗设计并降低整个系统失稳风险的附加条件，因此其稳定裕度的要求不应过于严格，即式（10.27）中的 GM_1 取值可以不必过大，此时 $T_{sub,\beta+1}(s)$ 的奈奎斯特曲线一定位于单位圆内，相角裕度可达 180°。需要说明的是，由于上述阻抗稳定边界条件具有一定的保守性，因此直流变压器 β 的输出阻抗据此设计后，子系统 $\beta+1$ 的实际稳定性会更好。

10.3.3 电压源输出阻抗的稳定边界条件

当保证子系统 $2\sim n$ 的独立稳定性后，这些子系统在直流母线 1 侧的端口阻抗将呈现出与单个变换器负载输入阻抗类似的恒功率负载特性，于是子系统 $\beta+1$ 的等效输入导纳 $Y_{sub,\beta+1}(s)$ 在其下降频率范围内满足：

$$|Y_{sub,\beta+1}(s)| \leqslant 10^{\frac{X}{20}} \frac{P_{DCT,\beta}}{V_{bus,1}^2} \tag{10.30}$$

式中，$P_{DCT,\beta}$ 为直流变压器 β 的功率。

假设直流母线 1 上连接的 M_1 个负载中，恒功率负载的总功率为 $P_{CPL,1}$，而恒阻性负载与阻感性负载的总功率为 $P_{CRL+RIL,1}$。接下来需要结合上述负载特性并基于条件 C_4，设计图 10.5 中电压源输出阻抗 $Z_o(s)$ 的阻抗稳定边界，以确保系统等效环路增益 $T_m(s)$ 总是满足奈奎斯特稳定判据，且具有期望的稳定裕度。实际上，对 $Z_o(s)$ 阻抗稳定边界的定义与 10.2.3 节及 10.3.2 节类似：当 $P_{CPL,1}+P_{DCT,1}+P_{DCT,2}+\cdots+P_{DCT,n-1}\leqslant P_{CRL+RIL,1}$ 时，恒阻性负载与阻感性负载可以完全抵消直流母线 1 上连接的所有恒功率负载和输入端口呈现恒功率负载特性的子系统，此时整个系统不存在稳定性问题，即 $Z_o(s)$ 无稳定边界条件约束，反之 $Z_o(s)$ 应满足如下的频率与幅值稳定边界条件。

1）频率稳定边界条件：电压源输出阻抗 $Z_o(s)$ 的谐振频率 f_o 应小于直流母线 1 上连接的任意一个子系统或恒功率负载的下降频率。

2）幅值稳定边界条件：在任意一个恒功率负载或子系统的下降频率范围内，$Z_o(s)$ 的幅值应满足式（10.31），其中 $GM(\text{dB})>0$ 为期望的系统幅值裕度。

$$|Z_o(s)|\leqslant 10^{-\frac{X}{20}}\cdot 10^{-\frac{GM}{20}}\frac{V_{bus,1}^2}{\sum_{\beta=1}^{n-1}P_{DCT,\beta}+P_{CPL,1}-P_{CRL+RIL,1}} \tag{10.31}$$

证明如下：在恒功率负载的下降频率范围内，直流母线 1 上连接的所有负载的等效输入导纳 $Y_{Leq,1}(s)$ 满足式（10.32）。

$$\begin{aligned}|Y_{Leq,1}(s)|&=\left|\sum_{l_1=1}^{M_1}Y_{in,1,l_1}(s)+\sum_{\beta=1}^{n-1}Y_{sub,\beta+1}(s)\right|\leqslant\left|\sum_{l_1=1}^{M_1}Y_{in,1,l_1}(s)\right|+\sum_{\beta=1}^{n-1}|Y_{sub,\beta+1}(s)|\\&\leqslant 10^{\frac{X}{20}}\frac{P_{CPL,1}-P_{CRL+RIL,1}}{V_{bus,1}^2}+10^{\frac{X}{20}}\frac{\sum_{\beta=1}^{n-1}P_{DCT,\beta}}{V_{bus,1}^2}\\&\leqslant 10^{\frac{X}{20}}\frac{\sum_{\beta=1}^{n-1}P_{DCT,\beta}+P_{CPL,1}-P_{CRL+RIL,1}}{V_{bus,1}^2}\end{aligned} \tag{10.32}$$

将式（10.31）和式（10.32）代入式（10.25）可得系统等效环路增益 $T_m(s)$ 满足

$$-20\lg|T_m(s)|=-20\lg\left[|Z_o(s)|\left|\sum_{l_1=1}^{M_1}Y_{in,1,l_1}(s)+\sum_{\beta=1}^{n-1}Y_{sub,\beta+1}(s)\right|\right]\geqslant GM \tag{10.33}$$

显然，从式（10.33）可以看出 $|T_m(s)|<1$，因此 $T_m(s)$ 的奈奎斯特曲线在其输出侧恒功率负载下降频率范围内必然位于单位圆内。由于电压源输出阻抗 $Z_o(s)$ 与 LC 滤波器的阻抗特性类似，在大于恒功率负载谐振频率后的相位恒小于 0 且随

着频率增加逐渐趋近于 $-90°$，因此该频段内也不可能发生系统失稳。综上所述，当连接直流母线 1 的所有变换器或子系统阻抗满足上述两个稳定边界条件时，在恒功率负载或各子系统的下降频率范围内，系统等效环路增益 $T_m(s)$ 一定满足奈奎斯特稳定判据，且具有不低于期望 GM 的幅值裕度。

10.4 案例分析与实验验证

10.4.1 案例 1：接入弱电网的直流配用电系统阻抗稳定设计

1. 系统介绍与阻抗特性分析

仍以第 6.4 节给出的案例系统进行分析，系统结构如图 6.8 所示，系统主要参数如表 6.1 所示。本节将首先分析第 6.4 节案例系统的阻抗特性曲线是否满足相应的稳定边界条件，若不满足，则将通过尝试改变 VSC 的不同参数使得系统可以满足阻抗稳定规范。需要说明的是，在实际工程中，一般期望系统的幅值裕度不低于 6dB，相角裕度不低于 45°，因此常数 GM 在本节将取值为 6（单位：dB）。

根据第 6.4 节的稳定性分析结论，系统在 VSC 电压外环比例系数 $k_{vp,1}=20$ 时稳定，而在 $k_{vp,1}=30$ 时不稳定。图 10.7 给出了当 $k_{vp,1}=20$ 时，$Y_{indd}(s)$、$Y_{inqq}(s)$、$1/Z_{max}(s)$、$Z_{sub,3}(s)$、$1/Y_{indc,1}(s)$ 和 $1/Y_{indc,2}(s)$ 的幅频特性曲线。由图 10.7a 可以看出：$Y_{indd}(s)$ 与 $1/Z_{max}(s)$ 的幅频特性曲线发生交截，表明式（10.12）中给出的条件没有满足；$Y_{inqq}(s)$ 与 $1/Z_{max}(s)$ 的幅频特性曲线之间相差大于 15dB，这意味着式（10.12）中的 $\xi_2 \leqslant 10^{-15/20}=0.18$。由图 10.7b 可以看出：$1/Y_{indc,1}(s)$ 和 $1/Y_{indc,2}(s)$ 在低频段的幅值分别为 41dB 和 33dB；若下降幅度 X 取为 1（单位：dB），则两个恒功率负载的下降频率分别约为 102Hz 和 375Hz；由于交流侧子系统（即接入弱电网的 VSC）在直流侧的等效阻抗 $Z_{sub,3}(s)$ 的谐振频率 $f_{ac,r}$ 为 150Hz，并非小于任意一个恒功率负载的下降频率，因此直流侧阻抗的频率稳定边界条件并不满足。此外，由于直流母线电压 V_{bus} 为 200V，VSC 的功率 $P_{AC\text{-}DC}$ 约为 1.26kW，

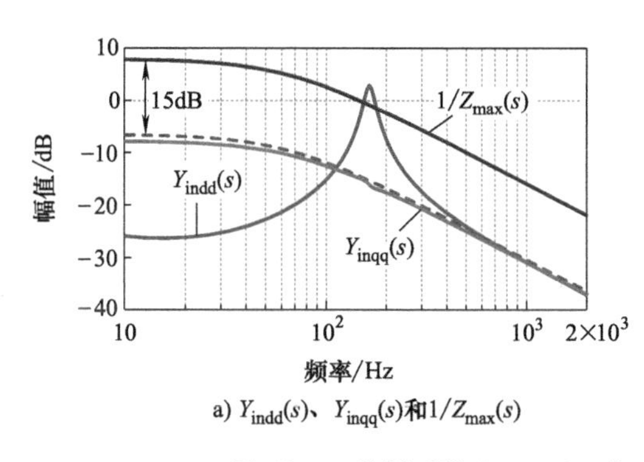

a) $Y_{indd}(s)$、$Y_{inqq}(s)$和$1/Z_{max}(s)$

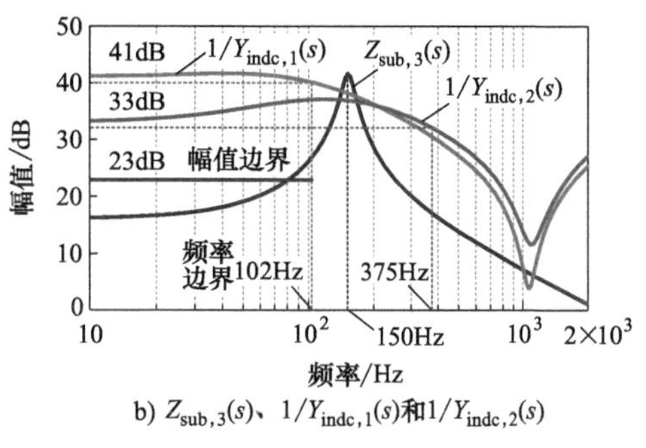

b) $Z_{sub,3}(s)$、$1/Y_{indc,1}(s)$和$1/Y_{indc,2}(s)$

图 10.7 比例系数 $k_{vp,1}=20$ 时，几个传递函数的幅频特性曲线

因此根据式（10.14），幅值稳定边界条件中 $Z_{sub,3}(s)$ 的幅值应小于 $20\lg[0.89\times10^{-6/20}\times200^2/(1.26\times10^3)]=23\text{dB}$，显然该条件也未满足。进一步地，图10.8给出了此时子系统阻抗比 $T_{r3,4}(s)$ 的奈奎斯特曲线，可以看出尽管系统是稳定的且具有较大的幅值裕度，但其相角裕度很小，仅有16.3°，因此需要对系统进行阻抗稳定设计。

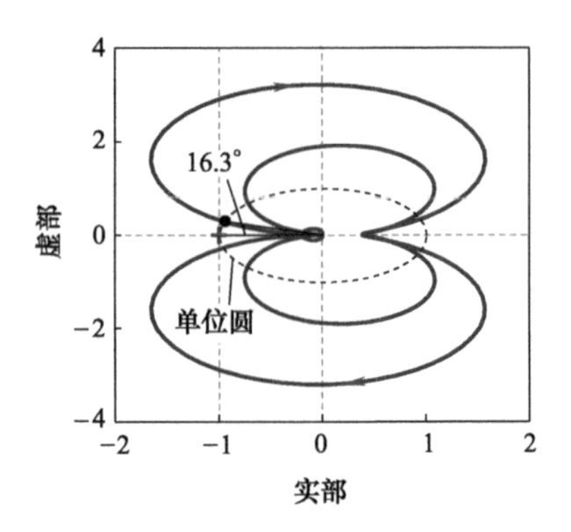

图10.8 子系统阻抗比 $T_{r3,4}(s)$ 的奈奎斯特曲线

图10.9给出了当 $k_{vp,1}=30$ 时，$Y_{indd}(s)$、$Y_{inqq}(s)$、$1/Z_{max}(s)$ 和 $Z_{sub,3}(s)$ 的幅频特性曲线。由图10.9a可以看出：$Y_{indd}(s)$ 与 $1/Z_{max}(s)$ 的幅频特性曲线发生交截，$Y_{inqq}(s)$ 的幅频特性曲线在谐振频率附近十分接近 $1/Z_{max}(s)$，因此不满足交流侧导纳稳定边界条件。由图10.9b可以看出：$Z_{sub,3}(s)$ 既不满足幅值稳定边界条件，也不满足频率稳定边界条件。

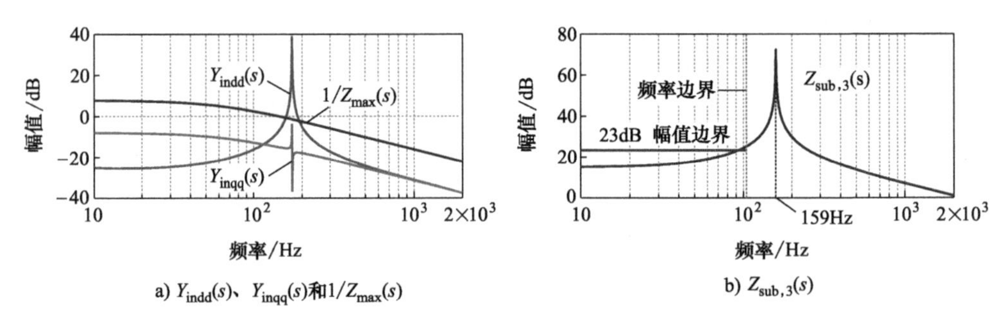

a) $Y_{indd}(s)$、$Y_{inqq}(s)$和$1/Z_{max}(s)$　　b) $Z_{sub,3}(s)$

图10.9 比例系数 $k_{vp,1}=30$ 时，几个传递函数的幅频特性曲线

综上所述，当接入弱电网的直流配用电系统不满足上述阻抗稳定规范时，系统可能是不稳定的，也可能是稳定的但具有较小的稳定裕度。

2. 基于VSC控制参数优化的系统稳定性设计

为进一步提高图6.8所示系统的稳定裕度，可以考虑通过优化系统参数以满足10.2节的阻抗稳定规范和期望的稳定裕度。其中，优化变换器控制参数是一种成本较低的选择方案。

根据前述分析，由于 $Y_{inqq}(s)$ 的幅值远比 $1/Z_{max}(s)$ 小，因此并不需要优化 $Y_{inqq}(s)$，而是应考虑降低 $Y_{indd}(s)$ 的幅值，以满足式（10.12）和式（10.13）给出的交流侧导纳稳定边界条件。由于 $\xi_2\leqslant0.18$，因此根据式（10.13）可知应有 $\xi_1\leqslant0.69$，于是在伯德图上，$Y_{indd}(s)$ 的幅值应至少比 $1/Z_{max}(s)$ 低 $20\lg0.69\text{dB}=3.22\text{dB}$，显然目前这一条件无法满足。考虑到VSC电压外环的比例系数 $k_{vp,1}$ 对 $Y_{indd}(s)$ 影响较大，而对 $Y_{inqq}(s)$ 几乎没有影响，因此可以尝试通过减小 $k_{vp,1}$ 进

行阻抗曲线优化。图 10.10 给出了 $Y_{indd}(s)$、$Y_{inqq}(s)$ 和 $Z_{sub,3}(s)$ 随着 $k_{vp,1}$ 由 20 减小到 0.1 时的幅频特性曲线，请注意为了保证 VSC 的动态响应速度，更小的 $k_{vp,1}$ 没有考虑。由图 10.10a 可以看出：$Y_{indd}(s)$ 的谐振峰值将随 $k_{vp,1}$ 的减小而减小，但减小的幅度逐渐不明显；若要满足 $Y_{indd}(s)$ 的幅值至少比 $1/Z_{max}(s)$ 低 3.22dB 这一要求，$k_{vp,1}$ 应不超过 10。由图 10.10b 可以看出：$Y_{inqq}(s)$ 的幅值几乎不随着 $k_{vp,1}$ 的变化而变化。由图 10.10c 可以看出：$Z_{sub,3}(s)$ 的谐振峰值和谐振频率随着 $k_{vp,1}$ 的减小而适度减小，当 $k_{vp,1} \leq 1$ 时的减小幅度不再明显；即使 $k_{vp,1}$ 已经减小到 0.1，$Z_{sub,3}(s)$ 的谐振频率仍然大于频率稳定边界条件（即恒功率负载的最小下降频率 102Hz），$Z_{sub,3}(s)$ 的幅值也不满足幅值稳定边界条件（即小于 23dB）。综上所述，尽管只减小 $k_{vp,1}$ 可以满足交流侧导纳稳定边界条件，但是直

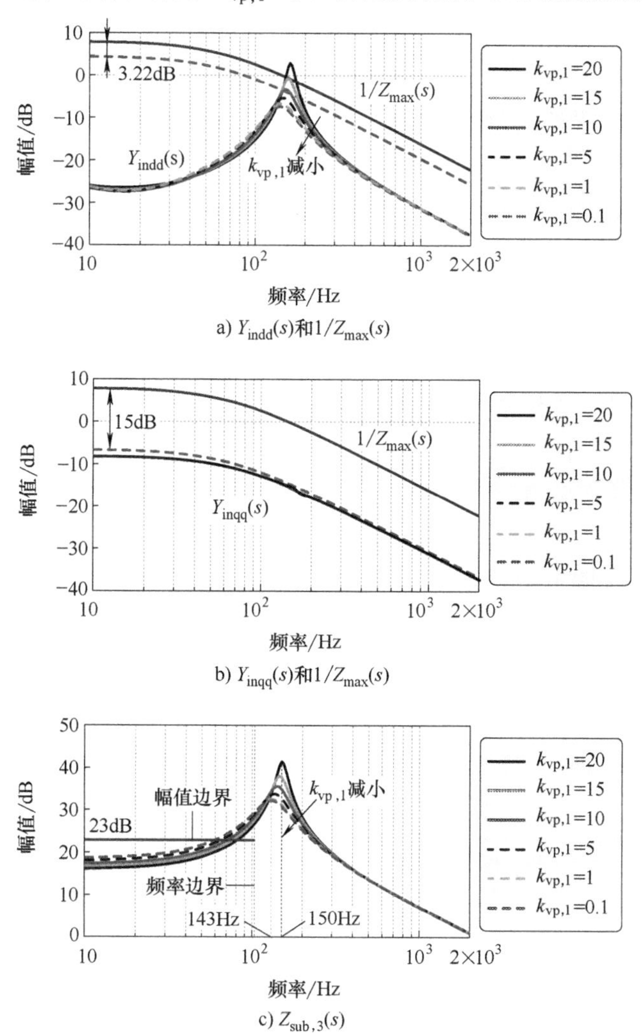

图 10.10 比例系数 $k_{vp,1}$ 变化时，几个传递函数的幅频特性曲线

流侧阻抗稳定边界条件仍很难满足。

类似地，也可以考虑通过改变电流内环的比例系数 $k_{ip,1}$ 进行分析。图 10.11 给出了 $Y_{indd}(s)$、$Y_{inqq}(s)$ 和 $Z_{sub,3}(s)$ 随着 $k_{ip,1}$ 由 0.5 增加到 6 时的幅频特性曲线。由图 10.11a 可以看出：随着 $k_{ip,1}$ 的增加，$Y_{indd}(s)$ 的谐振峰值逐渐减小，但减小幅度并不明显，即使 $k_{ip,1}$ 已经增大了 12 倍，$Y_{indd}(s)$ 的幅频特性曲线仍与 $1/Z_{max}(s)$ 发生交截。由图 10.11b 可以看出：随着 $k_{ip,1}$ 的增加，$Y_{inqq}(s)$ 的低频幅值逐渐减小，使得整个幅频特性曲线距离 $1/Z_{max}(s)$ 的距离逐渐增加。由图 10.11c 可以看出：随着 $k_{ip,1}$ 的增加，$Z_{sub,3}(s)$ 的谐振峰值逐渐减小，但仍远大于 23dB 的幅值边界且减小幅度不明显，同时 $Z_{sub,3}(s)$ 的谐振频率随着 $k_{ip,1}$ 的增加而逐渐增大，这意味增加 $k_{ip,1}$ 无法满足频率稳定边界条件。综上所述，无论是增

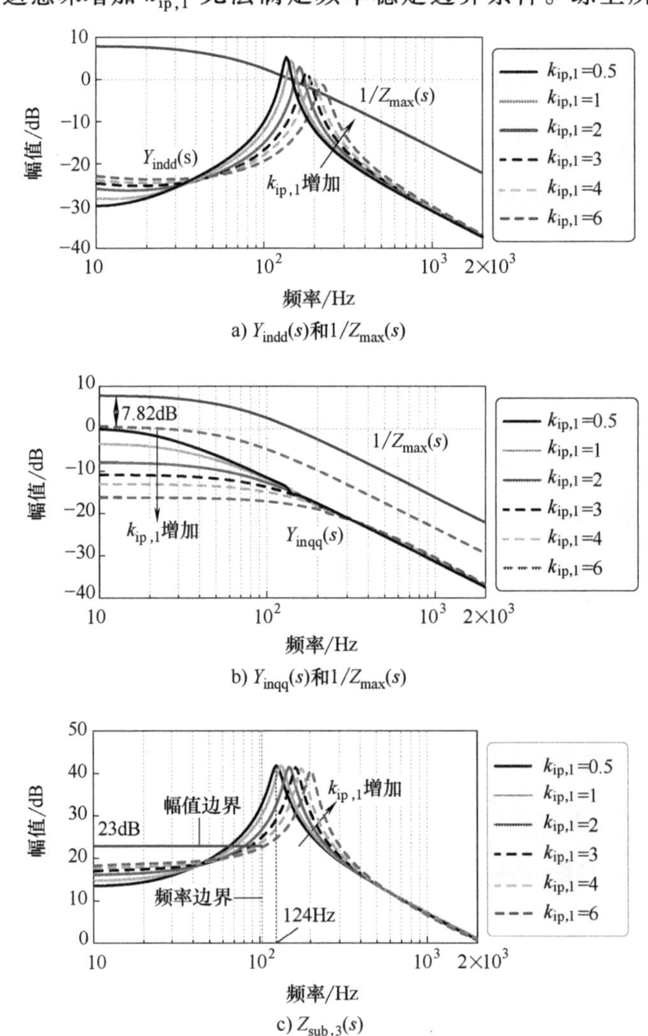

a) $Y_{indd}(s)$和$1/Z_{max}(s)$

b) $Y_{inqq}(s)$和$1/Z_{max}(s)$

c) $Z_{sub,3}(s)$

图 10.11　比例系数 $k_{ip,1}$ 变化时，几个传递函数的幅频特性曲线

加还是减小 $k_{ip,1}$ 都不能同时满足交流侧导纳稳定边界条件和直流侧阻抗稳定边界条件。

3. 基于VSC直流侧母线电容参数优化的系统稳定性设计

根据现有研究结论，电压源变换器的输出阻抗谐振峰值与直流侧电容值成反比[93]，因此在优化控制参数难以满足阻抗规范的时候，可以考虑增大直流侧电容。图10.12给出了 $Y_{indd}(s)$、$Y_{inqq}(s)$ 和 $Z_{sub,3}(s)$ 随着VSC直流侧电容 C_1 由70μF增加到320μF时的幅频特性曲线，变化步长为50μF。由图10.12a和10.12b可以看出：$Y_{indd}(s)$ 的谐振峰值随着 C_1 的增加而明显减小，但 $Y_{inqq}(s)$ 的幅值几乎不变。结合前述分析，当 C_1 大于120μF时，$Y_{indd}(s)$ 的幅值就可以在全频域内比 $1/Z_{max}(s)$ 低3.22dB以上，相应的交流侧导纳稳定边界条件是满足的。由图10.12c可以看出：$Z_{sub,3}(s)$ 的谐振峰值和谐振频率同时随着 C_1 的增加而明显减

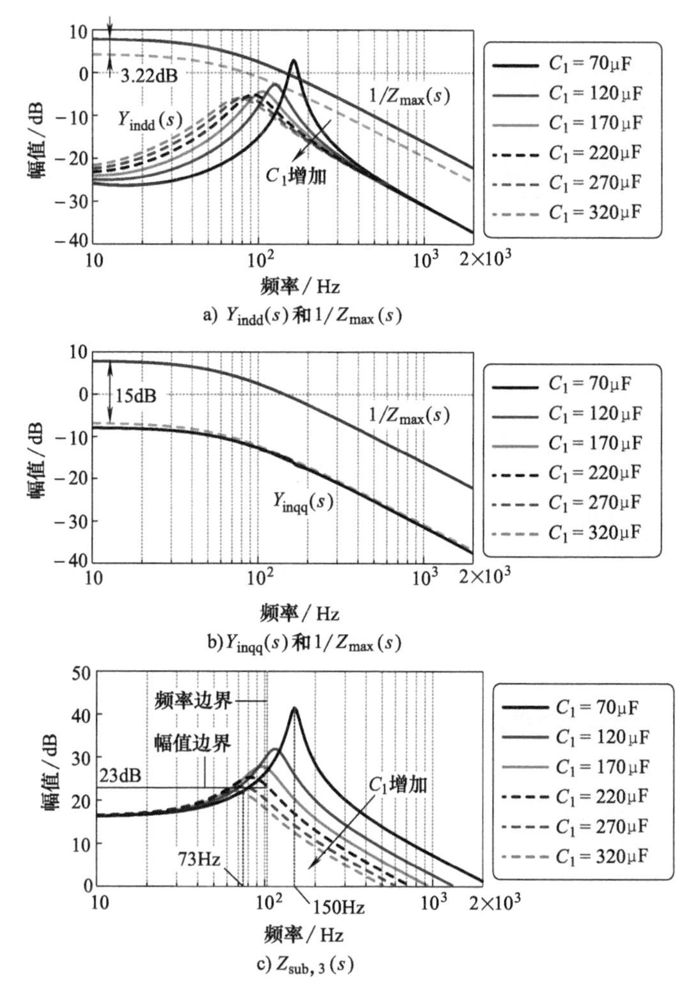

图10.12 电容 C_1 变化时，几个传递函数的幅频特性曲线

小，且当 C_1 增加到 270μF 时，$Z_{sub,3}(s)$ 的谐振频率约为 73Hz，满足频率稳定边界条件，且该频率范围内的幅值也恒小于 23dB，满足幅值稳定边界条件，这意味着此时直流侧阻抗的两个稳定边界条件是满足的。综上所述，当 C_1 取为 270μF 时，图 6.8 所示接入弱电网的直流系统满足阻抗稳定规范，系统稳定。此时，子系统阻抗比 $T_{r3,4}(s)$ 的奈奎斯特曲线如图 10.13 所示，可以看出：$T_{r3,4}(s)$ 在全频域内位于半径为 0.5 的圆内，因此系统的幅值裕度大于 6dB，相角裕度为 180°，比期望的稳定裕度更好。

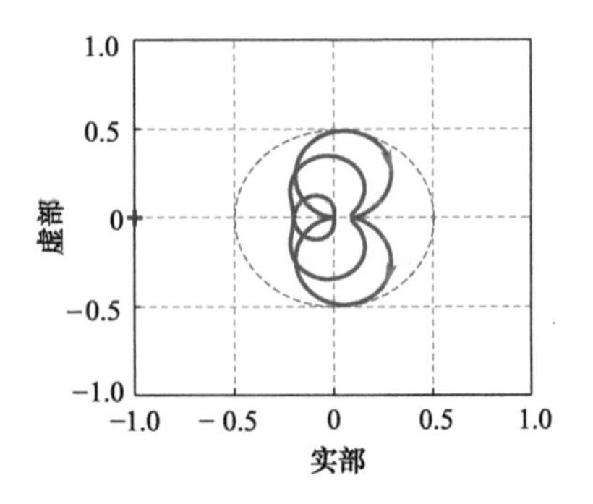

图 10.13　电容 C_1 = 270μF 时，$T_{r3,4}(s)$ 的奈奎斯特曲线

4. 实验验证

为验证上述分析结论的正确性，依旧采用图 6.8 所示系统对应的实验平台进行验证，同时 VSC 的直流侧电容 C_1 取值为 270μF。图 10.14 给出了直流母线电压

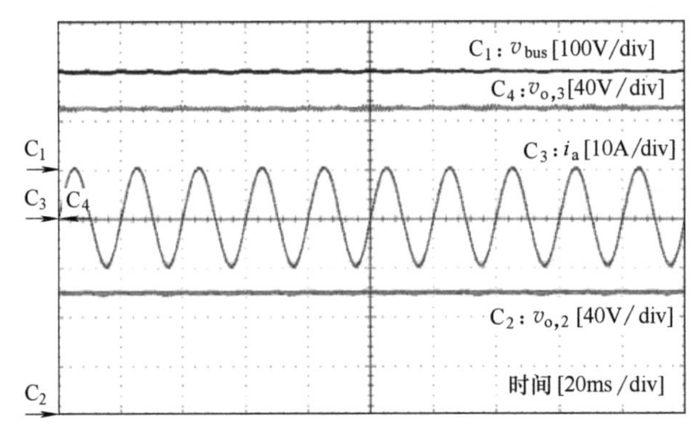

a)波形图1

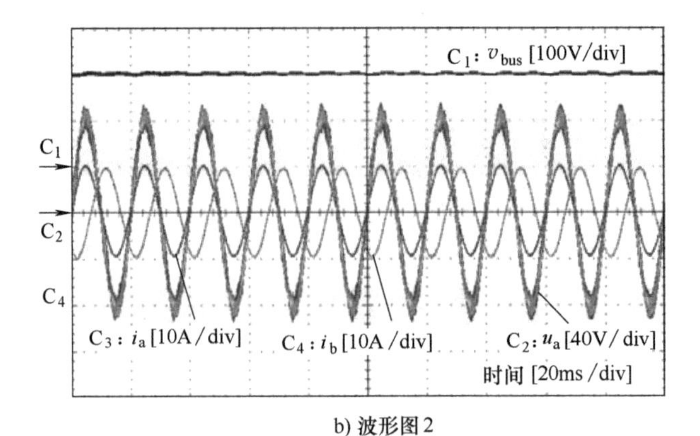

b) 波形图 2

图 10.14　系统稳态实验波形

v_{bus}、#2 变换器和#3 变换器的输出电压 $v_{o,2}$ 和 $v_{o,3}$，以及 PCC 处的 A 相电压 u_a、A 相电流 i_a 和 B 相电流 i_b 的稳态实验波形，可以看出此时整个系统是明显稳定的，这意味着上述阻抗稳定规范可以保证接入弱电网的直流配用电系统的稳定性。

10.4.2 案例 2：多电压等级直流配用电系统阻抗稳定设计

1. 系统介绍与阻抗特性分析

参考 10.4.1 节通过增加 VSC 直流侧电容提高系统稳定性并满足阻抗规范的分析案例，本节基于第 8.3 节给出的案例系统，通过将“不稳定案例”（即工况 1）中 VSC 直流侧电容增加至 270μF，以满足 10.3 节提出的多电压等级直流配用电系统阻抗稳定规范，具体分析如下。

为便于分析，将图 8.7 所示系统简化为图 10.15。需要首先说明的是：根据工程实际，本节中多电压等级直流配用电系统的期望稳定裕度 GM 仍取值为 6；由于条件 C_3（即对任意的 β，子系统 $\beta+1$ 均可以独立稳定运行）仅仅是便于阻抗设计并降低系统失稳风险的附加条件，因此对子系统稳定裕度 GM_1 的要求不应过于严格，这里设置 GM_1 取值为 3；此外，下降幅度 X 在本节取值为 4（单位：dB），以与 10.4.1 节的分析相区分。

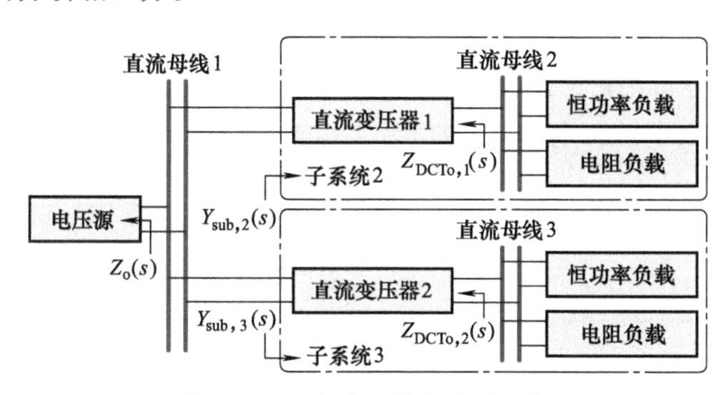

图 10.15 多电压等级直流系统

根据图 10.15 和表 8.1 可知：直流变压器 1 和 2 的输出侧所接恒功率负载的功率均小于对应电阻负载的功率，这意味着恒功率负载的负阻尼作用分别完全被所连接的电阻负载的正阻尼抵消，因此它们对应的子系统不可能存在独立运行时的稳定性问题，相应的两个直流变压器的输出阻抗 $Z_{DCTo,1}(s)$ 和 $Z_{DCTo,2}(s)$ 也无需满足稳定边界条件约束。

然后分析 VSC 输出阻抗 $Z_o(s)$ 是否满足 10.3.3 节的稳定边界条件。如图 10.16 所示，子系统 2 和 3 的等效输入阻抗 $1/Y_{sub,2}(s)$ 和 $1/Y_{sub,3}(s)$ 在低频段的幅值分别为 40.6dB 和 38.4dB，因此两个子系统的下降频率分别约为 99Hz 和 111Hz，这意味着 VSC 输出阻抗 $Z_o(s)$ 的谐振频率应小于的频率稳定边界为 99Hz。由表 8.1 可知：$P_{DCT,1}\approx(100^2/37+70^2/23)\text{W}=483.3\text{W}$，$P_{DCT,2}\approx(90^2/37+60^2/$

23) W = 375.4W，$P_{CPL,1}=P_{CRL+RIL,1}=0$，因此 VSC 输出阻抗 $Z_o(s)$ 的幅值应小于 $20\lg[10^{-4/20}\times10^{-6/20}\times200^2/(483.3+375.4)]=23.4\text{dB}$。由图 10.16 可以看出：将 VSC 直流侧电容 C_1 增加至 270μF 时，$Z_o(s)$ 的谐振频率为 94Hz，满足频率稳定边界条件，且该频率范围内的幅值恒小于 23.4dB，也满足幅值稳定边界条件，这意味着此时电压源输出阻抗的两个稳定边界条件都是满足的。因此可以推测：当 C_1 取为 270μF 时，多电压等级直流配用电系统满足阻抗稳定规范，系统稳定。

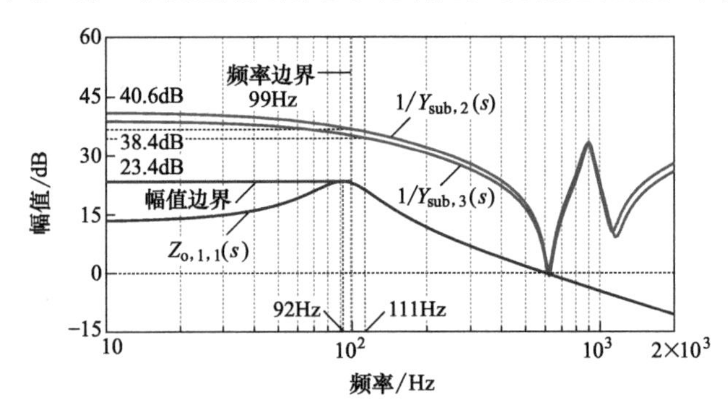

图 10.16　电容 $C_1=270\mu F$ 时，$1/Y_{sub,2}(s)$、$1/Y_{sub,3}(s)$ 和 $Z_o(s)$ 的幅频特性曲线

2. 实验验证

为验证上述分析结论的正确性，依旧采用图 8.7 所示系统对应的实验平台进行验证，同时 VSC 的直流侧电容 C_1 取值为 270μF。图 10.17 给出了三个直流母线电

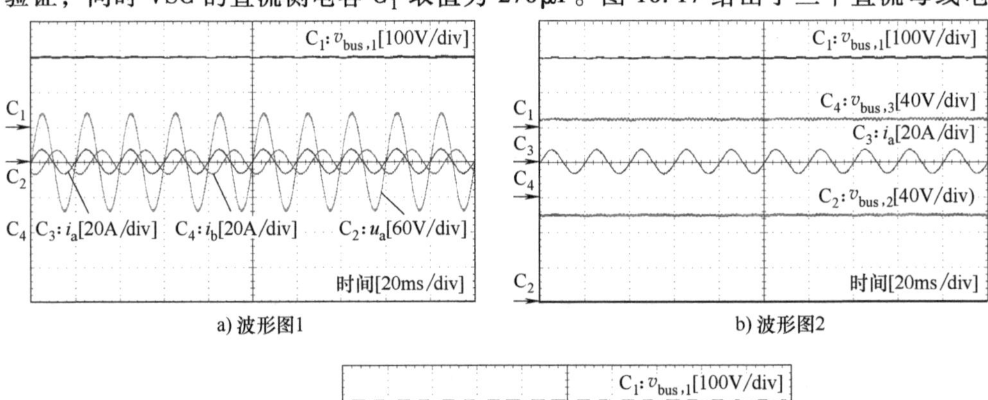

a) 波形图1　　b) 波形图2

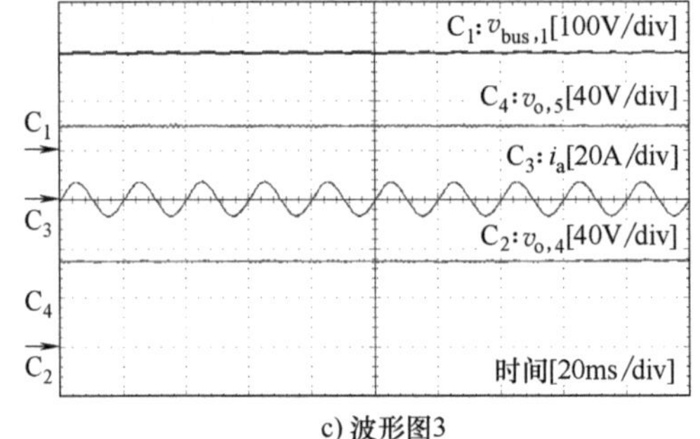

c) 波形图3

图 10.17　电容 $C_1=270\mu F$ 时，系统的稳态实验波形

压 $v_{bus,1}$、$v_{bus,2}$ 和 $v_{bus,3}$，A 相电压 u_a，A 相电流 i_a，B 相电流 i_b，以及 $YTC_{2,1}$ 和 $YTC_{3,1}$ 的输出电压 $v_{o,4}$ 和 $v_{o,5}$ 的稳态实验波形。图 10.18 给出了系统在 VSC 直流侧电容 C_1 由 270μF 切换至 70μF 时的动态实验波形。可以看出根据阻抗稳定规范设计后的系统各电量波形稳定，这意味着上述阻抗稳定规范可以保证多电压等级直流配用电系统的小信号稳定性。

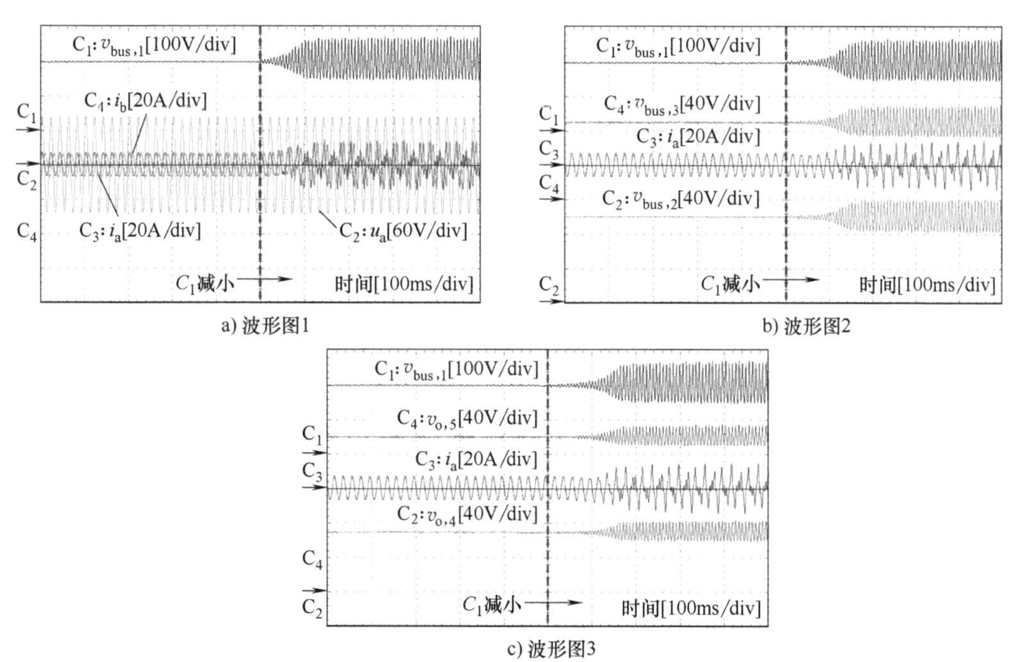

图 10.18 电容 C_1 由 270μF 切换至 70μF 的动态实验波形

10.5 本章小结

本章基于前述稳定判据与多类型负载的幅相频率特性，分别介绍了接入弱电网的直流配用电系统和多电压等级直流配用电系统的阻抗稳定规范，给出了两类系统内部变换器端口阻抗的稳定边界条件，以保证系统集成后的稳定性并具备期望的稳定裕度。最后，通过对两种案例系统的稳定分析与实验测试，验证了理论分析的正确性。

本章主要结论如下：

1）恒功率负载的输入阻抗在其下降频率范围内的幅值边界可以仅由直流母线电压、自身功率和下降幅度表示，且该频率范围内的相位可以近似为-180°，呈现低频负阻尼特性。

2）接入弱电网的直流配用电系统阻抗稳定规范包括交流侧导纳稳定边界条件和直流侧阻抗稳定边界条件，前者根据并网 AC-DC 变换器系统的等效环路增益与电网阻抗特性推导得到，用以保障交流侧子系统的独立稳定性，后者基于恒功率负载的阻抗频率特性，对变换器或子系统的直流侧阻抗幅值和频率进行约束。该阻抗稳定规范仅与电网阻抗、变换器功率、直流母线电压、谐振频率、下降频率和期望的稳定裕度有关，与其他电路和控制参数无直接关系。根据案例分析结果，仅改变VSC 电压外环或电流内环的比例系数均难以满足阻抗稳定规范，但增大直流侧电容则可以满足要求。

3）多电压等级直流配用电系统的阻抗稳定规范包括直流变压器和电压源变换器输出阻抗的频率和幅值稳定边界条件，它们均是基于阻抗比判据和不同类型负载的阻抗频率特性推导得到的。该阻抗稳定规范仅与各类型负载功率、各直流母线电压、谐振频率、下降频率和期望的稳定裕度有关，与其他电路和控制参数无直接关系。

4）本章介绍的阻抗稳定规范可以将对整体系统稳定性的要求解耦到各个变换器的端口阻抗边界约束上，这种解耦特性便于在系统集成前对变换器或子系统进行独立设计，从而保证集成后系统的稳定性和期望的稳定裕度。

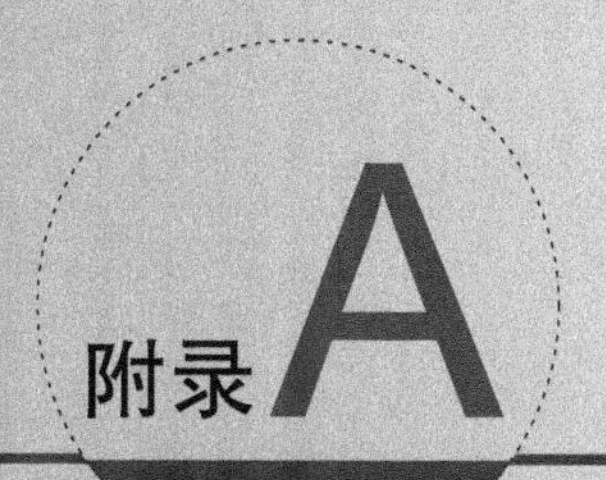

附录A 必要的数学证明与计算

1. 行列式极限的计算

根据式（5.31）可得

$$\lim_{\varepsilon(s)\to\infty}\frac{\det[\boldsymbol{Y}_{\text{in}}(s)+\boldsymbol{Z}_{\text{o}}(s)\boldsymbol{Y}_{\text{net}}(s)]}{\varepsilon(s)^{r-1}}$$

$$\overset{①}{=}\lim_{\varepsilon(s)\to\infty}\frac{1}{\varepsilon(s)^{r-1}}\cdot$$

$$\det\begin{bmatrix} 1 & \cdots & -Z_{\text{o},1}(s)\varepsilon(s) & -Z_{\text{o},1}(s)\varepsilon(s) & \cdots & -Z_{\text{o},1}(s)\varepsilon(s) \\ \vdots & & \vdots & \vdots & & \vdots \\ 1 & \cdots & 1+(r-1)Z_{\text{o},M}(s)\varepsilon(s) & -Z_{\text{o},M}(s)\varepsilon(s) & \cdots & -Z_{\text{o},M}(s)\varepsilon(s) \\ -Y_{\text{in},1}(s) & \cdots & \varepsilon(s) & -Y_{\text{in},1}(s)-(r-1)\varepsilon(s) & \cdots & \varepsilon(s) \\ \vdots & & \vdots & \vdots & & \vdots \\ -Y_{\text{in},K}(s) & \cdots & \varepsilon(s) & \varepsilon(s) & \cdots & -Y_{\text{in},K}(s)-(r-1)\varepsilon(s) \end{bmatrix}$$

$$\overset{②}{=}\det\begin{bmatrix} 1 & \cdots & -Z_{\text{o},1}(s) & -Z_{\text{o},1}(s) & \cdots & -Z_{\text{o},1}(s) \\ \vdots & & \vdots & \vdots & & \vdots \\ 1 & \cdots & (r-1)Z_{\text{o},M}(s) & -Z_{\text{o},M}(s) & \cdots & -Z_{\text{o},M}(s) \\ -Y_{\text{in},1}(s) & \cdots & 1 & -(r-1) & \cdots & 1 \\ \vdots & & \vdots & \vdots & & \vdots \\ -Y_{\text{in},K}(s) & \cdots & 1 & 1 & \cdots & -(r-1) \end{bmatrix}$$

$$\overset{③}{=}(-1)^{K}Z_{\text{o},1}(s)\cdots Z_{\text{o},M}(s)\det\begin{bmatrix} Z_{\text{o},1}^{-1}(s) & \cdots & -1 & -1 & \cdots & -1 \\ \vdots & & \vdots & \vdots & & \vdots \\ Z_{\text{o},M}^{-1}(s) & \cdots & r-1 & -1 & \cdots & -1 \\ Y_{\text{in},1}(s) & \cdots & -1 & r-1 & \cdots & -1 \\ \vdots & & \vdots & \vdots & & \vdots \\ Y_{\text{in},K}(s) & \cdots & -1 & -1 & \cdots & r-1 \end{bmatrix}$$

$$\overset{④}{=}(-1)^K Z_{o,1}(s)\cdots Z_{o,M}(s)\det\begin{bmatrix} Z_{o,1}^{-1}(s) & \cdots & -1 & -1 & \cdots & -1 \\ \vdots & & \vdots & \vdots & & \vdots \\ Z_{o,M}^{-1}(s) & \cdots & r-1 & -1 & \cdots & -1 \\ Y_{in,1}(s) & \cdots & -1 & r-1 & \cdots & -1 \\ \vdots & & \vdots & \vdots & & \vdots \\ \sum_{j=1}^{M} Z_{o,j}^{-1}(s) + \sum_{l=1}^{K} Y_{in,l}(s) & \cdots & 0 & 0 & \cdots & 0 \end{bmatrix}$$

$$\overset{⑤}{=}(-1)^K(-1)^{r+1} Z_{o,1}(s)\cdots Z_{o,M}(s)\left[\sum_{j=1}^{M} Z_{o,j}^{-1}(s) + \sum_{l=1}^{K} Y_{in,l}(s)\right]\cdot$$

$$\det\begin{bmatrix} -1 & -1 & \cdots & -1 & -1 \\ r-1 & -1 & \cdots & -1 & -1 \\ -1 & r-1 & \cdots & -1 & -1 \\ \vdots & \vdots & & \vdots & \vdots \\ -1 & -1 & \cdots & r-1 & -1 \end{bmatrix}_{(r-1)\times(r-1)}$$

$$\overset{⑥}{=}(-1)^K(-1)^{r+1} Z_{o,1}(s)\cdots Z_{o,M}(s)\left[\sum_{j=1}^{M} Z_{o,j}^{-1}(s) + \sum_{l=1}^{K} Y_{in,l}(s)\right]\cdot$$

$$\det\begin{bmatrix} -1 & -1 & \cdots & -1 & -1 \\ r & 0 & \cdots & 0 & 0 \\ 0 & r & \cdots & 0 & 0 \\ \vdots & \vdots & & \vdots & \vdots \\ 0 & 0 & \cdots & r & 0 \end{bmatrix}_{(r-1)\times(r-1)}$$

$$\overset{⑦}{=}(-1)^K r^{r-2} Z_{o,1}(s)\cdots Z_{o,M}(s)\left[\sum_{j=1}^{M} Z_{o,j}^{-1}(s) + \sum_{l=1}^{K} Y_{in,l}(s)\right]$$

2. $\boldsymbol{A}$，$\boldsymbol{B}$ 是 n 阶矩阵，$\det[\boldsymbol{I}+\boldsymbol{AB}]=\det[\boldsymbol{I}+\boldsymbol{BA}]$

证明：方法 1：从特征值角度

首先需证明 $\boldsymbol{AB}$ 与 $\boldsymbol{BA}$ 具有相同的特征值，只需证明：若 λ 是 $\boldsymbol{AB}$ 的特征值，则 λ 也是 $\boldsymbol{BA}$ 的特征值，分为以下两种情况。

1）若 $\lambda\neq 0$ 时，由于 λ 是 $\boldsymbol{AB}$ 的特征值，根据特征值的定义，一定存在非零向量 $\boldsymbol{x}$ 使得 $\boldsymbol{ABx}=\lambda\boldsymbol{x}$，于是 $\boldsymbol{BA}(\boldsymbol{Bx})=\boldsymbol{B}(\boldsymbol{ABx})=\boldsymbol{B}(\lambda\boldsymbol{x})=\lambda\boldsymbol{Bx}$。需要指出的是 $\boldsymbol{Bx}\neq\boldsymbol{0}$，否则 $\lambda\boldsymbol{x}=\boldsymbol{ABx}=\boldsymbol{0}$，于是可得 $\lambda=0$，这显然与 $\lambda\neq 0$ 矛盾，因此 $\boldsymbol{Bx}\neq\boldsymbol{0}$。这说明 $\boldsymbol{Bx}$ 是 $\boldsymbol{BA}$ 的对应于特征值 λ 的特征向量。因此，λ 也是 $\boldsymbol{BA}$ 的特征值。

2）若 $\lambda=0$ 时，根据特征值的定义，一定存在非零向量 $\boldsymbol{x}$ 使得 $\boldsymbol{ABx}=\lambda\boldsymbol{x}=\boldsymbol{0}$，所以 $\boldsymbol{AB}$ 不满秩，即 $\det[\boldsymbol{AB}]=0$。从而 $\det[\boldsymbol{BA}]=\det[\boldsymbol{B}]\det[\boldsymbol{A}]=\det[\boldsymbol{AB}]=0$，因此 $\boldsymbol{BA}$ 也不满秩。根据齐次线性方程解的性质可知：一定存在非零向量 $\boldsymbol{x}$ 使得 $\boldsymbol{BAx}=\lambda\boldsymbol{x}=\boldsymbol{0}$。这说明 $\lambda=0$ 也是 $\boldsymbol{BA}$ 的特征值。再根据特征值的性质，$\boldsymbol{I}+\boldsymbol{AB}$ 的特征值为

$1+\lambda$，$\boldsymbol{I}+\boldsymbol{BA}$ 的特征值也为 $1+\lambda$。由于矩阵的行列式等于其所有特征值的乘积，因此一定存在 $\det[\boldsymbol{I}+\boldsymbol{AB}]=\det[\boldsymbol{I}+\boldsymbol{BA}]$。证毕。

方法 2：从矩阵恒等式角度

对于 n 阶矩阵 $\boldsymbol{A}$ 和 $\boldsymbol{B}$，$\det[\boldsymbol{AB}]=\det[\boldsymbol{BA}]$ 和 $\mathrm{Tr}[\boldsymbol{AB}]=\mathrm{Tr}[\boldsymbol{BA}]$ 恒成立。

对于 2 阶矩阵 $\boldsymbol{A}$ 和 $\boldsymbol{B}$，有 $\det[\boldsymbol{I}+\boldsymbol{AB}]=1+\det[\boldsymbol{AB}]+\mathrm{Tr}[\boldsymbol{AB}]$。

因此，对于 2 阶矩阵 $\boldsymbol{A}$ 和 $\boldsymbol{B}$，一定有 $\det[\boldsymbol{I}+\boldsymbol{AB}]=\det[\boldsymbol{I}+\boldsymbol{BA}]$。

3. 接入弱电网的直流配用电系统中交流侧与直流侧振荡频率的关系

假设直流母线电压与 dq 坐标系下的交流侧电流的振荡频率为 f_{osc}，则 dq 坐标系下的交流侧电流可表示为

$$\begin{bmatrix} i_{\mathrm{d}} \\ i_{\mathrm{q}} \end{bmatrix}=\begin{bmatrix} I_{\mathrm{d}}+I_{\mathrm{d1}}\cos(2\pi f_{\mathrm{osc}}t+\varphi_1) \\ I_{\mathrm{q}}+I_{\mathrm{q1}}\cos(2\pi f_{\mathrm{osc}}t+\varphi_2) \end{bmatrix}$$

式中，I_{d} 和 I_{q} 分别表示 i_{d} 和 i_{q} 的直流分量，单位功率因数下 $I_{\mathrm{q}}=0$；I_{d1} 和 I_{q1} 分别表示 i_{d} 和 i_{q} 中振荡频率为 f_{osc} 的交流分量；φ_1 和 φ_2 为交流分量的相位。

由 dq 逆变换可得 abc 坐标系下的三相电流表达式为

$$\begin{bmatrix} i_{\mathrm{a}} \\ i_{\mathrm{b}} \\ i_{\mathrm{c}} \end{bmatrix}=\begin{bmatrix} \sin(2\pi f_{\mathrm{g}}t) & \cos(2\pi f_{\mathrm{g}}t) \\ \sin(2\pi f_{\mathrm{g}}t-120°) & \cos(2\pi f_{\mathrm{g}}t-120°) \\ \sin(2\pi f_{\mathrm{g}}t+120°) & \cos(2\pi f_{\mathrm{g}}t-120°) \end{bmatrix}\begin{bmatrix} i_{\mathrm{d}} \\ i_{\mathrm{q}} \end{bmatrix}$$

$$=\begin{bmatrix} I_{\mathrm{d}}\sin(2\pi f_{\mathrm{g}}t)+\dfrac{I_{\mathrm{d1}}}{2}\sin[2\pi(f_{\mathrm{g}}+f_{\mathrm{osc}})t+\varphi_1]+\dfrac{I_{\mathrm{q1}}}{2}\cos[2\pi(f_{\mathrm{g}}+f_{\mathrm{osc}})t+\varphi_2]+ \\ \dfrac{I_{\mathrm{d1}}}{2}\sin[2\pi(f_{\mathrm{g}}-f_{\mathrm{osc}})t-\varphi_1]+\dfrac{I_{\mathrm{q1}}}{2}\cos[2\pi(f_{\mathrm{g}}-f_{\mathrm{osc}})t-\varphi_2] \\ I_{\mathrm{d}}\sin(2\pi f_{\mathrm{g}}t-120°)+\dfrac{I_{\mathrm{d1}}}{2}\sin[2\pi(f_{\mathrm{g}}+f_{\mathrm{osc}})t+\varphi_1-120°]+\dfrac{I_{\mathrm{q1}}}{2}\cos[2\pi(f_{\mathrm{g}}+f_{\mathrm{osc}})t+\varphi_2-120°]+ \\ \dfrac{I_{\mathrm{d1}}}{2}\sin[2\pi(f_{\mathrm{g}}-f_{\mathrm{osc}})t-\varphi_1-120°]+\dfrac{I_{\mathrm{q1}}}{2}\cos[2\pi(f_{\mathrm{g}}-f_{\mathrm{osc}})t-\varphi_2-120°] \\ I_{\mathrm{d}}\sin(2\pi f_{\mathrm{g}}t+120°)+\dfrac{I_{\mathrm{d1}}}{2}\sin[2\pi(f_{\mathrm{g}}+f_{\mathrm{osc}})t+\varphi_1+120°]+\dfrac{I_{\mathrm{q1}}}{2}\cos[2\pi(f_{\mathrm{g}}+f_{\mathrm{osc}})t+\varphi_2+120°]+ \\ \dfrac{I_{\mathrm{d1}}}{2}\sin[2\pi(f_{\mathrm{g}}-f_{\mathrm{osc}})t-\varphi_1+120°]+\dfrac{I_{\mathrm{q1}}}{2}\cos[2\pi(f_{\mathrm{g}}-f_{\mathrm{osc}})t-\varphi_2+120°] \end{bmatrix}$$

由上式可以看出，abc 坐标系下的三相电流包含三个频率分量，分别为 f_0、f_0+f_{osc} 和 $|f_0-f_{\mathrm{osc}}|$。

上述推导过程中的步骤说明：

① 将第 2~r 列的所有元素都对应地加到第 1 列中的元素上。

② 从第 2 列开始的每一列都除以 $\varepsilon(s)$，再对行列式中的每个元素取极限：

$\varepsilon(s)$ 趋近于∞。

③ 对所有的 $j=1, 2, \cdots, M$，将第 j 行中的传递函数 $Z_{o,j}(s)$ 提取到行列式外；对所有的 $l=1, 2, \cdots, K$，将第 $M+l$ 行中的 -1 提取到行列式外。

④ 将前 $r-1$ 行的所有元素都对应地加到第 r 行中的元素上。

⑤ 将行列式按照第 r 行进行展开，此时行列式降阶为 $r-1$ 阶。

⑥ 将第 1 行的 -1 倍都对应地加到其余各行的元素上。

⑦ 将行列式按照第 $r-1$ 列进行展开，并计算。

参考文献

[1] 刘吉臻，王庆华，胡阳，等. 新型电力系统的内涵、特征及关键技术 [J]. 新型电力系统，2023，1（1）：49-65.

[2] 戴璟，王剑晓，张兆华，等. 新型电力系统形态特征与关键技术 [J]. 新型电力系统，2023，1（2）：161-183.

[3] 张智刚，康重庆. 碳中和目标下构建新型电力系统的挑战与展望 [J]. 中国电机工程学报，2022，42（8）：2806-2818.

[4] 习近平. 在第七十五届联合国大会一般性辩论上的讲话 [R]. 北京：中华人民共和国国务院，2020.

[5] 国务院. 国务院关于印发 2030 年前碳达峰行动方案的通知 [EB/OL].（2021-10-24）[2024-03-11]. http://www.gov.cn/zhengce/content/2021-10/26/content_5644984.htm.

[6] 国家能源局. 国家能源局发布 2023 年全国电力工业统计数据 [EB/OL].（2024-01-26）[2024-03-11]. https://www.nea.gov.cn/2024-01/26/c_1310762246.htm.

[7] 李强. 2024 年国务院政府工作报告 [R]. 北京：中华人民共和国国务院，2024.

[8] 卫志农，裴蕾，陈胜，等. 高比例新能源交直流混合配电网优化运行与安全分析研究综述 [J]. 电力自动化设备，2021，41（9）：85-94.

[9] 舒良才. 高功率密度型直流变压器关键技术研究 [D]. 南京：东南大学，2022.

[10] 马大俊. 适用于智能配电网的多端口换流器关键技术研究 [D]. 南京：东南大学，2022.

[11] 王成山，李微，王议锋，等. 直流微电网母线电压波动分类及抑制方法综述 [J]. 中国电机工程学报，2017，37（1）：84-97.

[12] 李鹏飞，李霞林，王成山，等. 中低压柔性直流配电系统稳定性分析模型与机理研究综述 [J]. 电力自动化设备，2021，41（5）：3-21.

[13] 陈庆，袁栋，袁宇波，等. 多电压等级直流配电系统小信号稳定性评估方法 [J]. 电力系统自动化，2022，46（21）：80-88.

[14] 金科，阮新波. 绿色数据中心供电系统 [M]. 北京：科学出版社，2014.

[15] Liu X, Liu X, Jiang Y, et al. Photovoltaics and energy storage integrated flexible direct current distribution systems of buildings: Definition, technology review, and application [J]. CSEE Journal of Power and Energy Systems, 2023, 9 (3): 829-845.

[16] Wang S, Ruan X, He Y, et al. Small-signal impedance modeling and analysis of variable-frequency AC three-stage generator for more electric aircraft [J]. IEEE Transactions on Power Electronics, 2023, 38 (1): 206-216.

[17] Xu L, Guerrero J, Lashab A, et al. A review of DC shipboard microgrids—Part I: Power architectures, energy storage, and power converters [J]. IEEE Transactions on Power Electronics, 2022, 37 (5): 5155-5172.

[18] 朱晓娟. 含光伏能源的柔性直流牵引供电系统稳定性分析 [D]. 成都：西南交通大学，2020.

[19] 董旭柱，华祝虎，尚磊，等. 新型配电系统形态特征与技术展望 [J]. 高电压技术，2021，47 (9)：3021-3035.

[20] He B，Chen W，Ruan X，et al. A generic small-signal stability criterion of DC distribution power system：Bus node impedance criterion (BNIC) [J]. IEEE Transactions on Power Electronics，2022，37 (5)：6116-6131.

[21] He B，Chen W，Mu H，et al. Small-signal stability analysis and criterion of triple-stage cascaded DC system [J]. IEEE Journal of Emerging and Selected Topics in Power Electronics，2022，10 (2)：2576-2586.

[22] Lyapunov A M. The general problem of the stability of motion [M]. London：Taylor and Francis，1992.

[23] Kundur P. Power system stability and control [M]. New York：McGraw-hill，1994.

[24] Wang Y，Wang X，Blaabjerg F，et al. Harmonic instability assessment using state-space modeling and participation analysis in inverter-fed power systems [J]. IEEE Transactions on Industrial Electronics，2017，64 (1)：806-816.

[25] Yang D，Wang X. Unified modular state-space modeling of grid-connected voltage-source converters [J]. IEEE Transactions on Power Electronics，2020，35 (9)：9700-9715.

[26] Perez-arriaga I J，Verghese G C，Schweppe F C. Selective modal analysis with applications to electric power systems，Part I：Heuristic introduction [J]. IEEE Transactions on Power Apparatus and Systems，1982，PAS-101 (9)：3117-3125.

[27] 李杨. 多变换器系统小信号稳定性分析与提升方法研究 [D]. 长沙：湖南大学，2021.

[28] Undrill J M，Kostyniak T E. Subsynchronous oscillations，Part 1-Comprehensive system stability analysis [J]. IEEE Transactions on Power Apparatus and Systems，1976，PAS-95 (4)：1446-1455.

[29] Middlebrook R D. Input filter considerations in design and application of switching regulators [C] // IEEE Industry Applications Society Annual Meeting，Chicago，USA，1976：366-382.

[30] 张欣. 直流分布式电源系统稳定性研究 [D]. 南京：南京航空航天大学，2014.

[31] Wildrick C M，Lee F C，Cho B H，et al. A method of defining the load impedance specification for a stable distributed power system [J]. IEEE Transactions on Power Electronics，1993，10 (3)：826-832.

[32] Feng X，Liu J，Lee F C. Impedance specifications for stable DC distributed power systems [J]. IEEE Transactions on Power Electronics，2002，17 (2)：157-162.

[33] Sudhoff S D，Glover S F，Lamm P T，et al. Admittance space stability analysis of power electronic systems [J]. IEEE Transactions on Aerospace and Electronic Systems，2000，36 (3)：965-973.

[34] Sudhoff S D，Crider J M. Advancements in generalized admittance-based stability analysis of DC power electronics based distribution systems [C] //Electric Ship Technologies Symposium (ESTS)，2011 IEEE. 2011：207-212.

[35] Vesti S，Suntio T，Oliver J A，et al. Impedance-based stability and transient-performance assessment applying maximum peak criteria [J]. IEEE Transactions on Power Electronics，2013，

28 (5): 2099-2104.

[36] Pidaparthy S K, Choi B, Kim Y. A load impedance specification of DC power systems for desired DC-link dynamics and reduced conservativeness [J]. IEEE Transactions on Power Electronics, 2019, 34 (2): 1407-1419.

[37] 韩崇昭，张爱民，刘晓风，等. 多变量反馈控制分析与设计 [M]. 2版. 西安：西安交通大学出版社，2011.

[38] Sun J. Impedance-based stability criterion for grid-connected inverters [J]. IEEE Transactions on Power Electronics, 2011, 26 (11): 3075-3078.

[39] He B, Chen W, Li X, et al. Unified frequency-domain small-signal stability analysis for interco3117-3125nnected converter systems [J]. IEEE Journal of Emerging and Selected Topics in Power Electronics, 2023, 11 (1): 532-544.

[40] Zhang X, Ruan X, Chi K T. Impedance-based local stability criterion for DC distributed power systems [J]. IEEE Transactions on Circuits and Systems I: Regular Papers, 2015, 62 (3): 916-925.

[41] Liu F, Liu J, Zhang H, et al. Stability issues of Z+Z type cascade system in hybrid energy storage system (HESS) [J]. IEEE Transactions on Power Electronics, 2014, 29 (11): 5846-5859.

[42] Zhong Q, Zhang X. Impedance-sum stability criterion for power electronic systems with two converters/sources [J]. IEEE Access, 2019, 7: 21254-21265.

[43] Liu F, Liu J, Zhang B, et al. General impedance/admittance stability criterion for cascade system [C] //2013 IEEE ECCE Asia Downunder. Melbourne, Australia: IEEE, 2013: 422-428.

[44] Cao W, Liu K, Wang S, et al. Harmonic stability analysis for multi-parallel inverter-based grid-connected renewable power system using global admittance [J]. Energies, 2019, 12 (14): 2687.

[45] 张辉，朱刘柱，潘鹏鹏，等. 直流配电系统阻抗判据与导纳判据的比较分析 [J]. 电网技术，2021，45 (3)：1167-1174.

[46] Riccobono A, Santi E. A novel passivity-based stability criterion (PBSC) for switching converter DC distribution systems [C] //2012 IEEE Twenty-Seventh Annual Applied Power Electronics Conference and Exposition (APEC), Orlando, FL, USA, 2012: 2560-2567.

[47] Riccobono A, Santi E. Stability analysis of an all-electric ship MVDC power distribution system using a novel passivity-based stability criterion [C] //2013 IEEE Electric Ship Technologies Symposium (ESTS), Arlington, VA: IEEE, 2013: 411-419.

[48] Pan P, Chen W, Shu L, et al. An impedance-based stability assessment methodology for DC distribution power system with multi-voltage levels [J]. IEEE Transactions on Power Electronics, 2020, 35 (4): 4033-4047.

[49] 潘鹏鹏. 分布式光伏多端口接入的中低压直流配电系统稳定控制研究 [D]. 南京：东南大学，2020.

[50] Mu H, Zhang Y, Tong X, et al. Impedance-based stability analysis methods for DC distribu-

tion power system with multivoltage levels [J]. IEEE Transactions on Power Electronics, 2021, 36 (8): 9193-9208.

[51] 穆涵. 光伏接入直流系统稳定性研究 [D]. 南京：东南大学，2021.

[52] Zhang C, Chen W, He B. Decentralized impedance specifications for paralleled DC distribution power system with multiple-voltage-level buses [J]. IEEE Transactions on Power Electronics, 2024, 39 (1): 112-124.

[53] Li Y, Shuai Z, Fang J, et al. Small-signal stability analysis method for hybrid AC-DC systems with multiple DC buses [J]. IEEE Journal on Emerging and Selected Topics in Circuits and Systems, 2021, 11 (1): 17-27.

[54] 方俊彬. 多变换器接入的直流配电系统功率均分控制与阻抗稳定性分析研究 [D]. 长沙：湖南大学，2021.

[55] Leng M, Zhou G, Li H, et al. Impedance-based stability evaluation for multibus DC microgrid without constraints on subsystems [J]. IEEE Transactions on Power Electronics, 2022, 37 (1): 932-943.

[56] 冷敏瑞. 直流微网系统小信号建模及稳定性研究 [D]. 成都：西南交通大学，2021.

[57] Siegers J, Arrua S, Santi E. Stabilizing controller design for multibus MVdc distribution systems using a passivity-based stability criterion and positive feedforward control [J]. IEEE Journal of Emerging and Selected Topics in Power Electronics, 2017, 5 (1): 14-27.

[58] Hu H, Wang X, Peng Y, et al. Stability analysis and stability enhancement based on virtual harmonic resistance for meshed DC distributed power systems with constant power loads [J]. Energies, 2017, 10 (1): 69.

[59] 胡辉勇，王晓明，于森，等. 主从控制下直流微电网稳定性分析及有源阻尼控制方法 [J]. 电网技术，2017, 41 (8): 2664-2671.

[60] 张姚姚. 直流配电系统协调控制及稳定性研究 [D]. 南京：东南大学，2023.

[61] 钟庆，冯俊杰，王钢，等. 基于节点阻抗矩阵的直流配电网谐振特性分析 [J]. 中国电机工程学报，2019, 39 (5): 1323-1333.

[62] Hamzeh M, Ghafouri M, Karimi H, et al. Power oscillations damping in DC microgrids [J]. IEEE Transactions on Energy Conversion, 2016, 31 (3): 970-980.

[63] Rashidirad N, Hamzeh M, Sheshyekani K, et al. An effective method for low-frequency oscillations damping in multibus DC microgrids [J]. IEEE Journal on Emerging and Selected Topics in Circuits and Systems, 2017, 7 (3): 403-412.

[64] Rashidirad N, Hamzeh M, Sheshyekani K, et al. A simplified equivalent model for the analysis of low-frequency stability of multi-bus DC microgrids [J]. IEEE Transactions on Smart Grid, 2018, 9 (6): 6170-6182.

[65] Zhan Y, Xie X, Liu H, et al. Frequency-domain modal analysis of the oscillatory stability of power systems with high-penetration renewables [J]. IEEE Transactions on Sustainable Energy, 2019, 10 (3): 1534-1543.

[66] 李霞林，张雪松，郭力，等. 双极性直流微电网中多电压平衡器协调控制 [J]. 电工技术学报，2018, 33 (4): 721-729.

[67] 游逍遥，刘和平，苗轶和，等. 带恒功率负载的双极性直流系统稳定性分析及其有源阻尼方法［J］. 电工技术学报：2022，37（4）：918-930.

[68] Leng M, Zhou G, Xu G, et al. Small-signal stability assessment and interaction analysis for bipolar DC microgrids [J]. IEEE Transactions on Power Electronics, 2023, 38 (4): 5524-5537.

[69] 邹俊南. 基于 IPVB 的双极性直流系统稳定性分析及有源阻尼控制研究［D］. 兰州：兰州交通大学，2023.

[70] Cespedes M, Xing L, Sun J. Constant-power load system stabilization by passive damping [J]. IEEE Transactions on Power Electronics, 2011, 26 (7): 1832-1836.

[71] Singh S, Gautam A R, Fulwani D. Constant power loads and their effects in DC distributed power systems: A review [J]. Renewable and Sustainable Energy Reviews, 2017, 72: 407-421.

[72] Rahimi A M, Emadi A. Active damping in DC/DC power electronic converters: A novel method to overcome the problems of constant power loads [J]. IEEE Transactions on Industrial Electronics, 2009, 56 (5): 1428-1439.

[73] Erickson R W, Maksimović D. Fundamentals of Power Electronics [M]. 3rd ed. Cham, Switzerland: Springer Nature Switzerland AG, 2020.

[74] Zhang X, Zhong Q-C. A virtual RLC damper to stabilize DC/DC converters having an LC input filter while improving the filter performance [J]. IEEE Transactions on Power Electronics, 2016, 31 (12): 8017-8023.

[75] 陈鹏伟，姜文伟，阮新波，等. 直流配电系统有源阻尼控制的阻抗释义与谐振点灵敏度参数调节方法［J］. 中国电机工程学报，2021，41（19）：6616-6630.

[76] Lorzadeh O, Lorzadeh I, Soltani M N, et al. Active load stabilization of cascaded systems in DC microgrids using adaptive parallel-virtual-resistance control scheme [J]. IEEE Journal of Emerging and Selected Topics in Power Electronics, 2023, 11 (4): 3726-3737.

[77] Liao J, Guo C, Huang Y, et al. Active damping control of cascaded DC converter in DC microgrids based on optimized parallel virtual resistance [J]. IEEE Journal of Emerging and Selected Topics in Industrial Electronics, 2023, 4 (2): 560-570.

[78] Kumar R, Bhende C N. Active damping stabilization techniques for cascaded systems in DC microgrids: A comprehensive review [J]. Energies, 2023, 16 (3): 1339.

[79] Rahimi A M, Emadi A. Active damping in DC/DC power electronic converters: A novel method to overcome the problems of constant power loads [J]. IEEE Transactions on Industrial Electronics, 2009, 56 (5): 1428-1439.

[80] Wu M, Lu D D-C. A novel stabilization method of LC input filter with constant power loads without load performance compromise in DC microgrids [J]. IEEE Transactions on Industrial Electronics, 2015, 62 (7): 4552-4562.

[81] Lorzadeh O, Lorzadeh I, Soltani M N, et al. Source-side virtual RC damper-based stabilization technique for cascaded systems in DC microgrids [J]. IEEE Transactions on Energy Conversion, 2021, 36 (3): 1883-1895.

[82] Hussain M N, Mishra R, Agarwal V. A frequency-dependent virtual impedance for voltage-regulating converters feeding constant power loads in a DC microgrid [J]. IEEE Transactions on Industry Applications, 2018, 54 (6): 5630-5639.

[83] Zhang X, Zhong Q-C, Kadirkamanathan V, et al. Source-side series-virtual-impedance control to improve the cascaded system stability and the dynamic performance of its source converter [J]. IEEE Transactions on Power Electronics, 2019, 34 (6): 5854-5866.

[84] He B, Chen W, Li X, et al. A power adaptive impedance reshaping strategy for cascaded DC system with buck-type constant power load [J]. IEEE Transactions on Power Electronics, 2022, 37 (8): 8909-8920.

[85] 朱晓荣，李铮，孟凡奇. 基于不同网架结构的直流微电网稳定性分析 [J]. 电工技术学报，2021，36 (1)：166-178.

[86] Wu M, Lu D D-C, Tse C K. Direct and optimal linear active methods for stabilization of LC input filters and DC/DC converters under voltage mode control [J]. IEEE Journal on Emerging and Selected Topics in Circuits and Systems, 2015, 5 (3): 402-412.

[87] Zhang X, Ruan X, Zhong Q-C. Improving the stability of cascaded DC/DC converter systems via shaping the input impedance of the load converter with a parallel or series virtual impedance [J]. IEEE Transactions on Industrial Electronics, 2015, 62 (12): 7499-7512.

[88] Zhang X, Zhong Q-C, Ming W-L. Stabilization of a cascaded DC converter system via adding a virtual adaptive parallel impedance to the input of the load converter [J]. IEEE Transactions on Power Electronics, 2016, 31 (3): 1826-1832.

[89] Zhang X, Zhong Q-C, Ming W-L. Stabilization of cascaded DC/DC converters via adaptive series-virtual-impedance control of the load converter [J]. IEEE Transactions on Power Electronics, 2016, 31 (9): 6057-6063.

[90] Zhang Y, Qu X, Wang G, et al. Investigation of multiple resonances and stability enhancement in multi-source DC distribution power systems [J]. IEEE Journal on Emerging and Selected Topics in Circuits and Systems, 2022, 12 (1): 90-97.

[91] Zhang Y, Qu X, Kong F, et al. Analysis of multi-resonance and stability enhancement method in multi-source DC distribution power systems [C] //2022 10th International Conference on Smart Grid (icSmartGrid). Istanbul, Turkey, 2022: 52-57.

[92] Feng F, Zhang X, Zhang J, et al. Stability enhancement via controller optimization and impedance shaping for dual active bridge-based energy storage systems [J]. IEEE Transactions on Industrial Electronics, 2021, 68 (7): 5863-5874.

[93] Zhang X, Ruan X. Adaptive active capacitor converter for improving stability of cascaded DC power supply system [J]. IEEE Transactions on Power Electronics, 2013, 28 (4): 1807-1816.

[94] Shan Z, Si Y, Ding X, et al. Stabilization and transient mitigation of cascaded DC/DC system with an active auxiliary RC damping circuit operating at two frequency bands [C] //2023 IEEE Energy Conversion Congress and Exposition (ECCE), Nashville, TN, USA, 2023: 3689-3694.

[95] Si Y, Shan Z. Active RC auxiliary circuit with parameter switching scheme for stabilization and

transient mitigation of cascaded DC/DC systems [C] //2022 IEEE Transportation Electrification Conference and Expo, Asia-Pacific (ITEC Asia-Pacific), Haining, China, 2022: 1-6.

[96] Shan Z, Fan S, Liu X, et al. Transient mitigation using an auxiliary circuit in cascaded DC-DC converter systems with virtual impedance control [J]. IEEE Transactions on Industrial Electronics, 2022, 69 (5): 4652-4664.

[97] Maxwell J C I. On governors [J]. Proceedings of the Royal Society of London, 1868, 16: 270-283.

[98] 胡寿松. 自动控制原理 [M]. 7版. 北京: 科学出版社, 2019.

[99] 张兴, 张崇巍. PWM整流器及其控制 [M]. 北京: 机械工业出版社, 2012.

[100] Wen B, Boroyevich D, Burgos R, et al. Analysis of D-Q small-signal impedance of grid-tied inverters [J]. IEEE Transactions on Power Electronics, 2016, 31 (1): 675-687.

[101] 邱关源, 罗先觉. 电路 [M]. 6版. 北京: 高等教育出版社, 2022.

[102] 张伯明, 陈寿孙, 严正. 高等电力网络分析 [M]. 2版. 北京: 清华大学出版社, 2007.

[103] He B, Chen W, Zhang C, et al. Impedance specifications for stability design of grid-connected DC distribution power systems [J]. IEEE Transactions on Industrial Electronics, 2024, 71 (6): 5830-5843.